普通高等教育"十一五"国家级规划教材

河南省首届优秀教材一等奖

 河南省"十四五"普通高等教育规划教材

 高等学校计算机教材建设立项项目

高等学校计算机教育系列教材

大学计算机基础（第6版）

翟萍　王贺明　主编

张魏华　郎博　赵丹

刘钺　王军锋　宋瑶　参编

清华大学出版社

北京

内容简介

本书根据高等学校非计算机类专业最新的培养目标编写而成,书中首先介绍了计算机的发展过程及计算机领域里的基本知识、Windows 10 操作系统的应用;接着介绍了如何在使用 Office 办公软件时,利用 Word 2013 进行文字编辑和排版,利用 Excel 2013 进行表格处理,利用 PowerPoint 2013 进行幻灯片制作,利用 Access 2013 进行数据库的建立和维护;此外还讲解了计算机网络基础及 Internet 基础知识、网页的设计制作、计算机常用工具软件的使用、屏幕录像和视频编辑软件及 Photoshop 图像处理工具的基本使用、常用算法、计算机信息安全常识,以及虚拟现实及增强现实技术、云计算与高性能计算、物联网技术等计算机发展前沿技术。

本书可作为高等学校各专业的信息技术教材,也可作为自学用书。

本书封面贴有清华大学出版社防伪标签,无标签者不得销售。
版权所有,侵权必究。举报:010-62782989,beiqinquan@tup.tsinghua.edu.cn。

图书在版编目(CIP)数据

大学计算机基础/翟萍,王贺明主编. —6版. —北京:清华大学出版社,2022.8(2024.9重印)
高等学校计算机教育系列教材
ISBN 978-7-302-61639-9

Ⅰ.①大… Ⅱ.①翟… ②王… Ⅲ.①电子计算机－高等学校－教材 Ⅳ.①TP3

中国版本图书馆 CIP 数据核字(2022)第 144407 号

责任编辑:汪汉友
封面设计:常雪影
责任校对:申晓焕
责任印制:刘 菲

出版发行:清华大学出版社
  网　　址:https://www.tup.com.cn,https://www.wqxuetang.com
  地　　址:北京清华大学学研大厦 A 座　　　邮　编:100084
  社 总 机:010-83470000　　　　　　　　　　邮　购:010-62786544
  投稿与读者服务:010-62776969,c-service@tup.tsinghua.edu.cn
  质量反馈:010-62772015,zhiliang@tup.tsinghua.edu.cn
  课件下载:https://www.tup.com.cn,010-83470236
印 装 者:三河市东方印刷有限公司
经　　销:全国新华书店
开　　本:185mm×260mm　　印　张:24.5　　字　数:579千字
版　　次:2005 年 8 月第 1 版　2022 年 9 月第 6 版　印　次:2024 年 9 月第 3 次印刷
定　　价:69.00 元

产品编号:089453-01

前言 FOREWORD

当今世界,科技进步日新月异,现代信息技术深刻改变着人类的思维、生产、生活、学习方式。作为信息技术之一的计算机技术变得越来越普遍,在日常的工作、学习、生活中已经成为与语言、数学一样的必要工具和手段。

"大学计算机基础"是高等学校非计算机专业开设的计算机公共基础课,是非计算机类学生必修的一门计算机基础课程。在教育部大学计算机教学指导委员会的领导下,将计算思维融入计算机基础教学的改革已全面启动。本书在编写上引入计算思维的概念,旨在培养学生用计算思维方式解决思考和处理问题的能力,提升学生应用计算机的综合能力与素养。

本教材的内容分为 6 部分,分别是计算机文化与计算机系统基础、操作系统 Windows 10 应用、Office 2013 组件(Word、Excel、PowerPoint、Access)、计算机网络基础、工具软件和算法分析基础。从计算机的发展历史,感受计算工具的变革、计算机文化的形成、计算思维的理念、信息安全以及计算机发展前沿技术;通过对 Windows 10 操作平台和 Office 2013 办公软件的学习,熟练掌握计算机操作的基本技能;通过学习互联网(包括局域网)的基本应用,掌握在实际应用中获取信息、处理信息、使用信息的能力;了解计算机病毒,掌握典型工具软件(查杀病毒、压缩备份、PDF 文件阅读、屏幕录像和视频编辑、Photoshop 图像处理)的安装及其使用;最后,通过对算法的学习了解并掌握利用计算机进行问题求解的一般步骤和方法。

本教材的特点是理论与实践紧密结合,注重应用;涉及的知识点多、内容丰富;重点突出,叙述简明扼要。为了实现更好的学习效果,本书配有《大学计算机基础(第 6 版)应用指导》(ISBN 为 978-7-302-61654-2),建议两书同时使用。

本教材由翟萍、王贺明主编,第 1 章由翟萍编写,第 2 章由赵丹编写,第 3 章由张魏华编写,第 4 章由郎博编写,第 5 章由刘钺编写,第 6 章由翟萍、王贺明编写，第 7 章由翟萍编写，第 8 章由翟萍、宋瑶编写，第 9 章由刘钺编写，第 10 章由王军锋编写。

由于计算机技术发展很快，加上编者水平有限，书中难免有不尽如人意之处，恳请读者批评指正。

编　者

2022 年 8 月

目录

第1章 计算机文化 ... 1

1.1 计算机的发展历史 ... 1
- 1.1.1 计算与计算工具 ... 1
- 1.1.2 图灵与图灵机模型 ... 4
- 1.1.3 电子计算机的发展 ... 5
- 1.1.4 计算机的分类 ... 11
- 1.1.5 计算机的应用领域 ... 12
- 1.1.6 计算机的发展趋势 ... 13

1.2 信息与计算机文化 ... 14
- 1.2.1 认识信息 ... 15
- 1.2.2 计算机文化的形成 ... 16
- 1.2.3 计算机文化的主要特征 ... 16
- 1.2.4 计算机文化对社会的影响 ... 17
- 1.2.5 计算机文化对语言的影响 ... 18
- 1.2.6 计算机文化与信息素养 ... 18
- 1.2.7 计算机文化教育与思维能力培养 ... 19

1.3 计算思维基础 ... 20
- 1.3.1 科学与计算科学 ... 20
- 1.3.2 思维与科学思维 ... 21
- 1.3.3 计算思维的概念 ... 24
- 1.3.4 计算思维的应用 ... 25

1.4 信息安全与网络道德 ... 27
- 1.4.1 信息安全概述 ... 27
- 1.4.2 信息安全防护 ... 28
- 1.4.3 知识产权 ... 28
- 1.4.4 隐私保护 ... 29
- 1.4.5 网络道德规范 ... 30

习题1 ... 32

第 2 章　计算机系统基础 ·· 35

2.1　计算机中的数据与编码 ·· 35
2.1.1　信息和数据 ·· 35
2.1.2　数字化信息编码的概念 ·· 35
2.1.3　进位记数制 ·· 36
2.1.4　不同进制之间的数值转换 ··· 37
2.1.5　数据的存储单位 ··· 39
2.1.6　二进制数在计算机内的表示 ·· 40
2.1.7　字符的编码 ·· 42
2.1.8　非字符的编码 ··· 47

2.2　计算机系统组成 ··· 49
2.2.1　计算机的工作原理 ·· 49
2.2.2　计算机的硬件系统 ·· 50
2.2.3　计算机的软件系统 ·· 51

2.3　微型计算机系统 ··· 52
2.3.1　微型计算机系统的发展 ·· 52
2.3.2　微型计算机系统的组成 ·· 53
2.3.3　微型计算机的总线结构和基本结构部件 ····································· 53
2.3.4　微型计算机系统的基本软件组成 ··· 61
2.3.5　微型计算机的基本配置及性能指标 ·· 63

习题 2 ·· 64

第 3 章　计算机操作系统 ·· 67

3.1　操作系统基础 ··· 67
3.1.1　操作系统的目标和作用 ·· 67
3.1.2　操作系统的发展 ··· 68
3.1.3　操作系统的基本特征 ··· 69
3.1.4　操作系统分类及功能 ··· 69

3.2　Windows 10 操作系统 ··· 71
3.2.1　Windows 操作系统的发展历史及 Windows 10 的界面 ··················· 71
3.2.2　Windows 的文件及任务管理 ··· 76
3.2.3　Windows 10 的设备及安全管理 ··· 84
3.2.4　计算机系统的个性化设置 ··· 89
3.2.5　Windows 中的常用工具 ··· 98

3.3　其他常见的操作系统 ·· 102
3.3.1　UNIX 操作系统 ·· 102
3.3.2　Linux 操作系统 ·· 104
3.3.3　Android 操作系统 ··· 105

3.3.4　iOS 操作系统 ··· 107
习题 3 ·· 108

第 4 章　办公应用软件 Office ·· 111
4.1　Office 概述 ··· 111
4.2　文字处理软件 Word 2013 ··· 111
　　4.2.1　文档建立和编辑 ·· 112
　　4.2.2　图形和图片编辑 ·· 120
　　4.2.3　表格 ··· 122
　　4.2.4　综合案例 ··· 124
4.3　电子表格处理软件 Excel 2013 ··· 131
　　4.3.1　输入数据与编辑 ·· 131
　　4.3.2　公式和函数 ·· 134
　　4.3.3　数据图表处理 ·· 139
　　4.3.4　综合案例 ··· 141
4.4　演示文稿软件 PowerPoint 2013 ·· 144
　　4.4.1　编辑演示文稿 ·· 144
　　4.4.2　设置切换与动画效果 ·· 148
　　4.4.3　动作按钮、超链接与幻灯片放映方式 ··························· 152
　　4.4.4　综合案例 ··· 154
4.5　不同格式电子文档的互换 ·· 157
习题 4 ·· 162

第 5 章　数据库技术基础 ·· 166
5.1　数据库知识 ·· 166
　　5.1.1　数据库应用及发展 ··· 166
　　5.1.2　数据知识 ··· 170
　　5.1.3　数据库概念 ·· 171
　　5.1.4　数据库管理系统 ··· 175
5.2　关系数据库 ·· 175
　　5.2.1　关系数据库概念 ··· 175
　　5.2.2　关系运算 ··· 177
5.3　Access 数据库 ··· 180
　　5.3.1　Access 2013 ·· 180
　　5.3.2　Access 2013 的工作窗口 ······································· 182
　　5.3.3　Access 2013 基本操作 ·· 183
5.4　数据库查询语言与实例 ··· 188
　　5.4.1　SQL 语言 ·· 188
　　5.4.2　SQL 语句 ·· 188

　　　　5.4.3　SQL 语句的使用 ………………………………………………………… 189

　习题 5 …………………………………………………………………………………… 192

第 6 章　计算机网络基础 ………………………………………………………………… 197

　6.1　计算机网络应用基础知识 ……………………………………………………… 197
　　　6.1.1　计算机网络的基础知识 ………………………………………………… 197
　　　6.1.2　计算机网络的发展阶段 ………………………………………………… 198
　　　6.1.3　计算机网络的硬件与软件组成 ………………………………………… 199
　　　6.1.4　计算机网络的分类 ……………………………………………………… 202
　　　6.1.5　计算机网络体系结构 …………………………………………………… 204
　6.2　局域网 …………………………………………………………………………… 205
　　　6.2.1　局域网概述 ……………………………………………………………… 206
　　　6.2.2　局域网技术 ……………………………………………………………… 209
　6.3　Internet 基础 …………………………………………………………………… 214
　　　6.3.1　Internet 简介 …………………………………………………………… 214
　　　6.3.2　Internet 地址 …………………………………………………………… 215
　　　6.3.3　连入 Internet 的方式 …………………………………………………… 219
　　　6.3.4　Internet 的信息服务 …………………………………………………… 222
　6.4　Internet 应用 …………………………………………………………………… 224
　　　6.4.1　上网方式 ………………………………………………………………… 224
　　　6.4.2　使用 Edge 浏览器上网 ………………………………………………… 225
　　　6.4.3　网络信息检索 …………………………………………………………… 229
　6.5　电子邮件 ………………………………………………………………………… 232
　　　6.5.1　电子邮件信箱的申请 …………………………………………………… 232
　　　6.5.2　电子邮件信箱的使用 …………………………………………………… 234

　习题 6 …………………………………………………………………………………… 236

第 7 章　网页设计基础 …………………………………………………………………… 239

　7.1　网页与网站 ……………………………………………………………………… 239
　　　7.1.1　网页 ……………………………………………………………………… 239
　　　7.1.2　网页的上传 ……………………………………………………………… 241
　　　7.1.3　网站 ……………………………………………………………………… 241
　7.2　网页的基本元素与常用制作工具 ……………………………………………… 243
　　　7.2.1　网页的基本元素 ………………………………………………………… 243
　　　7.2.2　常用网页制作工具 ……………………………………………………… 245
　7.3　HTML 网页设计基础 …………………………………………………………… 247
　　　7.3.1　HTML 语言简介 ………………………………………………………… 247
　　　7.3.2　HTML 基本页面布局 …………………………………………………… 248
　　　7.3.3　文本修饰 ………………………………………………………………… 250

		7.3.4 超链接 ······ 255
		7.3.5 图像处理 ······ 262
		7.3.6 表格 ······ 268
		7.3.7 多窗口页面 ······ 273
	7.4	网站的测试与发布 ······ 277
		7.4.1 网站的测试 ······ 277
		7.4.2 网站的发布 ······ 277
		7.4.3 网站的维护 ······ 278
	习题 7 ······ 278

第 8 章 算法与程序设计基础 ······ 280

- 8.1 算法的基本概念 ······ 280
  - 8.1.1 算法定义与性质 ······ 280
  - 8.1.2 设计算法原则和过程 ······ 281
  - 8.1.3 算法的基本表达 ······ 282
- 8.2 算法策略 ······ 286
  - 8.2.1 枚举法 ······ 286
  - 8.2.2 递推法 ······ 288
  - 8.2.3 递归法 ······ 289
  - 8.2.4 分治法 ······ 293
  - 8.2.5 回溯法 ······ 295
- 8.3 基本算法 ······ 298
  - 8.3.1 基础算法 ······ 298
  - 8.3.2 排序 ······ 302
  - 8.3.3 查找 ······ 308
- 8.4 程序设计概述 ······ 311
  - 8.4.1 程序 ······ 311
  - 8.4.2 程序设计的一般过程 ······ 312
  - 8.4.3 程序设计方法 ······ 313
  - 8.4.4 常用的程序设计语言 ······ 315
- 8.5 Raptor 流程图编程 ······ 317
  - 8.5.1 Raptor 简介 ······ 317
  - 8.5.2 Raptor 编程基础 ······ 319
  - 8.5.3 Raptor 应用 ······ 322
- 习题 8 ······ 328

第 9 章 常用工具软件介绍 ······ 329

- 9.1 计算机病毒防治工具 ······ 329
  - 9.1.1 计算机病毒概述 ······ 329

9.1.2 常用计算机反病毒软件介绍 …………………………………………………… 333
9.2 文件压缩备份工具 WinRAR ……………………………………………………………… 334
9.3 PDF 文件阅读工具 Adobe Reader ……………………………………………………… 337
9.4 Camtasia Studio 屏幕录像和视频编辑 ………………………………………………… 339
    9.4.1 Camtasia Studio 界面介绍 ……………………………………………………… 339
    9.4.2 Camtasia Studio 视频录制 ……………………………………………………… 341
    9.4.3 Camtasia Studio 视频剪辑 ……………………………………………………… 345
9.5 图像处理工具——Photoshop …………………………………………………………… 348
    9.5.1 工具箱 ……………………………………………………………………………… 348
    9.5.2 基本操作 …………………………………………………………………………… 350
    9.5.3 图层混合模式 ……………………………………………………………………… 353
习题 9 ………………………………………………………………………………………………… 354

第 10 章 计算科学前沿 ……………………………………………………………………… 356

10.1 新的计算模式 …………………………………………………………………………… 356
    10.1.1 并行计算 ………………………………………………………………………… 356
    10.1.2 分布式计算 ……………………………………………………………………… 359
    10.1.3 云计算 …………………………………………………………………………… 360
    10.1.4 雾计算和边缘计算 ……………………………………………………………… 363
10.2 物联网 …………………………………………………………………………………… 363
    10.2.1 物联网概念 ……………………………………………………………………… 363
    10.2.2 物联网架构 ……………………………………………………………………… 364
    10.2.3 物联网应用 ……………………………………………………………………… 365
    10.2.4 物联网的核心关键技术 ………………………………………………………… 365
10.3 大数据 …………………………………………………………………………………… 366
    10.3.1 数据科学和大数据 ……………………………………………………………… 366
    10.3.2 大数据分析流程 ………………………………………………………………… 366
    10.3.3 大数据的常用算法 ……………………………………………………………… 367
    10.3.4 大数据应用 ……………………………………………………………………… 368
10.4 人工智能 ………………………………………………………………………………… 368
    10.4.1 人工智能简介 …………………………………………………………………… 368
    10.4.2 机器学习 ………………………………………………………………………… 369
    10.4.3 人机交互技术 …………………………………………………………………… 374
    10.4.4 知识图谱 ………………………………………………………………………… 376
习题 10 ……………………………………………………………………………………………… 377

第 1 章 计算机文化

电子计算机的出现是当代科学技术最突出的成就之一。它延伸了人类的大脑,提高和扩展了人类脑力劳动的效能,发挥和激发了人类的创造力,人类社会的生存方式也因使用计算机而发生了根本性变化,产生了一种崭新文化形态——计算机文化。

1.1 计算机的发展历史

自古以来,人类就在不断地发明和改进各种计算工具,从最早的算筹,到现在以快速、高效、智能、大容量存储、多媒体再现、网络共享和自动化处理为特点的超级计算机,计算工具经历了从简单到复杂、从低级到高级、从手动到自动的发展过程,并且目前还处在不断发展之中。

1.1.1 计算与计算工具

计算无处不在,人类的未来科技更离不开计算。计算是一种将单个或多个输入值转换为单个或多个结果的一种思考过程。计算不仅有严格、确定和精确的计算,还有用不确定、不精确及不完全真值的容错来取得低代价的解决方案的计算。计算不仅是数学的基础技能,而且是整个自然科学的工具。在计算时所使用的器具或辅助计算的实物被称为计算工具。

1. 手动式计算工具

算筹是我国古代的一种计算工具。它是将竹制、木制或骨制的小棍(红筹表示正数,黑筹表示负数)按照一定的规则灵活地布于盘中或地面,一边计算一边不断地重新布棍。

算盘是由算筹发展而来的,其特点是结构简单,使用方便,实用性强。算盘通过人的手指控制整个计算过程,已经基本具备了现代计算器的主要结构特征。例如,拨动算珠就是向算盘输入数据,这时算盘起着"存储器"的作用;运算时,珠算口诀起着"运算指令"的作用,此时的算盘则起着"运算器"的作用。当然,算珠是要靠人手拨动的,而且根本谈不上"自动运算"。

计算尺是根据对数原理设计的一种模拟计算装置,通常由3个互相锁定的有刻度的长条和一个滑动窗口(称为游标)组成,可进行加、减、乘、除、指数、三角函数等运算。计算尺一直是科学工作者和工程技术人员不可或缺的计算工具,直到20世纪中叶才逐渐被电子计算器所取代。

2. 机械式计算工具

17世纪,欧洲出现了利用齿轮啮合进行计算的工具。

1642年,由法国数学家帕斯卡(Blaise Pascal)发明的帕斯卡加法器是人类历史上第一台机械式计算工具,其原理对后来的计算工具产生了深远影响。帕斯卡从加法器的成功中得出结论:人的某些思维过程与机械过程没有差别,因此可以设想用机械来模拟人的思维活动。

1673年,莱布尼茨研制出了能进行四则运算的机械式计算器——莱布尼茨四则运算器。这台机器在进行乘法运算时采用进位加(shift-add)的方法,该方法被后来改进的二进制计算机采用。显然,使用齿轮、连杆组装起来的计算设备限制了它的功能、速度以及可靠性。

19世纪初,法国发明家约瑟夫·玛丽·雅卡尔(Joseph Marie Jacquard,1752—1834年)发明了可编程织布机,该机可通过读取穿孔卡片上的编码信息来自动控制织布机的编织图案,引起法国纺织工业革命。雅卡尔织布机虽然不是计算工具,但是首次使用了穿孔卡片这种输入方式。直到20世纪70年代,这种输入方式还在电子计算机中普遍使用。

1822年,巴贝奇研制成功了差分机,这是最早采用寄存器来存储数据的计算工具,体现了早期程序设计思想的萌芽,实现了计算工具从手动机械到自动机械的飞跃。

1832年,巴贝奇开始进行分析机的研究,在设计中采用了3个具有现代意义的装置。

(1) 存储装置。该装置采用齿轮式的寄存器存储运算数据、运算结果。

(2) 运算装置。该装置能从寄存器取出数据进行加、减、乘、除运算,并且乘法是以累次加法来实现的,此外,该装置还能根据运算结果的状态改变计算的进程,用现代术语描述就是条件转移。

(3) 控制装置。该装置使用指令自动控制操作顺序、选择所需处理的数据,以及输出运算结果。

巴贝奇的分析机是可编程计算机的设计蓝图,人们今天使用的每台计算机都遵循着巴贝奇的基本设计方案。巴贝奇先进的设计思想超越了当时的客观现实,由于当时的机械加工技术达不到所需要求,使得这台蒸汽驱动的齿轮式分析机直到巴贝奇去世都没有完成。

3. 机电式计算机

1886年,美国统计学家赫尔曼·霍勒瑞斯(Herman Hollerith)借鉴了雅卡尔织布机的穿孔卡片设计,用穿孔卡片存储数据,采用机电技术取代纯机械装置,制造了第一台可以自动进行四则运算、累计存档、制作报表的制表机。霍勒瑞斯于1896年创建了制表机公司(TMC),1911年,该公司与另外两家公司合并,成立了CTR公司。1924年,CTR公司改名为赫赫有名的IBM(International Business Machines,国际商业机器)公司。

1938年,德国工程师克兰德·楚泽(Konrad Zuse,1910—1995年)研制出了Z-1计算机,这是世界上首台采用二进制的计算机。在随后的4年中,楚泽先后研制出了采用继电器的计算机 Z-2、Z-3 和 Z-4。Z-3 是世界上第一台真正的通用程序控制计算机,不但全部采用继电器,而且采用了浮点记数法、二进制运算、带存储地址的指令形式等。这些设计思想虽然在楚泽之前已经提出过,但楚泽第一次将这些设计思想进行实现。在一次空袭中,楚泽的住宅和包括 Z-3 在内的计算机全部被炸毁。在第二次世界大战结束后,楚泽从德国流亡到瑞士的一个偏僻乡村,主要从事计算机软件理论的研究。

1936 年,美国哈佛大学的应用数学教授霍华德·艾肯(Howard Aiken)提出了用机电的方法取代纯机械的方法实现巴贝奇分析机。在 IBM 公司的资助下,他于 1944 年研制成功了机电式计算机 Mark-I。Mark-I 长 15.5m,高 2.4m,由 75 万个零部件组成。该机使用了大量的继电器作为开关元件,可存储 72 个 23 位十进制数。此外,该机还采用了穿孔纸带进行程序控制。Mark-I 的计算速度很慢,执行一次加法操作需要 0.3s,虽然它还有噪声很大、可靠性不高等缺点,但是仍然被哈佛大学使用了 15 年。1947 年,霍华德·艾肯又研制成功了全部使用继电器作为开关元件的计算机——Mark-Ⅱ。由于继电器的开关速度是 1/100s,使得机电式计算机的运算速度受到了限制。

4. 电子计算机

1939 年,美国艾奥瓦州立大学的数学物理学教授约翰·阿塔纳索夫(John Atanasoff)和他的研究生贝利(Clifford Berry)一起研制了一台称为 ABC(atanasoff berry computer)的电子计算机。由于受经费的限制,只研制了一个能够求解包含 30 个未知数的线性代数方程组的样机。在阿塔纳索夫的设计方案中,第一次提出采用电子技术来提高计算机的运算速度。

第二次世界大战中,美国宾夕法尼亚大学物理学教授约翰·莫克利(John Mauchly)和他的研究生普雷斯帕·埃克特(Presper Eckert)受当时美国军械部的委托,为计算弹道和射击表启动了 ENIAC(electronic numerical integrator and computer)的研制计划,1946 年 2 月 15 日,这台标志人类计算工具历史性变革的巨型机器宣告竣工。ENIAC 是一个庞然大物,共使用了 18000 多个电子管、1500 多个继电器、10000 多个电容和 7000 多个电阻,占地 167m^2,重达 30t。ENIAC 的最大特点是采用电子器件代替机械齿轮或电动机械执行算术运算、逻辑运算和存储信息,最突出的优点是高速度。ENIAC 每秒能完成 5000 次加法运算或 300 多次乘法运算,比当时最快的计算工具快 1000 多倍。

ENIAC 是世界上第一台能真正运转的大型电子计算机,ENIAC 的出现标志着电子计算机时代的到来。

虽然 ENIAC 显示了电子元件在进行初等运算速度上的优越性,但没有最大限度地实现电子技术所提供的巨大潜力。ENIAC 的主要缺点如下:第一,存储容量小,至多存储 20 个 10 位的十进制数;第二,程序是"外插型"的,为了进行几分钟的计算,接通各种开关和线路的准备工作就要用几个小时。

1945 年 6 月,普林斯顿大学数学教授约翰·冯·诺依曼(John von Neumann,1903—1957 年)提出了 EDVAC(electronic discrete variable computer,离散变量自动电子计算机)方案,确立了现代计算机的基本结构。他认为,计算机应具有 5 个基本组成部分:运算器、控制器、存储器、输入设备和输出设备,描述了这 5 部分的功能和相互关系,并提出"采用二进制"和"存储程序"这两个重要的基本思想。

迄今为止,大部分计算机仍遵循冯·诺依曼结构。

1.1.2 图灵与图灵机模型

在计算机诞生之前,可计算理论及其计算模型的研究为计算机的产生建立了非常重要的理论环境。计算模型中对计算科学贡献最大的是图灵机模型,它为现代计算机的逻辑工作方式奠定了基础。

1. 图灵

艾伦·麦席森·图灵(Alan Mathison Turing,1912—1954年)是英国数学家、逻辑学家、密码学家,他提出了"图灵机"和"图灵测试"等计算科学的重要概念,被誉为计算机科学之父和人工智能之父。为了纪念图灵对计算机科学的巨大贡献,美国计算机协会(Association for Computer Machinery,ACM)于1966年设立了被喻为"计算机界的诺贝尔奖"的图灵奖,以表彰在计算机科学中做出突出贡献的人。

2. 图灵机模型

计算是人类最先遇到的数学问题之一,是人类社会生活中不可或缺的技能。20世纪以前的人们普遍认为,所有的问题类都是有算法的,人们的计算研究就是找出算法来。似乎正是为了证明一切科学命题,至少是一切数学命题存在算法,但是在对许多问题经过长期研究后仍然找不到算法,这时人们才发现,无论对算法还是对可计算性,都没有精确的定义。

1936年,图灵发表了题为《论数字计算在决断难题中的应用》的论文。在这篇开创性的论文中,图灵给"可计算性"下了一个严格的数学定义,并提出著名的图灵机(Turing machine)的设想。图灵机不是一种具体的机器,而是一种思想模型,可制造一种十分简单但运算能力极强的计算装置,用来计算所有能想象出的可计算函数。

图灵机思想是用机器来模拟人们用笔在纸上进行数学运算的过程,他把这样的过程看作下列两种简单的动作:

(1) 在纸上写上或擦除某个符号;

(2) 把注意力从纸的一个位置移动到另一个位置。

在每个阶段,人要决定下一步的动作,依赖于此人当前所关注的纸上某个位置的符号和此人当前思维的状态。

为了模拟人的这种运算过程,图灵构造出一台假想的机器,该机器由以下几部分组成。

一条无限长的纸带。纸带被划分为一个接一个的小格子,每个格子上包含一个来自有限字母表的符号,字母表中有一个特殊的符号表示空白。纸带上的格子从左到右依此被编号为0、1、2、……,纸带的右端可以无限伸展。

一个读写头。该读写头可以在纸带上左右移动,它能读出当前所指的格子上的符号,并能改变当前格子上的符号。

一个状态寄存器。它用来保存图灵机当前所处的状态。图灵机的所有可能状态的数目是有限的,并且有一个特殊的状态,称为停机状态。

一套控制规则。它根据当前机器所处的状态以及当前读写头所指的格子上的符号来确定读写头下一步的动作,并改变状态寄存器的值,令机器进入一个新的状态。

这个机器的每一部分都是有限的,但它有一个潜在的无限长的纸带,因此这种机器只是一个理想的设备。图灵认为通过这样的机器就能模拟人类所能进行的任何计算过程,是一个会对输入信息进行变换给出输出信息的系统。

图灵提出图灵机的模型并不是为了同时给出计算机的设计,它的意义有如下几点。

(1) 它证明了通用计算理论,肯定了计算机实现的可能性,同时它给出了计算机应有的主要架构。

(2) 图灵机模型引入了读写与算法与程序语言的概念,极大的突破了过去的计算机器的设计理念。

(3) 图灵机模型理论是计算学科最核心的理论,因为计算机的极限计算能力就是通用图灵机的计算能力,很多问题可以转化到图灵机这个简单的模型来考虑。

通用图灵机向人们展示这样一个过程:程序和其输入可以先保存到存储带上,图灵机就按程序一步一步运行直到给出结果,结果也保存在存储带上。

3. 图灵测试

1950 年,图灵发表论文《计算机器和智能》(Computing Machinery and Intelligence),文中预言了创造出具有真正智能的机器的可能性,提出了"机器能思维吗?"这样一个问题。由于注意到"智能"这一概念难以确切定义,提出了著名的图灵测试:如果一台机器能够与人类展开对话(通过电传设备)而不能被辨别出其机器身份,则称这台机器具有智能。这一简化使得图灵能够令人信服地说明"思考的机器"是可能的。

图灵发表的关于"图灵测试"的论文标志着现代机器思维问题讨论的开始。

图灵测试指测试者与被测试者(一个人和一台机器)隔开的情况下,通过一些装置(如键盘)向被测试者随意提问。进行多次测试后,如果机器让平均每个参与者做出超过 30% 的误判,那么这台机器就通过了测试,并被认为具有人类智能。

"图灵测试"没有规定问题的范围和提问的标准,如果想要制造出能通过试验的机器,以目前的技术水平,必须在计算机中储存人类所有可以想到的问题,储存对这些问题的所有合乎常理的回答,并且还需要理智地作出选择。

1.1.3 电子计算机的发展

1. 计算机硬件发展简史

计算机硬件的发展依托于所用的元器件,而元器件的发展与电子技术的发展紧密相关。每当电子技术有了突破性的进展,都会导致计算机硬件的重大变革。因此,计算机硬件发展史中的"代"通常以其所用的主要器件来划分。

(1) 第一代电子计算机(1946—1958 年)。电子管又称真空管,起初用于雷达等电子设备中,自 ENIAC 开始用于电子计算机。人们把所用的电子器件是电子管的计算机称为第一代电子计算机。这个时期的计算机都是建立在电子管基础上,具有笨重、产生热量多、容易损坏、存储容量小、读写速度慢等缺点。

第一代电子计算机以 1946 年 ENIAC 的研制成功为标志。

1949 年 5 月,英国剑桥大学莫里斯·文森特·威尔克斯(Maurice Vincent Wilkes)教授研制了世界上第一台存储程序式计算机 EDSAC(electronic delay storage automatic computer)，EDSAC使用机器语言编程，可以存储程序和数据，可以自动处理数据。自此，存储和处理信息的方法开始发生革命性变化。

1953年，IBM公司生产了第一台商业化的计算机——IBM 701。这使计算机向商业化迈出坚实一步。这个时期的计算机非常昂贵且不易操作，需要专门用于容纳这些计算机所需要的空调机房以及能够进行计算机编程的技术人员。因此，只有政府机构和大银行才买得起。

（2）第二代电子计算机（1959—1964年）。第二代电子计算机的特点是用晶体管代替了电子管。半导体晶体管是1948年由美国的贝尔实验室研制的，并于1956年开始用于电子计算机。晶体管的优点是体积小、发热少、耗电少、寿命长、价格低，特别是工作速度比电子管更快。此外，第二代计算机普遍采用磁芯存储器作为内存储器（简称内存），采用磁盘与磁带作外存储器（简称外存），使存储容量增大、可靠性提高，从而加快了汇编语言取代机器语言的步伐，为FORTRAN和COBOL等高级语言的应用提供了条件。

第二代电子计算机以1959年美国菲尔克公司研制成功的第一台大型通用晶体管计算机为标志。这个时期的计算机用晶体管取代了电子管，使计算机的结构与性能都发生了很大改变。20世纪50年代末，内存储器技术的重大革新是美国麻省理工学院研制的磁芯存储器，这是一种微小的环形设备，每个磁芯可以存储一位信息，若干个磁芯排成一列，即可构成存储单元。磁芯存储器稳定而且可靠，是这个时期存储器的工业标准。这个时期，作为辅助存储设备的磁盘开始出现，磁盘上的数据都有位置标识符，这些位置标识符被称为地址，磁盘的读写头可以直接被送到磁盘上的特定位置，因而比磁带的存取速度快得多。

20世纪60年代初，出现了通道和中断装置，解决了主机和外部设备（简称外设）并行工作的问题。通道和中断的出现在硬件的发展史上是一个飞跃，使得处理器可以从繁忙的控制输入输出的工作中解脱出来。

这个时期的计算机广泛应用在科学研究、商业和工程应用等领域，典型的计算机有IBM公司生产的IBM 7094和CDC（control data corporation，控制数据公司）生产的CDC1 640等。但是，第二代计算机的输入输出设备很慢，无法与主机的计算速度相匹配，这个问题在第三代计算机中得到了解决。

（3）第三代电子计算机（1965—1970年）。第三代电子计算机的主要特征是以中、小规模集成电路取代了晶体管。集成电路（integrated circuit，IC）是一种微型电子器件或部件，它采用一定的工艺，把一个电路中所需的晶体管、电阻、电容和电感等元件及布线互连一起，制作在一小块或几小块半导体晶片或介质基片上，然后封装在一个管壳内，成为具有所需电路功能的微型结构。集成电路的体积更小，耗电更少，功能更强，主存储器采用半导体存储器，内存容量大幅度增加，每秒可进行几十万次至几百万次基本运算。最具影响力的是IBM公司研制成功的IBM 360计算机系列。

这个时期的另一个特点是小型计算机的应用。DEC公司研制的PDP-8机、PDP-11系列机以及后来的VAX-11系列机等，都曾对计算机的推广起了极大的作用。其特征是大量采用磁芯做内存储器，采用磁盘、磁带等做外存储器；体积缩小、功耗降低、每秒能进行几十万次基本运算，内存容量也扩大到几十万字。

（4）第四代电子计算机（1971年至今）。第四代电子计算机的主要特点就是用大规模集成电路（large-scale integration，LSI）和超大规模集成电路（very large scale integration，VLSI）取代中、小规模集成电路。由于微电子学理论和计算机控制工艺方面的发展，为集成电路的集成度大幅度提高创造了条件。这一时期的代表机种有 IBM 370、CRAY Ⅱ 等。

第四代电子计算机的另一个重要分支是以大规模、超大规模集成电路为基础发展起来的微处理器和微型计算机。1971 年 Intel 公司相继研制出 Intel 4004 微处理器和 MCS4 微型计算机。所谓微处理器是将 CPU 集成在一块芯片上，是具有中央处理器功能的大规模集成电路器件。微处理器的发明使计算机在外观、处理能力、价格以及实用性等方面发生了深刻的变化。由于微型计算机的突出优点，使其得以迅速发展和普及，开始形成信息时代的特征。

微处理器和微型计算机的出现不仅深刻地影响着计算机技术本身的发展，同时也使计算机技术渗透到了社会生活的各个方面，极大地推动了计算机的普及。

微处理器已经无处不在，它不仅是微型计算机的核心部件，也是各种数字化智能设备的关键部件，而且超高速巨型计算机、大型计算机等高端计算系统也都采用大量的通用高性能微处理器建造。

从 20 世纪 80 年代开始，日、美等国家开展了新一代称为"智能计算机"的计算机系统的研究，并将其称为第五代电子计算机。第五代计算机是把信息采集、存储、处理、通信同人工智能结合在一起的智能计算机系统，能进行数值计算或处理一般的信息，主要能面向知识处理，具有形式化推理、联想、学习和解释的能力，能够帮助人们进行判断、决策、开拓未知领域和获得新的知识。人机之间可以直接通过自然语言（声音、文字）或图形图像交换信息。

自 20 世纪 80 年代以来，多用户大型计算机的概念被小型计算机连接成的网络所代替，这些小型计算机通过网络共享打印机、软件和数据等资源。计算机网络技术使计算机应用从单机走向网络，并逐渐从独立网络走向互连网络。在 20 世纪 80 年代末，出现了新的计算机体系结构——并行体系结构，一种典型的并行结构是所有处理器共享同一个内存。虽然把多个处理器组织在一台计算机中存在巨大的潜能，但是为这种并行计算机进行程序设计的难度也相当高。由于计算机仍然在使用电路板，仍然在使用微处理器，仍然没有突破冯·诺依曼体系结构，但可以肯定的是，随着未来社会计算机、网络、通信技术的三位一体，将会出现各种各样的未来计算机，超导计算机、纳米计算机、光计算机、DNA 计算机和量子计算机等新型计算机已经出现。

2. 计算机软件发展简史

计算机软件技术发展很快。60 年前，计算机只能被高素质的专家使用，今天，计算机的使用非常普遍，甚至儿童都可以灵活操作；50 年前，文件不能方便地在两台计算机之间进行交换，甚至在同一台计算机的两个不同的应用程序之间进行交换也很困难，今天，网络在两个平台和应用程序之间提供了无损的文件传输；40 年前，多个应用程序不能方便地共享相同的数据，今天，数据库技术使得多个用户、多个应用程序可以互相覆盖地共享数据。了解计算机软件的进化过程，对理解计算机软件在计算机系统中的作用至关重要。

（1）第一代软件（1946—1953 年）。第一代软件是用机器语言编写的，机器语言是内置在计算机电路中的指令，由 0 和 1 组成。例如，计算 6＋2 在某种计算机上的机器语言

程序如下:

```
10110000 00000110
00101100 00000010
11110100
```

第一条指令表示将"6"送到寄存器 AL 中,第二条指令表示将"2"与寄存器 AL 中的内容相加,结果仍在寄存器 AL 中,第三条指令表示结束。

不同种类的计算机使用不同的机器语言,程序员必须记住每条机器语言指令的二进制数字组合,因此只有少数专业人员能够为计算机编写程序,从而大大限制了计算机的推广和使用。用机器语言进行程序设计不仅枯燥费时,而且容易出错。试想一下,如何在一页全是 0 和 1 的纸上找出一个打错的 0 或 1!

在这个时代的末期出现了汇编语言。汇编语言使用助记符(一种辅助记忆方法,采用字母的缩写来表示指令)表示每条机器语言指令,例如 ADD 表示加,SUB 表示减,MOV 表示移动数据。相对于机器语言,用汇编语言编写程序就容易多了。例如,计算 6+2 的汇编语言程序如下:

```
MOV AL,6
ADD AL,2
HLT
```

由于程序最终在计算机上执行时采用的都是机器语言,所以需要用一种称为汇编器的翻译程序,把用汇编语言编写的程序翻译成机器代码。编写汇编器的程序员简化了他人的程序设计,是最初的系统程序员。

(2) 第二代软件(1954—1964 年)。当硬件变得更强大时,就需要更强大的软件工具使计算机得到更有效地使用。汇编语言向正确的方向前进了一大步,但是程序员还是必须记住很多汇编指令。第二代软件开始使用高级程序设计语言(简称高级语言,相应地,机器语言和汇编语言称为低级语言)编写,高级语言的指令形式类似于自然语言和数学语言,不仅容易学习、方便编程,也提高了程序的可读性。例如,计算并显示 6+2 的结果。

利用 Visual Basic 语言编写的程序如下:

```
Private Sub Command1_Click()
    Sum = 6 + 2              '6 与 2 相加的结果放到变量 sum 中
    Print Sum                '显示结果
    End                      '结束
End Sub
```

利用 C 语言编写的程序如下:

```
#include<stdio.h>
void main()
{
    int sum;                 //声明 sum 为整型变量
    sum=6+2;                 //6 与 2 相加的结果放到变量 sum 中
    printf("%d\n",sum);      //显示结果
}
```

利用 Python 语言编写的程序如下：

```
sum=6+2
print(sum)
```

IBM 公司从 1954 年开始研制高级语言，同年推出了第一个用于科学与工程计算的 FORTRAN 语言。1958 年，麻省理工学院的麦卡锡（John McCarthy）推出了第一个用于人工智能的 LISP 语言。1959 年，美国宾夕法尼亚大学的霍普（Grace Hopper）推出了第一个用于商业应用程序设计的 COBOL 语言。1964 年达特茅斯学院的凯梅尼（John Kemeny）和卡茨（Thomas Kurtz）推出了 BASIC 语言。

高级语言的出现产生了在多台计算机上运行同一个程序的模式，每种高级语言都有配套的翻译程序（称为编译器），编译器可以把高级语言编写的语句翻译成等价的机器指令。系统程序员的角色变得更加明显，系统程序员编写诸如编译器这样的辅助工具，使用这些辅助工具编写应用程序的人，称为应用程序员。随着包围硬件的软件越来越复杂，应用程序员离计算机硬件也越来越远了，那些仅仅使用高级语言编程的人不需要懂得机器语言和汇编语言，这就降低了对应用程序员在硬件及机器指令方面的要求。因此，这个时期有更多的计算机应用领域的人员参与程序设计。

高级语言程序需要转换为机器语言程序来执行，因此高级语言对软硬件资源的消耗就更多，运行效率也较低。由于汇编语言和机器语言可以利用计算机的所有硬件特性并直接控制硬件且汇编语言和机器语言的运行效率较高，因此在实时控制、实时检测等领域的一些应用程序仍然使用汇编语言或机器语言来编写。

在第一代和第二代软件时期，计算机软件实际上就是规模较小的程序，由于程序规模小，程序编写起来比较容易，也没有什么系统化的方法，对软件的开发过程更没有进行任何管理。这种个体化的软件开发环境使得软件设计往往只是在人们头脑中隐含进行的一个模糊过程，除了程序清单之外，没有其他文档资料。

（3）第三代软件（1965—1970 年）。在这个时期，由于用集成电路取代了晶体管，处理器的运算速度得到了大幅度提高，处理器在等待运算器准备下一个作业时，无所事事。因此需要编写一种程序，使所有计算机资源处于计算机的控制中，这种程序就是操作系统。

带有输入输出设备的计算机终端可使用户能够直接访问计算机，而不断发展的系统软件则使计算机运转得更快。但是，利用键盘和屏幕进行数据的输入和输出比在内存中执行指令慢得多，这就导致了如何运用计算机越来越强大的运算能力。解决方法就是分时操作，即许多用户用各自的终端同时与一台计算机进行通信，控制这一进程的是分时操作系统，负责组织和安排各个作业。

1967 年，塞缪尔（A. L. Samuel）发明了第一个下棋程序，开始了人工智能的研究。1968 年荷兰计算机科学家艾兹格·W. 迪克斯彻（Edsger W. Dijkstra）发表了论文《GOTO 语句的害处》，指出调试和修改程序的困难与程序中包含 GOTO 语句的数量成正比。从此，各种结构化程序设计理念逐渐确立起来。

20 世纪 60 年代以来，计算机用于管理的数据规模更为庞大，应用越来越广泛，同时，多种应用、多种语言互相覆盖地共享数据集合的要求越来越强烈。为解决多用户、多应用共享数据的需求,使数据为尽可能多的应用程序服务,出现了数据库技术,以及统一管理数据的软件系统——数据库管理系统(database management system,DBMS)。

随着计算机应用的日益普及,软件数量急剧膨胀,在计算机软件的开发和维护过程中出现了一系列严重问题。例如,在程序运行时发现的问题必须设法改正;用户有了新的需求必须相应地修改程序;硬件或操作系统更新时,通常需要修改程序以适应新的环境;等等。上述种种软件维护工作以令人吃惊的规模消耗资源,更严重的是,由于许多程序的个体化,使得它们不可维护。"软件危机"就这样开始出现了。1968年,北大西洋公约组织(简称北约)的计算机科学家召开国际会议,讨论软件危机问题,在这次会议上正式提出并使用了"软件工程"这个术语。

(4) 第四代软件(1971—1989年)。20世纪70年代出现了结构化程序设计技术,Pascal语言和Modula-2语言都是采用结构化程序设计规则制定的,BASIC这种为第三代计算机设计的语言也被升级为具有结构化的版本,此外,还出现了灵活且功能强大的C语言。

此时,更好用、更强大的操作系统被开发了出来。为IBM PC开发的PC-DOS和为兼容机开发的MS-DOS都成了微型计算机的标准操作系统,Macintosh机的操作系统引入了鼠标和点击式的图形界面,彻底改变了人机交互的方式。

20世纪80年代,随着微电子和数字化声像技术的发展,在计算机应用程序中开始使用图像、声音等多媒体信息,出现了多媒体计算机,多媒体技术的发展使计算机的应用进入了一个新阶段。

这个时期出现了多用途的应用程序,这些应用程序面向没有任何计算机经验的用户。典型的应用程序是电子制表软件、文字处理软件和数据库管理软件。Lotus1-2-3是第一个商用电子制表软件,WordPerfect是第一个商用文字处理软件,dBase Ⅲ是第一个实用的数据库管理软件。

(5) 第五代软件(1990年至今)。第五代软件发展阶段有3个著名事件:美国Microsoft公司的崛起、面向对象的程序设计方法的出现以及万维网(World Wide Web,WWW)的普及。

在这个时期,Microsoft公司的Windows操作系统在个人计算机市场占有显著优势,尽管WordPerfect仍在继续改进,但Microsoft公司的Word成了最常用的文字处理软件。20世纪90年代中期,Microsoft公司将文字处理软件Word、电子制表软件Excel、数据库管理软件Access和其他应用程序绑定在一个程序包中,称为办公自动化软件。

面向对象的程序设计方法最早是在20世纪70年代开始使用的,当时主要用在Smalltalk语言中。20世纪90年代,面向对象的程序设计逐步代替了结构化程序设计,逐渐成为最流行的程序设计技术。面向对象程序设计尤其适用于规模较大、具有高度交互性、反映现实世界中动态内容的应用程序。Python、Java、C++、C#、Visual Basic等都是面向对象程序设计语言。

1990年,英国计算机科学家蒂姆·伯纳斯·李(Tim Berners-Lee)创建了一个全球Internet文档中心,并创建了一套技术规则和创建格式化文档的HTML语言,以及能让用户访问全世界站点上信息的浏览器,此时的浏览器还很不成熟,只能显示文本。

软件体系结构从集中式的主机模式转变为分布式的客户-服务器(client/server,C/S)

模式、浏览器-服务器(browser/server,B/S)模式,专家系统和人工智能软件从实验室走出来进入了实际应用,完善的系统软件、丰富的系统开发工具和商品化的应用程序的大量出现,以及通信技术和计算机网络的飞速发展,使得计算机进入了一个大发展的阶段。

在计算机软件的发展史上,需要注意"计算机用户"这个概念的变化。起初,计算机用户和程序员是一体的,程序员编写程序来解决自己或他人的问题,程序的编写者和使用者是同一个(或同一组)人;在第一代软件末期,编写汇编器等辅助工具的程序员的出现导致系统程序员和应用程序员的区分,但是,计算机用户仍然是程序员;20世纪70年代早期,应用程序员使用复杂的软件开发工具编写应用程序,这些应用程序由没有计算机背景的从业人员使用,计算机用户不仅是程序员,还包括使用这些应用软件的非专业人员;随着微型计算机、计算机游戏、教育软件以及各种界面友好的软件包的出现,许多人成为计算机用户;万维网的出现,使网上冲浪成为一种娱乐方式,更多的人成为计算机的用户。今天,所有使用计算机的人都是计算机用户,可以是正在学习阅读的学龄前儿童,可以是正在下载音乐的青少年,可以是正在准备毕业论文的大学生,可以是正在制定预算的家庭主妇,可以是正在安度晚年的退休人员……

1.1.4 计算机的分类

计算机种类很多,可以从不同的角度对计算机进行分类。按照用途分类,有专用计算机和通用计算机;按照信息的表示方式分类,有数字计算机、模拟计算机和数模混合计算机;按照规模和处理能力分类,有高性能计算机、大型计算机、小型计算机、微型计算机等。

1. 高性能计算机

高性能计算机又称超级计算机,旧称巨型机,通常是指由数百数千甚至更多的处理器(机)组成的、能计算个人计算机和服务器不能完成的大型复杂课题的计算机。这类计算机较多采用集群系统,具有功能最强、存储容量最大、运算速度最快、更注重浮点运算等特点。

超级计算机拥有最强的并行计算能力,主要用于数值计算(科学计算),在气象、军事、能源、航天、探矿等领域承担大规模、高速度的计算任务。

超级计算机是世界高新技术领域的战略制高点,是国家科技发展水平和综合国力的重要标志,目前峰值速度达到 51.3×10^{16} FLOPS,即每秒可进行51.3亿亿次浮点运算。

2. 大型计算机

大型计算机又称大型机、大型主机、主机,是从IBM System/360开始的一系列计算机及与其兼容或同等级的计算机,主要用于大量数据和关键项目的计算,例如银行金融交易及数据处理、人口普查、企业资源规划等。这类计算机具有极强的综合处理能力和极大的性能覆盖面。在一台大型计算机中可以使用几十台微型计算机或微型计算机芯片,可以同时支持上万个用户,可以支持几十个大型数据库,用以完成特定的操作,主要应用于政府部门、银行、大公司、大企业等。

3. 小型计算机

小型计算机又称小型机,相对于大型机而言,其机器规模小、结构简单、设计试制周期短,便于及时采用先进工艺技术,软件开发成本低,可靠性高,易于操作维护。小型计算机不仅广泛应用于工业自动控制、大型分析仪器、测量设备、企业管理、大学和科研机构等,还可以作为大型与巨型计算机系统的辅助计算机。

小型计算机和超大规模集成电路技术的发展为微型计算机的诞生创造了条件。为了提高小型计算机的性能价格比,厂家利用大规模集成电路技术实现小型计算机的微型化。因为体系逻辑结构是现成的,研制生产周期可以缩短,原先研发的软件也可以使用。在小型计算机应用领域,微型计算机与小型计算机相辅相成,得到广泛的应用。

4. 微型计算机

微型计算机简称微型机、微机,又称个人计算机(personal computer,PC),俗称电脑,其准确的称谓是微型计算机系统,可以简单地定义为在微型计算机硬件系统的基础上配置必要的外部设备和软件构成的实体。

自 1981 年美国 IBM 公司推出第一代微型计算机 IBM-PC 以来,微型计算机以其执行结果精确、处理速度快捷、性价比高、轻便小巧等特点迅速进入社会各个领域,且技术不断更新、产品快速换代,从单纯的计算工具发展成为能够处理数字、符号、文字、语言、图形、图像、音频、视频等多种信息的强大多媒体工具。如今的微型计算机产品无论从运算速度、多媒体功能、软硬件支持,还是易用性等方面都比早期产品有了很大飞跃,并且开始在家庭普及。

1.1.5 计算机的应用领域

计算机的主要应用领域如下。

1. 科学计算

科学计算也称为数值计算,是计算机最早的应用领域,通常指用于完成科学研究和工程技术中提出的数学问题的计算,即利用计算机的高速计算、大存储容量和连续运算的能力,实现高能物理、工程设计、地震预测、气象预报、航天技术等人工无法解决的各种科学计算问题,其特点是计算工作量大、数值变化范围大。

2. 数据处理(或信息处理)

数据处理也称为非数值计算,是目前计算机应用最广泛的一个领域。利用计算机来加工、管理与操作任何形式的数据资料,例如进行企业管理、物资管理、报表统计、账目计算、信息情报检索等工作。与科学计算不同,数据处理通常涉及的数据量大。

数据处理从简单到复杂经历了 3 个发展阶段,具体如下。

(1) 电子数据处理(electronic data processing,EDP)。

(2) 管理信息系统(management information system,MIS)。

(3) 决策支持系统(decision support system,DSS)。

数据处理是现代化管理的基础,不仅应用于处理日常的事务,而且能支持科学的管理与企事业计算机辅助管理与决策。

3. 过程控制(或实时控制、过程监控)

利用计算机对工业生产过程中的某些信号自动进行检测,并把检测到的数据存入计算机,再根据需要对这些数据进行处理,这样的系统称为计算机监测系统。特别是仪器、仪表引进计算机技术后所构成的智能化仪器、仪表,将工业自动化推向了一个更高的水平。

4. 辅助技术(或计算机辅助设计与制造)

辅助技术包括计算机辅助设计(computer aided design,CAD)、计算机辅助制造(computer aided manufacturing,CAM)、计算机辅助工艺规划(computer aided process planning,CAPP)、计算机辅助测试(computer aided test,CAT)、计算机辅助质量控制(computer aided quality control,CAQ),以及应用计算机对制造型企业中的生产和经营活动的全过程进行总体优化组合的计算机集成制造系统(computer integrated manufacturing systems,CIMS),另外,还有用于教学和培训目的计算机辅助教学(computer aided instruction,CAI)。

辅助是强调了人的主导作用,计算机和使用者构成了一个密切交互的人机系统。

5. 人工智能(或智能模拟)

人工智能是开发一些具有人类某些智能的应用系统,用计算机来模拟人的思维判断、推理等智能活动,使计算机具有自学习适应和逻辑推理的功能,例如计算机推理、智能学习系统、专家系统、机器人等,帮助人们学习和完成某些推理工作。

6. 电子商务

电子商务(electronic commerce)是利用计算机技术、网络技术和远程通信技术,实现在线商品的交易、支付、交付环节中的电子化、数字化和网络化。迄今为止,电子商务还没有统一的定义,不同国家或不同组织站在不同角度和研究领域给出众多定义。但其关键依然是依靠互联网技术、移动互联网技术和智能终端设备所完成在线商务活动的新型模式,随着"互联网+"实体经济的深度融合,电子商务概念的外延和内涵会更加丰富,成为推动经济发展的新动力,形成庞大的网上生态体系。

电子商务是以商务活动为主体,以计算机网络为载体,以数字化方式为手段,在法律许可范围内所进行的商贸活动。随着互联网普及率提升,互联网商业应有模式不断创新推出,网上零售、网上出行、网上外卖、网上咨询、网上教育等各种消费方式已日渐流行,电子商务是推动社会消费的主要力量。

电子商务类型根据网络、渠道、对象不同可分为多种形式,最常见的根据交易对象可以划分3种形式。

(1) B2B(business to business,企业对企业)。B2B交易的双方都是企业,该模式是指企业内部以及企业与供应链之间的企业信息撮合,并在线进行的各种交易。例如阿里巴巴国际站和1688国内站等。

(2) B2C(business to customer,企业对用户)。B2C交易的双方是企业与消费者,就是企业或商家在线销售产品或服务给个人消费者。例如天猫、京东商城、拼多多等。

(3) C2C(customer to customer,用户对用户)。C2C交易的双方都是消费者,消费者可以通过在线方式直接销售或拍卖销售给其他消费者,例如淘宝网等。

1.1.6 计算机的发展趋势

随着科技的进步,计算机的发展已经进入了一个快速而又崭新的时代,计算机已经从功能单一、体积较大变得功能复杂、体积微小、资源网络化。计算机的未来充满了变数,实现性能的飞跃有了多种途径,计算机的发展不仅变得越来越人性化,同时也更注重环保。计算机从出现至今,经历了4代的发展,从最初的机器语言、程序语言、简单操作系统到Linux、Mac OS、BSD、Windows等现代操作系统,运行速度也得到了极大的提升,第四代计算机的运算速度已经达到几十亿次每秒。计算机也由原来的仅供军事、科研使用发展到人人拥有、计算能力强大的普及产品,产生了巨大的市场需要,未来计算机性能应向着巨型化、微型化、网络化、智能化和多媒体化的方向发展。

1. 巨型化

巨型化是指为了适应尖端科学技术的需要,发展高速度、大存储容量和功能更强大的高性能计算机。人们对计算机的依赖性越来越强,特别是在军事、科研、教育方面对计算机的存储空间和运行速度等要求越来越高,计算机的功能也更加多元化。

2. 微型化

微处理器的出现,使微型计算机得以诞生。软件行业的飞速发展,使计算机操作系统的使用更加便捷,计算机外部设备也趋于完善。计算机理论和技术上的不断完善促使微型计算机很快渗透到全社会的各个行业和部门,成为人们生活和学习的必需品。随着集成电路集成度的大幅提升,在保证功能的同时,体积更小、更加便携、更适合移动的环境。因此,未来计算机仍会继续向微型化、嵌入式的方向发展。

3. 网络化

互联网将世界各地的计算机连接在一起,是社会进入了互联网时代。计算机的网络化彻底改变了人类世界,人们在互联网上可以通过QQ、微信、微博等社交工具进行沟通和交流,通过专业网站进行文献查阅、远程教育和教育资源共享,通过百度、谷歌等搜索引擎进行信息查阅。无线网络的出现,极大地提高了人们使用网络的便捷性,这使未来的计算机进一步向网络化方向发展。

4. 智能化

人工智能是未来发展的必然趋势。现代计算机虽然具有强大的功能和运行速度,但是与人脑相比,其智能化和逻辑能力仍有待提高。人类在不断地探索如何让计算机能够更好地反应体现人类的思维,使之具有逻辑思维判断能力,可以通过思考与人类沟通交流,而不是依靠程序编码的方式来运行。

5. 多媒体化

传统计算机处理的信息主要是字符和数字。事实上,人们更习惯于图片、文字、声音、图像等形式的多媒体信息。多媒体技术可以集图形、图像、音频、视频、文字为一体,使信息处理的对象和内容更加接近真实世界。

1.2　信息与计算机文化

在大数据时代,计算机技术对社会的影响已经深入人心。计算机是问题求解与数据处理的必备工具,可以有效地构建与提升人类的计算思维模式,计算机已经成为人类生存的一种文化,一种无处不在的计算文化。

1.2.1 认识信息

信息,指音信、消息、通信系统传输和处理的对象,泛指人类社会传播的一切内容。人类通过获得、识别自然界和社会的不同信息来区别不同的事物,得以认识和改造世界。在一切通信和控制系统中,信息是一种普遍联系的形式。

数学家香农在题为《通信的数学理论》的论文中指出:"信息是用来消除随机不定性的东西。"创建一切宇宙万物的最基本单位是信息。

控制论的创始人维纳(Norbert Wiener)认为"信息是人们在适应外部世界,并使这种适应反作用于外部世界的过程中,同外部世界进行互相交换的内容和名称",它也被作为经典性定义加以引用。

经济管理学家认为"信息是提供决策的有效数据"。

电子学家、计算机科学家认为"信息是电子线路中传输的以信号作为载体的内容"。

我国著名的信息学专家钟义信教授认为"信息是事物存在方式或运动状态,以这种方式或状态直接或间接的表述"。

美国信息管理专家霍顿(F. W. Horton)给信息下的定义是"信息是为了满足用户决策的需要而经过加工处理的数据"。简单地说,信息是经过加工的数据,即信息是数据处理的结果。

根据对信息的研究成果,科学的信息概念可以概括如下。

信息是对客观世界中各种事物的运动状态和变化的反映,是客观事物之间相互联系和相互作用的表征,表现的是客观事物运动状态和变化的实质内容。

在物理学上,信息与物质是两个不同的概念,信息不是物质,虽然信息的传递需要能量,但是信息本身并不具有能量。

信息的主要特征如下。

(1) 信息必须依附于载体。信息不能脱离具体的符号及其物质载体而单独存在。物质是具体的、实在的资源,而信息是一种抽象的、无形的资源。信息必须依附于物质载体,且只有具备一定能量的载体才能传递。信息不能脱离物质和能量而独立存在。新闻信息离开具有一定时空的事实以及语言文字等就无法体现。

(2) 信息无处不在。客观世界的一切事物都在不断地运动变化,并表现出不同的特征和差异,这些特征的变化就是客观事实,并以各种各样的信息形式反映出来。从人类出现以来,人们就持续不断地利用大自然中无穷无尽的信息资源。因此可知,信息就在人们的身边。

(3) 信息具有可传递性和共享性。没有传递,就无所谓有信息。信息可以用口头语言、肢体语言、手抄文字、印刷文字、电信号等多种方式和渠道进行传递,也可以进行多人分享信息。不同于物质,信息可以转让和共享。越具有科学性和社会规范性的信息,越具有共享性,只有共享性强的新闻信息才有普遍效果。

(4) 信息可处理性信息。信息是可以被加工处理的,即可以被编辑、压缩、引申、拓展和存储。人们对大量的信息进行归纳、综合的过程就是信息浓缩。例如,总结、报告、议案、新闻报道、经验、知识等都是在收集大量信息后进行提炼而成的。而缩微、光碟等则是对信息进行浓缩和存储的现代化技术。信息可以存储,以备需要时使用。存储信息的手段多种多样,如人脑、计算机磁盘、书写、印刷、缩微、录像、照相、录音等。信息也可以由一种状态转换为另一种状态,例如将文本转换为数据表、图表或图形。信息在经过计算、综合、分析等处理后就可以增值,在不同的领域为不同的人群提供更有效地服务。

1.2.2　计算机文化的形成

对"文化"一词一般意义上的理解是,只要能对人类的生活方式产生广泛影响的事物就属于文化,例如语言文化、饮食文化、茶文化、酒文化等都属于文化的范畴;对"文化"一词严格意义上的理解是,应当具有信息传递和知识传授功能,能从生产方式、工作方式、学习方式到生活方式对人类社会产生广泛而深刻影响。

计算机已成为人们日常生活不可分割的部分,自1975年第一台微型计算机问世以来,随着价格持续下降、性能大幅度提高、操作日趋简便,普及率已超过50%。此外,每年还有不计其数的单片机被用到汽车、微波炉、洗衣机、电话和电视机中。

随着计算机应用的普及其网络技术的发展,特别是信息高速公路的建设,使无纸贸易、无纸办公、无纸新闻、无纸出版都已经成为现实,计算机已成为人与人、人与社会之间沟通的渠道。人类文化及传播媒体产生了巨大变革。

多媒体计算机的出现及其全球网络化大大缩小了人们在时间和空间上的距离,使彼此交谈、交流思想、交换信息更加方便,使人类的联系更加密切,使知识宝库更加丰富,各种难题更容易解决。计算机技术的应用领域几乎无所不在,正在成为人们工作、生活、学习中不可或缺的重要组成部分。所以,不应该单纯地把计算机当作学术问题进行研究,计算机及其计算机技术已不再是独立的个体,而是一种文化,应该当作为一种重大的文化现象进行探讨,兴利除弊、因势利导。

一个计算机技术大普及的时代已经揭开了序幕,势必形成独具魅力的计算机文化。

1.2.3　计算机文化的主要特征

计算机的"文化"内涵远比"知识"要深刻,计算机的发展及普及对人类社会的各个领域都产生了不可估量的影响。在人类社会发展的历史进程中,语言的使用、文字的使用、印刷术的应用,以及电报、电话、广播、电视的普及都曾是信息传播的主要手段,帮助人类创造了人类不同时代的文化,推动了人了社会的文明与进步。在经历了人类文化史的四次信息革命后,当今正在经历以计算机为中心,以计算机技术与通信技术相结合为标志的意义更加深远的第五次信息革命。

与传统文化不同,计算机文化具有自己的特征,主要表现在以下4方面。

(1) 信息处理是计算机文化的核心。

(2) 信息表现形式的多样性体现了计算机文化的丰富内涵。

(3) 信息处理由程序控制,是程序的执行过程。

(4) 网络化处理。

1.2.4 计算机文化对社会的影响

计算机的普及和计算机文化的形成及发展,对社会产生了深远的影响。网络技术的飞速发展,使互联网渗透到了人们工作、生活的各个领域,成为人们获取信息、享受网络服务的重要来源。随着网络经济时代的到来,人们对计算机及其所形成的计算机文化,有了更全面的认识。下面,将从信息高速公路和信息化社会的特征这两个方面来了解计算机文化对社会的影响。

1. 信息高速公路

1991年,美国国会通过了由参议员阿尔·戈尔(Al Gore)提出的《高性能计算法案》(The High Performance Computing Act),后来称其为《信息高速公路法案》,在该法案中提出了信息高速公路(Information Superhighway)的概念。1993年1月,戈尔当选为克林顿政府的副总统,同年9月,他代表美国政府发表了《国家信息基础设施行动日程》(National Information Infrastructure: Agenda for Action),即"美国信息高速公路计划",或称NII计划。按照这一日程,美国计划在1994年把100万户家庭连入高速信息传输网,至2000年,连通全美国的学校、医院和图书馆,最终在10～15年内(即2010年以前)把信息高速公路的"路面"(即大容量的高速光纤通信网),延伸到全美国的9500万个家庭。NII计划宣布后,不仅得到美国国内大公司的普遍支持,也受到世界多国的高度重视。包括中国在内的许多发展中国家也在研究NII计划,并且制订和提出本国的对策。网络系统是NII计划的基础。早在1969年,美国就建成了第一个国家级的广域网——ARPANET(Advanced Research Project Agency Network,高级研究计划局网络,阿帕网)。随着网络技术的发展和个人计算机(personal computer,PC)的普及,以PC为主体的局域网有了很大的发展。目前,世界上最大的计算机网络是Internet(因特网),它就是在ARPANET的基础上,由众多的局域网、城域网(metropolitan area network,MAN)和国家网互连而成的一个全球网,网上的数据信息量疾速递增。下面,以电子邮件(electronic mail,E-mail)为例介绍Internet的应用。人们在使用E-mail时,发送电子邮件的用户只需把信件内容及收信人的E-mail地址按照规定输入连网的计算机,E-mail系统就会把信件通过网络传送到目的地;收信的用户连网后就可以在E-mail收件箱中看到发来的邮件。NII计划的提出,给未来的信息化社会勾勒出了一个清晰的轮廓,而Internet的发展壮大,也给未来的全球信息基础设施提供了一个可供借鉴的原型。人人向往的信息化社会,已不再是一个带有理想色彩的空中楼阁。

2. 信息化社会的特征

同之前的社会相比,信息化社会具有下列主要特征。

(1) 信息已成为重要的战略资源。在工业社会,能源和原材料是最重要的资源。信息技术的发展使人们日益认识到,它对促进经济发展的重要作用,并将其视为重要的战略资源。一个企业如果不实现信息化,就很难增加生产,提高市场竞争能力;一个国家如果缺乏信息资源,不重视提高信息的利用和交换能力,就只能变得贫穷、落后。因此,我国将信息产业上升为最重要的产业。在美国学者M. U. Poftat提出的宏观经济结构理论中,将信息产业与农业、工业、服务业并列为四大产业。信息产业不能代替工业生产汽车,也不能代替农业生产粮食,但是它能促进发展国民经济的发展,可通过提高企业的生产水平改进产品质量、改善劳动条件、带来明显的经济效益。可以预见,未来的信息产业将成为全世界最大的产业。

(2) 信息网络成为社会的基础设施。随着 NII 计划的提出和 Internet 的扩大运行,"网络就是计算机"的思想已深入人心。因此,信息化不单是让计算机进入普通家庭,更重要的是将信息网络连通到千家万户。如果说供电网、交通网和通信网是工业社会中不可缺少的基础设施,那么信息网的覆盖率和利用率,理所当然地将成为衡量信息化社会是否成熟的标志。

1.2.5 计算机文化对语言的影响

语言是人类最重要的交际工具,是人们进行沟通的主要表达方式,人们借助语言保存和传递人类文明的成果。

作为计算机文化的重要组成部分,网络已在人们生活中深刻地影响着人们的交往、沟通的方式。语言是生活中产生的,网络语言是伴随着网络的发展而新兴的一种有别于传统平面媒介的语言形式,以简洁生动的形式,一诞生就得到了广大网友的偏爱,发展神速。

网络上冒出的新词汇主要取决于其自身的生命力,如果那些充满活力的网络语言能够经得起时间的考验,约定俗成后,人们就可以接受。网络语言包括拼音或者英文字母的缩写,含有某种特定意义的数字以及形象生动的网络动画和图片,起初主要是为了提高网上聊天的效率或某种特定的需要而采取的方式,久而久之就形成特定语言了。

随着网络语言研究的深入和拓宽,网络语言学应运而生。这门新学科是介于网络技术和语言科学之间而偏重于语言科学的交叉学科,是由中国知名学者周海中教授于 2000 年首先提出的。在其《一门崭新的语言学科——网络语言学》一文中,他对网络语言学的研究对象、研究方法、研究任务、学科属性和定位问题等作了精辟阐述;此后,网络语言学引起国际学术界的关注。目前,网络语言学已成为语言学研究的一个热点。

1.2.6 计算机文化与信息素养

进入信息化时代后,计算机已经作为一种文化现象影响着社会生活,并推动整个社会从生产方式、工作方式、学习方式到生活方式的全面变革。最能体现"计算机文化"的知识结构和能力素质的应当是信息素养。信息素养作为信息时代的一种必备能力,正日益受到世人的关注。

在计算机文化环境下,要求人们必须充分了解这种新型的文化形式,具备相应的计算机文化的知识结构和能力素质,这既是"计算机文化"水平高低和素质优劣的具体体现,又是信息化社会对新型人才培养所提出的最基本要求。换句话说,在当今这个信息量呈爆炸式增长的时代,人们若不能及时、有效地提高自身的信息素养,缺乏信息方面的知识与能力,就相当于是信息化社会的"文盲",将无法适应信息化社会的学习、工作与竞争的需要。

信息素养包括文化素养、信息意识和信息技能 3 个层面。要成为一个有信息素养的人,就必须能够确定何时需要信息,并具有检索、评价和有效使用信息的能力。信息素养应包含以下3方面的内容。

(1) 认知。认知即信息处理、获取、传输和应用的基础知识。

(2) 技能。技能即资料检索、计算机素养、研究、学习和定位等技能。

(3) 理念。理念即数据处理,基于资源的学习、创造性思维、问题解决、批判性思维、终身学习及责任意识。

实际上,信息素养并不是一个新概念,从古到今,人类一直在获取信息和使用信息,只是在人类进入信息化社会后,由于信息量猛增,才需要运用先进技术获取和使用信息,才会对人们提出高要求的信息素养。信息素养既是实践发展的结果,也是实践水平的标志。一般认为,信息素养主要包含以下几方面的能力。

(1) 运用工具的能力。该能力要求能够熟练使用网络、多媒体设备。

(2) 处理信息的能力。该能力要求能够解读、分析获取的信息,即能够对获取的信息进行归纳、分类、存储、鉴别、分析、综合、抽象、概括和表达。

(3) 生成信息的能力。该能力要求能够整合多种信息源的信息,并组织和建构便于交流和展示的信息作品,即能够在信息收集、准确加工处理信息基础上创造新信息,用信息解决问题,发挥效益。

(4) 信息协作的能力。该能力要求能够将信息和信息工具作为交往与合作的媒介,与外界建立多种和谐的协作关系。

(5) 信息评价能力。该能力要求能判定信息作品效果,评价信息问题解决过程的效率。

(6) 信息免疫的能力。浩瀚的信息良莠不齐,需要科学的甄别能力和自控、自律、自我调节能力,该能力要求能够消除垃圾信息和有害信息的干扰和侵蚀。

信息素养已经从其传统的信息检索、存储的基本含义上升华,它涉及各种基本的技能、能力和理念。

1.2.7 计算机文化教育与思维能力培养

计算机文化已经成为人类现代文化的一个重要组成部分,它将一个人经过文化教育后所应具有的能力从传统的读、写、算上升到了新的高度,带来了崭新的学习理念,加快了人类社会进步与发展的步伐。正确理解和运用计算机科学及其社会影响,加强计算机文化教育,已成为当代人必备的基本文化素养。

计算机文化教育包括基本的信息素养与学习能力的培养,更进一步地通过对计算机的学习实现人类计算思维能力的构建,使受教育者能够"自觉"地学习计算机的相关技术和知识,有兴趣并且会用计算机解决实际问题,进而发展创新意识。

计算机文化教育对思维能力的影响主要体现在以下3方面。

(1) 有助于培养创造性思维。

(2) 有助于发展抽象思维。

(3) 有助于强化思维训练,促进思维力能提升。

计算机文化教育水平已经成为衡量当今社会进步程度的重要标志。

1.3 计算思维基础

随着计算机科学研究成果的不断积累,计算机技术已经应用于普适计算、商业智能、计算金融学、计算生物学、计算物理、计算医学等非常广泛的领域,并且与这些学科之间的交叉越来越深入。作为一种新的思维方式,计算思维通过广义的计算(涉及信息处理、算法、复杂度等)来描述各类自然过程和社会过程,从而解决各个学科的问题。

1.3.1 科学与计算科学

1. 科学的概念和种类

(1) 科学的概念。科学是指反映现实世界中各种现象及其客观规律的知识体系。作为人类知识的最高形式,科学已成为人类社会普遍的文化理念。

达尔文对科学定义是,"科学就是整理事实,从中发现规律并做出结论"。

爱因斯坦认为,"设法将人们杂乱无章的感觉经验加以整理,使之符合逻辑一致的思想系统,就称为科学"。

国内外关于科学的其他定义如下。

科学是从确定研究对象的性质和规律这一目的出发,通过观察、调查和实验得到的系统知识。

科学是运用范畴、定理和定律等思维形式反映现实世界各种现象的本质和运动规律的知识体系。

从上述定义中可以知道,科学作为一种存在的事物和完整的事物,是人类认知的事物中最客观的,其内涵是事实与规律。科学是要发现人所未知的事实以及客观事物之间内在的本质的必然联系,并以此为依据,实事求是。

(2) 科学的种类。按照研究对象的不同,科学可分为自然科学、社会科学和思维科学,以及总结和贯穿于3个领域的哲学和数学。按照与实践的不同联系可分为理论科学、技术科学、应用科学等。按照人类对自然规律利用的直接程度,科学可分为自然科学和实验科学两类。按照人类目标的不同,科学又可分为广义的科学、狭义的科学。广义的科学概念是自然科学、人文科学和社会科学等所有科学的总称;狭义的科学概念则专指自然科学,有时甚至直指基础理论科学。

2. 计算科学与计算学科

(1) 计算科学又称科学计算,是实验(或观察)和理论这两种科学方法的补充和扩展,其本质是数值算法以及计算数学。从计算视角看,是一种数学模型构建、定量分析方法以及利用计算机来分析和解决科学问题的研究领域;从计算机视角看,是应用高性能计算能力预测和了解实际物质世界或复杂现象演化规律的科学,其中包括数值模拟、工程仿真高效计算机系统和应用软件等。目前,几乎所有领域的重大成就均得益于计算科学的支持。

(2) 计算学科来源于对数理逻辑、计算模型、算法理论和自动计算及其的研究,是在数学和电子科学基础上发展起来的一门学科。从计算的视角看,计算学科是利用计算科学对其他学科中的问题进行计算机模拟或者其他形式的计算而形成的计算物理、计算化学、计算力学等学科的统称;从计算机视角看,计算学科是对描述和变换信息的算法过程进行系统地研究,包括算法过程的理论、分析、设计、效率分析、实现和应用等。计算学科的基本问题是能行与效率的问题,其核心问题是"能行"问题,即什么是(实际)可计算的?什么是(实际)不可计算的?如何保证计算的自动性、有效性及正确性?

3. 计算机科学与计算机学科

(1) 计算机科学是研究计算机及其周围各种现象和规律的科学,是一门包含各种各样与计算和信息处理相关主题的系统学科。计算机科学分为理论计算机科学(或称为计算理论、计算机理论、计算机科学基础、计算机科学数学基础等)和应用计算机科学(常称为计算机科学)两部分。计算机科学包含很多分支领域,有些是强调特定结果的计算,例如计算机图形学;有些是探讨计算问题的性质,例如计算复杂性理论;还有一些领域专注于怎样实现计算,例如编程语言理论是研究描述计算的方法。程序设计是应用特定的编程语言解决特定的计算问题,人机交互则是专注于怎样使计算机和计算变得有用、好用,以及随时随地为人所用。

(2) 计算机(即计算机科学与技术)学科,是研究计算机的设计制造,利用计算机进行信息获取、表示、存储、处理控制等的理论、原则、方法和技术的学科。计算机学科包括计算机科学和计算机技术两方面。计算机科学侧重于研究现象揭示规律;计算机技术则侧重于研制计算机和研究使用计算机进行处理的方法和技术手段。计算机学科的三大研究方向分别是计算机系统结构、计算机应用和计算机软件与理论。

1.3.2 思维与科学思维

歌德说过,如何思维比思维什么更为重要。劳厄说过,重要的不是获得知识,而是发展思维的能力。

1. 思维

思维是人类特有的一种精神活动,在表象、概念的基础上进行分析、综合、判断、推理等认识活动的过程。思维的基本特征如下。

(1) 概括性。思维的概括性是建立事物之间的联系,把有相同性质的事物抽取出来,并对其加以概括,最终得出认识。概括是人们形成概念的前提,也是思维活动能迅速进行迁移的基础。概括是随人们认识水平的深入而不断发展的,概括水平在一定程度上表现了思维的水平。

(2) 间接性。间接性是思维凭借知识、经验对客观事物进行的间接的反应,使思维能够指导实践。首先,思维凭借着知识经验,能对没有直接感知的事物及其属性或联系进行反映。例如,清早起来发现院子里的地面湿了,房顶也湿了,就可以判定昨天晚上下雨了。其次,思维凭借着知识经验,能对根本不能直接感知的事物及其属性或联系进行反映。也就是说,思维继承和发展着感知和记忆表象的认识功能,但已远远超出了它们的界限。思维的间接性使人能够揭示不能感知的事物的本质和内在规律。最后,思维凭借着知识经验,能在对现实事物认识的基础上进行蔓延式的无止境的扩展。假设、想象和理解,都是通过这种思维的间接性作为基础的。例如,制订计划、预计未来,就是这方面的表现形式。

(3) 能动性。思维不仅能认识和反映世界,而且还能对客观世界进行改造。例如,人们不仅能认知宇宙速度,还能制造宇宙飞船飞向太空。

2. 科学思维

科学思维是形成并运用于科学认识活动,对感性认知材料进行加工处理的理论体系;是真理在认识的统一过程中,对各种科学的思维方法的有机整合,是人类实践活动的产物。科学思维的特点是客观性、精确性、可检验性、预见性和普适性。

在科学认识活动中,科学思维必须遵守3个基本原则:在逻辑上要有严密的逻辑性,达到归纳和演绎的统一;在方法上要有辩证地分析和综合两种思维方法;在体系上要实现逻辑与历史的一致,达到理论与实践的、具体的、历史的统一。

科学研究的三大方法是理论、实验和计算,对应的三大科学思维分别是理论思维、实验思维和计算思维。

理论思维,又称逻辑思维,以推理和演绎为特征,以数学学科为代表。理论源于数学,理论思维支撑着所有的学科领域。

实验思维,又称实证思维,以观察和总结自然规律为特征,以物理学科为代表。其先驱应当首推意大利著名的物理学家、天文学家和数学家伽利略,他开创了以实验为基础具有严密逻辑理论体系的近代科学,被人们誉为"近代科学之父"。爱因斯坦为之评论说:"伽利略的发现,以及他所用的科学推理方法,是人类思想史上最伟大的成就之一,而且标志着物理学的真正开端。"

计算思维,又称构造思维,以设计和构造为特征,是思维过程或功能的计算模拟方法论,以计算机科学为代表。其研究目的是提供适当的方法,使人们能借助计算机逐步达到人工智能的较高目标。

3. 现代科技革命与思维方式的变革

20世纪40年代以来,科学技术突飞猛进,不仅引起人们的生产方式的巨大变革,也使得人们的思维方式有了突发性发展。思维方式与科学技术的发展水平相适应,知识经济时代下科学技术的发展促使思维客体、思维主体和思维工具发生变化。

(1) 思维方式与科技发展的关系。思维方式是客观事物和社会实践活动经验经人脑的归纳而形成的思维定式,是人们对客观事物进行认识、分析、评价进而建立感念的手段。思维方式一旦形成,在一定的历史时期内会决定人们的思维,使人们按照业已形成的思维方式从事认识活动和实践活动。思维方式对社会进步起着巨大的制约作用,影响科学技术发展的方向。但一旦人类的思维方式发生变革,又会促使科学技术发生重大突破。科学技术每一次划时代的进步都从形式和内容上改变着社会实践活动的整体面貌,提高实践活动的效率和效益,从而为思维方式的突破创造时代条件。因此科学技术创造性的发展是思维方式改变的源泉。

(2) 知识经济时代需要新的思维方式。随着现代科学技术的发展,人类社会由工业社会进入知识经济社会,社会活动方式向知识型、信息型和智能型转化。

新社会活动方式需要新思维方式相适应。信息科学技术的出现使人类的劳动生产方式、知识对象和思维方式发生了变化。这就需要人们更新思维方式,采用系统思维方式,即在现代条件下,以新的内容和形式丰富发展辩证思维方式。

(3) 系统思维方式是现代科学技术发展的必然。现代科学技术促进了系统思维方式的形成。现代科学技术的发展和应用改变了思维客体、思维主体和思维工具,因而导致新的思维方式产生。

① 从思维客体看,科学技术的发展和应用导致思维对象发生重大变革。在社会科学研究领域,由于信息处理和通信技术正在向智能化、高速化、网络化的方向发展,极大地提高了人类获取信息的能力,信息处理和传输可以瞬间完成。思维客体的复杂化、一体化的局面,对原有的思维方式提出挑战,为新思维方式的产生提供了条件。

② 从思维主体看,科学技术的发展和应用使得思维主体发生了巨大变化,思维活动由个体方式变成以集体和集团的方式进行。信息处理和信息传输能力的提高,加快了科学技术的迅速发展,科学知识的信息量快速增长,使思维主体改变工作方式,由个体化向社会化方向发展。

③ 从思维工具看,随着科学技术的迅速发展,人类处理信息的模式发生了巨变。由于电子计算机的出现,用其代替人脑进行逻辑思维已成为现实。人们借助于计算机可以加快信息处理速度、提高记忆力、提高信息处理的准确性和可靠性。计算机是人类进行思维的有力工具。思维工具的变革还体现在获取信息的方式上,互联网的普及为思维者获取信息、交换信息提供了有效途径。

4. 现代科学思维方法

现代科学思维方法就是在现代科技的基础上破土而出的一种新型的思维方法。这类方法主要有以下几种。

(1) 系统方法。系统是由若干相互联系、相互作用的部分(要素)组成,是具有特定功能的有机整体。系统方法就是按事物本身的系统性把对象放在系统的形式中加以考察的一种思维方法。即从系统的观点出发,始终从整体与部分(要素)之间,整体与外部环境的相互关系、相互作用、相互制约的关系中,综合、精确地考察对象,以获得最佳处理方案的方法。

(2) 信息方法。信息通常是指新内容、新知识的消息。然而,信息作为科学概念则是指系统内部建立联系的特殊形式。信息方法就是运用信息观点,把系统的运动过程抽象为信息及其变换过程,通过对信息的获得、传送、加工和处理及流程的分析研究,揭示系统运动过程的性质和规律的思维方法。信息方法的优点在于,不必对复杂系统内部的具体结构进行解剖性分析,而只要从系统这一整体出发,分析系统与环境之间的信息输入与输出的关系。通过对信息流程的综合考察,就能揭示系统运动过程的本质与规律。

(3) 反馈方法。反馈又称回馈,是现代科学技术的基本概念之一。是被控制的过程对控制机构的反作用,这种反作用影响这个系统的实际过程或结果,通过不断地反馈、修正,使系统处于优化状态。通过反馈概念可以深刻理解各种复杂系统的功能和动态机制,进一步揭示不同物质运动形式间的共同联系。所谓反馈方法,也就是将已施行的控制作用的效果收集回来,作为修改下一步控制作用依据的方法。其特点是运用反馈概念,依过去操作情况去调整未来行动。例如,教师讲课,学生听讲,教师不管学生理解与否,不断灌输,这就是一种单向的无反馈的传授模式。如果在这一传授过程中,加上反馈环节,即通过经常提问、讨论、考核等形式了解学生情况,然后再根据实际情况组织传授,传授就会得到修正,教与学才能处于优化状态。

1.3.3 计算思维的概念

计算思维代表着一种普遍的认识和一类普适的技能，不仅仅是计算机科学家，每一个人都应该热心于它的学习和运用。计算思维是运用计算机科学的基础概念进行问题求解、系统设计以及人类行为理解等涵盖计算机科学之广度的一系列思维活动。

1. 计算思维的定义

计算机科学家、图灵奖得主迪克斯彻（Edsger Wybe Dijkstra）说过："我们使用的工具影响着我们的思维方式和思维习惯，从而也将深刻地影响着我们的思维能力。"计算的发展在一定程度上影响着人类的思维方式，从古代的算筹、算盘到近代的加法器、计算器以及现代的电子计算机，计算思维的内容不断拓展且无所不在。随着计算机技术应用的深入和普及，人类的思维方式也随之发生巨大改变，计算思维开始成为各个专业求解问题的一条基本途径。

2006年3月，美国卡内基梅隆大学计算机科学系主任周以真（Jeannette M. Wing）教授在美国计算机权威期刊 *Communications of the ACM* 上提出并定义了计算思维（computational thinking）。周教授认为，计算思维是运用计算机科学的基础概念进行问题求解、系统设计以及人类行为理解等涵盖计算机科学之广度的一系列思维活动。

(1) 求解问题中的计算思维。利用计算手段求解问题的过程是，首先要把实际的应用问题转化为数学问题，其次建立模型、设计算法和编程实现，最后在实际的计算机中运行并求解。前两步是计算思维中的抽象，后两步是计算思维中的自动化。

(2) 设计系统中的计算思维。任何自然系统和社会系统都可视为一个动态演化系统，当动态演化系统抽象为离散符号系统后，就可以采用形式化的规范描述，建立模型、设计算法和开发软件来揭示演化的规律，实时控制系统的演化并自动执行。

(3) 理解人类行为中的计算思维。计算思维是基于可计算的手段，以定量化的方式进行的思维过程，是应对信息时代新的社会动力学和人类动力学所要求的思维。利用计算手段来研究人类的行为，即通过各种信息技术手段，设计、实施和评估人与环境之间的交互。

2. 计算思维的本质

计算思维的本质是抽象和自动化，反映了计算的根本问题，即什么能被有效地自动进行。其抽象完全超越物理的时空观，并完全用符号表示，其中，数字抽象只是一类特例；其自动化就是机械地一步一步自动执行。

在实际应用中，抽象过程就是对求解问题进行精确描述（如算法）和数学建模（如数学表达式）的过程，自动化就是利用计算机自动执行。

3. 计算思维的特征

计算思维具有以下特征。

(1) 计算思维是概念化，不是程序化。计算机科学不是计算机编程。像计算机科学家那样去思维，意味着不仅仅能为计算机编程，还要求能够在抽象的多个层次上思维。

(2) 计算思维是根本的，不是刻板的技能。计算思维是根本技能，是人们为了在现代社会中发挥职能必须掌握的基本技能。刻板技能意味着重复、机械地劳动。每个人应该在接受解析能力培养的时候,像学会读、写、算一样,学会计算思维。

(3) 计算思维是人的,不是计算机的思维方式。计算机之所以能求解问题,是因为人将计算思维的思想赋予了计算机。例如,递归、迭代、黎曼积分等的思想都是在计算机发明之前人类早已提出的,人类将这些思想赋予计算机后,计算机才能进行这些计算。所以,当配置了计算设备,人们不仅可以加快计算的速度,还可以用自己的智慧去解决那些在计算时代之前不敢尝试的问题,实现"只有想不到,没有做不到"的境界。

(4) 计算思维是数学和工程思维的互补与融合。计算机科学在本质上源自数学思维,其形式化基础建筑于数学之上。计算机科学又从本质上源自工程思维,因为人们建造的是能够与实际世界互动的系统,基本计算设备的限制迫使计算机学家必须计算性地思考,不能只是数学性地思考。构建虚拟世界的自由使人们能够设计超越物理世界的各种系统。

(5) 计算思维是思想,不是人造物。计算思维不是以物理成品到处呈现并时刻触及人们生活的软硬件等人造物,而是设计、制造软硬件中包含的思想,是人类把计算机的"计算"概念用于探索和求解问题、管理日常生活和与他人交流和互动的思想。

(6) 计算思维是面向所有的人,所有地方。让计算思维成为人们的一种普通的认识和一类普适的能力,像运用读、写、算能力一样,在需要的时候自然地进行计算思维,使计算思维真正融入人类活动的整体。

4. 计算思维与计算机的关系

尽管计算思维具有计算机的许多特征,但是计算思维本身并不是计算机科学的专属。即使没有计算机,计算思维也在逐步发展,并且有些内容与计算机没有关系。但是,正是由于计算机的出现,给计算思维的发展带来了根本性的变化。

由于计算机对于信息和符号的快速处理能力,使得许多原本只是理论可以实现的过程、海量数据的处理、复杂系统的模拟、大型工程的组织,借助计算机实现了从想法到产品整个过程的自动化、精确化和可控化,极大地拓展了人类认知世界和解决问题的能力和范围。计算机替代人类的部分智力活动催发了对于智力活动机械化的研究热潮,凸现了计算思维的重要性,推进了对于计算思维的形式、内容和表述的深入探索。

1.3.4 计算思维的应用

计算思维是一个可以引导所有努力奋斗的人去实现自己梦想的思维模式,不仅可以助人成功,而且可以让人明确自己需要奋斗的目标并为之努力奋斗。人们需要在学习过程中学会如何分析、处理遇到的问题,直到问题得以解决。随着时代的发展和科技的进步,计算思维不仅仅是计算机专业学生所拥有的思维方式,也正在慢慢地与学生的读、写、算能力一样,成为人类最基本的思维方式,成为每个人拥有的最基本的能力。将计算思维作为一种基本技能和普适思维方法提出,就要求人们不仅要会阅读、写作和算术,还要会计算思维。

当前各个行业领域中面临的大数据问题,都需要依赖算法去挖掘有效内容,这意味着计算机科学将从前沿变得更加基础和普及。随着计算思维的不断渗透,逐步创造和形成了一系列新的学科分支。

1. 计算生物学

计算生物学是指开发和应用数据分析及理论的方法、数学建模、计算机仿真技术等。计算生物学的最终目的不仅仅局限于测序,而是运用计算机的思维解决生物问题,用计算机的语言和数学的逻辑构建和描述并模拟出生物世界。

计算生物学的研究内容主要包括生物序列的片段拼接、序列对接、基因识别、种族树的建构、蛋白质结构预测和生物数据库。随着科学技术的发展,计算生物学的应用也越来越广泛,如对生物等效性的研究、皮肤的电阻、骨关节炎的治疗、哺乳动物的睡眠等。

2. 计算神经科学

计算神经科学是使用数学分析和计算机模拟的方法在不同水平上对神经系统进行模拟和研究。它从神经元的真实生物物理模型、神经元之间的动态交互关系、神经网络的学习、脑组织和神经类型计算的量化理论等方面,以计算的角度理解脑和研究大脑信息处理的本质和能力,探索新的信息处理机理和途径。它的发展将对智能科学、信息科学、认知科学、神经科学等产生重要影响。

计算神经科学是脑科学中一门新兴的、跨领域的交叉学科。它把实验神经科学和理论研究联系在一起,运用物理、数学以及工程学的概念和分析工具来研究大脑的功能。最新实验技术的发展,给人们带来了海量数据,但是指数增长的实验数据,并不一定能带来指数增长的知识。就像物理学一样,只有当理论的发展与实验同步时,才能找到大脑运作的基本规律。因此侧重于理论和模型的计算神经科学与实验神经科学的互动,将会对认识大脑工作机制起到十分关键的作用。大脑是一个异常复杂的动力学系统,具有多种在不同时空层次的反馈机制,因此通过定量分析和计算模型进行深入解析是至关重要的。

3. 计算化学

计算化学是理论化学的一个分支。计算化学的主要目标是利用有效的数学近似和计算机程序计算分子的性质(例如总能量、偶极矩、四极矩、振动频率、反应活性等)并用以此解释一些具体的化学问题。计算化学这个名词有时也用来表示计算机科学与化学的交叉学科。研究领域包括数值计算、化学模拟、模式识别应用、数据库及检索、化学专家系统等。

4. 计算物理学

计算物理学是一门新兴的边缘学科。利用现代电子计算机的大存储量和快速计算的有利条件,将物理学、力学、天文学和工程中复杂的多因素相互作用过程,通过计算机来模拟。如原子弹的爆炸、火箭的发射,以及代替风洞进行高速飞行的模拟试验等。

5. 计算经济学

计算经济学是将计算机作为工具研究人和社会经济行为的社会科学,是经济学的一个分支。现在主流的计算经济学方法是基于代理的计算经济学(agent-based computational economics,ACE),它是将复杂适应系统理论和基于代理的计算机仿真技术应用到经济学的一种研究方法。

6. 计算机艺术

计算机艺术是指用计算机以定性和定量的方法对艺术进行分析研究或利用计算机进行辅助艺术创作,是科学与艺术相结合的一门新兴的交叉学科。计算机艺术还没有形成一个完整的学科体系。在造型艺术中用于绘画和雕刻,即计算机绘画;在综合艺术中用于动画片,即计算机动画;在表演艺术中用于音乐和舞蹈等少数领域,即计算机音乐和计算机舞蹈。

7. 其他领域

计算思维还可以应用于工程学(如电子、土木、机械、航空航天等)、社会科学、地质学、天文学、数学、医学、法律、娱乐、体育等领域。

计算思维无处不在,并将渗透到每个人的生活中。当计算思维真正融入人类活动的整体时,作为一个问题解决的有效工具,人人都应掌握,处处都会被使用。

1.4 信息安全与网络道德

当今信息时代,计算机网络已经成为一种不可或缺的信息交换工具。由于计算机网络具有开放性、互连性,以及连接方式的多样性和终端分布的不均匀性,再加上本身存在的技术弱点和人为的疏忽,致使网络容易受到计算机病毒、黑客或恶意软件的侵害。面对侵袭网络安全的种种威胁,必须考虑信息的安全这个至关重要的问题。

1.4.1 信息安全概述

信息是现代社会最重要的资源之一,它与物质、能源一起构成了现代人类社会资源体系的三大支柱,是推进社会发展的基本因素。当今社会已经是信息化社会,信息化水平已成为衡量一个国家现代化程度和综合国力的重要标志。

信息化就是利用互联网和移动互联网技术解决各行各业的智能应用问题。

目前,计算机网络已经遍布现代信息化社会工作和生活的每个层面,电子银行、电子商务和电子政务等得以广泛应用。信息安全不仅关系到国计民生,还与国家安全密切相关,涉及国家政治、军事和经济各个方面,直接影响到国家的安全和主权。

现代社会中,获得信息的渠道越来越广泛,除了报纸、广播、电视等传统渠道,互联网、手机以及随处可见的户外广告屏等新型渠道不断增加。随着人们对信息的重要性越来越重视,更多的信息垄断被打破,大量的信息得以共享。人们在享受网络信息所带来的巨大利益的同时,也面临着信息安全的严峻考验。目前,信息安全已成为世界性的现实问题。

信息安全是指保护信息及信息系统免受未经授权的进入、使用、披露、破坏、修改、监视、记录及销毁,涉及计算机科学、网络技术、通信技术、密码技术、信息安全技术等多种综合性技术。其实质就是要保护信息系统或信息网络中的信息资源免受各种类型的威胁、干扰和破坏,即保证信息的保密性、真实性、完整性、未授权复制和所在系统的安全性。

网络环境下的信息安全体系是保证信息安全的关键,包括计算机安全操作系统、各种安全协议、安全机制(如数字签名、消息认证、数据加密)、安全系统等,只要存在安全漏洞便可以威胁全局安全。信息安全是指信息系统(包括硬件、软件、数据、人、物理环境及其基础设施)受到保护,不受偶然的或者恶意的原因而遭到破坏、更改、泄露,系统连续可靠正常地运行,信息服务不中断,最终实现业务连续性。

目前,对计算机信息系统的主要威胁如下:对于信息系统的组成要素及功能造成某种损害;对存放在系统存储介质上的信息非法获取、篡改和破坏等;在信息传输过程中对信息非法获取、篡改和破坏等。

1.4.2 信息安全防护

网络安全防护是一种网络安全技术,主要用于解决有效介入控制以及数据传输安全问题,主要包括物理安全分析技术、网络结构安全分析技术、系统安全分析技术、管理安全分析技术、安全服务和安全机制策略。

计算机网络信息安全的防护措施如下。

(1) 防火墙技术是解决网络安全问题的主要手段。计算机网络中采用的防火墙手段,是通过逻辑手段,将内部网络与外部网络隔离开来。它在保护网络内部信息安全的同时又阻止了外部访客的非法入侵,是一种加强内部网络与外部网络之间联系的技术。防火墙通过对经过其网络通信的各种数据加以过滤扫描以及筛选,从物理上保障了计算机网络的信息安全问题。

(2) 对数据访问进行入侵检测是继数据加密、防火墙等传统的安全措施之后所采取的新一代网络信息安全保障手段。在进行入侵检测时,通过解码分析从计算机网络关键结点收集的信息,就可筛选出威胁计算机网络安全的行为并做出相应处理。根据检测方式的不同,可将其分为误入检测系统、异常检测系统、混合型入侵检测系统。

(3) 对网络中传递的信息进行加密是一种非常重要和有效的手段。这种方法能够使加密数据只能被拥有特定权限的人使用。通过加密,可有效保障信息不被恶意盗取或篡改,即使攻击者截获了信息,也无法知道信息的内容。

(4) 控制访问权限也是对计算机网络进行安全防护的重要手段。它以身份认证为基础,当有人企图非法进入系统时,可将其阻挡。访问控制既能保障用户正常获取网络上的信息,又能阻止非法入侵。访问控制的内容包括用户身份的识别和认证、对访问的控制和审计跟踪。

1.4.3 知识产权

1. 知识产权概念

知识产权又称"知识所属权",是指"权利人对其智力劳动所创造的成果和经营活动中的标记、信誉所依法享有的专有权利"。一般情况下,知识产权是指人类智力劳动产生的智力劳动成果所有权,是依照各国法律赋予符合条件的著作者、发明者或成果拥有者在一定期限内享有的独占性权利。

知识产权包括著作权(又称版权、文学产权)和工业产权(也称产业产权)。著作权是指创作文学、艺术和科学作品的作者及其他著作权人依法对其作品享有的人身权利和财产权利的总称;工业产权是指包括发明专利、实用新型专利、外观设计专利、商标、服务标记、厂商名称、货源名称或原产地名称等权利人享有的独占性权利。

根据《中华人民共和国民法典》规定,知识产权属于民事权利,是基于创造性智力成果和工商业标记依法产生的权利的统称。

随着科技的发展,为了更好保护产权人的利益,知识产权制度应运而生并不断完善。

2. 计算机软件著作权

计算机软件著作权是指软件的开发者或者其他权利人依据有关著作权法律的规定,对于软件作品所享有的各项专有权利。

就权利的性质而言,计算机软件著作权属于一种民事权利,具备民事权利的共同特征。因为著作权的取得无须经过个别确认,当软件经过登记后,软件著作权人享有发表权、开发者身份权、使用权、使用许可权和获得报酬权。

根据《中华人民共和国民法典》规定:"软件著作权转让和许可"参照《中华人民共和国民法典》中的"技术转让合同和技术许可合同"。

1.4.4 隐私保护

1. 个人隐私

在生活中,每个人都有不愿让他人知道的个人生活的秘密,这个秘密在法律上称为隐私,如个人的私生活、日记、相册、生活习惯、通信秘密、身体缺陷等。自己的秘密不愿让他人知道,是自己的权利,这个权利就叫隐私权。

我国公民依法享有不愿公开或不愿让他人(一定范围之外的人)知悉的不危害社会的个人秘密的权利。

2. 隐私保护

隐私保护是指使个人或集体等实体不愿意被外人知道的信息得到应有的保护。隐私包含的范围很广,对于个人来说,一类重要的隐私是个人的身份信息,即利用该信息可以直接或者间接地通过连接查询追溯到某个人;对于集体来说,隐私一般是指代表一个团体各种行为的敏感信息。

隐私保护是信息安全问题的一种,可以把隐私保护看成是数据机密性问题的具体体现。二者又有所不同,信息安全关注的主要问题是数据的机密性、完整性和可用性,而隐私保护关注的主要问题是看系统是否提供了隐私信息的匿名性。

例如,如果数据中包含了隐私信息,则数据机密性的破坏将造成隐私信息的泄露。

3. 保护个人隐私权

作为一种自然人的人身权,隐私权应受到侵权行为法的保护。

侵权行为是指行为人由于过错侵害他人的财产或人身,依法应当承担民事责任的行为。根据法学理论,承担一般侵权责任的构成条件如下:首先要有损害事实,即侵权行为给受害人造成的不利后果;其次是违法行为,指侵权行为具有违法性;再次是因果关系,即侵权人实施的违法行为和损害后果之间存在因果联系;最后是主观过错,是指行为人通过其实施的侵权行为所表现出来的在法律和道德上应受非难的故意和过失状态。

在保护个人隐私权方面,首先要管理好含有自己隐私的物品;发现有人披露自己的个人隐私,要依法制止,并学会运用法律的武器维护自己的隐私权;同时,也要尊重他人的隐私权。

1.4.5 网络道德规范

1. 网络道德

网络道德是指网上活动和交往所需要的,用以调节网民与社会、网民与网民之间关系的一系列行为规范的总称,它是一定社会背景下人们的行为规范,赋予人们在动机或行为上的是非善恶判断标准。

网络道德是时代的产物,是信息化社会出现的一种新的道德要求和选择。它是人们对网络持有的意识、态度、网上行为规范、评价、选择等构成的价值体系,是一种用来正确处理、调节网络社会关系和秩序的准则。网络道德是按照善的法则创造性地完善社会关系和自身,既是规范人们的网络行为的社会需要,也是提升和发展自己的精神需要。

在网络空间中,违规和犯罪行为出现的原因是多方面的,有的是出于利益驱动,有的是因为无正确管理,究其原因,都与人的道德和素质密切相关。如果一个人具有良好的道德和素质,那么必定是一个遵纪守法的好公民。在网络空间中出现违规和犯罪行为,说明存在道德失范。如果继续追根求源,就是网络交往方式对传统道德观念形成了严峻挑战,网民的身心特点引发了网络道德失范,传统道德教育的缺陷削弱了德育的实效,以及全民网络道德规范教育的薄弱。

2. 网络道德的特点

网络社会是的特殊性决定了它的道德具有不同于现实社会的新特点,具体如下。

(1) 自主性。与现实社会的道德相比,网络社会的道德呈现出一种更少依赖性、更多自主性的特点。网络道德环境(非熟人社会)与道德监督机制的新特点(更少人干预、过问、管理和控制),要求人们的道德行为具有较高的自律性。因特网是人们基于一定的利益与需要(资源共享、互惠合作等)自觉、自愿互连而形成的,这里的每个人既是参与者,又是组织者。因为网络是人们自主、自愿建立起来的,所以人们必须自己确定干什么、怎么干,自发地"自己对自己负责""自己为自己做主""自己管理自己",自觉地做网络的主人。如果说传统社会的道德主要是一种依赖型的道德,那么随着网络社会的到来,人们建立起来的应该是一种自主型的道德。

(2) 开放性。与现实社会的道德相比,网络社会的道德呈现出一种不同的道德意识、道德观念和道德行为之间经常性的冲突、碰撞和融合的特点与趋势。信息技术带来的传播方式的现代化,人们之间可以不受时空的限制进行交往,人们之间不同的道德意识、道德观念和道德行为的冲突、碰撞和融合也就变得更加激烈。随着因特网的普及化,为人们的交往提供了多种方式和手段。不同国家、宗教信仰、价值观念、风俗习惯和生活方式的行为被频繁而清晰地呈现在世人面前。一方面,可以使不同的人群通过学习、交往,增进彼此的沟通和理解,变得更宽容;另一方面,会使得文化冲突日益表面化和尖锐化。落后的、无聊的、非人性的和反社会的道德意识、道德规范和道德行为,与先进的、合理的、代表时代发展趋势的道德意识、道德规范和道德行为并存,使得它们之间的冲突、碰撞与融合更加表面化、现实化。因特网的全球化,将使网络道德的开放性由可能变为现实。

(3) 多元性。与现实社会的道德相比,网络社会的道德呈现出多元化、多层次的特点。在现实社会中,虽然道德因生产关系的多层次性而有不同的存在形式,但是每个特定社会只能有一种道德居于主导地位,其他道德则只能处于从属的、被支配的地位,因此现实社会的道德是单一的。在网络社会中,既存在涉及每个成员切身利益的网络社会主导道德规范,例如,不制作和传播不健康的信息、不利用电子邮件群发商业广告、不非法闯入加密系统等;也存在网络成员自身所特具的多元化道德规范,例如属于特定国家、民族、地区的独特风俗习惯等。随着彼此交往的增多,这些处于冲突和碰撞中的多元化道德规范会因相互的理解和同情而融合,或者即使无法融合,也由于没有发生实质性的损害而趋于求同存异、并行不悖。网络社会的多元化道德规范同时并存有理论与现实的依据。与现实社会相比,网络社会更多地具有自主性,它是网络成员自主、自愿互连而成的,其成员之间的需求与偏好具有更多的共同性,他们一开始就是抱着同一个目的进行互连的,因此彼此之间行为的共同点就是"求同",除了为此必须遵守共同的道德之外,他们不需要、不强求他人具有与现实社会那样的统一道德。也就是说,只要其网络行为不违背网络社会的主导道德,他们并不需要为加入因特网而改变自己原有的道德意识、道德观念和道德行为;或者说,在遵守网络主导道德的前提下,他们仍然可以按照他们自己的道德从事网络行为、进入网络生活。

净化网络语言,优化网络环境,必须从网络道德抓起。网络道德是人性道德的折射。与现实社会一样,要加强网络道德建设不仅要出台相应网络法规、网络道德守则,更要在全社会范围内加强道德文化和道德教育的实施。中华民族的复兴,有待于道德复兴;国家的崛起,有待于道德崛起;建设社会主义和谐社会更需要加强社会主义道德教育。一个没有道德的民族,是一个可怜的动物群体;一个不断追求高尚道德的民族,才是一个有希望的民族。

总之,在网络社会中,人们的个性化需求可得到更充分的尊重与满足。这种自主、自愿形成的具有独特生产方式、管理方式和生活方式的网络社会终将演变为一个覆盖不同国家、地区、民族、种族,具有不同信仰、习俗和个性的,互相尊重、互相理解、互相促进的多元道德并存的社会。道德是属于人的范畴,技术的进步只是为道德进步提供了前提和条件,是否能够真正产生道德进步以及一个更高水平的道德社会是否能够真正建成还有赖上网人群自我塑造的意愿、能力和努力程度。

3. 网络道德规范

网络道德是时代的产物,与信息网络相适应,是人类面临新的道德要求和选择。网络道德是人与人、人与社会的关系行为准则,是在一定社会背景下人们的行为规范,是赋予人们在动机或行为上的是非与善恶判断标准。基本规范如下。

(1) 严格遵守《中华人民共和国计算机信息网络国际联网管理暂行规定》《互联网信息服务管理办法》等国家法律法规,恪守网络道德,文明上网。

(2) 自觉遵守有关保守国家机密的各项法律规定,不泄露党和国家机密,不传送有损国格、人格的信息,不在网络上从事违法犯罪活动,不制作、查阅、复制和传播有碍社会治安及社会公德和有伤社会风化的信息,不发表任何诋毁国家、政府、党的言论,不发表任何有碍社会稳定、国家统一和民族统一的言论。

(3) 不擅自复制和使用网络上未公开和未授权的文件,不在网络中擅自传播或复制享有版权的软件,或销售免费共享的软件。网络上所有资源的使用都应遵循知识产权的有关法律法规,不利用网络盗窃别人的研究成果和受法律保护的资源。

（4）不以软件或硬件的方法窃取他人口令，非法入侵他人计算机系统，阅读他人文件或电子邮件，滥用网络资源。不制造和传播计算机病毒等破坏性程序。不破坏数据、网络资源，不进行恶作剧。

（5）不在网络上接收和散布封建迷信、淫秽、色情、赌博、暴力、凶杀、恐怖等有害信息。不浏览色情、暴力等不健康的网页。

（6）不捏造或歪曲事实、散布谣言、诽谤他人、扰乱社会秩序的不良信息。

总之，要善于网上学习，不浏览不良信息；诚实友好交流，不侮辱欺诈他人；要增强自护意识，不随意约会网友；要维护网络安全，不破坏网络秩序；要有益身心健康，不沉溺虚拟时空。

网络无处不在，人们在上网时应该遵守网络道德标准，要加强思想道德修养，自觉按照社会主义道德的原则和要求规范自己的行为；要加强网络立法，坚持"以德治网"和"以法治网"并举的指导思想；要按照"积极发展，加强管理，趋利避害，为我所用"的基本方针，对网络进行监管和疏导，进一步完善和健全各项网络法规和规章；要做到依法律己，遵守网络文明公约，法律禁止的事坚决不做，法律提倡的积极去做；要净化网络语言，坚决抵制网络有害信息和低俗之风，健康合理科学上网，严格自律，学会自我保护，自觉远离网吧，并积极举报网吧经营者的违法犯罪行为。

习题 1

一、选择题

1. 冯·诺依曼计算机工作的基本思想是（　　）。
   A. 总线结构　　　　　　　　　B. 逻辑部件
   C. 存储程序　　　　　　　　　D. 控制技术
2. 一个完整的计算机系统应该包括（　　）。
   A. 主机、键盘、显示器　　　　B. 计算机的硬件系统和软件系统
   C. 计算机和它的外部设备　　　D. 系统软件和应用程序
3. 差分机的研制者是（　　）。
   A. 约瑟夫·雅各　　　　　　　B. 赫尔曼·霍勒瑞斯
   C. 巴贝奇　　　　　　　　　　D. 帕斯卡
4. 标志着电子计算机时代到来的计算机，简称是（　　）。
   A. ENIAC　　　B. EDSAC　　　C. EDVAC　　　D. Mark-I
5. 逻辑器件采用晶体管的计算机被称为（　　）。
   A. 第一代计算机　　　　　　　B. 第二代计算机
   C. 第三代计算机　　　　　　　D. 第四代计算机
6. 峰值速度达到亿亿次浮点运算每秒的计算机，被称为（　　）。
   A. 服务器　　　　　　　　　　B. PC
   C. 微型计算机　　　　　　　　D. 超级计算机
7. 在电子商务中，企业与消费者之间的交易称为（　　）。
   A. B2B　　　　B. B2C　　　　C. C2C　　　　D. C2B

8. 计算机最早的应用领域是(　　)。
   A. 科学计算　　　　B. 逻辑思维　　　　C. 实验思维　　　　D. 计算思维
9. CAD 的含义是(　　)。
   A. 计算机辅助教学　　　　　　　　B. 计算机辅助管理
   C. 计算机辅助设计　　　　　　　　D. 计算机辅助测试
10. 下列不属于信息特征的是(　　)。
    A. 信息依附于载体　　　　　　　　B. 信息可以传递的
    C. 信息是独享的　　　　　　　　　D. 信息可以被压缩
11. 与物质资源、能源资源一起构成了现代人类社会资源体系的三大支柱的是(　　)。
    A. 计算机　　　　B. 网络　　　　　　C. 信息　　　　　　D. 数据
12. 下列不属于思维基本特征的是(　　)。
    A. 重复性　　　　B. 概括性　　　　　C. 间接性　　　　　D. 能动性
13. 下列属于人类三大科学思维的是(　　)。
    A. 理论思维　　　　　　　　　　　　B. 数据处理
    C. 过程控制　　　　　　　　　　　　D. CAD/CAM/CIMS
14. 实验思维是以(　　)为代表的。
    A. 数学　　　　　B. 物理学科　　　　C. 计算机　　　　　D. 计算机科学
15. 下列不属于现代科学思维方法的是(　　)。
    A. 控制方法　　　B. 系统方法　　　　C. 信息方法　　　　D. 反馈方法
16. 下列关于计算思维的说法中,正确的说法是(　　)。
    A. 计算机的发明导致了计算思维的诞生
    B. 计算思维的本质是计算
    C. 计算思维是计算机的思维方式
    D. 计算思维是人类求解问题的一条途径
17. 计算思维的本质是(　　)。
    A. 抽象和自动化　　　　　　　　　B. 抽象和泛化
    C. 泛化和自动化　　　　　　　　　D. 抽象和判断
18. 知识产权分为(　　)。
    A. 著作权和版权　　　　　　　　　B. 著作权和文学产权
    C. 版权和工业产权　　　　　　　　D. 产业产权和工业产权
19. 下列不属于产业产权的是(　　)。
    A. 发明专利　　　　　　　　　　　B. 商标
    C. 外观设计专利　　　　　　　　　D. 计算机软件著作权
20. 下列不属于网络道德特点的是(　　)。
    A. 自由性　　　　B. 自主性　　　　　C. 开放性　　　　　D. 多元性

二、简答题
1. 简述计算工具的演变。
2. 简述计算机硬件的发展。
3. 分别说明系统软件和应用软件的功能。

4. 简述计算机的发展趋势。
5. 简述计算机在自己专业领域中的主要应用。
6. 结合自身专业领域,谈谈如何加强自身的计算机文化教育。
7. 简述计算思维的特征并列举计算思维在自己所学专业中的主要应用。
8. 简述计算机网络信息安全可采取的防护措施。
9. 简述知识产权的定义及其分类。
10. 谈谈如何加强自身网络道德规范。

第 2 章 计算机系统基础

计算机是一种能自动对数字化信息进行算术和逻辑运算的高速处理装置,学习和了解计算机系统,是掌握计算机应用的基础,有助于高效利用计算机资源。

2.1 计算机中的数据与编码

数据是计算机处理的对象。现实世界中的数据分为数值型数据和非数值型数据两大类。其中,数值型数据包括整数、实数等数据信息,非数值型数据包括字符、声音、图形、图像、视频等信息。在计算机内部,各种数据都必须经过数字化编码后才能被传送、存储和处理。因此,掌握数据信息编码的概念与处理技术是很重要的。

2.1.1 信息和数据

数据是对客观事物的性质、状态以及相互关系等记录下来的、可以鉴别的符号,这些符号不仅指数字,而且包括字符、文字、图形等。

对数据进行处理是为了便于更好地解释,只有经过解释,数据才有意义,才成为信息;可以说信息是那些经过加工以后,并对客观世界产生影响的数据。

例如,21 这个数据本身是没有意义的,但写到入学登记表上的"年龄"栏中,就表示被登记人的年龄是 21 岁,这才是信息,才有意义。

2.1.2 数字化信息编码的概念

编码是指通过一定的组合原则用少量的基本符号表示大量、复杂、多样的信息,主要用于人与计算机之间进行信息交流和处理。

基本符号的种类和这些符号的组合规则是信息编码的两大要素。例如,可以用 10 个阿拉伯数码表示数字,可以用 26 个英文字母表示英文词汇等。

在计算机中,广泛采用的是只用 0 和 1 这两个基本符号组成的基 2 码,或称为二进制码。在计算机中采用二进制码的原因如下。

(1) 二进制码在物理上最容易实现。例如,可以只用高、低两个电平表示 1 和 0,也可以用脉冲电压的有无或者脉冲电压的正负极性表示它们。

(2) 二进制码用来表示的二进制数,其编码、计数和加减运算的规则都很简单,使计算机运算器的硬件结构大大简化。

(3) 二进制码的两个符号"0"和"1"正好与逻辑代数的两个值"假"和"真"或称"否"和"是"相对应,有逻辑代数的理论基础,为计算机实现逻辑运算和程序中的逻辑判断提供了便利的条件。

2.1.3 进位记数制

1. 数制

数制也称为记数制,是指用一组固定的符号和统一的规则来表示数值的方法。

2. 进位记数制

按进位的原则进行记数,称为进位记数制。在日常生活中,人们习惯的是十进制记数制,即按照"逢十进一"的原则进行记数;在计算机中,采用的是二进制记数制,按照"逢二进一"的原则进行记数。

3. 数位、基数和位权

在进位记数制中有数位、基数和位权这 3 个要素。

(1) 数位是指数码在数中所处的位置。

(2) 基数是指在某种进位记数制中,每个数位上所能使用的数码的个数。

(3) 位权是指在某种进位记数制中,每个数位上的数码所代表的数值的大小,等于在这个数位上的数码乘上一个固定的数值,这个固定的数值就是此种进位记数制中该数位上的位权。数码所处的位置不同,代表数的大小也不同。

4. 常用的进位记数制

在采用进位记数的数字系统中,如果只用 r 个基本符号(例如 $0,1,2,\cdots,r-1$)表示数值,则称其为基 r 数制(radix-r number system),其中 r 为该数制的基(radix)。例如日常生活中常用的十进制数中,$r=10$,即基本符号为 $0,1,2,\cdots,9$。例如,取 $r=2$,即基本符号为 0 和 1,则为二进制数。

对于不同的数制,它们的共同特点如下。

(1) 一种数制都有固定的符号集。例如十进制数制,其符号有 10 个:$0,1,2,\cdots,9$;二进制数制,其符号有两个:0 和 1。

(2) 使用位置表示法,即处于不同位置的数符所代表的值不同,与它所在位置的权值有关。

例如,十进制数 6372.819 可表示为

$$6372.819 = 6 \times 10^3 + 3 \times 10^2 + 7 \times 10^1 + 2 \times 10^0 + 8 \times 10^{-1} + 1 \times 10^{-2} + 9 \times 10^{-3}$$

可以看出,各种进位记数制中权的值恰好是基数对应的 i 次幂(其中 i 为整数)。因此,对任何一种进位记数制表示的数都可以写出按其权展开的多项式之和。

任意一个 m 位整数，k 位小数的 r 进制数 N 可表示为

$$N = \sum_{i=m-1}^{-k} D_i \cdot r^i$$

式中的 D_i 为该数制采用的基本数符，r^i 是权，r 是基数，不同的基数表示不同的进制数。表 2-1 所示的是计算机中常用的几种进位数制。

表 2-1　计算机中常用的几种进制数的表示

进位制	二进制	八进制	十进制	十六进制
规则	逢二进一	逢八进一	逢十进一	逢十六进一
基数	$r=2$	$r=8$	$r=10$	$r=16$
数符	0,1	0,1,…,7	0,1,…,9	0,1,…,9,A,B,C,D,E,F
权	2^i	8^i	10^i	16^i
形式表示	B	O	D	H

2.1.4　不同进制之间的数值转换

1. r 进制与十进制

任何一个 r 进制数转换为十进制数时，只要"按权展开"即可。

例如，把二进制数 100110.101 转换成相应的十进制数。

$$(100110.101)_B = 1×2^5 + 1×2^2 + 1×2^1 + 1×2^{-1} + 1×2^{-3} = (38.625)_D$$

例如，把八进制数 207.5 转换成相应的十进制数。

$$(207.5)_O = 2×8^2 + 0×8^1 + 7×8^0 + 5×8^{-1} = (135.625)_D$$

2. 十进制与 r 进制

将十进制数转换为 r 进制数，整数部分和小数部分的转换方法是不相同的。

（1）整数部分的转换。把一个十进制的整数不断除以基数 r，取其余数（除 r 取余法），就能够转换成以 r 为基数的数。例如，为了把十进制数转换成相应的二进制数，只要把十进制数不断除以 2，并记下每次所得余数（余数总是 1 或 0），所有余数连起来即为相应的二进制数。这种方法称为除 2 取余法。

例如，把十进制数 25 转换成二进制数，计算过程如图 2-1 所示。所以，$(25)_D = (11001)_B$。

注意：第一位余数是低位，最后一位余数是高位。

（2）小数部分转换。要将一个十进制小数转换成 r 进制小数时，可以将十进制小数不断地乘以 r，取其整数，这称为乘 r 取整法。

例如，将十进制数 0.3125 转换成相应的二进制数，计算过程如图 2-2 所示。所以，$(0.3125)_D = (0.0101)_B$。

如果十进制数包含整数和小数两部分，则必须将十进制小数点两边的整数和小数部分分开，再分别完成相应转换，最后，把 r 进制整数和小数部分组合在一起。

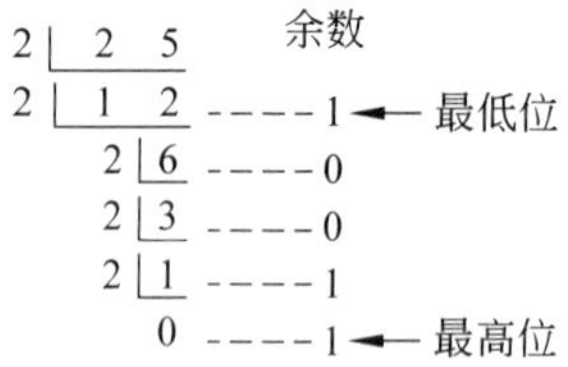

```
2 | 25    余数
2 | 12  ----1  ← 最低位
  2 | 6  ----0
    2 | 3 ----0
      2 | 1 ----1
        0 ----1  ← 最高位
```

图 2-1　十进制整数转换成二进制数

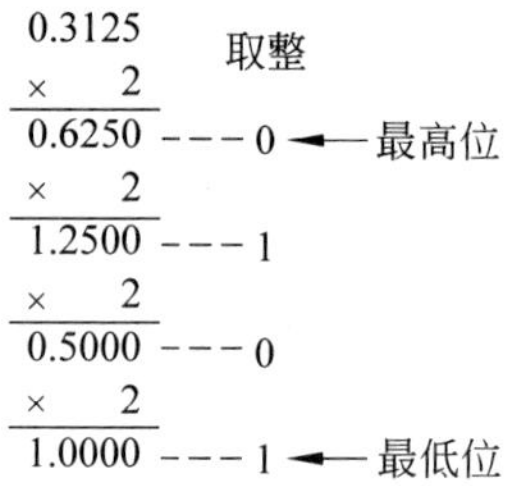

```
   0.3125              取整
 ×     2
   0.6250 ---0  ← 最高位
 ×     2
   1.2500 ---1
 ×     2
   0.5000 ---0
 ×     2
   1.0000 ---1  ← 最低位
```

图 2-2　十进制小数转换成二进制数

例如,将十进制数 25.3125 转换成二进制数,只要将上例整数和小数部分组合在一起即可,$(25.3125)_D=(11001.0101)_B$。

例如,将十进制数 193.12 转换成八进制数,运算过程如图 2-3 所示。所以,$(193.12)_D \approx (301.075)_O$。

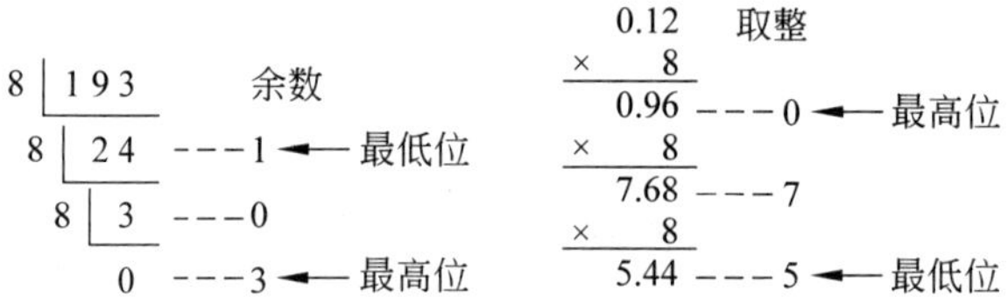

```
8 | 193   余数              0.12    取整
8 |  24 ---1  ← 最低位     ×   8
8 |   3 ---0               0.96 ---0  ← 最高位
    0  ---3  ← 最高位     ×   8
                           7.68 ---7
                         ×   8
                           5.44 ---5  ← 最低位
```

图 2-3　十进制数转换成八进制数

3. 非十进制数间的转换

通常两个非十进制数之间的转换方法是采用上述两种方法的组合,即先将被转换数转换为相应的十进制数,然后再将十进制数转换为其他进制数。

由于二进制、八进制和十六进制之间存在特殊关系,即 $8^1=2^3$,$16^1=2^4$,根据这种对应关系,二进制数转换成八进制数(或十六进制数)十分简单。只要将二进制数以小数点为中心,分别向左或向右每 3 位(或 4 位)分成一组,不足 3 位(或 4 位)的以 0 补足,然后根据表 2-2 即可完成转换。

表 2-2　二进制、八进制和十六进制之间的关系

二进制	八进制	二进制	十六进制	二进制	十六进制
000	0	0000	0	1000	8
001	1	0001	1	1001	9
010	2	0010	2	1010	A
011	3	0011	3	1011	B
100	4	0100	4	1100	C
101	5	0101	5	1101	D
110	6	0110	6	1110	E
111	7	0111	7	1111	F

例如,将二进制数 $(10100101.01011101)_B$ 转换成八进制数。

```
010  100  101 . 010  111  010
 ↓    ↓    ↓    ↓    ↓    ↓
 2    4    5  . 2    7    2
```

所以$(10100101.01011101)_B=(245.272)_O$。

例如，将二进制$(1111111000111.100101011)_B$转换成十六进制数。

```
0001   1111   1100   0111 . 1001   0101   1000
  ↓      ↓      ↓      ↓      ↓      ↓      ↓
  1      F      C      7  .   9      5      8
```

所以$(1111111000111.100101011)_B=(1FC7.958)_H$。

将八进制（或十六进制）数转换成二进制数的过程正好相反。只要把每位八进制数（或十六进制数）展开为3位（或4位）二进制数，再去掉首、尾的0即可。

说明：八进制数与十六进制数之间的转换可以通过二进制完成，即先将八（或十六）进制数转换为二进制数，然后再将转换后的二进制数转换为十六（或八）进制数。

2.1.5 数据的存储单位

在计算机中的程序和数据是按二进制的形式存放的，其度量单位如下。

1. 位

位（bit，b）是计算机存储设备的最小存储单位，表示1位二进制数，即0或1。

2. 字节

字节（Byte，B）是表示存储容量的基本单位。8个二进制位编为一组称为1B，即1B=8b。

3. 存储容量

存储容量是指存储设备所能容纳的二进制信息的总和，是衡量计算机存储能力的重要指标，通常用字节表示和计算。

计算机存储单位一般用B或KB（Kilobyte，千字节），MB（Megabyte，兆字节），GB（Gigabyte，吉字节），TB（Trillion byte，太字节，万亿字节），PB（Petabyte，拍字节，千万亿字节），EB（Exabyte，艾字节，百亿亿字节），ZB（Zettabyte，泽字节，十万亿亿字节）等来表示，它们之间的关系如下：

$1KB=2^{10}B=1024B$ $1MB=1024KB$ $1GB=1024MB$
$1TB=1024GB$ $1PB=1024TB$ $1EB=1024PB$ $1ZB=1024EB$

注意：

（1）"兆"为百万级数量词头；

（2）$1ZB=2^{40}GB$，2.8ZB相当于3000多亿部时长2h的高清电影，连续看7000多万年。

4. 字长

字长是CPU在单位时间内（同一时间）一次处理的二进制位数，是衡量计算机性能的一个重要指标。CPU不同，字长也不尽相同，常用的字长有8位、16位、32位、64位等。字长越大，一次处理的二进制位数越多，速度越快。

2.1.6 二进制数在计算机内的表示

1. 机器数

由于在计算机中只有 0 和 1 两种形式,所以数的正、负号也必须以 0 和 1 表示。通常把一个数的最高位定义为符号位,用 0 表示正,1 表示负,称为数符;其余位仍表示数值。把在机器内存放的正、负号数码化的数称为机器数。把机器外部由正、负号表示的数称为真值数。

例如,真值为 $(-00101100)_B$ 的机器数为 10101100 存放在计算机中,如图 2-4 所示。

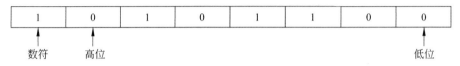

图 2-4 机器数

要注意的是,机器数表示的范围受到字长和数据类型的限制。字长和数据类型定了,机器数表示的数值范围也就定了。例如,在表示一个整数时,假设机器字长为 8 位,最大的正数为 01111111,最高位为符号位,即最大值为 127。若数值超出 127,就要"溢出"。

2. 数的定点和浮点表示

计算机处理的数值数据多数带有小数。小数点在计算机中通常有两种表示方法:一种是约定小数点隐含在某一个固定位置上,称为定点表示法,简称定点数;另一种是小数点的位置可以浮动,称为浮点表示法,简称浮点数。

(1) 定点数表示法。在定点数中,小数点的位置一旦约定,就不再改变。目前,常用的定点数有两种表示形式。

① 定点整数:如果把小数点位置约定在数据字的最后,这时,数据字就表示一个纯整数。假设机器字长为 8 位,符号位占 1 位,那么,由图 2-5 表示的机器数,其等效的十进制数为 +127。

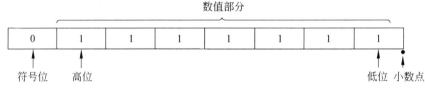

图 2-5 定点整数

② 定点小数:小数点位置约定在符号位后,此时数据字就表示一个纯小数。假定机器字长为 8 位,符号位占 1 位,数值部分占 7 位,那么,由图 2-6 表示的机器数,其等效的十进制数为 -2^{-7}。

定点表示法所能表示的数值范围很有限,为了扩大定点数的表示范围,可以通过编程技术,采用多字节来表示一个定点数。例如,采用 2B 或 4B 等。

一般情况下,定点数表示的范围和精度都较小,在数值计算时,大多数采用浮点数。

(2) 浮点数表示法。浮点表示法对应于科学(指数)记数法,例如数 110.011 可表

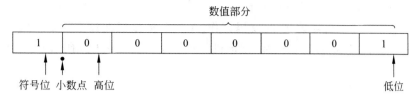

图 2-6 定点小数

示为

$$110.011 = 1.10011 \times 2^{+10} = 11001.1 \times 2^{-10} = 0.110011 \times 2^{+11}$$

在计算机中,一个浮点数由阶码和尾数两部分构成。其中,阶码是指数,尾数是纯小数。表示格式如图 2-7 所示。

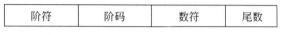

图 2-7 浮点数的表示格式

阶码只能是一个带符号的整数,用来指示尾数中小数点向左或向右移动的位数,阶码本身的小数点约定在阶码的最右面。尾数表示数值的有效数字,其本身的小数点约定在数符和尾数之间。在浮点表示中,数符和阶符各占一位,阶码的位数随数值表示的范围而改变,尾数的位数则依数的精度要求而定。

例如,当尾数为 4 位,阶码为 2 位时,二进制数(101.1)$_B$ 的浮点表示形式如图 2-8 所示。所以,该二进制数的科学表示法为 0.1011×2^{11}。

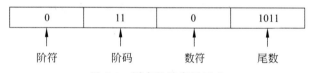

图 2-8 浮点数的表示形式

注意:浮点数的正、负是由数符确定,而阶码的正、负只决定小数点的位置,即决定浮点数的绝对值大小。

3. 带符号数的表示

机器数中的数值和符号全部需要数字化处理。计算机在进行数值运算时,会把各种符号位和数值位一起编码。常见的有原码、反码和补码表示法。

(1) 原码表示法。原码表示法是机器数的一种简单的表示法,其符号位用 0 表示正,用 1 表示负,数值用二进制形式表示。

用原码表示的数,其范围与二进制位数有关。例如,当机器字长 $n=8$ 时:

$$[+1]_原 = 00000001, \quad [-1]_原 = 10000001$$
$$[+127]_原 = 01111111, \quad [-127]_原 = 11111111$$

由此可以看出,在原码表示法中,字长为 n 位的机器数,最高位为符号位,正数为 0,负数为 1,其余 $n-1$ 位表示数的绝对值。

说明:

① 数的原码与真值有简单的对应关系,相互转换简单方便。

② 在原码表示中，0 有两种表示形式：[+0]=00000000，[−0]=10000000。

(2) 反码表示法。机器数 X 的反码记作$[X]_{反}$。如果机器数是正数，则该机器数的反码与原码一样；如果机器数是负数，则该机器数的反码是对它的原码（符号位除外）各位求反得到的。

例如，当机器字长 $n=8$ 时：

$$[+1]_{反}=00000001, \quad [-1]_{反}=11111110$$
$$[+127]_{反}=01111111, \quad [-127]_{反}=10000000$$

由此看出，用反码表示的规则如下：
① 正数的反码与原码相同，负数的反码只需将其对应的正数按位求反即可得到。
② 机器数最高位为符号位，0 代表正号，1 代表负号。

说明：
① 数的反码主要用于数码变换的中间表示形式。
② 反码表示方式中，零有两种表示方法：$[+0]_{反}$=00000000，$[-0]_{反}$=11111111。

(3) 补码表示法。机器数 X 的补码记作$[X]_{补}$。如果机器数是正数，则该机器数的补码与原码一样；如果机器数是负数，则该机器数的补码是对它的原码（符号位除外）按位取反后，末尾加 1 得到的。

例如，当机器字长 $n=8$ 时：

$$[+1]_{补}=00000001, \quad [-1]_{补}=11111111$$
$$[+127]_{补}=01111111, \quad [-127]_{补}=10000001$$

由此看出，用补码表示的规则如下：
① 正数的补码与原码、反码相同，负数的补码等于它的反码加 1。
② 机器数的最高位是符号位，0 代表正号，1 代表负号。

说明：
① 补码表示可以实现加减法运算的统一。
② 在补码表示中，0 只有唯一的编码：$[+0]_{补}=[-0]_{补}$=00000000。

例如，假定计算机的机器数占 8 位，写出十进制数 −53 的原码、反码和补码。

首先，将十进制数 −53 变为真值，由于 $(-53)_D=(-00110101)_B$，设 $x=-00110101$，则$[x]_{原}$=10110101，$[x]_{反}$=11001010，$[x]_{补}$=11001011。

2.1.7 字符的编码

1. BCD 码

严格地讲，BDC(binary coded decimal，二进制编码的十进制)码是一种二进制的数字编码形式。用 4 位二进制代码来表示 1 位十进制数。4 位二进制数有 16 种状态，丢弃最后 6 种状态，而选用 0000~1001 来表示 0~9 这 10 个数字符号。由于 4 位二进制数自左至右每一位对应的位权分别是 8、4、2、1，所以这种编码又称为 8421 码，如表 2-3 所示。

注意：2 位十进制数是用 8 位二进制数并列表示，它不是一个 8 位二进制数。例如十进制数 25 的 BCD 码是 00100101，而二进制数 $(00100101)_B=2^5+2^2+1=(37)_D$。

BCD 码最常用于会计系统的设计中，也常用于拨码开关（需要手动操作的一种微型开关)、数码管等输入输出设备中。

表 2-3 十进制数与 BCD 码的对应关系

十进制数	BCD 码	十进制数	BCD 码
0	0000	10	00010000
1	0001	11	00010001
2	0010	12	00010010
3	0011	13	00010011
4	0100	14	00010100
5	0101	15	00010101
6	0110	16	00010110
7	0111	17	00010111
8	1000	18	00011000
9	1001	19	00011001

2. 字符编码

在计算机中,对非数值的文字和其他字符进行处理时,要对文字和符号进行数字化处理,即用二进制编码来表示文字和符号。

字符编码就是规定用怎样的二进制编码来表示文字和符号。

(1) ASCII 码。在计算机系统中使用得最多、最普遍的是 ASCII 码(American Standard Code for Information Interchange,美国信息交换标准代码),如表 2-4 所示。

表 2-4 7 位 ASCII 码表

$d_3 d_2 d_1 d_0$	$d_6 d_5 d_4$							
	000	001	010	011	100	101	110	111
0000	NUL	DLE	SP	0	@	P	`	p
0001	SOH	DC1	!	1	A	Q	a	q
0010	STX	DC2	"	2	B	R	b	r
0011	ETX	DC3	#	3	C	S	c	s
0100	EOT	DC4	$	4	D	T	d	t
0101	ENQ	NAK	%	5	E	U	e	u
0110	ACK	SYN	&	6	F	V	f	v
0111	BEL	ETB	'	7	G	W	g	w
1000	BS	CAN	(	8	H	X	h	x
1001	HT	EM	)	9	I	Y	i	y
1010	LF	SUB	*	:	J	Z	j	z
1011	VT	ESC	+	;	K	[	k	{
1100	FF	FS	,	<	L	\	l	|
1101	CR	GS	—	=	M	]	m	}
1110	SO	RS	.	>	N	↑	n	~
1111	SI	US	/	?	O	←	o	DEL

① ASCII码的每个字符用7位二进制数表示,其排列次序为$d_6d_5d_4d_3d_2d_1d_0$。其中,d_6为高位,d_0为低位。而任意一个字符在计算机内实际上用8位表示。正常情况下,最高位d_7为0。要确定某个字符的ASCII码,就要在表2-4中可先查到它的位置,然后确定它所在位置的相应列和行,最后根据列确定高位码($d_6d_5d_4$),根据行确定低位码($d_3d_2d_1d_0$),把高位码与低位码合在一起就是该字符的ASCII码。例如,字母L的ASCII码是1001100。

② ASCII码是128个字符组成的字符集。其中,编码值0~32(0000000~0100000)和127(1111111)共34个属于非图形字符称为控制符,用于计算机通信中的通信控制或对计算机设备的功能控制;其余33~126(0100001~1111110)共94个字符则为普通字符。

③ 字符'0'~'9'这10个数字字符的高3位编码为011,低4位编码为0000~1001。当去掉高3位的值时,低4位正好是二进制形式的0~9。这既能满足正常的排序关系,又有利于完成ASCII编码与二进制编码之间的转换。

④ 字母的编码值满足正常的字母排序关系,且大、小写英文字母编码的对应关系相当简便,差别仅表现在d_5位的值为0或1,有利于大、小写字母之间的编码转换。

还有一种称为ASCII-8的8位扩展ASCII编码。它是在7位ASCII码的基础上,在d_5和d_4位之间插入一位,且使它的值与每个符号的d_6位的值相同。例如数值0的7位ASCII码的编码是0110000,而ASCII-8编码是01010000。

(2) EBCDIC。EBCDIC(Extended Binary Coded Decimal Interchange Code,扩展二进制编码的十进制交换码)是由字母或数字字符组成的二进制编码,主要用于中小型、多用户商业计算机系统。EBCDIC采用8位二进制表示,有256个编码状态,但只选用其中一部分。

3. 汉字的编码表示

用计算机处理汉字时,必须先将汉字代码化,即对汉字进行编码。无论是西方的拼音文字还是汉字这种象形文字,它们的"意"都寓于它们的"形"和"音"上。直接向计算机输入文字的字形和语音虽然可以实现,但还不够理想。在计算机内部直接处理、存储文字的字形和语音就更困难了,所以用计算机处理字符,尤其是处理汉字字符,一定要把字符代码化。西方是拼音文字,基本符号比较少,编码比较容易,在一个计算机系统中其输入、内部处理、存储和输出都可以使用同一代码。汉字种类繁多,编码比拼音文字困难,即使在同一个汉字处理系统中,输入、内部处理、输出对汉字代码的要求也不尽相同,所以用的代码也不尽相同。因此,汉字信息系统在处理汉字和词语时,要进行一系列的汉字代码转换。下面介绍主要的汉字代码。

(1) 输入码。在计算机系统中使用汉字,首先遇到的问题是如何把汉字输入计算机内。为了能直接使用西文标准键盘进行输入,必须为汉字设计相应的编码方法。汉字编码方法主要分为3类:数字编码、拼音编码和字形编码。

① 数字编码。数字编码就是用数字串代表一个汉字的输入,常用的是区位码。区位码将《信息交换用汉字编码字符集 基本集》(GB 2312—1980)中的字符(含一级汉字3755个,二级汉字3008个)分成94个区,每个区分94位,实际上是把汉字表示成二维数组,区码与位码各2位十进制数字,因此,输入一个汉字需要按键4次。例如,汉字"啊"位于第

16区01位,区位码为十进制1601。

汉字在区位码表的排列是有规律的。在94个分区中,1～15区用来表示字母、数字和符号,16～87区为一级汉字和二级汉字。一级汉字以汉语拼音为序排列,二级汉字以偏旁部首进行排列。使用区位码方法输入汉字时,必须先在表中查找汉字并找出对应的代码,才能输入。

数字编码输入的优点是无重码,而且输入码和内部编码的转换比较方便,但是每个编码都是等长的数字串,代码难以记忆。

② 拼音编码。拼音编码是以汉语读音为基础的输入方法。由于汉字同音字太多,当按照拼音输入后还必须进行同音字选择,重码率很高,影响了输入速度。

③ 字形编码。字形编码是以汉字的形状确定的编码。汉字总数虽多,但都是由一笔一画组成,全部汉字的部件和笔画是有限的。因此,把汉字的笔画部件用字母或数字进行编码,按笔画书写的顺序依次输入,就能表示一个汉字,五笔字型、表形码等便是这种编码法。五笔字型编码是最有影响的编码方法。

(2) 国标码。国标码意指国家标准汉字编码,是用于不同的具有汉字处理功能的计算机系统间交换汉字信息时使用的编码。中国国家标准总局发布的《信息交换用汉字编码字符集 基本集》(GB 2312—1980),收录了7445个字符(包括6763个汉字和682个其他字符),适用于汉字处理、汉字通信等系统之间的信息交换。

国标码可以通过将十进制数的区位码换算成十六进制后加上2020H得到,长度为2B。例如,对汉字"啊"的十进制区码16和位码01分别转换成十六进制后得到1001H,在此基础上加上2020H,就是"啊"的国标码3021H。

1995年的汉字扩展规范GBK 1.0收录了21 885个符号,分为汉字区和图形符号区,汉字区包括21 003个字符,也属于双字节字符集。

(3) 内部码。内部码是字符在设备或信息处理系统内部最基本的表达形式,是在设备和信息处理系统内部存储、处理、传输字符用的代码。在西文计算机中,没有交换码和内部码之分。目前,世界各大计算机公司一般均以 ASCII 码为内部码来设计计算机系统。由于汉字数量多,用1B长度无法区分,一般用2B长度来存放汉字的内码。2B长度有16位,可以表示$2^{16}=65\ 536$个可区别的码;如果2B长度各用7位,则可表示$2^{14}=16\ 384$个可区别的码。现在我国的汉字信息系统一般都采用这种与ASCII码相容的8位编码方案,用两个8位码字符构成一个汉字内部码。另外,汉字字符必须和英文字符能相互区别开,以免造成混淆。英文字符的机内代码是7位ASCII码,最高位为0(即$d_7=0$),将汉字国标码中每字节的最高位均置为1表示机内代码。例如,汉字"啊"2B长度的国标码为0011 0000 0010 0001,把每字节最高位均置为1之后的机内码为1011 0000 1010 0001,为了描述方便,常用十六进制数表示为B0A1。因为1000 0000 1000 0000B=8080H,所以汉字"啊"的国标码3021H加上十六进制8080H之后也为机内码B0A1H。

(4) 字形码。汉字字形码是表示汉字字形的字模数据,通常用点阵、矢量函数等方式表示。用点阵表示字形时,汉字字形码指的就是这个汉字字形点阵的代码。字形码也称字模码,是用点阵表示的汉字字形代码。它是汉字的输出形式,根据输出汉字的要求不同,点阵的多少也不同。简易型汉字为16×16点阵,提高型汉字为24×24点阵、32×32点阵、48×48点阵等。

字模点阵的信息量很大,所占存储空间也很大。以 16×16 点阵为例,每个汉字要占用 32B(16×16/8B=32B),两级汉字大约占用 6763×32B。同理,一个 24×24 点阵的字形码需要 72B(24×24/8B=72B),两级汉字大约占用 6763×72B。显然,点阵规模越大,分辨率越高,锯齿现象也就越小,字形越美观,但所用存储空间也越大。图 2-9 所示为"春"字的 24×24 点阵字形示意图,凡笔画所到的格子为黑点,用二进制"1"表示,否则为白,用二进制"0"表示。这样,一个汉字的字形就可用一串二进制数表示了。

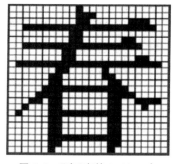

图 2-9 "春"字的 24×24 点阵字形示意图

汉字的点阵字形在汉字输出时要经常使用,因此,字模点阵用来构成字库,字库中存储了每个汉字的点阵代码,当显示输出时检索字库,输出字模点阵得到字形。

相对于点阵字体具有强大优越性的另一种字体是矢量字体(Vector font)。它是一种基于轮廓技术的字体,字体信息是用直线段、二次贝塞尔曲线来描述的,这种字体保证了屏幕与打印输出的一致性,可以随意缩放、旋转而不必担心会出现锯齿形。矢量字体主要包括 Type1、TrueType、OpenType 等几类。

(5) Unicode 标准。Unicode 标准(Unicode Standard)是概要规范,旨在为全球使用的字符和符号提供一致的编码标准。Unicode 的产生是以各个国家或国标字符编码为基础的,具备世界各地计算机与出版行业所用字符的全部代码。许多编程语言都对 Unicode 标准提供了某种程度的支持,Unicode 在网络、Windows 系统和很多大型软件中得到应用。

(6) 各种汉字代码之间的关系。从汉字代码转换的角度,可以把汉字信息处理系统抽象为一个结构模型,如图 2-10 所示。

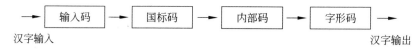

图 2-10 汉字信息处理系统的模型

国家最高科学技术奖获得者——王选院士简介

王选(1937—2006),男,江苏无锡人,出生于上海,计算机文字信息处理专家,计算机汉字激光照排技术创始人,当代中国印刷业革命的先行者,被称为"汉字激光照排系统之父",被誉为"有市场眼光的科学家"。1975 年开始主持我国计算机汉字激光照排系统和后来的电子出版系统的研究开发,针对汉字印刷的特点和难点,发明了高分辨率字形的高倍率信息压缩技术和高速复原方法,在世界上首次使用控制信息(参数)描述笔画特性,率先设计出相应的专用芯片,开创性地研制成功当时国外尚无商品的第四代激光照排系统。1992 年,王选和他的团队发明的汉字激光照排系统占领了国内

99%和国外80%的中文电子排版系统市场。作为汉字激光照排系统的发明者,他推动了中国印刷技术的第二次革命,被称为"当代毕昇"。2008年,中科院紫金山天文台发现的、国际编号为4913小行星,经国际小行星中心和国际小行星命名委员会批准,正式命名为"王选星",以纪念和彰显王选院士为发展中国科学技术事业所做出的杰出贡献。

2.1.8 非字符的编码

在计算机中处理的数据除了数值和字符以外,还包含大量的声音、图形、图像和视频等媒体信息,对于这些信息也需要进行二进制编码。

1. 声音编码

声音是听觉器官对声波的感知,声音的强弱体现在声波压力的大小上,音调的高低体现在声音的频率上。声音用电信号表示时,声音信号在时间和幅度上都是连续的模拟信号。为使计算机能处理音频,必须对声音信号进行数字化处理,这一转换过程称为模拟音频的数字化。数字化过程涉及声音的采样、量化和编码。

采样和量化的过程可由模数转换器(A/D converter)实现。模数转换器以固定的频率进行采样,经采样和量化的声音信号再经编码后就变成数字音频信号,以数字声波文件形式保存;若要将数字声音输出,必须通过数模转换器(D/A converter)将数字信号转换成原始的模拟信号。

数字音频的质量取决于采样频率、采样精度(量化分级的细密程度)和声道数。采样频率越高,量化分辨率越高,采用双声道(立体声),所得数字化声音的保真程度及质量也越好,数据量也越大。

常见的存储音频信息的文件扩展名如下。

(1) WAV文件:WAV是微软公司采用的一种波形声音文件存储格式,用于直接记录了真实声音的二进制采样数据,通常文件较大。

(2) MP3文件:MP3格式是采用MPEG音频压缩标准压缩的文件,能够在音质下降很小的情况下把文件压缩到很小的程度,可以非常好地保持了原来的音质,是目前使用最多的音频格式文件。

(3) WMA文件:WMA是微软公司新一代的Windows平台音频标准,音质好,压缩比高,适合网络适时播放。

(4) MIDI文件:MIDI(music instrument digital interface,乐器数字接口),是一个记录播放命令的文件格式,其声音好坏取决于播放的设备。

2. 图像和视频编码

图像编码是指在满足一定质量(信噪比的要求或主观评价得分)的条件下,以较少的存储空间表示图像或图像中所包含信息的技术。动态的图像称为视频信息,它们是由许多幅连续的图像组成的,每幅图像称为一帧(frame)。帧是构成视频信息的最小单位。当连续的图像变化超过24帧每秒时,根据视觉暂留原理,人眼无法辨别单幅的静态图像,看上去是平滑连续的视觉效果。

无论是图像信息还是视频信息,也都需要对其视频信号转变为数字信号。通过对一帧一帧的视频信号进行采集、量化、编码等操作,将模拟信号转换为数字信号,并对转换后的视频信息(数据量非常大)进行压缩处理。

近年来,图像编码技术得到了迅速发展和广泛应用,日臻成熟,其标志就是关于一系列静止和活动图像编码的国际标准的制定,已批准的标准主要有 JPEG 标准、MPEG 标准、H.264 等。

常见图形图像的文件格式如下。

(1) BMP 格式。BMP 是英文 bitmap(位图)的简写,它是 Windows 操作系统中的标准图像文件格式,以 bmp 和 dib 作为扩展名。后者指的是设备无关位图(device independent bitmap)。在 Windows 环境下所有的图像处理软件都支持这种格式。这种格式的特点是包含的图像信息较丰富,几乎不进行压缩,但由此导致了它与生俱生来的缺点——占用磁盘空间过大。

(2) JPEG 格式。JPEG 格式是由联合照片专家组(joint photographic experts group)制定的图像数据压缩的国际标准。JPEG 文件的扩展名为.jpg 或.jpeg,其压缩技术十分先进,它用有损压缩方式去除冗余的图像和彩色数据,能在获得极高的压缩率的同时,展现十分丰富生动的图像,换句话说,就是可以用最少的磁盘空间得到较好的图像质量。JPEG 格式特别适合处理各种连续色调的彩色或灰度图像(例如风景、人物照片),绝大多数数字照相机和扫描仪可直接生成 JPEG 格式的图像文件。

(3) GIF 格式。顾名思义,GIF(graphics interchange format,图形交换格式)是用来交换图片的。几乎所有的软件都支持该格式,它能存储成背景透明化的图像格式,但 GIF 格式的缺点是不能存储超过 256 色的图像。尽管如此,这种格式仍在网络上大行其道应用,这和 GIF 图像文件短小、下载速度快、可使用许多具有同样大小的图像文件组成动画等优势是分不开的,该格式常用于网页制作。

(4) TIFF 格式。TIFF(tag image file format,标签图像文件格式)支持多种压缩方法,它的特点是图像格式复杂、存储信息多。正因为它存储的图像细微层次的信息非常多,所以图像的质量也得以提高,从而非常有利于原稿的复制。此格式的图像文件一般以.tiff 或.tif 作为扩展名,一个 TIFF 文件中可以保存多幅图像。

(5) PNG 格式。PNG(portable network graphics,便携式网络图形)是一种网络图像格式。PNG 文件采用 LZ77 算法的派生算法进行压缩,其结果是获得高的压缩比,不损失数据。该格式支持流式读写性能,允许连续读出和写入图像数据,适合于在网络通信过程中连续传输图像,把整个轮廓显示出来之后逐步显示图像的细节,也就是先用低分辨率显示图像,然后逐步提高它的分辨率。

(6) PSD 格式。PSD(photoshop document)是 Adobe 公司著名图像处理软件 Photoshop 的专用格式,其实是 Photoshop 进行平面设计的一张"草稿图",里面包含有各种图层、通道等多种设计的样稿,可在下一次打开文件时可以修改上一次的设计。PSD 格式的图像文件很少被其他软件和工具所支持,在图像制作完成后,通常需要转化为一些比较通用的图像格式(例如 JPG、PNG、TIFF、GIF 格式等),以便于输出到其他软件中继续编辑。PSD 格式保存图像时,图像没有经过压缩,所以当图层较多时,会占很大的硬盘空间。

常见视频文件格式如下。

（1）AVI 格式。AVI(audio video interleaved,音频视频交错)格式,是美国 Microsoft 公司开发的一种数字音频与视频文件格式,以.avi 为扩展名。该格式的视频文件画质质量高,但是文件的容量较大,不适合长时间的视频内容。

（2）MPEG 格式。MPEG(moving pictures experts group 或 motion pictures experts group,动态图像专家组)格式是运动图像压缩算法的国际标准,它采用有损压缩方法减少运动图像中的冗余信息。目前,MPEG 格式主要有这样几个压缩标准,分别是 MPEG-1、MPEG-2 和 MPEG-4、MPEG-7 和 MPEG-21。

（3）WMV 格式。WMV(Windows media video)是微软公司推出的一种流媒体格式,这种视频格式的文件扩展名为.wmv。WMV 格式的特点是体积非常小,因此比较适合在网上传播及传输,可直接在网络上实时观看视频节目。

（4）RMVB 格式。RMVB 格式是 RealNetworks 公司开发的 RealMedia 多媒体数字容器格式的可变比特率(variable bit rate,VBR)扩展版本,比上一代 RM 格式画面要清晰很多,原因是降低了静态画面下的比特率。该格式文件的扩展名是.rmvb。

（5）SWF 格式。SWF(shock wave flash)是动画设计软件 Flash 的专用格式,被广泛应用于网页设计、动画制作等领域,SWF 文件通常也被称为 Flash 文件。

（6）FLV 格式。FLV(Flash video)被众多新一代视频分享网站所采用,是目前增长最快、最为广泛的视频传播格式。它的出现有效地解决了视频文件导入 Flash 后,使导出的 SWF 文件体积庞大,不能在网络上很好的使用等问题。它形成的文件极小,1min 长度的 FLV 清晰视频存储空间约为 1MB,一部电影存储空间的大小仅为 100MB,是普通视频文件大小的 1/3。

2.2 计算机系统组成

一个完整的计算机系统由硬件系统和软件系统两部分组成。硬件系统是指客观存在的物理实体,即由电子元件和机械元件构成的各个部件。软件系统是指运行在硬件上的程序、运行程序所需的数据以及相关的文档的总称。硬件为软件提供了运行的平台,软件使硬件的功能充分发挥,两者相互配合才能完成各项功能。

2.2.1 计算机的工作原理

现在的计算机都是根据冯·诺依曼的"存储程序"原理实现自动工作的。

首先把表示计算步骤的程序和计算中需要的原始数据,在控制器输入命令的作用下输入设备,通过计算机的运算器再送入存储器。当计算开始时,在取指令命令的作用下把程序指令逐条送入控制器。控制器对指令进行译码,并根据指令的操作要求,向存储器和运算器发出存数、取数和运算命令,经过运算器计算并把计算结果存放在存储器内。在控制器发出的取数和输出命令的作用下,通过输出设备输出计算结果。

1. 指令、指令系统和程序的概念

（1）指令。指令是人对计算机发出的计算机硬件可执行的工作命令,用于告知计算机执行某种具体操作。一条计算机指令由一串二进制代码表示,它由操作码和操作数两部分组成。操作码是计算机首先要识别的信息,它指明该指令要完成的操作,例如"取数""存数""加""减""输入""输出""传送"等所有计算机能完成的基本功能。操作数是指参加运算的数或者数所在的单元地址。

(2) 指令系统。每种计算机都规定了确定数量的指令,这批全部指令的集合就称为该计算机的指令系统。不同类型的计算机,由于其硬件结构不同,指令系统也不同。一台计算机的指令系统是否丰富完备,在很大程度上说明了该计算机对数据信息的运算和处理能力。

(3) 程序。计算机程序就是告诉计算机如何解决问题的一系列指令的有序集合。一台计算机的指令是有限的,但是用它们可以编写出各种不同的程序,完成的任务是无限的。

2. 指令和程序在计算机中的执行过程

通常情况下,完成一条指令的操作可以分为取指令、分析指令和执行指令 3 个阶段。

(1) 取指令阶段。根据 CPU 中的程序计数器中所指出的地址,从内存中取出指令并放置到指令寄存器中。当一条指令被取出后,程序计数器便自动加 1,使之指向下一条要执行的指令地址,为取下一条指令做好准备。

(2) 分析指令阶段。将保存在指令寄存器中的指令进行译码、分析确定计算机应进行什么操作。

(3) 执行指令阶段。根据操作命令取出操作数,完成指令规定的各种操作,产生运算结果,并将结果存储起来。

总之,计算机的基本工作过程可以概括为取指令→分析指令→执行指令→取下一条指令,如此周而复始,直到遇到停机指令或外来事件的干预为止。

2.2.2 计算机的硬件系统

计算机的体系结构是指构成系统主要部件的总体布局、部件的主要性能以及这些部件之间的连接方式。计算机的硬件系统主要由运算器、控制器、存储器、输入设备和输出设备组成。它们之间的关系如图 2-11 所示。

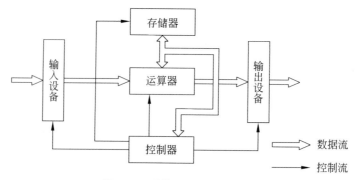

图 2-11 计算机基本硬件组成

1. 计算机硬件系统功能

(1) 运算器。运算器又称算术逻辑单元(arithmetic logic unit,ALU),是计算机对数据进行加工处理的部件,包括算术运算(加、减、乘、除等)和逻辑运算(与、或、非、异或等)。

(2) 控制器。控制器负责从内存储器中读取指令并执行指令,协调并控制计算机的各个部件按事先在程序中安排好的指令序列执行制定的操作。

控制器是计算机的指挥中心,而运算器是进行计算的核心部分,将控制器和运算器合称为中央处理器(central processing unit,CPU)。

(3) 存储器。存储器是计算机记忆或暂存数据和程序的部件,分为内存储器(简称内存)和外存储器(简称外存)两种。计算机中的全部信息包括原始的输入数据、经过初步加工的中间数据以及最后处理完成的有用信息都存放在存储器中。指挥计算机运行的各种程序,即规定对输入数据如何进行加工处理的一系列指令也都存放在存储器中。

(4) 输入设备。输入设备是向计算机输入信息的设备。它是重要的人机接口,负责将输入的信息(包括数据和指令)转换成计算机能识别的二进制代码,通过运算器再送入存储器保存。

使用输入设备应该先进行安装,通常包括两个步骤。

① 把输入设备通过计算机机箱外部的接口连接到计算机,又称物理连接。

② 通过操作系统安装相应输入设备的驱动程序。

物理连接实现了输入设备和主机的物理连通;驱动程序负责解释具体输入设备的数据传输格式和控制方式,从而完成具体的输入设备到主机的数据输入。

(5) 输出设备。输出设备是输出计算机处理结果的设备。在大多数情况下,它将这些结果转换成便于人们识别的形式。

与输入设备一样,输出设备在使用前也需要进行安装。

2. 计算机的总线

在计算机系统中,各个部件之间传送信息的公共通路称为总线(bus)。它是 CPU、内存、输入、输出设备传递信息的公用通道,也是计算机各种功能部件之间传送信息的公共通信干线,它是由导线组成的传输线束。

按照传输信息的不同,计算机的总线分为数据总线(data bus,DB)、地址总线(address bus,AB)和控制总线(control bus,CB),分别用来传输要处理的数据、数据的地址和控制处理过程的控制信号。控制总线的控制信号一般来自 CPU 中的控制器。

2.2.3 计算机的软件系统

计算机软件是相对于硬件而言的概念,包括计算机运行所需要的各种程序、数据及其有关技术文档资料。软件不仅提高了计算的效率,而且扩展了其硬件功能。

1. 计算机软件的层次结构

计算机软件是计算机的灵魂,计算机用户是通过软件来管理和使用计算机。根据用途,将软件分为系统软件和应用软件。

系统软件是计算机系统中最靠近硬件的,使用与管理、控制和维护计算机系统资源的程序集合。分为操作系统、编程语言、编程语言的处理程序、常用服务程序等。

应用软件是计算机用户用计算机及其提供的各种系统软件开发的解决各种实际问题的软件。

2. 用户、软件和硬件的关系

从用户的角度看,对计算机的使用不是直接对硬件进行操作,而是通过应用软件对计算机进行操作,而应用软件也不能直接对硬件进行操作,而是通过操作系统直接管理着硬件资源,为用户完成所有与硬件相关的操作。操作系统是一种特殊的系统软件,其他系统软件运行在操作系统的基础之上,可获得操作系统提供的大量服务,也就是说操作系统是其他系统软件与硬件之间的接口。用户、软件和硬件之间关系如图2-12所示。

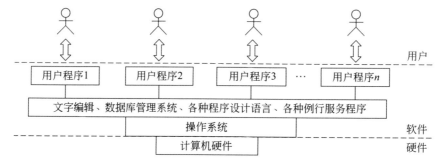

图 2-12 用户、软件和硬件的关系

2.3 微型计算机系统

微型计算机是体积、重量和计算能力都相对较小的一类计算机的总称,一般供个人使用,也称为个人计算机。

2.3.1 微型计算机系统的发展

20世纪70年代,计算机发展中最大的事件莫过于微型计算机的诞生和迅速普及。微型计算机开发的先驱是美国Intel公司的工程师马西安·霍夫(M. E. Hoff)。他于1969年接受日本一家公司的委托,设计出台式计算器系统的整套电路,并大胆提出了一个设想,把计算机的全部电路做在中央处理器芯片、随机存取存储器芯片、只读存储器芯片和寄存器电路芯片这4个芯片上。这就是一片4位微处理器Intel 4004,一片320位(40B)的随机存取存储器、一片256B的只读存储器和一片10位的寄存器,它们通过总线连接起来,就成为世界上第一台4位微型电子计算机——MCS-4。它的诞生揭开了微型计算机发展的序幕。

微型计算机的发展主要表现在微处理器这一核心部件的发展上,每当一款新型的微处理器出现时,就会带动微型计算机系统中其他部件的发展。例如,微型计算机体系结构的进一步优化、存储器容量的不断增大、存取速度的不断提高、外围设备的不断改进以及新设备的不断出现等。

根据微处理器的字长和功能,可将微型计算机的发展划分为以下6个阶段。

第1阶段(1971—1973年)。该阶段是4位和8位低档微处理器时代,其典型产品是Intel 4004和Intel 8008微处理器和分别由它们组成的MCS-4和MCS-8微型计算机。

这就是人们通常所说的第一代微处理器和第一代微型计算机。基本特点是采用 PMOS 工艺，系统结构和指令系统都比较简单，运算功能较差，速度较慢，主要采用机器语言或简单的汇编语言。

第 2 阶段(1974—1977 年)。该阶段是 8 位中高档微处理器时代，其典型产品是 Intel 公司的 8080、8085、Motorola 公司的 M6800、Zilog 公司的 Z80 等。它们的特点是采用 NMOS 工艺，集成度提高约 4 倍，运算速度提高约 10~15 倍，指令系统比较完善，具有典型的计算机系统结构以及中断、DMA 等控制功能。软件除采用汇编语言外，还配有 BASIC、FORTRAN 等高级语言及其相应的解释程序和编译程序，在后期还出现了操作系统。第二代微处理器的功能比第一代显著增强，由第二代微处理器装备起来的微型计算机称为第二代微型计算机。

第 3 阶段(1978—1984 年)。该阶段是 16 位微处理器时代，其典型产品是 Intel 公司的 8086、8088、80286，Motorola 公司的 M68000，Zilog 公司的 Z8000 等微处理器。其特点是采用 HMOS 工艺，比上一代在性能上又提高了将近 10 倍，具有丰富的指令系统，采用多级中断、多重寻址方式、多种数据处理形式、段式寄存器机构、乘除运算硬件，电路功能大为增强，并配置了强有力的系统软件。采用了第三代微处理器装备起来的微型计算机称为第三代微型计算机。

第 4 阶段(1985—1992 年)。该阶段是 32 位微处理器时代，又称为第 4 代。其典型产品是 Intel 公司的 80386、80486，Motorola 公司的 M69030、68040 等。其特点是采用 HMOS 或 CMOS 工艺，集成度高达 100 万个晶体管/片，具有 32 位地址线和 32 位数据总线，每秒可执行 600 万条指令。

第 5 阶段(1993—2005 年)。该阶段是奔腾(Pentium)系列微处理器时代，通常称为第 5 代。1993 年，Intel 公司推出了 32 位微处理器芯片 Pentium(简称 P5，中文名为"奔腾"),它的外部数据总线为 64 位，工作频率为 66~200MHz。随着 Pentium Ⅱ、Pentium Ⅲ 的推出，2000 年 11 月，Intel 又推出了 Pentium 4 微处理器，集成度高达每片 4200 万个晶体管，主频为 1.5GHz。2005 年又推出了双核处理器，真正的多任务得以应用，而且越来越多的应用程序甚至会为之优化，进而奠定扎实的应用基础。

第 6 阶段(2005 年至今)。该阶段是酷睿(Core)系列微处理器时代，通常称为第 6 代。早期的酷睿是基于笔记本处理器的。酷睿是 Intel 公司在 2006 年推出的新一代基于 Core 微架构的产品。2010 年发布了第 2 代 Core i3、Core i5、Core i7，使个人计算机的性能发生了飞跃的发展——更小的尺寸、更好的性能、更智能的表现以及更低的功耗。

2.3.2　微型计算机系统的组成

和一般计算机系统的构成类似，微型计算机系统也包括硬件系统和软件系统两大部分，如图 2-13 所示。

2.3.3　微型计算机的总线结构和基本结构部件

1. 总线结构

微型计算机硬件结构最重要的特点是它的总线(bus)结构，通过总线将组成微型计算

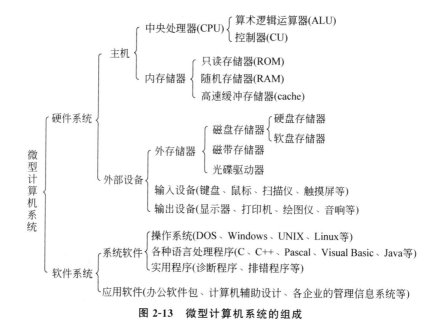

图 2-13 微型计算机系统的组成

机的各个部件连接起来。微型计算机的总线化硬件结构如图 2-14 所示。

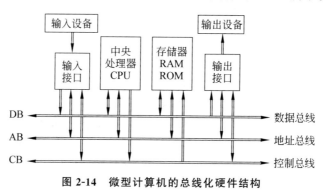

图 2-14 微型计算机的总线化硬件结构

2. 内存储器

目前,微型计算机的内存储器是由半导体器件构成的,从使用功能上分,有随机存储器(random access memory,RAM)和只读存储器(read only memory,ROM)。

(1) 随机存储器。RAM 是一种可以随机读写数据的存储器,也称为读写存储器。RAM 有两个特点:一是可以读出,也可以写入。读出时并不损坏原来存储的内容,只有写入时才修改原来所存储的内容;二是 RAM 只能用于暂时存放信息,一旦断电,存储内容立即消失,即具有易失性。

RAM 通常由 MOS 型半导体存储器组成,根据其保存数据的机理又可分为静态随机存储器(static random access memory,SRAM)和动态随机存储器(dynamic random access memory,DRAM)两大类。

① SRAM 是用双极型或 MOS 的双稳电路作存储元件的,它没有电容放电造成的刷新问题,具有存取速度快的特点。只要有电源正常供电,就能稳定地存储数据,因此称为

静态存储器,主要用于高速缓冲存储器(cache)。

② DRAM 是用 MOS 电路和电容作存储元件的,具有集成度高的特点。由于电容会放电,所以需要定时充电以维护存储内容正确,例如,每隔 2ms 刷新一次,因此称之为动态存储器,主要用于大容量内存储器。SDRAM(同步动态随机存储器)是一种改善了结构的增强型 DRAM(在 DRAM 中加入同步控制逻辑)。DDR SDRAM(double data rate SDRAM,双倍数据速率同步动态随机存储器),是在 SDRAM 内存基础上发展而来的。目前,微型计算机中普及使用的内存是 DDR 4。

(2) 只读存储器。ROM 是只读存储器,顾名思义,它的特点是只能读出原有的内容,不能由用户再写入新内容。原来存储的内容是采用掩膜技术由厂家一次性写入的,并永久保存下来。它一般用来存放专用的固定的程序和数据。只读存储器是一种非易失性存储器,一旦写入信息后,无须外加电源来保存信息,不会因断电而丢失。

为了便于使用和大批量生产,进一步发展了可编程只读存储器、可擦编程只读存储器、电擦除可编程只读存储器、闪速只读编程器和闪存卡。

① 可编程只读存储器(programmable ROM,PROM)。PROM 允许用户根据自己的特殊需要把那些不需要变更的程序或数据烧制在芯片中,这就是可编程的含义,但只能写一次。

② 可擦编程只读存储器(erasable programmable ROM,EPROM)。它具有 PROM 的特点,但是存储的内容可以通过紫外线擦除器来擦除,擦除后重新写入新的内容。

③ 电擦除可编程只读存储器(electrically EPROM,EEPROM)。它的功能与 EPROM 相同,但擦除与编程更加方便。

④ 闪速只读编程器(flash ROM)。它是 EEPROM 的变种,被广泛用在微型计算机的主板上,用来保存 BIOS 程序,便于进行程序的升级。具有抗震、速度快、无噪声、耗电低的优点。

⑤ 闪存卡(flash card)是利用闪存(flash memory)技术达到存储电子信息的存储器,是一种高密度、非易失性的读写半导体存储器。它既有 EEPROM 的特点,又有 RAM 的特点,因而是一种全新的存储结构,种类有 Smart Media(SM 卡)、Compact Flash(CF 卡)、Multi-Media Card(MMC 卡)、Secure Digital(SD 卡)、Memory Stick(记忆棒)、XD-Picture Card(XD 卡)和微硬盘(Micro Drive)等,一般应用于数字照相机、掌上计算机、MP3 播放器等小型数字化产品中。

(3) 高速缓冲存储器(cache)。高速缓冲存储器是存在于主存与 CPU 之间的一级存储器,由静态存储芯片(SRAM)组成,容量比较小,但速度比主存高得多,接近于 CPU 的速度。

CPU 要读取一个数据时,首先从 cache 中查找,如果找到就立即读取并送给 CPU 处理;如果没有找到,就用相对慢的速度从内存中读取并送给 CPU 处理,同时把这个数据所在的数据块调入 cache 中,可以使得以后对整块数据的读取都从 cache 中进行,不必再调用内存。

采用高速缓冲存储器技术的计算机已相当普遍。有的计算机还采用多个高速缓冲存储器,例如系统高速缓冲存储器、指令高速缓冲存储器和地址变换高速缓冲存储器等,以提高系统性能。

3. 外存储器

内存储器的特点是存取速度快、容量小、价格贵；而外存储器的特点是容量大、价格低、存取速度慢，所以现代计算机均采用了分级的存储结构，即用内存储器存放那些立即要用的程序和数据，外存储器用于存放暂时不用的程序和数据，以获得较高的性能价格比。常见的外存储器有硬盘存储器、磁带存储器、光碟驱动器、优盘等。

（1）硬盘存储器。硬盘存储器（通常简称为硬盘）是微型计算机系统主要的外(辅)存储器，通常由硬磁盘、硬磁盘驱动器（或称磁盘机）和硬磁盘控制器构成。

硬盘分为固态盘（solid state drive, SSD）、硬盘驱动器（hard disk drive, HDD）和混合硬盘（hybrid hard disk, HHD）。固态盘采用闪存颗粒来存储，硬盘驱动器采用磁性碟片来存储，混合硬盘是把磁性硬盘和闪存集成到一起的一种硬盘。绝大多数硬盘都是将固态盘永久性地密封固定在硬盘驱动器中。与传统的硬盘驱动器相比，固态盘持续读写速度更快，工作时没有噪声，不会发生机械故障，安全可靠，抗震性能极强。目前，固态盘已逐渐代替传统普通硬盘。

目前，硬盘常用的数据接口采用的是 SATA（serial advanced technology attachment, Interface 串行先进技术总线附属接口）协议，其优势是支持热插拔，传输速度快，执行效率高。

① 硬盘驱动器（hard disk drive）主要由盘体、主轴电动机、读写磁头等部分组成。其盘体由多个重叠在一起并由垫圈隔开的盘片组成，而且盘片采用金属圆片（IBM 曾经采用玻璃作为材料），表面极为平整光滑，并涂有磁性物质。

硬盘驱动器大都采用温彻斯特（Winchester）技术。它是一种可移动磁头（磁头可在磁盘径向移动）、固定盘片的磁盘存储器。

② 硬盘的读写工作原理。从物理结构的角度分为磁面（side）、磁道（track）、柱面（cylinder）与扇区（sector）。磁面也就是组成盘体各盘片的上下两个盘面，第一个盘片的第一面为 0 磁面，下一个为 1 磁面；第二个盘片的第一面为 2 磁面，以此类推……磁道是在格式化磁盘时盘片上被划分出来的许多同心圆。最外层的磁道为 0 道，并向着磁面中心增长。在具体工作时，磁头通过传动手臂和传动轴以固定半径扫描盘片，以此来读写数据。磁道、柱面、扇区在磁盘存储器的位置如图 2-15 所示。

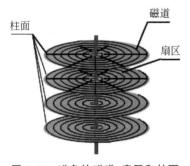

图 2-15 磁盘的磁道、扇区和柱面

硬盘存储器容量计算公式如下：

$$硬盘的容量 = 磁头数 \times 柱面数 \times 每磁道扇区数 \times 扇区字节数$$

其中，磁头数即为盘片数，柱面数即为磁道数，扇区字节数即为扇区容量（一般为 512B）。

③ 硬盘的技术指标。硬盘的技术指标主要有存储容量和转速。存储容量是硬盘最主要的参数，已由 20 世纪 80 年代的 5MB 发展到今天的 1TB 以上；转速的单位为转每分（revolution per minute, RPM）是指硬盘盘片每分钟转动的圈数，例如 5400RPM、7200RPM 和 10000RPM，转速值越大，数据存取速度越快。

④ 硬盘使用中应注意的问题。避免频繁开关计算机的电源，使之处于正常的温度和

湿度、灰尘少、无振动、电源稳定的良好环境。硬盘驱动器采用了密封型空气循环方式和空气过滤装置,不得擅自拆卸,以免造成信息无可挽回的损失。

(2) 磁带存储器。计算机用于存储的磁带与录音机或录像机使用的磁带很相似,上面记录的是数字信号,因此读写装置差别较大。由于磁带介质窄而长,从而决定了磁带存储的顺序性。因此,磁带也称为顺序存取存储器(sequential access memory,SAM)。它的存储容量很大,但查找速度很慢,一般仅用作数据后备存储。

(3) 光碟驱动器。光碟驱动器是一种采用光存储技术存储信息的存储器,主要由光碟、光碟驱动器和光碟控制器组成。它采用聚焦激光束在盘式介质上非接触地记录高密度信息,以介质材料的光学性质(例如反射率、偏振方向)的变化来表示所存储信息的 1 或 0。读出信息时,把光碟插入光碟驱动器中,驱动器装有功率较小的激光光源(不会烧坏盘面),由于光碟表面凹凸不平,反射光强弱的变化经过解调后即可读出数据,输入至计算机中。

常用的光碟驱动器有 CD-ROM 和 DVD-ROM 两种。常见的光碟种类如下。

① CD-ROM(compact disk read only memory,只读型光碟),由光碟制造厂家预先用模板一次性将信息写入,以后只能读出数据而不能再写入任何数据。

② CD-R(CD recordable,一次写入型光碟),通过在光碟上增加有机染料记录层,实现一次写、多次读。不管数据是否填满盘片,只能写入一次。

③ CD-RW(CD rewritable,可重写型光碟),通过在光碟上加一层可改写的染色层,利用激光可在光碟上反复多次写入数据。

④ DVD(digital video,数字通用光碟),是一种能够保存视频、音频和计算机数据的容量更大,运行速度更快的采用了 MPEG-2 压缩标准的光碟。

⑤ BD(blu-ray disc,蓝光光碟),是 DVD 之后的下一代光碟格式之一,用以存储高品质的影音以及高容量的数据存储。蓝光光碟的命名是由于其采用的激光波长为 405nm,刚好是光谱之中的蓝光来进行读写操作。BD 的单面单层为 25GB、双面为 50GB、3 层为 75GB、4 层为 100GB、8 层达到 200GB、16 层更达到 400GB。

(4) 优盘。全称为 USB 闪存盘。因使用 USB 接口与主机通信而得名。优盘非常小巧、便于携带,却有相对较大的存储容量,一般为几十吉字节,其价格便宜、性能可靠,能够在几乎所有主流操作系统上即插即用。

4. 基本输入设备

输入设备是向计算机输入数据和信息的设备,是用户和计算机系统之间进行信息交换的主要装置之一。键盘、鼠标、摄像头、扫描仪、光笔、手写输入板、游戏杆、语音输入装置等都属于输入设备。

(1) 键盘(keyboard)。键盘是微型计算机必备的输入设备,通常连接在 PS/2(紫色)或 USB 接口上。标准键盘上的按键排列可以分为 3 个区域:字符键区(英文主键盘)、功能键区、数字键区(数字小键盘),如图 2-16 所示。其中,英文主键盘上的按键如图 2-17 所示。

① 字符键区。由于键盘的前身是英文打字机,而英文打字机已有多年历史,键盘排列已经标准化。因此,计算机的键盘直接采用了英文打字机的 QWERTY 排列方式。

② 功能键区。在键盘的最上一排,主要包括 F1~F12 这 12 个功能键,这些键又称为

图 2-16 PC 系列微型计算机键盘

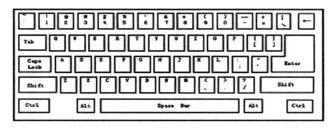

图 2-17 英文主键盘

热键。因为用户可以根据自己的需要定义具体的功能,以减少重复击键的次数,方便操作。

③ 数字键区。该区又称小键盘区。安排在整个键盘的右部。它是为专门从事数字录入的工作人员提供方便的,一只手操作即可。

④ 键盘上常用键的功能。

- Enter 键:回车键。将数据或命令送入计算机时,按此键。
- Space Bar 键:空格键。它是在字符键区的中下方的长条键。因为使用频繁,它的形态和位置在使用时,使左右手都很方便。
- Backspace 键:退格键。按下它可使光标回退一格。常用于删除当前输入的错误字符。
- Shift 键:换档键。由于整个键盘上有 30 个双字符键,即每个键面上标有两个字符,并且英文字母还分大小写,因此通过此键可以转换。在计算机启动后,双字符键处于下面的字符,英文字母处于小写状态。
- Ctrl 键:控制键。一般不单独使用,通常和其他键组合成复合控制键。
- Esc:强行退出键。在菜单命令中,它常是退出当前环境,返回原菜单的按键。
- Alt 键:交替换档键。它与其他键组合成特殊功能键或复合控制键。
- Tab 键:制表定位键。按下此键一般可使光标向右移动 8 个字符的距离。
- 光标移动键:用箭头 ↑、↓、←、→ 分别表示上、下、左、右移动光标。在菜单操作中,它们非常有用。
- 屏幕翻页键:PgUp(Page Up)键用于翻回上一页;PgDn(Page Down)键用于下翻一页。

- 打印屏幕键：PrtSc(Print Screen)键。用于把当前屏幕显示的内容全部截取出来。
- 双态键：包括 Ins 键和 3 个锁定键。Ins 的双态是插入状态和改写状态。CapsLock 是字母状态和锁定状态；NumLock 是数字状态和锁定状态；ScrollLock 是滚屏状态和锁定状态。当计算机启动后，4 个双态键都处于第一种状态，按键后即处于第二种状态。在不关机的情况下，反复按键则在两种状态之间转换。为了区分锁定与否，许多键盘为它们配置了指示灯。

⑤ 键盘操作指法及训练。键盘输入主要通过打字键区各键位的操作来完成。键盘操作指法是将打字键区中用于输入的键位合理分配给双手的每根手指，使之分工明确。通过指法训练，可以提高键盘输入速度和质量，最终实现盲打(不看键盘也能正确输入各种字符)。

- 键盘操作姿势。正确的操作姿势会让人感到舒适愉快，得心应手，有利于打字的准确与速度。正确的键盘操作姿势是：上身挺直，双腿平放在桌子下面，头部稍稍前倾，双手同时使用，手腕平直，手指自然弯曲，轻放在规定的键位上。
- 键盘操作指法。键盘的英文字母是按照各字母在英文中出现的频率高低来排列的，指法就是键位与手指之间合理的分工，其核心就是每根手指负责击打固定的几个键位，相对灵活有力的手指负责击打频率较高的键位并尽量多的负责几个键位。

A、S、D、F、J、K、L 与分号(;)键称为基本键位，它们位于键盘中间，是除拇指外双手另外 8 根手指的"根据地"，即不击键时 8 根手指的放置的位置，拇指负责空格键。击键时，手指从基本键位上伸出，击键完毕回到相应的基本键位。这样在形成习惯后，基本键的位置和距离就逐渐熟悉了，击键的准确性与速度也会随之提高。

对于上档字符的操作，当输入左(右)手管理的上档字符时，则由右(左)手小指按住 Shift 键，用左(右)手对应的手指击打相应的上档字符。

- 击键要领。击键时，每根手指只能击打分配给它的键位；击键完成后，各手指都立即返回相应的基本键位上。坚持使用十根手指操作，按键要轻松，用力要均匀。击键动作要敏捷、果断，击键后手指应迅速弹起。按键时眼睛尽量不看键盘，逐步实现盲打。
- 指法训练。要提高输入速度，必须按照指法进行反复练习，只有持之以恒才能达到准确、迅速。初练时，应每根手指单独训练，反复练习击打规定的若干个键位；要集中时间反复练习同一题目，直到完全熟练再换其他练习题目；训练时应逐渐记键位，并进行难度训练，应多练小指、无名指的键位，这两个键位不易用力、不易击准。

(2) 鼠标(mouse)。鼠标是微型计算机的基本输入设备，在 Windows 环境中，可以取代键盘的光标移动键，使移动光标更加方便、更加快捷。

鼠标按连接形式分为有线鼠标和无线鼠标两种。

① 有线鼠标。这种鼠标通常连接在 PS/2(绿色)或 USB 接口上。由于直接用线与计算机连接，受外界干扰小，因此数据传输稳定，适用于游戏和设计使用。

② 无线鼠标。无线鼠标是指无线缆直接连接到主机的鼠标。采用无线技术与计算机通信，从而摆脱电线的束缚进行近距离的计算机操作。

鼠标按内部结构和工作原理的不同分为机械鼠标和光电鼠标。

① 机械鼠标(mechanical mouse)。早期的鼠标多为这种鼠标。其内部装有一个直径

为2.5cm的橡胶球,通过它在平面上的滚动把位置的移动变换成计算机可以理解的信号,传给计算机处理后即可完成光标的同步移动。鼠标的上面配有按键,使用时通过鼠标的移动把光标移至所需要的位置,然后通过按键完成选择项输入。由于其纯机械机构导致定位精度低,而且使用过程中易磨损影响了其使用寿命,所以目前机械鼠标已经被基本淘汰。

② 光电鼠标(optoelectronic mouse)。光电鼠标用光电传感器取代了传统的滚动球,通过红外线或激光检测鼠标器的位移,将位移信号转换为电脉冲信号,再通过程序的处理和转换来控制屏幕上的光标箭头的移动。这种鼠标定位准确,可以在任何地方无限制地移动,是用户的首选输入设备。

5. 基本输出设备

输出设备是计算机的终端设备,用于接收计算机输出的显示、打印、声音、控制外围设备操作等数据,并把各种计算结果数据或信息以数字、字符、图像、声音等形式表示出来。常见的输出设备有显示器、打印机、绘图仪、影像输出系统、语音输出系统、磁记录设备等。

(1) 显示器。显示器(display)是微型计算机不可缺少的输出设备,通过它可以很方便地查看送入计算机的程序、数据、图像等信息,以及经过计算机处理后的中间和最终结果,它是人机对话的主要工具。

早期主流的阴极射线管显示器(CRT)目前已经被液晶显示器(LCD)所取代。液晶显示器的特点是机身薄、节省空间、省电、不产生高温、低辐射、画面柔。此外,触摸屏(touch screen)显示器也得到很多拓展应用,带来了所触即所得的便捷操作。

① 显示器的分辨率。显示器上的字符和图形是由一个个像素(pixel)组成的。显示器的分辨率一般用整个屏幕上光栅的列数与行数的乘积来表示。这个乘积越大分辨率就越高。现在常用的分辨率是800×600、1024×768、1280×1024等。

② 显卡(video card,graphics card)。显卡全称为显示接口卡,又称显示适配器。

显卡是计算机进行数模信号转换的设备,承担输出显示图形的任务。显示器必须配置正确的适配器才能构成完整的显示系统。常见显卡有核芯显卡、集成显卡、独立显卡3类。

显卡和主板上都有内存,位于主板上的称为内存条,位于显卡上的称为显存,用来存储运算过程中的图形图像信息。高端显卡需要比系统内存更快的存储器,所以越来越多显卡厂商转向使用第4代DDR 4和第5代DDR 5技术。

显示卡标准有以下几种。CGA(color graphics adapter)标准是图形分辨率为320×200的彩色显示标准,EGA(enhanced graphics adapter)标准是图形分辨率为640×350的彩色显示准,VGA(video graphics array)标准适用于高分辨率的彩色显示器,其图形分辨率在800×600以上,能显示256种颜色,在VGA之后,又不断出现SVGA、TVGA等标准,分辨率提高到800×600,1024×768,而且具有$16.7×10^6$种彩色,称为"真彩色"。

(2) 打印机。打印机(printer)是计算机的输出设备,用于把文字或图像输出在纸上供阅读和保存。

打印机按工作原理可分为击打式打印机和非击打式打印机。目前,常用的票据打印机多为点阵打印机(dot matrix printer),属于击打式打印机,而喷墨打印机(inkjet printer)和激光打印机(laser printer)等非击打式打印机目前已经普及。

① 击打式打印机。击打式打印机是一种以机械撞击方式使打印头通过色带在打印纸上印出计算机输出结果的设备。微型计算机中最常见的点阵式打印机,又称为针式打印机,它的打印头由若干根打印针和驱动电磁铁组成,打印时让相应的针头击打色带后方的纸面打印出很多的点,这些点可组成所需的字符。目前常见的是 24 针打印机。击打式打印机的分辨率和打印速度一般,噪声很大,但是具有耗材便宜、高速跳行、多份打印、宽幅面打印、维修方便等优点,常用于办公和财务处理时打印报表、发票等。

② 激光打印机。激光打印机是由激光器、声光调制器、高频驱动、扫描器、同步器及光偏转器等组成,靠激光吸附墨粉打印。较其他打印设备,激光打印机有打印速度快、成像质量高、单页的打印成本低等优点,是目前办公用途打印机的首选。

③ 喷墨打印机。喷墨打印机利用排列成阵列的微型喷墨机在纸上喷出墨点来组成字符或图像的。其价格低廉,具有接近激光打印机的高输出分辨率,能输出色彩逼真的照片,具有更为灵活的纸张处理能力(可以打印信封、信纸、各种胶片、照片纸、光碟封面、卷纸、T 恤转印纸等特殊介质),常用于家庭和办公用途。

2.3.4 微型计算机系统的基本软件组成

微型计算机系统的软件分为系统软件和应用软件两大类。系统软件是指由计算机生产厂家(部分是第三方厂商)为使用计算机而提供的基本软件。最常用的有操作系统、计算机语言处理程序、数据库管理系统、连网及通信软件、各类服务程序和工具软件等。应用软件是指用户为了自己的业务应用而使用系统开发出来的用户软件。系统软件依赖于机器硬件,而应用软件则更接近用户业务。下面对系统软件略加介绍。

1. 操作系统

操作系统(operating system,OS)是最基本最重要的系统软件。它负责管理计算机系统的 CPU、内存空间、磁盘空间、外部设备等各种硬件资源,并且负责解释用户对机器的管理命令,使它转换为机器实际的操作。

DOS(disk operating system)曾经是微型计算机最常用的一种操作系统。它具有较完善的磁盘文件管理功能,并且具有很好的开放性。

Windows 是美国微软公司研制的具有视窗功能的操作系统。它具有较强的图形化处理功能,能在微型计算机上运行多个任务并具有友好的操作界面。

Xenix 是著名的 UNIX 操作系统的微型计算机版本。属于"多用户"和"多任务"操作系统的 UNIX 一般运行在小型计算机和高档微型计算机上,它是一个很好的多用户分时处理的操作系统。

目前正在普及应用的 Linux 操作系统的主要特点是源代码的开放性。

2. 计算机语言处理程序

计算机语言分为机器语言、汇编语言和高级语言。

(1) 机器语言(machine language)。机器语言是指机器能直接认识的语言,它是由 1 和 0 组成的一组代码指令。例如 01001001,作为机器语言指令,可能表示将某两个数相加。由于机器语言难记,所以,基本上不能用来编写程序。

(2) 汇编语言(assemble language)。汇编语言实际是由一组与机器语言指令一一对应的符号指令和简单语法组成的。例如"ADD A,B"可表示将 A 与 B 相加后存入 A 中，也可与上例机器语言指令 01001001 直接对应。汇编语言程序要由一种"翻译"程序来将它翻译为机器语言程序，这种翻译程序称为汇编程序（assembler）。任何一种计算机都配有只适用于自己的汇编程序。汇编语言适用于编写直接控制机器操作的低层程序，一般人较难使用。

面向机器的语言都属于低级语言，机器语言和汇编语言均属于低级语言。

（3）高级语言（high level language）。高级语言比较接近日常用语，对处理器依赖性低，是适用于各种处理器的计算机语言。高级语言已有数十种，下面介绍常用的几种。

① BASIC。它是一种最简单易学的计算机高级语言，许多人学习基本的程序设计就是从它开始的。1991 年微软推出基于对象的 Visual Basic 具有很强的可视化设计功能，是重要的多媒体编程工作语言。

② FORTRAN。它是一种非常适合于工程设计计算的语言，它已经具有相当完善的工程设计计算机程序库和工程应用软件。

③ C。它是一种具有很高灵活性的高级语言，它适合于各种应用场合，所以应用非常广泛。C++ 是一种面向对象的程序设计语言。它在 C 的基础上进行了改进和扩充，增加了面向对象程序设计的功能，更适合编制复杂的大型软件系统。Visual C++ 是微软公司开发的基于 C/C++ 的可视化的集成工具，它也是 Visual Studio 中功能最为强大的、代码执行效率最高的开发工具。

④ Java。它是由 SUN 公司（2009 年被 Oracle 公司收购）于 1995 年推出的一种新型的跨平台的面向对象设计语言，可适应当前高速发展的网络环境编程，非常适合交互式多媒体应用的编程，简单而又高性能、安全性好、可移植性强。

⑤ Python。1989 年诞生的 Python 语言，是一种面向对象的解释型程序设计语言。Python 语法简洁清晰、易学易读，具有丰富和功能强大的类库以支持应用开发所需的各种功能，是目前十分流行的被大量用户所欢迎的、用途广泛的语言。

（4）翻译程序。将高级语言所写的程序翻译为机器语言程序需要有两种翻译程序：编译程序和解释程序。

① 编译程序把高级语言编写的程序作为一个整体进行处理，编译后与子程序库连接，形成一个完整的可执行程序。这种方法的缺点是编译和连接较费时间，但是运行速度很快。FORTRAN、C 等都采用这种编译的方法。

② 解释程序是对高级语言程序逐句解释后再执行。这种方法的特点是程序设计的灵活性大，但程序的运行效率较低。BASIC 本来属于解释型语言，但现在已发展为也可以编译成高效的可执行程序，因此兼有两种方法的优点。Java 需要先将程序编译为字节码，然后通过网络传送到其他计算机上，再用该机配置的 Java 解释器对 Java 字节码进行解释和执行。

3. 数据库管理系统

日常生活中的许多事情都需要对数据进行管理，所以出现了许多数据库管理系统（database management systems，DBMS）。例如，适用于微型计算机的数据库管理系统有 dBASE、FoxBase、Visual FoxPro、SyBase、Oracle、Informix、Microsoft SQL Server、Microsoft Access、MySQL 等。

4. 连网及通信软件

计算机发展至今,人们已离不开计算机网络。但网络上信息和资源的管理比单机要复杂得多。因此出现了许多专门用于网络管理和应用的软件。例如,著名的局域网操作系统 Novell 公司的 NetWare;微软公司的 Internet Explorer(简称 IE)和网景(Netscape)公司的 Netscape Navigator(简称 Netscape)浏览器软件等。单机之间通过电话线或专用线进行通信的相关软件也十分丰富。

5. 各类服务程序和工具软件

除上述软件外,还有许多软件是属于服务类或工具类的。例如各类诊断程序、数学统计库程序、多媒体输入输出及创作工具软件等。

2.3.5 微型计算机的基本配置及性能指标

1. 微型计算机的性能指标

高性能的微型计算机有很快的处理速度和很强的处理能力。性能的提高,是微型计算机各个部件共同协调工作的结果。计算机的用途不同,对部件的性能要求也有所不同。例如,用于科学计算的计算机,对主机的运算速度要求很高;用于大型数据库管理的计算机,对主机的内存容量、存取速度和外存储器的读写速度要求较高;用于网络传输的计算机,要求具有很高的输入输出(input/output,I/O)速度,因此,应当有高速的 I/O 总线和相应的 I/O 接口,下面分别加以说明。

(1) 运算速度。计算机的运算速度是指计算机每秒执行的指令数。单位为百万条指令每秒(million instructions per second,MIPS)或者百万条浮点指令每秒(million floating point operations per second,MFPOPS)。

影响运算速度的主要因素如下。

① CPU 的时钟频率。计算机的时钟频率又称主频,它在很大程度上决定了计算机的运算速度。例如,8088 处理器的主频为 4.77MHz,80286 处理器的主频为 8MHz,80386 处理器的主频为 16MHz,80486 处理器的主频为 66MHz,奔腾 586 处理器的主频为 200MHz,Pentium Ⅱ 处理器的主频为 400MHz。目前,Intel 公司的酷睿系列处理器的主频已超过 4.0GHz。

② 字长。微型计算机的字长已由 8088 处理器的准 16 位(运算用 16 位,I/O 用 8 位)发展到现在的 64 位。

③ 指令系统的合理性。每种处理器都设计了一套指令,一般有数十条到数百条。例如加、浮点加、逻辑与、跳转等,处理器能执行的所有指令组成其指令系统。生产厂商通过设计合理的指令系统,获得较高的运行效率。

④ 处理器的核心数。处理器从单核转向双核、转向四核和更多核,可以提高微型计算机的计算能力。

(2) 存储器的指标。

① 存取速度。内存储器完成一次读(取)或写(存)操作所需的时间称为存储器的存取时间或者访问时间。而连续两次读(或写)所需的最短时间称为存储周期。微型计算机的内存储器目前都由大规模集成电路制成,其存取周期很短,约为几十到上百纳秒(1ns=

1×10^{-9} s)。它的快慢也会影响计算机的整体运算速度。

磁盘存储器(外存)的存取速度较慢长,需要磁头定位所需的寻道、等待目标扇区的到来和将该数据块读出。

② 存储容量。存储容量一般用字节作为单位。20 世纪 90 年代初,微型计算机的内存储器配置一般为 1~4MB,现在的微型计算机内存根据用户需求可配置为 32GB 以上。内存容量足够大,才能运行大型软件。

(3)输入输出速度。主机的输入输出速度取决于 I/O 总线的设计。这对于低速设备(如键盘、打印机)关系不大,但对于高速设备则效果十分明显。例如,硬盘的外部最大传输速率理论上可以达到 150MB/s。

2. 微型计算机的基本配置

由于微型计算机技术发展很快,所以不同时期的基本配置也不一样,按照目前的技术水平和市场价格,建议基本配置方案如下:

(1) CPU:推荐 64 位双核,2.6GHz 以上。

(2) RAM:推荐 8GB DDR3 以上内存。

(3) 硬盘:推荐 500GB 以上。

(4) 显示器:推荐 24in(1in 约为 25.4mm)以上的 16:9 显示器。

(5) 显示卡:推荐 1GB 以上显存。

(6) 声卡:推荐 16~24 位量化,44.1kHz 以上采样频率。

(7) 其他:键盘、鼠标、DVD-ROM 光驱等。

另外,根据自己的需要配置适当的音箱、打印机和移动存储器等设备。当然,配置必要的软件是必不可少的,如 Windows 操作系统、Microsoft Office 办公软件、各种设备的驱动程序等。

习题 2

一、单选题

1. 微型计算机中普遍使用的字符编码是( )。
   A. BCD 码   B. 拼音码   C. 补码   D. ASCII 码

2. 计算机由五大部件组成,它们是( )。
   A. 控制器、运算器、主存储器、输入设备和输出设备
   B. CPU、运算器、存储器、输入设备和输出设备
   C. CPU、控制器、存储器、输入设备和输出设备
   D. CPU、控制器、外存储器、输入设备和输出设备

3. RAM 代表的是( )。
   A. 只读存储器   B. 软盘存储器
   C. 随机存储器   D. 高速缓冲存储器

4. 编程用的语言为程序设计语言,无须了解计算机内部构造的语言是(①),将它编写的源程序转换成目标程序的软件为(②)。
   ① A. 汇编语言   B. 机器语言   C. 高级语言   D. 自然语言

② A. 汇编语言　　　B. 链接程序　　　C. 编译程序　　　D. 转换程序

5. 用 16×16 点阵存储一个汉字的字形码,需要用(①)字节,在汉字处理系统中二级字库共有 6763 个汉字,需要用(②)字节。

　① A. 256　　　　　B. 32　　　　　　C. 2　　　　　　D. 4

　② A. 6763×256　　B. 6763×32　　　C. 6763×16　　　D. 6763×2

6. 1MB 的含义是( )。

　　A. 1024×1024B　　　　　　　　　B. 1024×B

　　C. 1024×1024b　　　　　　　　　D. 1024×1024×1024B

7. 十进制 83.125 的二进制表示是(①),八进制表示是(②),十六进制表示是(③)。

　① A. 1010011.011　　　　　　　　 B. 1010011.011

　　C. 111110.01　　　　　　　　　　D. 1010011.001

　② A. 53.2　　　　　B. 123.1　　　　C. 76.5　　　　　D. 57.3

　③ A. A3.1　　　　　B. 53.2　　　　　C. 76.5　　　　　D. 6F.3

8. 二进制数 101101.1001 与 11010.0101 的和是(①),二进制 1111001010 与 11100011 的差为(②)。

　① A. 1000101.1110　　　　　　　　B. 1000111.1110

　　C. 1000111.1010　　　　　　　　D. 1010111.1101

　② A. 1100010011　　　　　　　　　B. 1110010011

　　C. 10111001100　　　　　　　　　D. 1011100111

9. 用 7 位 ASCII 码表示字符 3 和 8 是( )。

　　A. 0110011 和 0110111　　　　　 B. 1010011 和 0111001

　　C. 1000011 和 1100011　　　　　 D. 0110011 和 0111000

10. 当机器字长为 8 时,十进制 −95 的原码、反码、补码表示分别为( )。

　　A. [−95]原 = −1011111　　[−95]反 = −0100000　　[−95]补 = −0100001

　　B. [−95]原 = 01011111　　[−95]反 = 10100000　　[−95]补 = 10100001

　　C. [−95]原 = 11011111　　[−95]反 = 10100000　　[−95]补 = 10100001

　　D. [−95]原 = 01010111　　[−95]反 = 01011000　　[−95]补 = 01011001

11. 下列各字符中,ASCII 码值最大的是( )。

　　A. Y　　　　　　　B. D　　　　　　C. y　　　　　　　D. z

12. 已知字符'A'的 ASCII 码是 01000001,字符'c'的 ASCII 码是( )。

　　A. 01000111　　　B. 01000011　　　C. 01100011　　　D. 01000010

13. 下列 4 组数中的 3 个数依次为二进制、八进制和十六进制,符合要求的是( )。

　　A. 10,70,18　　　B. 12,77,10　　　C. 13,70,1A　　　D. 11,87,19

14. 汉字"保"的国标码是(00110001 00100011)B,它的机内码是( )。

　　A. 56 50H　　　　B. 56 D0H　　　　C. D6 50H　　　　D. B1 A3H

15. 汉字"大"的区位码是 20 83,它的国标码是( )。

　　A. 34 73H　　　　B. 90 81H　　　　C. B0 A1H　　　　D. B0 21H

二、简答题

1. 微型计算机的发展经历了哪几个阶段？各阶段微处理器的主要特征是什么？
2. 叙述当代计算机的主要应用。
3. 存储器为什么要分内存、外存？二者有什么区别？
4. 指令和程序有什么区别？叙述计算机执行指令的过程。
5. 分别说明系统软件和应用软件的功能。
6. 简述操作系统的定义及主要任务。目前，微型计算机上常用操作系统有哪几种？
7. 分别说明机器语言、汇编语言和高级语言的特点。
8. 微型计算机硬件系统有哪些主要部分？哪些属于主机？哪些属于外部设备？各自的功能？
9. 常用的光碟有哪几种？各自的特点是什么？

第3章 计算机操作系统

3.1 操作系统基础

3.1.1 操作系统的目标和作用

操作系统(operating system,OS)属于最基本的系统软件,是管理和控制计算机硬件与软件资源的一组程序,给用户和其他软件提供了方便的接口和环境。

在计算机系统上配置操作系统,其主要目的是方便性、有效性、可扩充性和开放性,这些是设计操作系统时最重要的几个目标。目前存在着多种类型的操作系统,操作系统的类型不同,其目标也各有侧重。

(1) 方便性。因为计算机硬件只能识别0、1编码的机器语言,所以只有通过操作系统提供的各种命令,用户才能方便地操作计算机。

(2) 有效性。操作系统使得CPU、I/O设备得到有效的利用,提高了系统资源利用率;不但可使内存和外存中存放的数据因有序而节省了存储空间;还可以通过合理地组织计算机的工作流程,缩短运行周期,提高系统的吞吐量。

(3) 可扩充性。操作系统只有具备方便地增加新功能和新模块的能力,才能适应计算机硬件、体系结构以及应用发展的要求。从早期的无结构到模块化结构进而发展到层次化结构,现在操作系统已广泛采用微内核结构。微内核是内核的一种精简形式,通常与内核集成在一起的系统服务层被分离出来,变成可以根据需求加入的选件,这样就可提供更好的可扩展性和更加有效的应用环境。

(4) 开放性。凡遵循国际标准所开发的硬件和软件,均能彼此兼容,可方便地实现互连。开放性已成为20世纪90年代以后计算机技术的一个核心问题,也是一个新推出的系统或软件能否被广泛应用的至关重要的因素。

操作系统的作用主要体现在两方面。

(1) 它是用户及其软件与计算机硬件系统之间的接口。操作系统位于底层硬件与用户之间,是两者沟通的桥梁。它提供一组控制命令或图形窗口供用户操作计算机,并且对用户命令进行解释,实现用户需求。操作系统对用户屏蔽了硬件物理特性和操作细节,为用户使用计算机创造了良好的工作环境。

(2) 它有效地管理、合理地分配系统资源,提高系统资源的使用效率。操作系统管理着计算机系统的硬件、软件及数据资源,包括对硬件的直接监管、决定系统资源供需的优先次序、操作网络与管理文件系统等基本事务。

3.1.2 操作系统的发展

在1946年世界第一台计算机诞生时并没有操作系统。在过去的几十年里,伴随着计算机硬件的更新换代,操作系统也经历了从20世纪40年代的手工操作、20世纪50年代单道批处理系统、20世纪六七十年代的多道批处理及分时系统,直至现在的网络和移动系统,不断地升级用户体验、扩展应用领域,变得越来越复杂强大。

1964年,OS/360操作系统在IBM公司诞生。

1970年,UNIX操作系统在美国的贝尔实验室诞生。

1974年,加里·基尔代尔推出第一个微型计算机操作系统CP/M。

1981年,IBM公司推出PC-DOS,微软公司发布了MS-DOS。

1984年,苹果公司发布了Mac OS 1.0图形用户界面操作系统。

1985年,微软公司推出Windows 1.0操作系统。

1991年,芬兰的林纳斯·本纳第克特·托瓦兹(Linus Benedict Torvalds)推出免费开源的Linux操作系统。

2007年,苹果公司发布了iOS移动操作系统。

2007年,谷歌公司正式发布了Android移动操作系统。

目前,随着互联网、超级计算机、智能移动终端的快速发展,Linux、Android和iOS补充Windows、UNIX都成为当前主流操作系统。

在我国,微型计算机操作系统的开发一直处于劣势,微软的Windows与苹果公司的Mac OS操作系统几乎瓜分了PC市场;同样在移动终端中,Android和iOS移动操作系统仍是主流,国内市场几乎被国外品牌占据。

我国的操作系统国产化浪潮起源于20世纪末,目前,依托开源生态以及政策扶持,正快速崛起,涌现出了一大批以Linux为主要架构的国产操作系统,如中标麒麟、深度Deepin、华为鸿蒙等,未来的广阔发展前景值得期待。

2021年华为鸿蒙操作系统的问世,在全球引起了巨大反响。鸿蒙OS是中国华为公司开发的一款基于微内核、面向5G物联网、面向全场景的分布式操作系统。它是面向下一代技术而设计,将打通手机、PC、平板计算机、电视、工业自动化控制、无人驾驶、车机设备、智能穿戴统一成一个操作系统,并且兼容Android的所有Web应用。这款中国打造的操作系统在技术上具有逐渐建立起自己生态的成长力,它的诞生将拉开永久性改变操作系统全球格局的序幕。

3.1.3 操作系统的基本特征

操作系统具有以下基本特征。

(1) 并发。并发是指两个或多个事件在同一时间间隔内发生。操作系统的并发性是指计算机系统中同时存在多个运行着的程序,因此它应该具有处理和调度多个程序同时执行的能力。在这种多道程序环境下,一段时间内,宏观上有多个程序在同时运行,而微观上的每一时刻,这些并发执行的程序是交替地在 CPU 上运行的。操作系统的并发性是通过分时得以实现的。

(2) 共享。共享是指系统中的资源可以被多个并发执行的程序共同使用,而不是被其中一个独占。资源共享有两种方式:互斥访问和同时访问。

并发和共享是操作系统最基本的两个特征。

(3) 异步。在多道程序环境下,允许多个程序并发执行,但是由于资源有限,进程的执行并不能一贯到底,而是走走停停,以不可预知的速度向前推进的。这就是进程的异步性。

(4) 虚拟。在操作系统中,通过某种技术将一个物理实体变为若干个逻辑上的对应物的功能称为虚拟。虚拟有两种实现方式分为时分复用和空分复用。时分复用是利用某设备为一个客户服务的空闲时间,又转去为其他客户服务,使设备得到最充分的利用。空分复用是指将一个频率范围比较宽的信道划分成多个频率较窄的信道频带,为用户提供易于使用、方便高效的操作环境。

3.1.4 操作系统分类及功能

1. 操作系统分类

操作系统可按从用途分为专用操作系统和通用操作系统两类。专用操作系统是指用于控制和管理专项事物的操作系统,如现代工业流水线中使用的操作系统,这类系统一般以嵌入硬件的方式出现。通用操作系统具有完善的功能,能够适应多种用途的需要。

操作系统按支持的硬件环境不同,可分为通用操作系统、工作站操作系统和个人计算机操作系统。

操作系统按提供的工作环境不同,可分为批处理操作系统、分时操作系统、实时操作系统、单用户操作系统、网络操作系统和分布式操作系统。

(1) 批处理操作系统。批处理操作系统就是将作业按照它们的性质分组(或分批),然后再成组(或成批)地提交给计算机系统,由计算机自动完成后再输出结果,从而减少作业建立和结束过程中的时间浪费。根据在内存中允许存放的作业数,批处理系统又分为单道批处理系统和多道批处理系统。作业是指用户要求计算机完成的工作,即完成用户某个任务的程序、数据和作业说明书。用户事先把作业准备好,然后直接交给系统操作员,由系统操作员将用户们提交的作业分批进行处理,每批中的作业由操作系统控制执行,可充分利用系统资源,但是用户不能进行直接干预,缺少交互性,不利于程序的开发与调试。

（2）分时操作系统。分时操作系统克服了批处理操作系统的缺点，其主要特征是允许多个用户分享使用同一台计算机。分时操作系统将系统处理机时间与内存空间按一定的时间间隔，轮流地切换给各终端用户的程序使用。由于时间间隔很短，每个用户的感觉就像他独占计算机一样，有效增加资源的使用率。

（3）实时操作系统。实时操作系统是指当外界事件或数据产生时，能够接受并以足够快的速度予以处理，其处理的结果又能在规定的时间之内来控制生产过程或对处理系统做出快速响应，并控制所有实时任务协调一致运行的操作系统。因此，提供及时响应和高可靠性实时操作系统的主要特点。

（4）单用户操作系统。个人计算机操作系统是单用户操作系统，在CPU管理和内存管理等方面比较简单。早期的个人计算机使用CP/M(control program for microprocessors)系统和20世纪80年代初开始使用DOS(disk operating system)都是单用户单任务操作系统。近些年来，由于多媒体技术的广泛应用及个人计算机硬件系统的迅速发展，Windows、Linux操作系统得到极大的发展。

（5）网络操作系统。网络操作系统是服务于计算机网络，按照网络体系结构的各种协议来完成网络的通信、资源共享、网络管理和安全管理的系统软件。它除了具有基本操作系统具有的管理和服务功能以外，还具有网络管理和服务功能，主要包括网络资源共享和网络通信功能。网络操作系统运行在称为服务器的计算机上，并由联网的计算机用户（被称为客户）共享。

（6）分布式操作系统。分布式操作系统是建立在网络操作系统之上，对用户屏蔽了系统资源的分布而形成的一个逻辑整体系统的操作系统。它也是通过通信网络把物理上分散的具有自治功能的计算机系统连接起来，以实现信息交换和资源共享以及协作完成任务。与网络操作系统不同，分布式操作系统中的计算机无主次之分。

分布式操作系统为用户提供了一个统一的界面和标准接口，用户通过这一界面可以实现所需的操作或使用系统资源。至于操作是在哪一台计算机上执行的或者使用了哪一台计算机的资源，则是分布式操作系统完成的。

2. 操作系统的功能

从资源管理的角度看，操作系统具有以下五大功能：处理器管理、存储器管理、设备管理、文件管理和作业管理。

（1）处理器管理。处理器管理是对处理器的时间进行合理分配、对处理器的运行实施有效的管理。其工作主要是进程调度，在单用户单任务的情况下，处理器仅为一个用户的一个任务所独占，进程管理的工作十分简单。但在多道程序或多用户的情况下，组织多个作业或任务时，就要解决处理器的调度、分配和回收等问题。

（2）存储器管理。存储器管理是对存储器进行分配、保护和扩充，便于多道程序共享内存资源。

① 内存分配。内存分配就是记录整个内存，按照某种策略分配或回收释放的内存空间。

② 地址映射。在硬件的支持下解决地址映射就是进行逻辑地址到物理地址的转换。

③ 内存保护。内存保护的目的是保证各程序空间不受侵犯。

④ 内存扩充。内存扩充通过虚拟存储器技术虚拟出比实际内存大得多的空间来满

足实际运行的需要。

（3）设备管理。设备管理是对设备进行分配，使设备与主机能够并行工作，为用户提供良好的设备使用界面。

① 缓冲区管理。管理各类 I/O 设备的数据缓冲区，解决 CPU 和外设速度不匹配的矛盾。

② 设备分配。根据 I/O 请求和相应分配策略分配外部设备以及通道、控制器等。

③ 设备驱动。实现用户提出的 I/O 操作请求，完成数据的输入输出。这个过程是系统建立和维持的。

④ 设备无关性。应用程序独立于实际的物理设备，由操作系统将逻辑设备映射到物理设备。

（4）文件管理。文件管理是指操作系统对信息资源进行管理，合理地组织和管理文件系统，为文件访问和文件保护提供更有效的方法及手段。

① 文件存储空间的管理。文件存储空间的管理包括记录空闲空间，为新文件分配必要的外存空间，回收已释放的文件空间，提高外存的利用率等。

② 目录管理。目录管理包括对目录文件进行的组织，以及实现用户对文件的"按名存取"、目录的快速查询和文件共享等。

③ 文件的读写管理和存取控制。文件的读写管理和存取控制是根据用户请求，对外存储器进行读取或写入操作，防止未授权用户的存取或破坏，对各文件（包括目录文件）进行存取控制。

（5）作业管理。用户请求计算机系统完成的一个独立操作称为作业。作业管理包括作业的输入、输出、调度与控制。操作系统提供两种方式的接口为用户服务。一种是系统级的，即提供一级广义指令供用户组织和控制自己作业的运行；另一种是用作业控制语言书写控制作业执行的操作说明书，然后将程序和数据交给计算机，由操作系统按说明书的要求控制作业的执行，此过程不需要人为干预。

3.2 Windows 10 操作系统

3.2.1 Windows 操作系统的发展历史及 Windows 10 的界面

Windows 操作系统是由美国微软公司开发的一款视窗操作系统。它采用了 GUI（图形用户界面）图形化操作模式，比 DOS 等指令操作系统如更人性化。从 1985 年推出的 Windows 1.0 开始，Windows 操作系统历经 Windows 95、Windows 98、Windows XP 到现在的 Windows 7、Windows 8、Windows 10，逐渐占领了办公室、学校和家庭，是目前个人计算机使用最多的操作系统，如图 3-1 所示。

Windows 1.0 于 1985 年推出，用户只需在屏幕上移动鼠标指向所需位置并单击即可完成任务，而无须输入 MSDOS 命令。

Windows 2.0 于 1987 年推出的，除了增加窗口叠加功能外，还引入了一直沿用至今的控制面板功能。

(a) Windows 95 的界面　　(b) Windows 98 的界面　　(c) Windows XP 的界面

(d) Windows 7 的界面　　(e) Windows 8 的界面　　(f) Windows 10 的界面

图 3-1　Windows 几个代表性版本的用户界面

20 世纪 90 年代推出的 Windows 3.0 具有了 16 色的高级图形效果并改进了图标,还引入了纸牌扫雷等游戏,可使用 Ctrl+Alt+Del 组合键功能。

Windows 95 于 1995 年发布,引入了"开始"按钮、"开始"菜单、任务栏、通知、Windows 资源管理器,以及微软第一款网络浏览器 Internet Explorer(IE)和拨号网络。

Windows 98 于 1998 年发布,是专门面向消费者设计的第一个 Windows 版本,被描述为可"更好地工作,更好地娱乐"的操作系统。借助 Windows 98,可以在计算机和 Internet 上轻松地查找信息、更加快速地打开和关闭程序,并可以读取 DVD 和通用串行总线(USB)设备。

Windows XP 于 2001 年发布,它的界面经过重新设计,以易用性为核心。提供了网络安装向导、Windows Media Player、增强数字照片功能等增强功能。还具有远程桌面支持、加密文件系统以及系统还原和高级网络功能。

Windows 7 于 2009 年发布。Windows 7 的设计主要围绕 5 个重点——针对笔记本计算机的特有设计、基于应用服务的设计、用户的个性化、视听娱乐的优化和用户易用性的新引擎。它是除了 Windows XP,外第二经典的 Windows 系统。

Windows 8 于 2012 年发布,支持来自 Intel、AMD 和 ARM 的芯片架构,可用于个人计算机和平板计算机上,尤其是触屏手机、平板计算机等移动触控电子设备。

Windows 10 于 2015 年发布,有家庭版、专业版、企业版、教育版、移动版、移动企业版和物联网核心版共 7 个版本,需要 16GB(32 位操作系统)或 20GB(64 位操作系统)的硬盘空间进行安装,运行则需要 1GB(32 位)或 2GB(64 位)的内存 RAM 空间。Windows 10 操作系统在易用性和安全性方面有了极大的提升,除了针对云服务、智能移动设备、自然人机交互等新技术进行融合外,还对固态盘、生物识别、高分辨率屏幕等硬件进行了优化完善与支持。

1. Windows 10 操作系统用户界面

启动 Windows 10 后,桌面如图 3-2 所示。Windows 10 桌面设置有背景图案,上面放置有各种图标,桌面底部的黑色条块是任务栏。

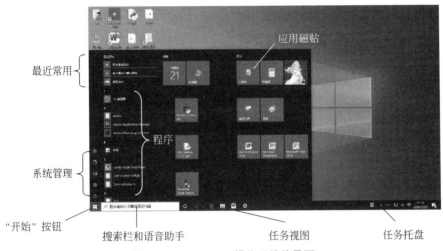

图 3-2　Windows 10 操作系统的界面

2. Windows 10 文件资源管理器

资源管理器是 Windows 系统提供的资源管理工具程序,利用它可以查看计算机里的所有资源,可以根据作者、标题、文件类型、存储位置或其他标签或属性排列文档或照片;可以调整文件图标的大小;通过"预览窗格"按钮或者"详细信息窗格"按钮,可以不打开文件即可预览文件的内容。

启动资源管理器的方法有多种。

方法 1:直接单击任务栏上的"文件资源管理器"按钮。

方法 2:右击"开始"按钮,从弹出的快捷菜单中选中"文件资源管理器"。

方法 3:双击桌面上系统自带的"此电脑"图标,打开"此电脑"资源管理器窗口。

Windows 7 的"资源管理器"在 Windows 10 中重命名为"文件资源管理器",两者的功能基本相同。窗口基本上由标题栏、功能区选项卡、地址栏、导航窗格及窗口工作区等组成。

作为 Windows 10 的新功能,Microsoft OneDrive 用于将文件同步到云端。窗口左侧"快速访问"区域会自动将最近使用过的文件夹添加到此区域。如果要从快速访问中删除单个文件夹,可以右击该文件夹,从弹出的快捷菜单中选中"从快速访问中取消固定"。

在文件资源管理器的窗口中,可通过功能选项卡对目标文件或文件夹进行操作,常用的功能如图 3-3 所示。

(1)"主页"选项卡。该选项卡包含处理文件的基本选项,包括复制、粘贴、删除、重命名、新文件夹和属性。

(2)"共享"选项卡。该选项卡用于通过电子邮件发送,压缩和打印文件、刻录到光碟或共享在本地网络上。

(3)"查看"选项卡。该选项卡用于控制文件在文件资源管理器中的显示方式(大图

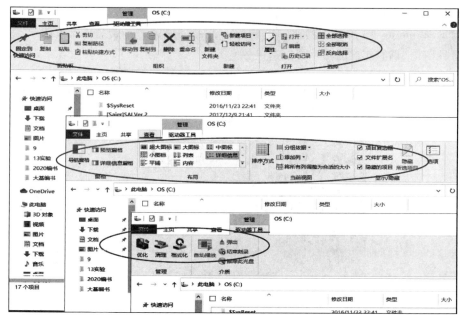

图 3-3 Windows 10 功能区中的选项卡

标、小图标、列表、详细信息等)以及排序的选项(名称、日期、类型、递增/减)。

(4)"驱动器工具|管理"选项卡。该选项卡具有动态选项,可以显示与窗口内容上下文相呼应的命令按钮。例如,如果在窗口里选择了磁盘,则"驱动器工具|管理"选项卡会显示用于磁盘格式化、磁盘清理、移动盘的弹出的选项。如果在窗口里选择了一些图片,则弹出"图片工具"选项卡,其中包含了用于旋转所选图像并将其设置为桌面背景等选项。

3. 窗口

(1)窗口大小及位置的改变。当窗口未最大化时,拖动窗口边框线即可以改变窗口大小,双击标题栏,可直接在最大化和还原状态之间进行切换。鼠标拖动标题栏即可移动窗口的位置。

(2)窗口切换。Windows 是一个多任务操作系统,即允许同时打开多个应用程序。这些窗口中只有一个为活动窗口,其他的都在后台运行。直接单击任务栏中的某个缩略图,或者按组合键 Alt＋Tab 或 Alt＋Esc,可在这些窗口之间进行切换,如图 3-4 所示。

图 3-4 使用 Alt＋Tab 组合键切换窗口

(3)窗口排列。右击任务栏上的空白处,通过弹出的快捷菜单可以层叠窗口、堆叠显示窗口(横向平铺)、并排显示窗口(纵向平铺)和显示桌面。

4. 对话框

对话框是用户与计算机系统之间进行信息交流的窗口界面,一般用于对系统参数、任务状态、用户信息的设置。

5. 菜单

Windows 10 常见的菜单有下拉菜单、快捷菜单两种。单击窗口菜单栏中的命令项，会弹出下拉菜单。右击某个对象或位置，会弹出快捷菜单。如图 3-5 所示，菜单里的一些约定标记如下。

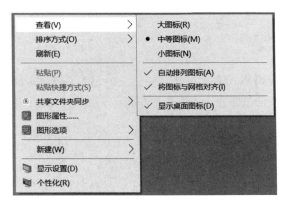

图 3-5　Windows 10 菜单

（1）＞：表示下面有二级菜单(级联菜单)。
（2）•：表示当前处于该命令所指的状态，一般用于同类命令中的单选。
（3）√：表示当前具有该命令所指的状态。
（4）……：表示此命令含有对话框操作。

6. Windows 10 的虚拟桌面

与 Linux、Mac OS X 的用户界面类似，Windows 10 增加了虚拟桌面功能，如图 3-6 所示，可以把不同种类、不同用途的窗口给分在不同的工作区，而不是杂乱地堆在一个桌面上，而且切换到不同桌面时，任务栏就会显示不同的窗口任务图标。特别是在平板计算机或移动设备上，利用触屏滑动能方便地切换到某种应用场景或任务环境。

图 3-6　Windows 10 的虚拟桌面

若要创建多个桌面,操作方法如下。

方法1:单击任务栏左侧的"任务视图"按钮▣,选中"新建桌面"。

方法2:按Windows键(⊞)+Tab组合键。

3.2.2 Windows的文件及任务管理

1. 文件和文件夹的概念

1)文件

文件就是按一定编码格式建立在外存储器上的信息集合,文件目录采用树状结构的管理方式。在操作系统的管理下,可根据文件名访问文件。文件名通常由主文件名和扩展名两部分组成,中间间隔圆点"."。

格式:[路径]文件名[.扩展名]。

例如,存储在本地磁盘D中"歌曲"文件夹下的一个音乐文件xing.mp3,其完整的文件名称为"D:\歌曲\xing.mp3",其中"D:\歌曲\"是路径、xing是文件名、mp3是扩展名。

在Windows中,文件名不能使用/、\、?、:、*、"、<、>、|等系统保留字符。

扩展名是一组特定的字符,能让Windows识别文件中信息的类型以及应该用什么程序打开此文件,它一般是在创建文件时由所用程序自动赋予的,通常不需要更改。当由于误操作使用了错误的扩展名,或者系统中没有安装与该文件相对应的应用程序时,系统会发出"你要如何打开这个文件"的警告,此时需要用户在此对话框中选择合适的程序来打开此文件。

表3-1列出了一些常用的文件类型及其相关的文件扩展名。

表3-1 常用的文件类型及扩展名

文件类型	扩展名	说明
可执行程序	exe、com	可执行程序文件
源程序文件	c、cpp、bas	程序设计语言的源程序文件
Office文档	docx、xlsx、pptx	Word、Excel、PowerPoint创建的文档
流媒体文件	wmv、rm、qt	能通过Internet播放的流式媒体文件
压缩文件	zip、rar	压缩文件
网页文件	html、asp	前者是静态的,后者是动态的
图像文件	png、jpg、gif	不同格式的图像文件
音频文件	wav、mp3、m4a	不同格式的声音文件

2)文件夹

文件夹也称为目录,一个文件夹下可以包含多个文件和子文件夹,每个子文件夹又可包含多个文件和子文件夹,这样就呈现出一种树状结构的管理方式。

文件夹的创建方法是,在需要建立文件夹的位置处右击,在弹出的快捷菜单中选中"新建"|"文件夹"选项,然后输入文件夹的名称。

3）文件系统

文件系统是操作系统用于明确存储设备或分区上文件的方法和数据结构，即在存储设备上组织文件的方法。例如，文件系统指定命名文件的规则，包括文件名的字符数最大量，哪种字符可以使用，以及某些系统中文件名后缀可以有多长，还包括通过目录结构找到文件的指定路径的格式等内容。

Windows 10 操作系统下的目录结构、磁盘分区、文件夹操作等，都是在 NTFS 文件系统下实现的。

2. Windows 10 文件的管理

（1）查看文件与文件夹。双击"此电脑"|双击"OS(C:)"|双击"Windows"文件夹|在打开的窗口中即可查看到 Windows 文件夹下的子文件夹及文件。

（2）调整查看方式。直接单击窗口右下角的"显示项"按钮，或者在"查看"选项卡的"布局"组中选中"超大图标""大图标""中图标""小图标""列表""详细信息""平铺""内容"等文件显示方式，如图 3-7 所示为"详细信息"显示方式。

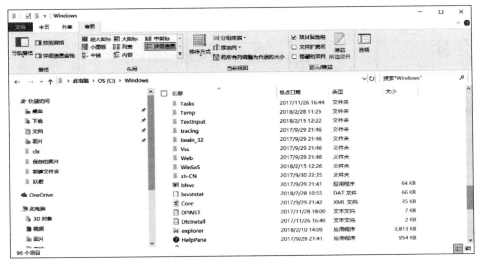

图 3-7　"详细信息"显示方式

（3）改变文件排序方式及筛选显示。

① 排序：在资源管理窗口中在选中"详细信息"查看方式后，列表头部会标有各项目名称（名称、修改日期、类型、大小……），单击项目名称可改变文件的排序方式，^和˅分别代表升序、降序排列。也可直接单击"查看"选项卡中的"排序方式"按钮，如图 3-8 所示。

② 筛选：鼠标选定某一列表项，单击其右端的˅，打开与此项有关的可选内容，用于筛选显示选定的某一类文件。如图 3-9 所示可以只挑选类型是"文本文档"的文件显示。

（4）显示/隐藏文件的扩展名。在文件资源管理器的"查看"选项卡的"显示/隐藏"组中选中"文件扩展名"，即可显示文件的扩展名，如图 3-10 所示。也可以在单击"文件"选项卡选中"更改文件夹和搜索选项"选项，弹出"文件夹选项"对话框，在"查看"选项卡中取消选中"隐藏已知文件类型的扩展名"复选框，单击"确定"按钮，即可隐藏文件的扩展名。

图 3-8　改变文件排序方式

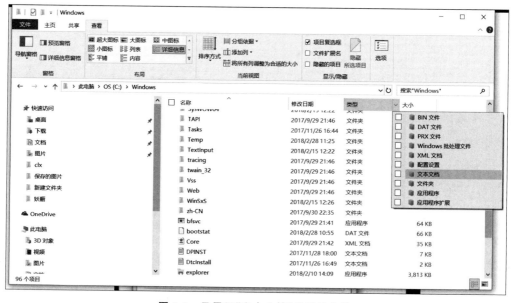

图 3-9　只显示"文本文档"类型的文件

（5）隐藏文件与文件夹。选中要隐藏的文件或文件夹，在"查看"选项卡的"显示/隐藏"组中单击"隐藏所选项目"按钮，则将选中的文件或文件夹隐藏。取消选中"隐藏的项目"复选框，则所选的文件或文件夹不再显示。如果选中"隐藏的项目"复选框，则所选的文件或文件夹会被显示出来，如图 3-11 所示。

（6）锁定常用的文件夹和程序。如果希望某个文件夹显示在"快速访问"中，可右击

第 3 章 计算机操作系统

图 3-10 显示文件扩展名

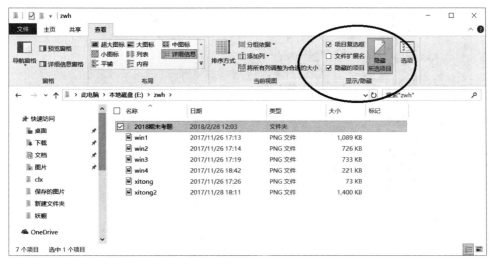

图 3-11 隐藏文件与文件夹

该文件夹，在弹出的快捷菜单中选中"固定到'快速访问'"选项。如图 3-12 所示，不再需要时，可以选中"从'快速访问'中删除"即可。

锁定程序的方法是，单击"开始"按钮，右击常用的程序名，在弹出的快捷菜单中选中"固定到'开始'屏幕"选项，或选中"更多"|"更多/固定到任务栏"选项，如图 3-13 所示。

3. Windows 10 文件或文件夹的操作

（1）创建文件或文件夹。选定目标位置，在空白处右击，在弹出的快捷菜单中选中"新建"|"文件夹"选项或某种类型的文件。

（2）选中文件或文件夹。单击目标即可选中单个文件或文件夹。按住 Ctrl 键，再逐个单击多个目标，即可选中多个文件或文件夹。

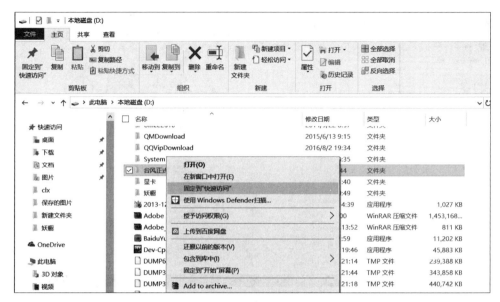

图 3-12 锁定常用的文件夹

图 3-13 锁定程序

（3）复制文件或文件夹。右击目标文件或文件夹，在弹出的快捷菜单中选中"复制"选项，然后右击选定的目标位置，在弹出的快捷菜单中选中"粘贴"选项，即可完成文件或文件夹的复制。

（4）移动文件或文件夹。右击目标文件或文件夹，在弹出的快捷菜单中选中"剪切"选项，然后右击选定的目标位置，在弹出的快捷菜单中选中"粘贴"选项，即可完成文件或文件夹的移动。

（5）重命名文件或文件夹。右击目标文件或文件夹，在弹出的快捷菜单中选中"重命名"选项，然后输入新的名称。

（6）删除文件或文件夹。选定文件或文件夹，然后按 Delete 键，即可完成文件或文件夹的删除。

（7）压缩与解压缩文件。右击要压缩的文件或文件夹，在弹出的快捷菜单中选中"Add to 文件名"选项，即可完成文件或文件夹的压缩。右击要解压缩的文件或文件夹，在弹出的快捷菜单中选中"Extract to 文件名"选项，即可完成文件或文件夹的解压缩。

注意：Windows 的组合键应用广泛，特别是对文件和文件夹进行操作时运用 Ctrl＋C 组合键（复制）、Ctrl＋X 组合键（剪切）、Ctrl＋V 组合键（粘贴）进行操作特别实用。通过"删除"选项或者单击 Delete 键进行删除，都是把所选中的文件或文件夹移到"回收站"，通过"还原"操作可以找回被删除的内容。但是如果单击 Shift＋Delete 组合键，则删除操作不可恢复。

4．Windows 10 搜索信息

（1）广泛性搜索。Windows 10 系统在任务栏的最左端有一个搜索框，标明有"在这里输入你要搜索的内容"，在此，用户可以输入想要查找的信息。只需输入少许字符，菜单上就显示出匹配的文档、图片、音乐、电子邮件和其他文件的列表，搜索范围包括本地信息及网络上的信息。如图 3-14 所示是输入"ping"过程中的搜索结果。此时的搜索框也能当作运行框使用，例如可以输入一些类似 ping、msconfig 这样的常用命令。

图 3-14　广泛性搜索

（2）本地精准搜索。双击桌面的"此电脑"，在地址栏右侧的"搜索"框内输入关键词（例如"图"），输入文字的同时搜索随即启动，搜索结果被高亮阴影标示出来。如图 3-15 所示是输入"图"字时的效果。如果结果太广泛，则可以利用"搜索工具"附加搜索条件，实现精准搜索，例如可以要求是搜索与文件名相关的还是与文件内容相关的。如图 3-15 中的画圈部分的工具选项。

5．Windows 任务管理器

通过 Windows 系统的任务管理器可以快速查看正在运行的程序状态、结束已经停止响应的程序、结束进程、运行新的程序、显示计算机性能（CPU、GPU、内存等）的动态概述，还可查看网络状态，如图 3-16 所示。

启动任务管理器的方法如下，右击"开始"按钮或者任务栏的空白处，在弹出的快捷菜单中选中"任务管理器"选项。也可以使用 Ctrl＋Shift＋Esc 组合键启动，以前系统中使用的 Ctrl＋Alt＋Delete 组合键在此也可以使用，只是要进到锁定界面的选项里再选中"任务管理器"才可以。

（1）自定义 Windows 开机加载程序。计算机在开机后，某些不必要的程序会自动启动并在后台运行，非常影响运行速度，所以要禁用这些程序的开机自启动功能。

图 3-15 本地精准搜索

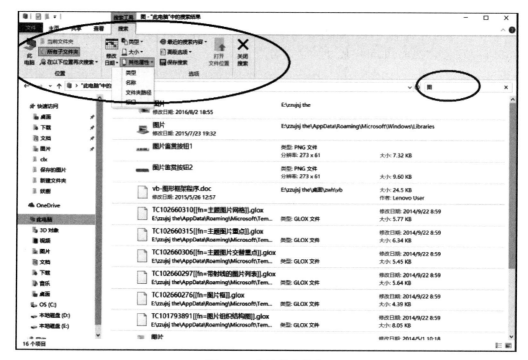

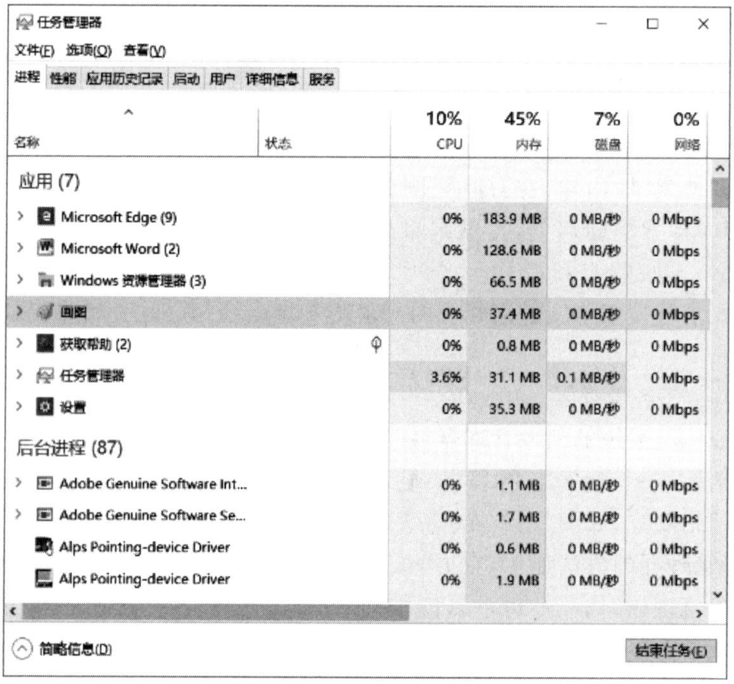

图 3-16 Windows 系统的任务管理器

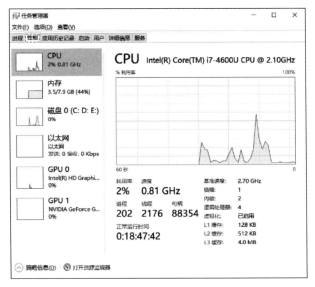

图 3-16 （续）

右击"开始"按钮，在弹出的快捷菜单中选中"任务管理器"选项，在弹出的任务管理器窗口的"启动"选项卡中选中不需要开机启动的程序，然后单击"禁用"按钮。也可以，单击"开始"按钮，选中"设置"按钮，在弹出的对话框中选中"应用"|"启动"选项，然后关闭某些开机启动的程序，如图 3-17 所示。

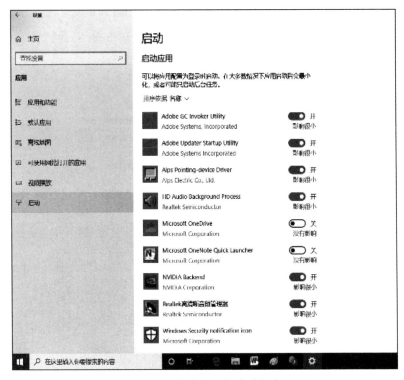

图 3-17　自定义开机启动程序

(2) 结束运行中没有响应的程序。右击"开始"按钮,在弹出的快捷菜单中选中"任务管理器"选项,在弹出的任务管理器窗口中单击"简略信息"按钮,接着选中没有响应的程序|单击"结束任务"按钮。

3.2.3　Windows 10 的设备及安全管理

1. 安装系统组件

在"开始"菜单中选中"Windows 系统"|"控制面板"选项,在弹出的"控制面板"窗口中选中查看方式为"大图标",接着选中"程序和功能"选项,在弹出"程序和功能"窗口的左侧单击"启用或关闭 Windows 功能",在弹出的"Windows 功能"对话框中选中要安装的组件。

2. 磁盘管理

磁盘是计算机的外存储器,用来存放操作系统以及其他的程序和数据。计算机在工作时需要频繁地对磁盘进行读写操作,因此磁盘性能的好坏直接影响计算机系统的整体性能。在计算机的使用过程中,可利用 Windows 提供的功能对磁盘进行管理和维护,提高系统的性能。

(1) 磁盘属性。在"此电脑"窗口,右击某个本地磁盘,在弹出的快捷菜单中选中"属性"选项,打开如图 3-18 所示的磁盘属性对话框。

图 3-18　磁盘属性对话框

①"常规"选项卡用于显示磁盘的卷标、类型、文件系统的格式、磁盘容量、已用和可用空间的大小等属性。

②"工具"选项卡用于显示查错、碎片整理等磁盘工具。

③"硬件"选项卡用于显示磁盘的设备属性。

④"共享"选项卡用于设置磁盘与他人的网络共享。

⑤"安全"选项卡用于设置用户或组对磁盘的操作权限。

(2) 磁盘格式化。在"此电脑"窗口中右击磁盘驱动器图标,在弹出的快捷菜单中选中"格式化"选项,在弹出的格式化磁盘对话框中若选中"快速格式化"复选框,在格式化时将不检查磁盘的损坏情况,可使格式化的速度较快。

(3) 清理磁盘中的垃圾文件以释放磁盘空间。在"开始"菜单中选中"Windows 管理工具"|"磁盘清理"选项,在弹出的对话框中选中要清理的驱动器,单击"确定"按钮,在"要删除的文件"列表栏里选中要清理的文件类型,单击"确定"按钮,即可进行清理磁盘。

(4) 整理磁盘中的碎片文件以提高读写速度。在"开始"菜单中选中"Windows 管理工具"|"碎片整理和优化驱动器"选项,在弹出的"优化驱动器"对话框中选中目标磁盘并进行优化,也可以在"开始"菜单中选中"所有程序"|"Windows 系统"|"Windows 管理工具"选项,在弹出的窗口中选中"碎片整理和优化驱动器"并双击,再在弹出的"优化驱动器"对话框中选中目标磁盘并进行优化。

注意:这一功能主要是针对硬盘驱动器(HDD)的操作,并不适用于固态盘(SSD)。

建议打开 Windows 10 系统的优化驱动器工具的自动优化功能,能够自动识别硬盘驱动器和固态盘,对硬盘驱动器实行碎片整理,而对固态盘实行 TRIM 指令。

(5) 卸载不再使用的应用程序。卸载应用程序是指将安装在硬盘的软件从系统管理中清除,而不是简单的文件删除操作。对于那些没有自带卸载程序 Uninstall.exe 的软件,通过下列方式来完成软件的卸载。

在"开始"菜单中选中"Windows 系统"|"控制面板"选项,在弹出的"控制面板"窗口中将查看方式改为"类别",选中"程序"|"卸载程序"选项,在弹出的"程序和功能"窗口的列表里右击要卸载的程序,在弹出的快捷菜单中选中"卸载"选项即可将选中的程序卸载,如图 3-19 所示。也可以在"开始"菜单中选中"设置"选项✿,在弹出的"设置"窗口中选中"应用"选项,弹出"应用和功能"窗口,搜索某个特定应用或按大小排序对应用进行查看,选择要删除的应用,单击"卸载"按钮即可将选中的程序卸载。

(6) 利用"存储感知"删除文件。若要让 Windows 10 自动删除不必要的文件,可打开 Windows 的存储感知功能。方法是,在"开始"菜单中选中"设置"选项,在弹出的"设置"窗口中选中"系统"选项,再选中"存储"选项,如图 3-20 所示。若要指定利用"存储感知"自动删除的文件,单击"更改释放空间的方式"按钮,然后选中或取消选中"临时文件"下各选项的复选框,然后单击"立即清理"按钮。如图 3-21 所示。

(7) 将系统设置为最佳性能。右击桌面上的"此电脑"图标,在弹出的快捷菜单中选中"属性"选项,在弹出的"设置"窗口中单击"高级系统设置"按钮,在弹出的"系统属性"对话框的"高级"选项卡中单击"性能"栏中的"设置"按钮,在弹出的"性能选项"对话框中选中"让 Windows 选择计算机的最佳设置"单选按钮,如图 3-22 所示。

图 3-19　卸载应用程序

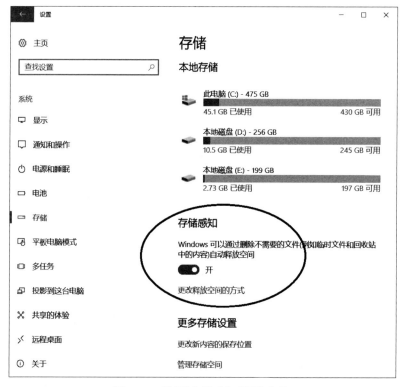

图 3-20　利用"存储感知"删除文件

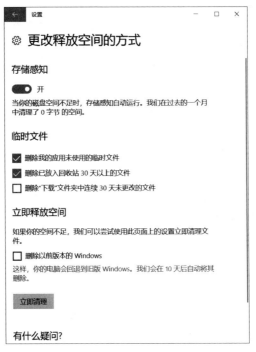

图 3-21　释放空间的方式

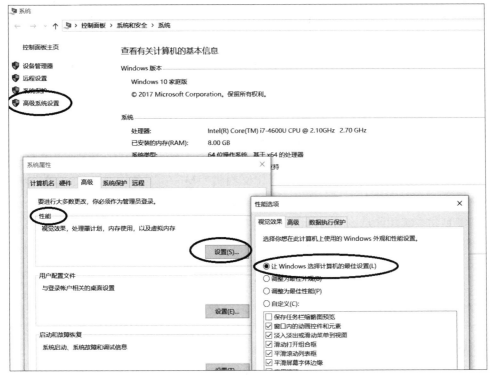

图 3-22　设置系统最佳性能

3. Windows 10 的安全措施

Windows 10 管理着用户所有的数据信息,一旦崩溃,将会造成巨大损失,所以平时应做好系统文件和数据的备份工作,以备在系统出现故障后将损失降到最低。

(1) 查看系统的安全状态消息。在"开始"菜单中选中"Windows 系统"|"控制面板",在弹出的"控制面板"中将查看方式选为"类别",选中"系统和安全"|"查看你的计算机状态",在弹出的"安全和维护"对话框中单击"安全"和"维护"右侧的下拉箭头 ⌄,展开各种安全项目的状态,如图 3-23 所示。

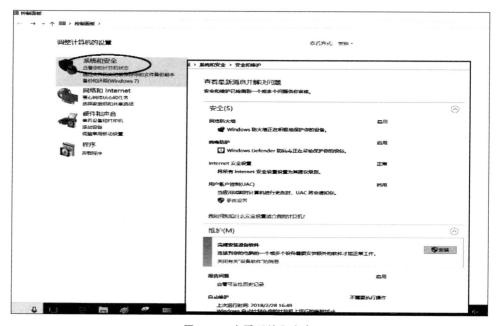

图 3-23 查看系统和安全

(2) 检查并删除病毒和恶意软件。在"开始"菜单中选中"设置"选项,在弹出的"设置"窗口中选中"更新和安全",然后选中"Windows 安全中心",或者直接单击任务栏右侧的"Windows 安全中心"图标,在打开的窗口内单击"病毒和威胁防护",再单击"扫描选项",然后选中"快速扫描""完全扫描""自定义扫描""Microsoft Defender 脱机版扫描"中的一种进行扫描。

(3) 创建系统还原点。右击"此电脑"图标,在弹出的快捷菜单中选中"属性"选项,单击"系统保护",在弹出的"系统属性"对话框中单击"创建"按钮,在弹出的"系统保护"对话框中输入要创建的还原点名称,单击"创建"按钮,即可创建系统还原点。

(4) 利用还原点将系统还原到以前保存的某个状态。右击"此电脑"图标,在弹出的快捷菜单中选中"属性"选项,|单击"系统保护",在弹出的"系统属性"对话框中单击"系统还原"按钮,在弹出的"系统还原"对话框在单击"下一页"按钮,并选择想要的还原时间点,单击"扫描受影响的程序"按钮,就可查看有哪些应用程序受到影响,然后选择还原点并进行删除或者是修复。

(5) 创建系统修复盘。如果计算机无法启动,可重新安装系统或排除故障。在"开始"菜单中选中"Windows 管理工具"|"恢复驱动器"选项,在弹出的"恢复驱动器"对话框

中选中"将系统文件备份到恢复驱动器"复选框,单击"下一页"按钮,|单击"创建"按钮,即可创建系统修复盘。

在创建系统修复盘时,系统需要将很多文件复制到恢复驱动器,因此需要一些时间。完成后,屏幕上会显示"从电脑中删除恢复分区"链接,如果要释放计算机上的驱动器空间,就单击此链接,然后单击"删除"按钮。如果不释放空间,单击"完成"按钮。

3.2.4 计算机系统的个性化设置

通过 Windows 10 的"设置"及"控制面板"窗口,可以对系统中各个对象的状态参数进行调整或重新设置,甚至能自定义其功能。例如添加/删除软件、控制用户账户、更改辅助功能选项等,如图 3-24 所示。

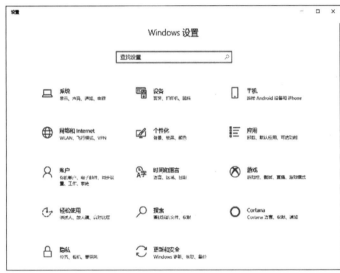

图 3-24 Windows 10 的"设置"及"控制面板"窗口

1. 个性化桌面的设置

（1）显示桌面。单击任务栏最右侧的透明矩形框，可以最小化所有窗口直接显示桌面内容。

（2）设置屏幕分辨率。在桌面的空白位置右击，从弹出的快捷菜单中选中"显示设置"，弹出"设置"窗口。在"缩放与布局"栏中单击"分辨率"右侧的下拉按钮，如图 3-25 所示。

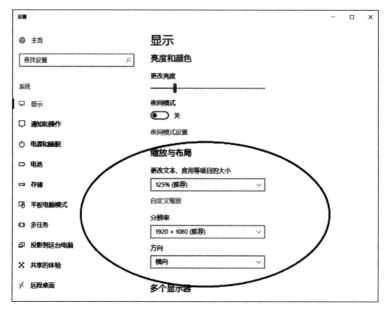

图 3-25　设置屏幕分辨率

（3）更改桌面主题。在桌面的空白位置右击，在弹出的快捷菜单中选中"个性化"选项，在弹出的"设置"窗口中选中"主题"选项，然后进行设置，如图 3-26 所示。

（4）更改墙纸。在桌面的空白位置右击，在弹出的快捷菜单中选中"个性化"选项，在弹出的"设置"窗口中选中"背景"选项，然后进行设置。也可以直接右击文件夹里的某一图片，在弹出的快捷菜单中选中"设置为桌面背景"选项。

（5）在桌面的空白位置右击，在弹出的快捷菜单中选中"个性化"选项，在弹出的"设置"窗口中选中"锁屏界面"选项，单击窗口右侧的"屏幕保护程序设置"超链接，在弹出的"屏幕保护程序设置"对话框中选中合适的屏幕保护程序，在设置等待时间后选中"在恢复时显示登录画面"复选框，如图 3-27 所示。

2. 任务栏部件的设置

（1）让任务栏变小。在任务栏空白处右击，在弹出的快捷菜单中选中"任务栏设置"选项，在弹出的"设置"窗口中将"使用小任务栏"按钮打开。

（2）将常用的程序图标添加到任务栏。右击桌面上使用频率较高的应用程序图标，在弹出的快捷菜单中选中"固定到任务栏"选项。

（3）将程序图标从任务栏上移除。右击任务栏上的程序图标，在弹出的快捷菜单中选中"从任务栏取消固定"选项。

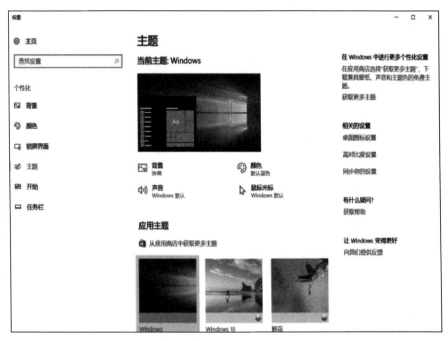

图 3-26　更改桌面主题

图 3-27　设置屏幕保护程序

（4）添加系统输入法。在"开始"菜单中选中"设置"选项，在弹出的窗口中选中"时间和语言"；接着选中"语言"选项，选中"中文（简体，中国）"下的"选项"；单击"添加键盘"添加系统包里的输入法，如图 3-28 所示。

注意：常用的搜狗输入法、QQ 输入法不是 Windows 系统内容，必须从相应的商业网

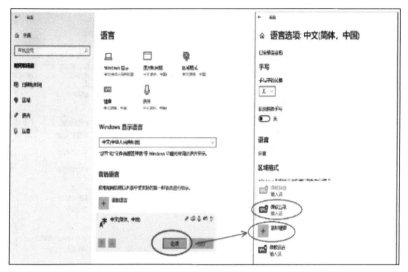

图 3-28 添加系统输入法

站上面下载安装。

（5）调整系统日期和时间。右击任务栏右边的系统时间；单击"调整日期/时间"；在弹出的"日期和时间"窗口中，先关闭"自动设置时间"开关，再单击"更改"按钮，在弹出的对话框里选择新的日期时间。如图 3-29 所示。

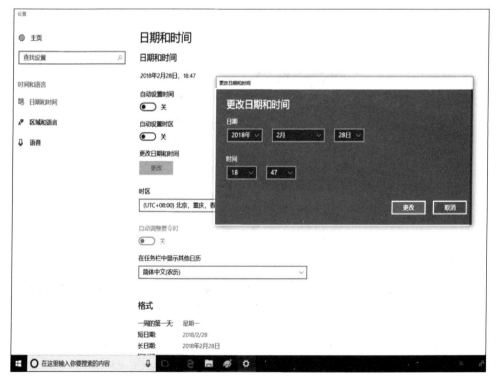

图 3-29 调整系统日期和时间

3. 系统声音和鼠标的设置

(1) 自定义系统声音。

右击任务栏右侧的"声音"图标;选择"声音"命令;在打开的"声音"选项卡中选择某个"程序事件";单击"浏览"按钮,选择要采用的声音;单击"测试"按钮,单击"确定"按钮。

(2) 交换鼠标左右键。在"开始"菜单中选中"设置"选项,打开 Windows 设置窗口;单击"设备",选中"鼠标"选项,选择主按钮,如图 3-30 所示。

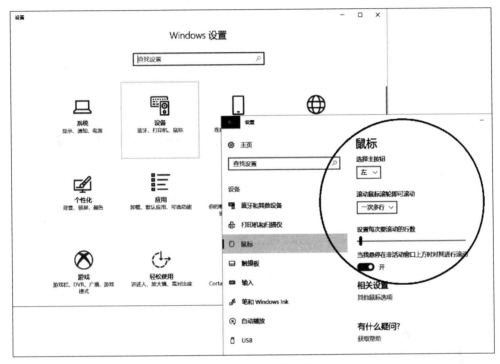

图 3-30 打造个性化的鼠标

(3) 设置鼠标滚轮一次滚动的行数。在"开始"菜单中选中"设置"选项,打开 Windows 设置窗口;选中"设备"选项,选中"鼠标"选项,选择"一次多行"选项,拖动进度滑块设置每次要滚动的行数,如图 3-30 所示。

4. Windows 10 用户账户管理

(1) 创建用户账户。在"开始"菜单中选中用户头像图标,选中"更改账户设置",在弹出的窗口中选中左侧列表中的"家庭和其他人员",在右侧窗口中选中"将其他人添加到这台电脑"。

后面就依据向导一步一步向下设置。如图 3-31 所示,单击左下角的"我没有这个人的登录信息",单击左下角的"添加一个没有 Microsoft 账户的用户",在指定位置输入账户名(例如账户名"临时")、密码、密码提示后,单击"下一步"按钮,就完成了新用户账户的创建。如图 3-32 所示,一步步创建了一个名字叫"临时"的新账户。下次登录时就会有两个用户账号供选择。

(2) 更改账户头像。在"开始"菜单中选中用户头像图标,在"你的信息"下的"创建你的头像"里选择从相机还是浏览本机图片|选择新的头像图片。

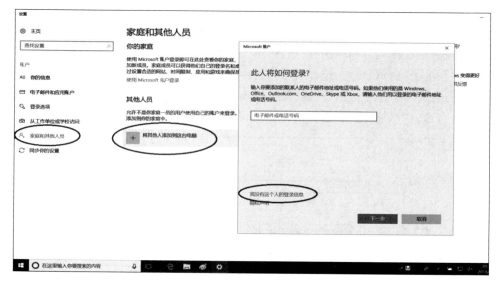

图 3-31　创建用户账户步骤 1

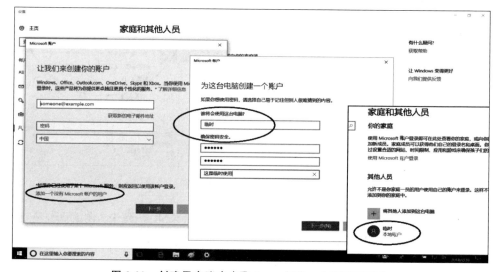

图 3-32　创建用户账户步骤 2——创建一个"临时"账户

（3）更改账户名称、账户密码、账户类型。在"开始"菜单中选中"Windows 系统"|"控制面板"选项，在弹出的窗口中选中"用户账户"选项下的"更改账户类型"，如图 3-33 所示。

选中要更改的用户名，进入"更改账户"窗口，在此选中"更改账户名称""更改密码""更改账户类型"等，如图 3-34 所示。

5. Windows 10 的网络设置

现代社会工作学习、娱乐都与互联网紧密相关，Windows 10 可以让用户更加方便地将计算机接入 Internet，或与其他计算机组建成局域网，从而共享资源提高工作效率。本节就来介绍连接 Internet 的网络配置方法。

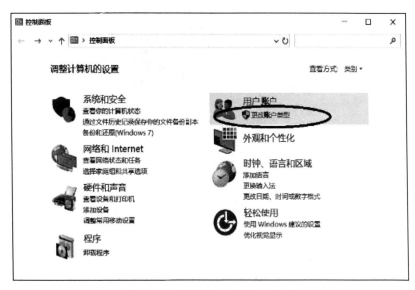

图 3-33　控制面板里的"用户账户"

图 3-34　更改账户名称、密码、类型

（1）查看网络映射。单击任务栏右侧通知区域中的网络图标,即可显示出当前有效的网络连接,如图 3-35 所示,如果单击其中的"网络和 Internet 设置"则打开详细的网络状态设置窗口,如图 3-36 所示。此时,如果单击窗口里的"更改连接属性",就会显示出该设备的 IP 地址和介质访问控制地址等信息。

（2）设置有线网。单击任务栏右侧通知区域中的网络图标,选中"网络和 Internet 设置"选项,在图 3-36 网络状态设置窗口中,分别选择左边矩形区域里的"以太网、拨号、

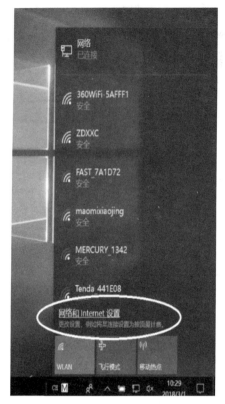

图 3-35　查看网络映射

VPN、代理"等选项，可以设置不同需求的网络类型。

除了上面的网络设置方法，也可以单击如图 3-36 圆圈标记的"网络和共享中心"链接命令，在新窗口内单击"设置新的连接或网络"，然后选中"连接到 Internet"选项。操作步骤如图 3-37 所示。

选中小区宽带或者拨号 ISDN 连接，若选中"宽带（PPPoE）"，需再输入用户名和密码；若是电话线和调制解调器上网，则在连接类型中选中"拨号"，再输入电话号码、用户名、密码等信息，如图 3-38 所示。

（3）设置局域网的 IP 地址。在"网络和共享中心"窗口的左侧选中"更改适配器设置"选项，如图 3-39 所示，选中"以太网"，在"以太网 状态"对话框中单击"属性"按钮，在弹出的菜单中选中"Internet 协议版本 4"选项，在弹出的快捷菜单中选中"使用下面的 IP 地址"单选按钮，并输入或修改 IP 地址子网掩码及默认网关等，单击"确定"按钮，完成操作，如图 3-40 所示。

（4）利用无线网上网。如果用户使用的是 USB 接口的外置无线网卡，则需要为网卡安装驱动程序。如果使用的是本身就内置无线网卡的计算机，则系统早已为无线网卡安装好驱动，无须再安装。

单击任务栏右侧通知区域中的网络图标，即可显示出当前有效的网络连接列表，如图 3-35 所示，选择其中要连接的无线网络，单击"连接"按钮即可。

第 3 章　计算机操作系统

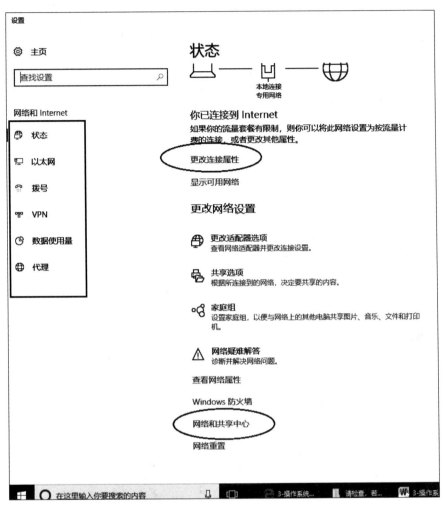

图 3-36　网络状态设置窗口

图 3-37　设置新的连接或网络步骤（1）

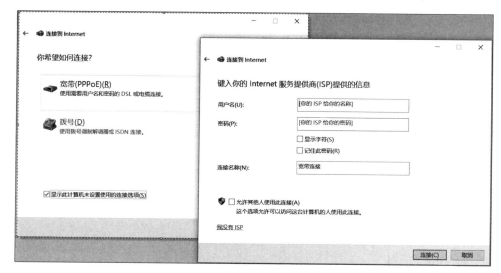

图 3-38　设置新的连接或网络步骤（2）

图 3-39　设置局域网的 IP 地址步骤（1）

3.2.5　Windows 中的常用工具

1. 计算器

除了科学计算器功能外，Windows 10 的计算器还加入了绘图、程序员、日期计算等实用功能。在"开始"菜单中选中"计算器"选项，打开"计算器"窗口。单击窗口左上角的"打开导航"按钮展开计算器的功能列表。

可使用"标准"模式（适用于基本数学）、"科学"（适用于函数高级计算）、"绘图"（可视化展现数学方程）、"程序员"（适用于二进制计算）、"日期计算"（适用于日期处理）和"转换

图 3-40　设置局域网的 IP 地址步骤(2)

器"(适用于各计量单位之间的转换)。利用"打开导航"按钮切换模式,切换时,将清除当前计算,但将保存"历史记录"和"内存"中的数字。

(1) 转换器。可将面积、角度、功率、容量等的不同计量进行相互转换。例如选择转换器里的"重量"|上面位置输入数值 10 并选择单位"磅",下面选择单位"千克",则立刻显示出数字"4.535924"。选中"角度",输入"30"度,则显示转换弧度结果为"0.523599"。

(2) 日期计算功能。设置好开始日期、结束日期后,就可计算出两日期之间的相隔天数。

2. 画图

"画图"是一个简单的图形应用程序,具有一般绘图软件所必须的基本功能,"画图"创建的默认文件类型是位图文件(.png),也可"另存为"其他格式,如 jpg、gif、bmp、tiff 等扩展名的图像文件。在"开始"菜单中选中"所有程序"|"附件"|"画图"选项,即可启动画图程序。如图 3-41 所示,如果单击最右侧的"使用画图 3D 进行编辑"即可打开 Windows 10 的"图画 3D"软件,如图 3-42 所示。

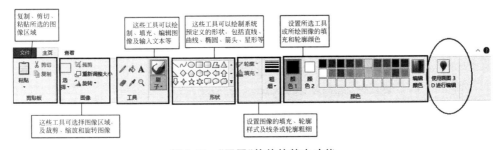

图 3-41　"画图"软件的基本功能

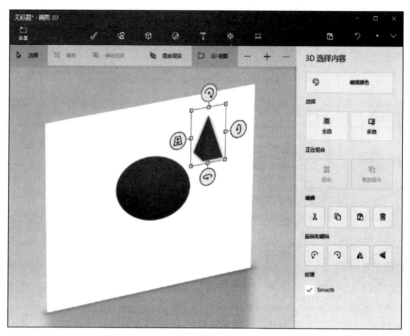

图 3-42　Windows 10 的"图画 3D"软件

3. 记事本

记事本是一个功能非常简单的文本编辑器,不接受图片和复杂的排版格式。如图 3-43 所示,记事本常用来查看和编辑不需要格式设置的纯文本文件,有时也利用它来编辑网页 (html)文件、高级语言源程序,文件类型为 .txt 文件。

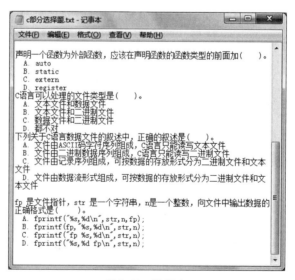

图 3-43　记事本

4. 写字板

"写字板"相当于一个简易的 Word 程序,如图 3-44 所示,不仅可以创建带有复杂格式或图形的文本文档,而且还可以图文混排,或者将数据从其他文档链接或嵌入其中,实现多个应用程序之间的数据共享,其默认的文件类型为.rtf。

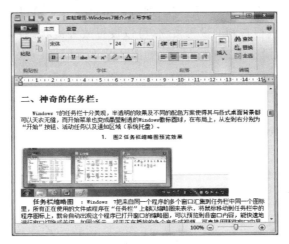

图 3-44　写字板

5. 使用截图工具

在"开始"菜单中选中 Windows 附件|截图工具,在弹出的窗口中单击"新建"按钮,如图 3-45 中所示,直接拖动鼠标截取合适的区域(或者单击"新建"按钮的下拉箭头,选中"任意格式截图""矩形截图""窗口截图""全屏幕截图"4 种截图方式之一),截取成功后选中"文件"|"另存为"选项,将截图保存为 HTML、PNG、GIF 或 JPEG 文件或者直接复制到 Office 文档或"画图"、Photoshop 等程序里进一步加工处理。

6. 切换到投影仪

按 Windows+P 组合键,选择需要投放的内容,即可在多种显示模式之间切换,如"复制""扩展"或"仅第二屏幕"(即投影仪),如图 3-46 所示。进一步还可以连接到无线显示器。

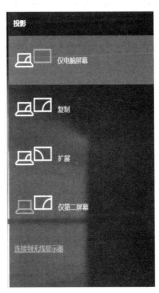

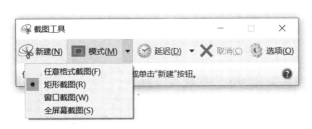

图 3-45　截图工具　　　　　　　　　　图 3-46　投影的多种显示模式

7. 桌面放大镜

按 Windows+ 加号(或减号)组合键,即可调出桌面放大镜,用于缩放桌面上的任何地方。单击放大镜工具栏右侧的设置按钮,可以设置放大镜状态,如选择反色、跟随鼠标指针、跟随键盘焦点或者文本的输入点等,如图 3-47 所示。

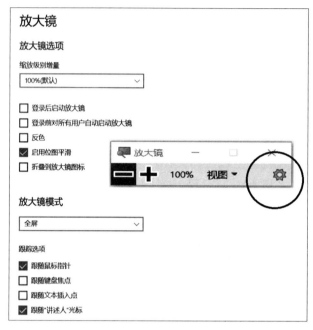

图 3-47　放大镜的设置

3.3　其他常见的操作系统

3.3.1　UNIX 操作系统

UNIX 是一个强大的多用户、多任务分时操作系统,支持多种处理器架构。1969 年由美国 AT&T 贝尔实验室的 Ken Thompson 开发,最早的 UNIX 是用汇编语言和 B 语言来编写的,移植性不好,为此贝尔实验室的 D. M. Ritchie 将 BCPL 语言进行了升级改造,发明了 C 语言,1973 年他们就用 C 语言重写了 UNIX 操作系统。C 和 UNIX 诞生了,并且完美地结合成为统一体,很快成为世界的主导。

1. UNIX 的系统结构

UNIX 的系统结构可分为 3 部分。

(1) 操作系统内核。操作系统内核是直接位于硬件之上的第一层软件,对计算机硬件进行管理和控制。

(2) Shell(外壳)。Shell 是系统内核和用户的接口,是 UNIX 的命令解释器,供程序开发者开发应用程序时调用系统组件,包括进程管理、文件管理、设备状态等。

(3) 应用程序。应用程序包括各种开发工具、编译器、网络通信处理程序等,所有应用程序都在 Shell 的管理和控制下为用户服务。

UNIX 作为一个多用户、多任务的分时操作系统，能同时运行多进程，支持用户之间共享数据，支持模块化结构。系统采用树状目录结构，具有良好的安全性、保密性和可维护性。UNIX 支持很多编程语言、数据库和开发工具，网络性能好，易于实现高级网络功能配置。

2. UNIX 系统的用户界面

UNIX 的用户界面有两种，文本界面是 Shell 接口，类似于 DOS 的操作界面，如图 3-48 所示。另外，UNIX 还提供了标准视窗环境 X Window，是类似于 Windows 画面的一个桌面环境。

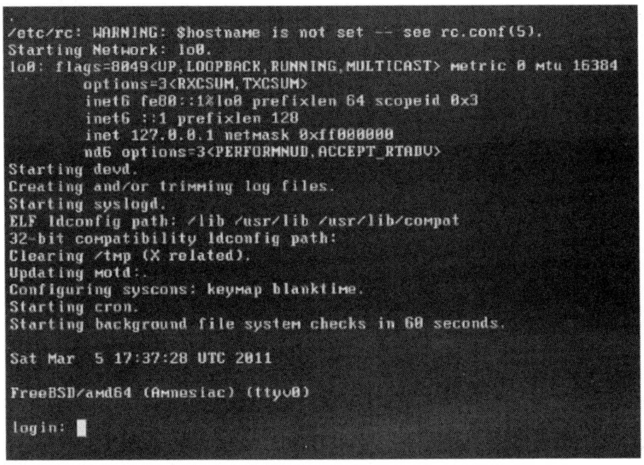

图 3-48　UNIX 系统的文本界面

3. UNIX 系统的简单操作

用户在使用系统时，必须进行登录，登录成功后才能在一定的限制下进行操作，以便系统识别区分，防止用户非法或越权使用资源，以维护系统的安全性。如图 3-48 所示，在启动系统后，显示用户登录提示符"login:"，等待用户输入账号登录。进入系统后，即可输入 UNIX 命令进行各项操作，举例如下。

- ls：显示文件名，等同于 DOS 下 dir 命令。
- cd：目录转换，等同于 DOS 下 cd 命令。
- pwd：显示当前路径。
- cat：显示文件内容，等同于 DOS 下 type 命令。
- more：以分页方式查看文件内容。
- rm：删除文件。
- mkdir：创建目录。
- cp：文档复制。
- mv：文件移动。

用户准备退出自己的计算机账号时，可在系统示符下输入 logout 或 exit 命令，当屏幕出现 Login 时，用户可以安全地离开计算机了。

由于 UNIX 具有技术成熟、可靠性高、网络和数据库功能强、伸缩性突出和开放性好等特色,可满足各行各业的实际需要,特别能满足企业重要业务的需要,已经成为主要的工作站平台和重要的企业操作平台。

3.3.2 Linux 操作系统

1991 年芬兰赫尔辛基大学学生 Linus Torvalds 在基于 UNIX 的基础上开发了 Linux 操作系统,这是一套免费使用和自由传播的类 UNIX 操作系统,是一个多用户、多任务、支持多线程和多 CPU 的操作系统。它能运行主要的 UNIX 工具软件、应用程序和网络协议,继承了 UNIX 以网络为核心的设计思想,是一个性能稳定的多用户网络操作系统。

Linux 操作系统软件包不仅包括完整的 Linux 系统,而且还包括了文本编辑器、高级语言编译器等应用软件。

1. Linux 系统的特点

(1) 开放性。遵循开放系统互连(OSI)国际标准,凡遵循国际标准所开发的硬件和软件,都能彼此兼容,可方便地实现互连。源代码开放的 Linux 是免费的,使用者能控制源代码,按照需要对部件混合搭配,建立自定义扩展。

(2) 出色的速度性能。Linux 可以把处理器的性能发挥到极限,影响系统性能提高的限制因素主要是其总线和磁盘 I/O 的性能。

(3) 良好的用户界面。在文本界面用户可以通过键盘输入相应的指令来进行操作。在图形用户界面,用户像使用 Windows 一样,可通过窗口、图标和菜单对系统进行操作。图形界面是用 GNOME、KDE、xfce 等构造的一个功能完善、操作简单、类似于 Windows 画面的一个桌面环境,界面的图形取决于这些具体的软件。如图 3-49 所示,就是以桌面应用为主的开源 GNU/Linux 操作系统 Ubuntu 的图形用户界面。

图 3-49 Linux 操作系统 Ubuntu 的图形用户界面

(4) 提供了丰富的网络功能。Linux 是在 Internet 基础上产生并发展起来的,因此完善的内置网络是 Linux 的一大特点。Linux 在通信和网络功能方面优于其他操作系统。

（5）可靠的系统安全。Linux 采取了许多安全技术措施，包括对读、写进行权限控制、带保护的子系统、审计跟踪、核心授权等，这为网络多用户环境中的用户提供了必要的安全保障。

（6）良好的可移植性。从微型计算机到大型计算机的任何环境中和任何平台上都能运行，不需要额外增加特殊的通信接口。

Linux 存在着许多不同的版本，可安装在各种计算机硬件设备中，例如手机、平板计算机、路由器、视频游戏控制台、台式计算机、大型机和超级计算机。

2. Linux 系统的简单操作

如果在安装 Linux 的时候选择了安装图形界面，那么计算机开机后默认进入图形界面，在图形用户界面下直接使用鼠标等输入设备操纵屏幕上的图标或菜单选项，以选择命令、调用文件、启动程序或执行其他一些日常任务。

在图形操作界面中按 Alt＋Ctrl＋Fn(n＝1～6)组合键，就可以进入文本模式界面。

在文本界面用户通过输入字符命令来执行相应的操作，例如下列一些 Linux 的常用命令：

- cd：切换当前目录，例如 cd/home。
- ls：查看文件与目录，例如 ls-l。
- mkdir：建立子目录，例如 mkdir -m 777 abc。
- mv：文件或目录重命名或者移动文件，例如 mv aaa.txt bbb.txt。
- dd：复制导入文件，例如 dd if＝root.ram of＝/dev/ram0 ♯。
- find：在目录中搜索文件，例如 find / -name lilo.conf。
- rm：删除文件或目录，remove 之意。
- cat：查看文本文件的内容。
- chmod：改变文件的权限。

3.3.3 Android 操作系统

Android 一词的本义指"机器人"，是美国 Google 公司 2007 年宣布的基于 Linux 的自由及开放源代码的操作系统，中文名为"安卓"，图标如图 3-50 所示。该平台由操作系统、中间件、用户界面和应用软件组成。主要使用于移动设备，如智能手机，后又逐渐扩展到平板计算机及其他领域上，如电视、数字照相机、游戏机等。目前是全球使用范围最广的移动设备操作系统。

1. Android 系统架构

Android 系统架构为 4 层结构，从上层到下层分别是应用程序层、应用程序框架层、系统运行库层以及 Linux 内核层。

（1）应用程序层。包含了许多应用程序，诸如短信客户端程序、电话拨号程序、图片浏览器、Web 浏览器等应用程序。这些应用程序是用 Java、

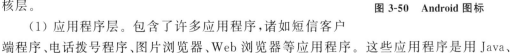

图 3-50 Android 图标

Python 等多种程序语言编写的,并且这些应用程序没有被固化在系统内部,都可被开发人员开发的其他应用程序所替换,更加灵活和个性化。

(2) 应用程序框架层。是从事 Android 开发的基础,包括 Activity 管理、Content 管理、视图系统、包管理、视窗管理、资源管理等,很多核心应用程序也是通过这一层来实现其核心功能的,该层简化了组件的重用,开发人员可以直接使用其提供的组件来进行快速的应用程序开发,也可以通过继承而实现个性化的拓展。

(3) 系统运行库层。包括系统库、核心库和 Dalvik 虚拟机等,被 Android 系统中不同的组件使用。

(4) Linux 内核层。以 Linux 内核工作为基础,由 C/C++ 语言开发,提供核心系统服务如安全性、内存管理、进程管理、网路协议以及驱动模型等,为上层开发提供了应用接口。

2. Android 系统应用

(1) 智能手机。目前世界智能手机系统市场占有率最大的手机系统就是 Android 系统,因为 Android 高度的开源型,手机制造厂商可以根据需求进行个性化的系统定制,丰富的硬件支持,为用户独特需求提供了更多选择空间。

(2) 平板计算机。随着智能终端的发展,一些平板计算机加上 SIM 卡拓展槽便实现了与智能手机同样的通信功能,因此 Android 系统在平板计算机方面的应用得益于其智能手机领域的广泛技术支持。

(3) 智能电视。是具有全开放式平台,搭载了 Android 操作系统,可以实现电视节目的存储、快速定位、应用安装、游戏扩展等,顾客在欣赏普通电视内容的同时,可自行安装和卸载各类应用软件,如图 3-51 所示。

图 3-51　安卓系统应用实例

除了上述几方面,Android 系统在智能手表、智能手环、智能家居设备、车载导航等方面也都有丰富的应用。

3. 发展

Android 系统以其高度的开放性、可扩展性以及稳定性,在便携式智能领域有着极其广泛的应用,一举成为当前智能终端设备中独占鳌头的操作系统。依托着 Google 公司,Android 将会在智能家居方面更加完善,云技术、人工智能、VR 技术、AR 技术、安防智能等进一步渗透。未来的 Android 系统会更加的人性化、智能化、安全化以及视觉体验化。

3.3.4 iOS 操作系统

苹果的 iOS 系统是由美国苹果公司开发的手持设备操作系统，于 2007 年 1 月的 Macworld 大会上公布这个系统，最初是设计给 iPhone 使用的，后来逐渐应用到 iPod touch、iPad 等苹果产品上。原本这个系统名为 iPhone OS，在 2010 年 6 月 WWDC 大会上宣布改名为 iOS，如图 3-52 所示。iOS 与苹果的 Mac OS X 操作系统一样，属于类 UNIX 的商业操作系统。

1. iOS 系统主要的开发语言

（1）Objective C。Objective C 通常写作 Objective-c 或者 obj-c，是根据 C 语言所衍生出来的语言，继承了 C 语言的特性，是扩充 C 的面向对象编程语言。

图 3-52 iOS 系统应用

（2）Swift。Swift 是苹果公司于 2014 年 WWDC（苹果开发者大会）上发布的新开发语言，可与 Objective-C 共同运行于 Mac OS 和 iOS 平台，用于搭建基于苹果平台的应用程序。其语法内容混合了 OC、JS、Python，语法简单，使用方便，充分利用了现代化的 Mac、iPhone 和 iPad 的硬件。

2. iOS 系统架构

iOS 的系统架构分为 4 个层次：核心操作系统层（Core OS layer）、核心服务层（Core Services layer）、媒体层（Media layer）和可触摸层（Cocoa Touch layer）。

3. iOS 系统特色应用

iOS 中包含许多实用的功能，很有特色，例如 iMessage、App Store、FaceTime、Siri、iCloud 以及 Apple Pay 等。

（1）App Store。App Store 是苹果公司为其 iPhone、iPod Touch 以及 iPad 等产品创建和维护的数字化应用发布平台，允许用户从 iTunes Store 浏览和下载一些由 iOS SDK 或者 Mac SDK 开发的应用程序。应用程序可以直接下载到 iOS 设备，也可以通过 Mac OS X 或者 Windows 平台下的 iTunes 下载到计算机中。

（2）iCloud。iCloud 用户可以通过 iCloud 备份自己设备上的各类数据，并可以通过此功能查找自己的 iOS 设备以及朋友的大概位置，iCloud 还能在 iPhone 手机及 Mac 笔记本计算机间实现文件同步，实现多设备之间信息共享。

（3）语音助理功能 Siri。Siri 通过语音激活 Siri 虚拟助手，可以直接在 Siri 中控制第三方应用，例如搜索、查看微信消息、呼叫滴滴打车等。

（4）3D Touch。3D Touch 利用锁屏界面上的 3D Touch 手势功能，使用户可直接快速呼叫出开启过的 App。

（5）相册应用。iOS 中的相册应用具有智能脸部识别和场景识别功能，能基于地图或不同身份能自动整合元素相近的照片，并可自动创建音乐视频。

（6）Home。统一智能家居管理应用 Home，可以管理所有连接 iOS 的智能硬件。

随着移动互联网技术的发展，从基础的娱乐沟通、信息查询，到商务交易、网络金融，再到教育、医疗、交通等公共服务,移动互联网塑造了全新的社会生活形态,新一代智能手机成为了主力的个人计算终端、个人娱乐终端和个人通信终端,其地位将远超过传统计算机。

习题 3

一、选择题

1. 计算机系统中必须具有的软件是(　　)。
   A. 操作系统　　　　　　　　　　B. 程序语言
   C. 工具软件　　　　　　　　　　D. 数据库管理系统
2. Windows 提供的用户界面是(　　)。
   A. 交互式的问答界面　　　　　　B. 交互式的图形界面
   C. 交互式的字符界面　　　　　　D. 计算机显示器界面
3. 安装 Windows 操作系统时,系统磁盘的文件系统必须为(　　)格式才能安装。
   A. FAT　　　　B. FAT16　　　　C. FAT32　　　　D. NTFS
4. 文件的类型可以根据文件的(　　)来识别。
   A. 大小　　　　B. 扩展名　　　　C. 用途　　　　D. 存放位置
5. 在 Windows 中,窗口最大化的方法可以是(　　)。
   A. 点任务栏上窗口按钮　　　　　B. 按还原按钮
   C. 拖曳窗口到屏幕顶端　　　　　D. 单击标题栏
6. 在 Windows 中,要关闭当前应用程序,可点按(　　)组合键。
   A. Alt+F4　　　B. Shift+F4　　　C. Ctrl+F4　　　D. Alt+F3
7. 在 Windows 中,各个应用程序之间可通过(　　)交换信息。
   A. 库　　　　　B. 剪贴板　　　　C. 桌面　　　　D. C 盘
8. 当一个应用程序窗口被最小化后,该应用程序将(　　)。
   A. 被终止执行　　　　　　　　　B. 继续在前台执行
   C. 被暂停执行　　　　　　　　　D. 转入后台执行
9. 在 Windows 中要快速移动与复制文件或文件夹,可使用鼠标的(　　)操作。
   A. 单击　　　　B. 双击　　　　C. 拖曳　　　　D. 滚动轮
10. 选择输入方式时,能一步实现在中英文两者之间切换的组合键是(　　)。
    A. Ctrl+空格键　　　　　　　　B. Ctrl+Shift
    C. Shift+空格键　　　　　　　　D. Ctrl+Alt
11. Windows 10 的虚拟桌面允许用户同时打开多个传统桌面环境以提高工作和学习效率,新建虚拟桌面的组合键是(　　)。
    A. Alt+F4　　　　　　　　　　　B. Ctrl+D
    C. Windows+Tab　　　　　　　　D. Windows+F4
12. Windows 的桌面图标实质上是(　　)。
    A. 程序　　　　B. 文本文件　　　C. 快捷方式　　　D. 控制面板

13. 在 Windows 系统中,对打开的文件进行切换的方法是( )。
    A. 直接单击任务栏中的某个缩略图即可快速切换成当前窗口
    B. 按住 Alt 键,再单击 Tab 键
    C. 单击该窗口的可见部位把它提到当前
    D. 以上 3 项均可
14. 在"资源管理器"窗口中,要对窗口中的内容按照文件日期、大小排序,应该使用( )。
    A. "查看"　　　　B. "工具"　　　　C. "编辑"　　　　D. "文件"
15. 若想彻底删除文件或文件夹,而不将它们放入回收站,则实行的操作是( )。
    A. 按 Delete 键
    B. 按 Shift+Delete 组合键
    C. 打开快捷菜单,选中"删除"选项
    D. 选中"文件"|"删除"菜单项
16. 在 Windows 的菜单中,某命令边有一个向右的黑三角或箭头,表示该命令项( )。
    A. 已被选中　　　　　　　　　　B. 还有子菜单
    C. 将弹出一个对话框　　　　　　D. 是无效菜单命令项
17. 在 Windows 的菜单中,有的命令选项右端有符号"…",这表示该命令项( )。
    A. 已被选中　　　　　　　　　　B. 还有子菜单
    C. 将弹出一个对话框　　　　　　D. 是无效菜单命令项
18. 通配符"＊"表示它所在的位置处可以是( )。
    A. 任意字符串　　　　　　　　　B. 任意一个字符
    C. 任意一个汉字　　　　　　　　D. 任意一个文件名
19. 在 Windows 中鼠标右击某对象时,会弹出( )菜单。
    A. 控制　　　　B. 快捷　　　　C. 应用程序　　　　D. 窗口
20. 若要选定多个不连续的文件(夹),则单击文件(夹)前要按住( )键。
    A. Tab　　　　B. Shift　　　　C. Alt　　　　D. Ctrl
21. 在 Windows 中,"回收站"的内容( )。
    A. 能恢复　　　　　　　　　　　B. 不能恢复
    C. 不占磁盘空间　　　　　　　　D. 永远不能清除
22. 在 Windows 文件系统的管理下,以( )为单位对磁盘信息进行管理和访问的。
    A. 字节　　　　B. 盘片　　　　C. 文件　　　　D. 命令
23. 大多数操作系统,如 Windows、UNIX、Linux 等,都采用( )文件目录结构。
    A. 网状结构　　B. 树状结构　　C. 环形结构　　D. 星形结构
24. Android 是基于( )平台的开源智能手机操作系统。
    A. UNIX　　　　B. Linux　　　　C. DOS　　　　D. Windows
25. 操作系统是一类特殊的程序,下面叙述错误的是( )。
    A. 管理系统资源的程序　　　　　B. 管理用户程序执行的程序
    C. 能使系统资源提高效率的程序　D. 为了方便用户编程的程序

26. 从资源管理角度看,操作系统的功能不包括(　　)。
　　A. 处理器管理　　　　　　　　B. 存储管理
　　C. 用户管理　　　　　　　　　D. 设备管理
27. 下面关于操作系统的叙述中正确的是(　　)。
　　A. 批处理作业具有作业控制信息,用户也可以直接干预
　　B. 实时系统提供及时响应和高可靠性是其主要特点
　　C. 从响应时间的角度看,实时系统与分时系统差不多
　　D. 由于采用了分时技术,用户独占了计算机的全部资源
28. 下列哪项不是操作系统重要的目标(　　)。
　　A. 方便性　　　B. 虚拟性　　　C. 可扩充性　　　D. 开放性
29. (　　)操作系统允许在一台主机上同时连接多台终端,多个用户可以通过各自的终端同时交互的使用计算机。
　　A. 网络　　　　B. 分布式　　　C. 分时　　　　　D. 实时
30. 从资源管理的角度看,进程调度可属于(　　)。
　　A. I/O管理　　B. 文件管理　　C. 处理器管理　　D. 存储器管理

二、简答题

1. 操作系统的作用是什么?
2. 如何查看计算机的基本信息?
3. 怎样启动Windows的资源管理器?列举几种启动方法。
4. Windows通过哪些方式对磁盘进行管理?
5. 常用操作系统有哪些?它们各具有哪些特点?

第 4 章 办公应用软件 Office

办公软件指可以进行文字处理、表格制作、幻灯片制作、图形图像处理、简单数据库处理等方面工作的软件。本章将以 Microsoft Office 2013 办公软件为基础,重点介绍文字处理软件、电子表格处理软件、演示文稿软件的基本概念、功能设计及操作原理。软件使用和操作技巧将在配套的指导教材中详细讲解。

4.1 Office 概述

Microsoft Office 是微软公司开发的一套基于 Windows 操作系统的办公软件套装。常用组件有 Word、Excel、PowerPoint 等。该软件出现于 20 世纪 90 年代早期,是一些以前曾单独发售的软件合集。最初的 Office 版本只有 Word、Excel 和 PowerPoint,另外一个专业版包含 Microsoft Access,随着时间的流逝,Office 应用程序逐渐整合,共享一些特性,例如拼写和语法检查、OLE 数据整合和微软 Microsoft VBA(Visual Basic for Applications)脚本语言。

Microsoft Office 2013 是应用于 Microsoft Windows 视窗系统的一套办公室套装软件,开发代号为 Office 15,实际是第 13 个发行版,是继 Microsoft Office 2013 后的新一代套装软件。现已推出最新版本 Microsoft Office 2020。

作为 Windows 8 的官方办公室套装软件,Office 2013 在风格上保持一定的统一之外,功能和操作上也向着更好支持平板计算机以及触摸设备的方向发展。新一代 Office 具备 Metro 界面,简洁的界面和触摸模式更加适合平板,使其浏览文档同 PC 一样方便。

4.2 文字处理软件 Word 2013

文字处理软件是 Office 2013 中使用最多的组件,本节介绍 Word 2013 的基本操作,内容包括文档的建立和操作、文字的编辑、图形和图片的编辑以及表格的编辑。

4.2.1 文档建立和编辑

1. 启动 Word 2013

Office 2013 各个组件的启动和退出方法基本上都是类似的,下面以 Word 2013 为例做介绍。启动 Word 2013 主要有以下 3 种方法。

(1) 在"开始"菜单中选中 Microsoft Office 2013|Microsoft Word 2013 选项。

(2) 将 Microsoft Word 2013 应用程序图标从"开始"菜单拖到桌面,创建用于程序启动的桌面快捷图标,双击该图标启动 Word 程序。

(3) 通过 Windows 的资源管理器定位要打开的 Word 文档,双击文档名即可启动 Word 2013 程序。

2. Word 2013 的关闭和退出

在 Word 2013 程序完成工作后,可以使用下面方法关闭 Word 应用程序。

单击窗口右上角的程序窗口"关闭"按钮。

在"文件"选项卡中选中"退出"选项。

单击窗口左上角,在打开的控制菜单中选中"关闭"选项。

使用 Alt+F4 组合键。

3. Word 2013 窗口组成

在 Word 2013 版本中,以"主选项卡"类别和"面板"功能区的方式设计,如图 4-1 所示。

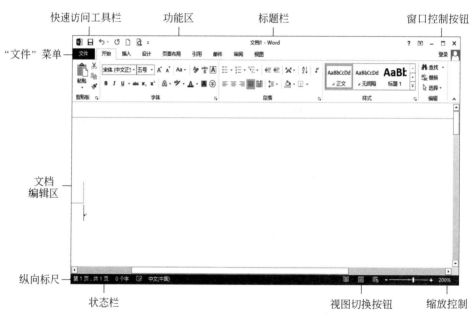

图 4-1 Word 2013 的主窗口

Word 2013 默认显示 8 个主选项卡:"开始""插入""设计""页面布局""引用""邮件""审阅"和"视图"。每个选项卡中设计有 4~8 个功能区面板,其中布局有命令按钮和工具控件。

其中"视图"选项卡提供了多种视图模式供用户选择,这些视图模式包括"阅读视图

"页面视图""Web 版式视图""大纲视图"和"草稿视图"5 种。

(1) 阅读视图。阅读视图以图书的分栏样式显示 Word 2013 文档内容,文件按钮、功能区等窗口元素被隐藏起来。在阅读版式视图中,可以单击"工具"按钮选择各种阅读工具。

(2) 页面视图。页面视图是 Word 最基本的视图方式,也是 Word 默认的视图方式,用于显示文档打印的外观,与打印效果完全相同。在该视图方式下可以看到页面边界、分栏、页眉和页脚的实际打印位置,可以实现对文档的各种排版操作,具有"所见即所得"的显示效果。

(3) Web 版式视图。Web 版式视图以网页的形式显示 Word 2013 文档内容,其外观与在 Web 或 Intranet 上发布时的外观一致。在 Web 版式视图中,可以看到背景、自选图形和其他在 Web 文档及屏幕上查看文档时常用的效果。Web 版式视图适用于发送电子邮件和创建网页。

(4) 大纲视图。大纲视图主要用于设置 Word 2013 文档的标题和显示标题的层级结构,可以方便地折叠和展开各种层级的文档,广泛用于 Word 2013 长文档的快速浏览和设置,特别适合较多层次的文档。

(5) 草稿视图。草稿视图用于查看草稿形式的文档,输入、编辑文字或编排文字格式。该视图方式不显示文档的页眉、页脚、脚注、页边距及分栏结果等,页与页之间的分页线是一条虚线,简化了页面的布局,使显示速度加快,方便键入或编辑文档中的文字,并可进行简单的排版。

为了更方便和更具体地服务,采用了动态设计方式,如动态选项卡和浮动工具栏。动态选项卡是在需要使用时自动出现在主选项卡中,如图 4-2 所示。

图 4-2 动态选项卡(也称工具选项卡)

浮动工具栏是在操作过程中,依据当时的状态自动出现并浮动于界面上的工具栏,如图 4-3 所示。由此可见,这种功能设计和操作是以"服务"为导向,更适合用户使用,也称为面向用户服务设计。

图 4-3　浮动工具栏

另外,Word 2013 中保留一个"文件"菜单,用此菜单进行文件操作,如文件的新建、打开、保存、打印和关闭,面板功能的"选项"设置和系统退出,如图 4-4 所示。

图 4-4　"文件"选项卡

4. 创建空文档

启动 Word 2013 之后,系统会自动创建一个名为"文档 1"的空白文档,文档后缀名为.docx。

可以新建其他名称的文档或根据 Word 提供的模板来新建带有格式和内容的文档。其中创建空文档,使用下列步骤。

(1) 在"文件"选项卡中选中"新建"选项,选中"空白文档"选项模板,如图 4-5 所示。

(2) 单击图标即可创建出一个空白文档。

5. 使用模板创建文档

Word 2013"联机模板"是指 Office 官方网站所提供的众多常用文档模板,可以创建简历、新闻稿和报告等类型的文档,可以直接在"新建"选项面板中下载并使用这些模板,如图 4-6 所示。

6. 文档的自动保存

Word 2013 为了防止突然断电或是其他意外而导致文件丢失,设置定时自动保存,步骤如下。

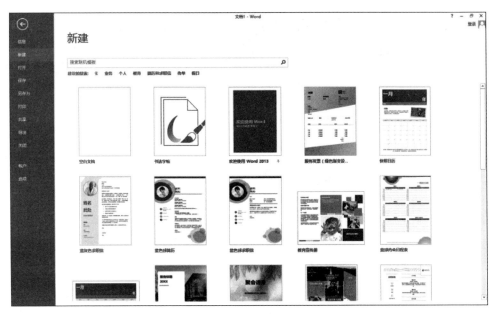

图 4-5　创建空文档窗口

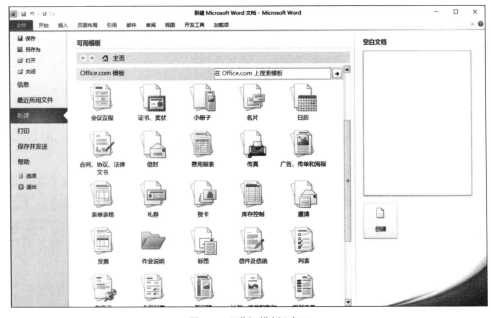

图 4-6　"联机模板"窗口

（1）在"文件"选项卡中选中"选项"选项，在弹出"Word 选项"对话框中选中"保存"选项，如图 4-7 所示。

（2）选中"自动保存时间间隔"复选框，在"分钟"框中选中或输入自动保存的时间间隔，默认是 10 分钟，最多 120 分钟。

7．文档的编辑

（1）选择文本。选择文本是指通过选择操作来突出显示指定的文本，被选中的文本

图 4-7 "Word 选项"对话框

通常会被添加浅蓝色底纹,以区别于其他未被选中的文本。在选取文本起始位置按下鼠标左键并拖动,到需要选择文本的结束处释放鼠标,可以选中相应的文本。使用鼠标可以选择一行、一段文本或者整篇文档。

(2) 查找文本。查找文本就是通过 Word 2013 提供的"查找"功能快速搜索符合条件的文本。查找功能包括 3 种:第一种是普通的查找功能,用于查找符合关键字的文本内容;第二种是高级查找功能,用于查找含有特殊格式的文本内容;第三种是定位功能,用于快速跳至指定的页面。在"开始"选项卡的"编辑"组中单击"查找"按钮,从下拉菜单中选中"高级查找"选项打开"查找和替换"对话框,如图 4-8 所示。

(3) 替换文本。替换文本就是将文本中查找到的某个文字符号或者控制标记,修改为另外的文字符号或者控制标记。

8. 文本与段落的修饰

(1) 字符格式。字符格式包括字体、字号、粗体、斜体、加下画线等各种表现形式的设置。

(2) 段落格式。利用 Word 2013 提供的工具来设置段落的格式,能够使文档中的内容排列错落有致,版面清晰易读。段落格式主要包括设置段落的对齐方式、缩进方式以及段落的间距和行距。在"开始"选项卡中单击"段落"组的对话框启动器按钮,即可打开"段落"对话框。也可以先选中段落再右击,在弹出的快捷菜单中选中"段落"选项,打开"段落"对话框,如图 4-9 所示。

图 4-8 "查找和替换"对话框

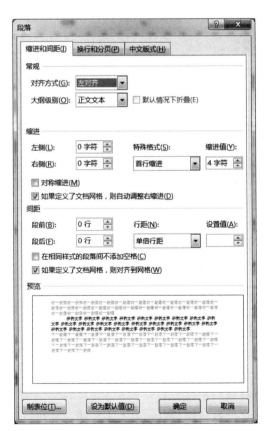

图 4-9 "段落"对话框

（3）项目符号和编号。使用项目编号和项目符号来组织文档，可以使文档层次分明、条例清晰。对文档设置自动编号和项目符号可以在输入文档之前进行，也可以在输入文档完成后进行，在设定完成后，还可以任意对项目编号和项目符号进行修改。选中需要设定项目编号的一个或者多个段落，在"开始"选项卡的"段落"组，单击"编号"按钮；还可以选择项目符号和多级列表，如图4-10所示。

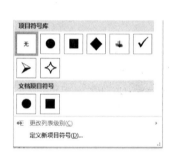

图4-10 "项目编号、多级列表和项目符号"列表

（4）边框和底纹。为了文档醒目美观，可以为选定的文字和段落加上边框和底纹，也可以给整个文档页面加上外边框。在"开始"选项卡的"段落"组中单击"边框"按钮，在弹出的下拉列表中选中"边框和底纹"，在弹出的对话框中进行设置，如图4-11所示。注意，对文字设置边框和底纹，在对话框中选择应用于"文字"选项；对段落设置边框和底纹，选择应用于"段落"选项。

（5）设置水印。水印是出现在文档文本下面的文本或图片，水印具有可视性，不会影响文档的显示效果，可以根据文档的性质选择合适的水印样式。在"设计"选项卡的"页面背景"组中单击"水印"按钮，在弹出的下拉菜单中选中"自定义水印"选项，弹出"水印"对话框，如图4-12所示，根据参数设置水印文档。

（6）设置艺术字。艺术字是具有特殊效果的文字，在文档中插入艺术字库中任一效果的艺术字后，功能区中出现用于艺术字编辑的"绘图工具|格式"选项卡。利用"形状样式"组中的命令按钮可以对显示艺术字的形状进行边框、填充、阴影、发光、三维效果等设置；利用"艺术字样式"组中的命令按钮可以对艺术字进行边框、填充、阴影、发光、三维效果和转换等设置；可以通过"排列"组中的"自动换行"按钮下拉框对其进行环绕方式的设置。

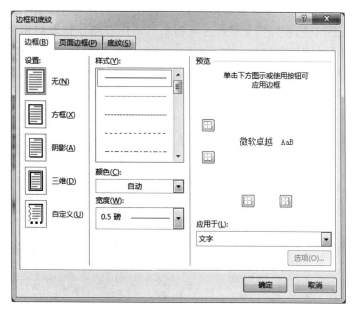

图 4-11 "边框和底纹"对话框

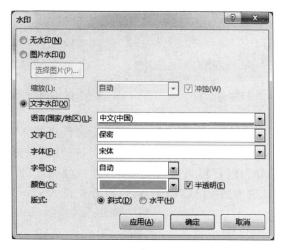

图 4-12 "水印"对话框

（7）分栏效果。分栏排版被广泛应用于报刊、杂志等媒体中。利用分栏排版，可以创建不同风格的文档，同时也能够减少版面留白。首先选定进行分栏排版的文本，然后在"页面布局"选项卡的"页面设置"组中单击"分栏"按钮，在弹出的下拉菜单中选中"更多分栏"选项，打开"分栏"对话框，如图 4-13 所示。设置分栏的列数、宽度和应用范围。

（8）设置页眉和页脚。页眉和页脚是文档中每个页面的顶部、底部和两侧页边距中的区域。页眉和页脚的内容常用页码、日期、作者单位名称、章节名或公司徽标等文字或图形来表示，页眉打印在每页顶部而页脚打印在底部。在文档中可自始至终使用同一个页眉或页脚，也可在文档的不同部分使用不同的页眉和页脚。控制页眉和页脚的显示方式及格式设置，主要的控件集包含在功能区的"页眉和页脚工具|设计"选项卡中。

（9）设置脚注和尾注。文章中需要对某些文字进行补充说明或者引用了他人的著作需要在引用处进行标记，在一页末尾或者文档末尾用注释指出该段引用的出处即参考文献。这些操作可通过脚注和尾注来实现。脚注常用于补充说明文档中难于理解的内容，位于每页文档的底部，也可以用于文字正文中；尾注常用于引用参考文献、作者等说明信息，位于文档结束处或节结束处。在"引用"选项卡中单击"脚注"组的对话框启动器按钮，打开"脚注和尾注"对话框，如图 4-14 所示。

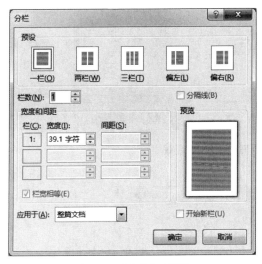
图 4-13 "分栏"对话框

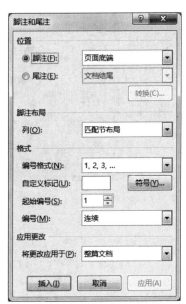
图 4-14 "脚注和尾注"对话框

（10）样式。样式是不同格式的组合体，是应用于文档中的文本、表格和列表的一套格式特征，在 Word 2013 中为文本应用样式可以一次性应用多种格式效果以简化设置步骤。样式按照定义形式分为内置样式和自定义样式。内置样式是 Word 2013 中默认模版中的样式，在"开始"选项卡的"样式"组中，可以查看样式。

4.2.2 图形和图片编辑

1. 图形的绘制与编辑

在"插入"选项卡的"插图"组中单击"形状"按钮，如图 4-15 所示，在弹出的快捷菜单中选中"新建绘图画布"选项。创建一块绘图画布，当插入的图形对象包括多个图形时，画布可将多个图形整合在一起，作为一个整体来移动和调整。

单击"形状"按钮，选择需要绘制的形状，选中图形右击，在弹出的快捷菜单中选中"添加文字"选项，在图形中输入文字；在选定图形后，拖动四周的尺寸控点即可改变图形的尺寸；可以设置图形的"形状样式"及"文本效果"；选定多个图形，在弹出的快捷菜单中选中"组合"选项，即可把多个图形组合一个整体，统一进行操作。

2. 图片编辑

Word 2013 图片的编辑功能，不仅可以将计算机中已保存的图片插入文档中，而且能

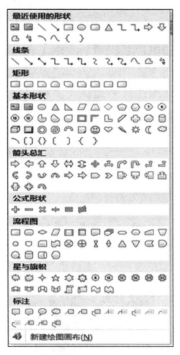

图 4-15 插入"形状"列表

够利用"屏幕截图"功能实现图片的快速插入。

插入一张新的图片,在"插入"选项卡的"插图"组中单击"图片"按钮,Word 2013 支持的图片有 21 种格式:*.emf、*.wmf、*.jpg、*.jpeg、*.jfif、*.jpe、*.png、*.bmp、*.dib、*.rle、*.gif、*.emz、*.wmz、*.pcz、*.tif、*.tiff、*.cgm、*.eps、*.pct、*.pict、*.wpg。在插入图片后,自动出现"图片工具|格式"选项卡,如图 4-16 所示。

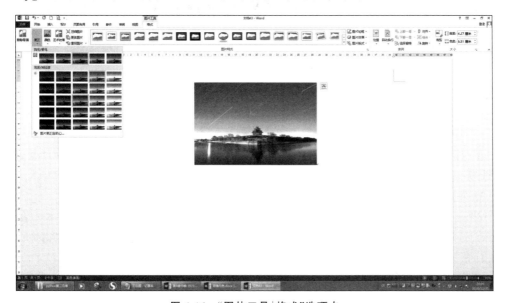

图 4-16 "图片工具|格式"选项卡

在 Word 2013 中有关图片的工具都集中在"图片工具|格式"选项卡上,分为"调整""图片样式""排列""大小"4 个组。

(1)调整。Word 2013 中的图片处理功能提供了包括调整图片的亮度和对比度、色调与饱和度以及设置图片样式等基本功能。

(2)图片样式。Word 2013 图片效果提供了多种风格,这个功能使图片的表现力更加出色。选定图片后通过鼠标移动就可以在各种不同样式间切换,预览不同样式的效果。"图片效果"分为"预设""阴影""反射""发光""柔滑边缘""棱台""三维旋转"等种类,每一项包含更加详细的个性设置。

(3)排列。"图片工具|格式"选项卡的"排列"组,可以设置图片的位置、文字环绕方式、对齐和旋转等,如图 4-17 所示。

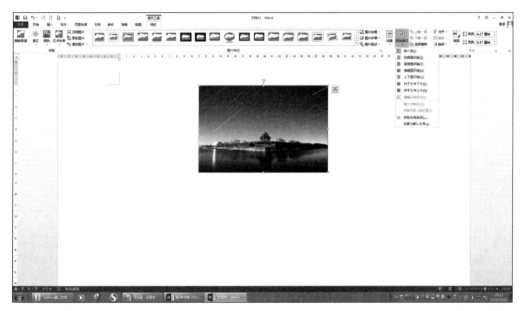

图 4-17 "图片工具|格式"选项卡的"排列"组

4.2.3 表格

1. 创建表格

在"插入"选项卡的"表格"组中单击"表格"按钮,在弹出的快捷菜单中选中"快速表格"选项;也可以选中"插入表格"选项,如图 4-18 所示,打开"插入表格"对话框。

2. 表格的编辑

Word 2013 中有几种控制柄和鼠标指针,可以操作和选中单元格、行、列和整个表格。只有在部分表格被选中后,表格控制柄才能显示,行和列的控制柄不受显示设置的影响。将鼠标指向行边框时,显示调整大小指针,可使用该指针拖动来改变行的大小。

(1)选择表格、行和列。单击表格控制柄可选定整个表格,也可以在表格内任意处单击,在"表格工具|布局"选项卡的"表"组中单击"选择"按钮,在下拉菜单中选中"选择表格"选项,选定整个表格,选择行和列的方法类似。

(2) 插入行、列和单元格。在表格中插入行和列,单击插入点相邻的行和列,右击新的行和列要出现的位置,在弹出的快捷菜单中选中"在左侧插入""在右侧插入""在上方插入""在下方插入""插入单元格"选项。也可以在"布局"选项卡在单击"行和列"组的对话框启动器按钮,弹出"插入单元格"对话框按钮,如图4-19所示。

(3) 拆分单元格、表格。在"表格工具|布局"选项卡的"合并"组中单击"拆分单元格"按钮,可以将一个单元格、一行或一列分成两个或多个,如图4-20所示。

图4-18 "插入表格"对话框

图4-19 "插入单元格"对话框

图4-20 "拆分单元格"对话框

3. 表格的修饰

(1) 文字修饰。表格内输入文字,选中"表格",在"表格工具|设计"或"表格工具|布局"选项卡中设定文字的字号、颜色、字体等,如图4-21所示。

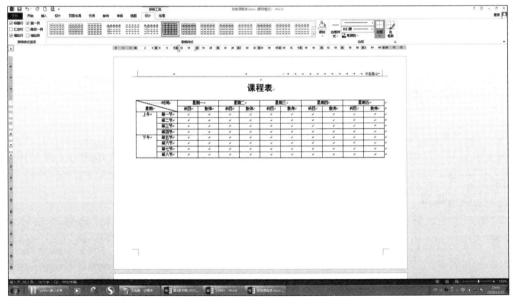
图4-21 表格示例图

(2) 表格修饰。在"表格工具|设计"选项卡的"表格样式选项"组中单击"表格样式"

按钮,选中希望的样式,如图 4-22 所示。

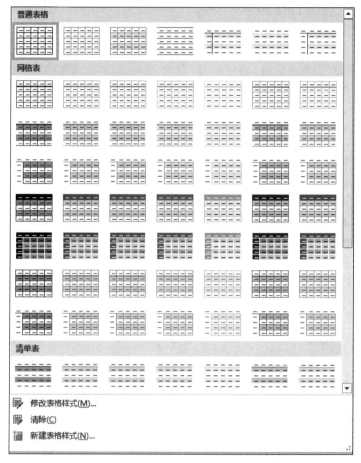

图 4-22　表格样式

4.2.4　综合案例

本案例制作关于"中国计算机第一个计算机科研组的诞生"文稿,重点介绍 Word 2013 中页眉、艺术字、文本框、图形图片、分栏、表格等排版技术的使用方法,效果图如图 4-23 所示。

1. 版面设置

(1) 页面设置。进入 Word 2013,新建一个空白文档,在"页面布局"选项卡的"页面设置"组中单击"页边距"按钮,设置"页边距":上下边距均为"2 厘米",左右边距均为"2.5 厘米";纸张方向为"横向"。

选择"页面布局"选项卡"页面设置"组,单击"纸张大小",设置"纸张大小"为"A4"。

(2) 设置页眉。选择"插入"选项卡"页眉和页脚"组,单击"页眉"下边的下三角按钮,单击"编辑页眉"命令,将插入点置于页眉左端,输入"科技文章欣赏",页眉中间输入"第一页",字体为"宋体",字号为"四号"。

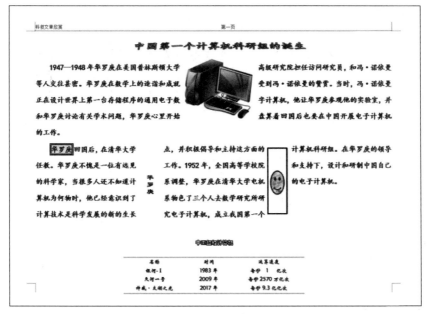

图 4-23　文稿制作效果图

2. 题目的艺术设计

题目的设计必须突出艺术性,做到美观协调,因此"中国第一个计算机科研组的诞生"题目使用艺术字效果。

在"插入"选项卡的"文本"组中单击"艺术字"按钮,在"绘图工具|格式"选项卡的"艺术字样式"组中单击"其他"按钮,在下拉菜单中选中"填充-蓝色,着色1,阴影"样式,输入"中国第一个计算机科研组的诞生",并设置字体为"楷体",字号为"小初"。

选中艺术字,在"绘图工具|格式"选项卡的"形状样式"组中,设置"形状效果"为"三维旋转"中"透视"的"宽松透视"选项,如图 4-24 所示。

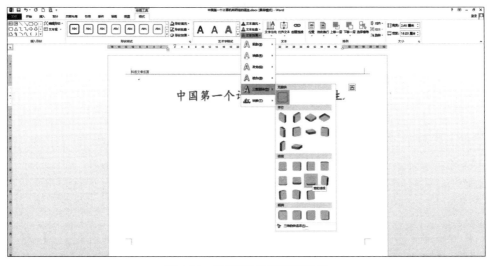

图 4-24　设置"艺术字"形状效果

3. 输入正文

输入文章正文内容：

1947—1948年,华罗庚在美国普林斯顿大学高级研究院担任访问研究员,和冯·诺依曼等人交往甚密。华罗庚在数学上的造诣和成就受到冯·诺依曼的赞赏。当时,冯·诺依曼正在设计世界上第一台存储程序的通用电子数字计算机,他让华罗庚参观他的实验室,并和华罗庚讨论有关学术问题,华罗庚心里开始盘算着回国后也要在中国开展电子计算机的工作。

华罗庚回国后,在清华大学任教。华罗庚不愧是一位有远见的科学家,当很多人还不知道计算机为何物时,他已经意识到了计算技术是科学发展的新的生长点,并积极倡导和主持这方面的工作。1952年,全国高等学校院系调整,华罗庚在清华大学电机系物色了三个人去数学研究所研究电子计算机,成立我国第一个计算机科研组。在华罗庚的领导和支持下,设计和研制中国自己的电子计算机。

设置正文的字体为"楷体",字号为"四号",字形为"加粗";段落对齐方式为"两端对齐",缩进为"首行缩进""2字符";行距为"最小值""20磅"。

4. 图片的处理

(1) 插入图片。插入点定位在第一段居中位置,在"插入"选项卡的"插图"组中单击"图片"按钮,打开插入图片对话框,在其中选中要插入的图片。

(2) 设置图片环绕方式。选中要处理的图片,在"图片工具|格式"选项卡的"排列"组中单击"位置"按钮,在弹出的下拉菜单中选中"其他布局选项"选项,在弹出的"布局"对话框的"文字环绕"选项卡中将环绕方式设为"紧密型",如图4-25所示。

图4-25 "布局"对话框

5. 分栏操作

"分栏"是文档排版中常用的一种方式,在各种报纸和杂志中广泛使用。在 Word 中可以建立不同版式的分栏,并可以随意改变各栏的栏宽及间距。

选定第二段文字,在"页面布局"选项卡的"页面设置"组中单击"更多分栏"按钮,弹出分栏对话框,选中"预设""三栏"框,设置"栏:"的"间距:"为"5字符",如图4-26所示,单击"确定"按钮,完成分栏。

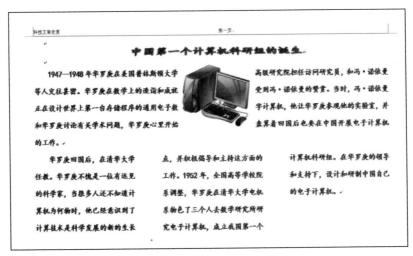

图 4-26　设置分栏效果图

6. 添加文本框

选定分栏的第一个间隔,在"插入"选项卡的"文本"组中单击"文本框"按钮,在弹出的快捷菜单中选中"绘制文本框"选项,鼠标形状为十字形,绘制文本框的大小。在"绘图工具|格式"选项卡的"形状样式"组中单击"形状轮廓"按钮,在弹出的下拉菜单中选中"无轮廓"选项,如图4-27所示。

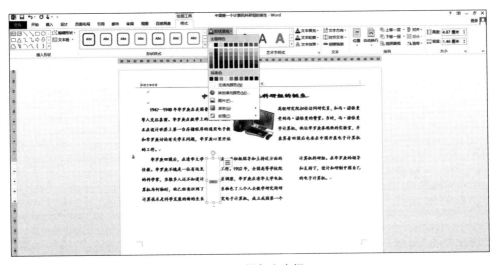

图 4-27　添加文本框

文本框内输入文字"华罗庚",字体为"隶书",字号"四号"。右击文本框,在弹出的快捷菜单中选中"文字方向"选项,弹出"文字方向"对话框,选中竖排样式,如图4-28所示。

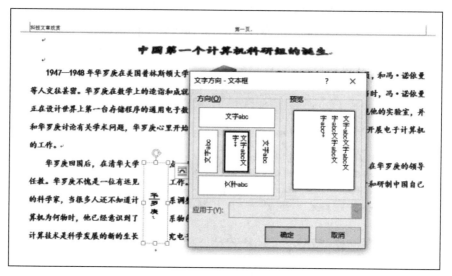

图 4-28 设置文字方向

7. 添加组合图形

选定分栏的第二个间隔,在"插入"选项卡的"插图"组中单击"形状"按钮,在弹出的快捷菜单中选中"矩形"选项,鼠标形状为十字形,绘制矩形框的大小。在"绘图工具|格式"选项卡的"形状样式"组中选中的外观样式为"彩色轮廓-黑色,深色 1",如图 4-29 所示。

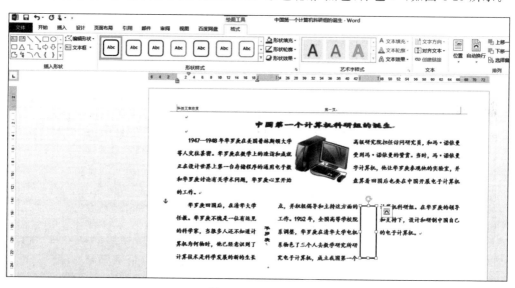

图 4-29 添加矩形

再次单击"形状"按钮,在弹出的下拉菜单中选中"基本形状"为"笑脸",添加到矩形图上。在"形式样式"组的"形状填充"下拉框内,选中"纹理"中的"白色大理石"选项,如图 4-30 所示。

8. 添加边框底纹

为了增加文章色彩,对文章重点章节添加边框和底纹颜色。

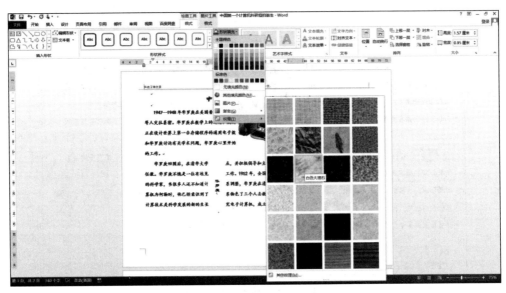

图 4-30　添加图形纹理

选定第二段开头文字"华罗庚",在"开始"选项卡的"段落"组中单击"下框线"按钮,在弹出的快捷菜单中选中"边框和底纹"选项,打开"边框和底纹"对话框,设置"方框""样式:"为"三线框",宽度为"0.5 磅","应用于:"为"文字",如图 4-31 所示。

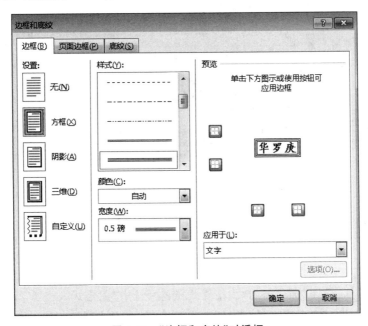

图 4-31　"边框和底纹"对话框

"底纹"颜色选择"橄榄色,着色 3,淡色 80%",如图 4-32 所示。

9．插入表格

设置表格标题"中国超级计算机",字体为"华文彩云",字号为"四号"。

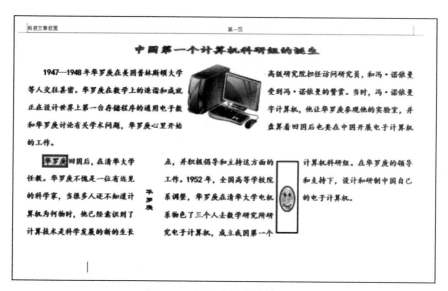

图 4-32　添加边框底纹效果图

在"插入"选项卡的"插图"组中单击"表格"按钮,拖动鼠标插入表格,输入数据,如图 4-33 所示。

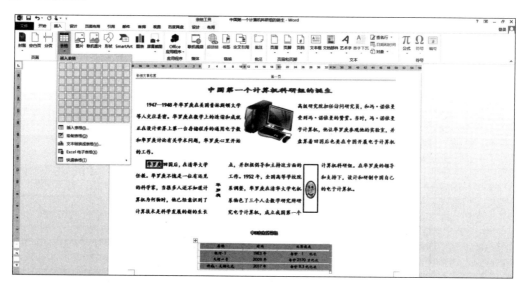

图 4-33　插入表格

在"表格工具|设计"选项卡的"表格样式"组中,选中"无格式表格 2",如图 4-34 所示。
选中整个表格,在"表格工具|布局"选项卡的"对齐方式"组中选中"水平居中"选项,如图 4-35 所示。

10. 保存文档

文稿编辑完成后,在"文件"选项卡中选中"保存"选项,在"另存为"对话框中设置保存位置,输入文件名"中国计算机第一个计算机科研组的诞生",单击"保存"按钮。

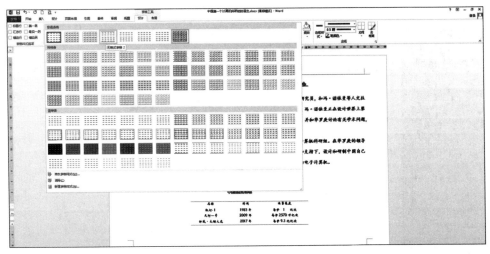

图 4-34　设置表格样式

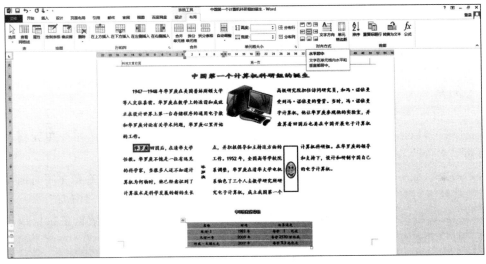

图 4-35　设置单元格对齐方式

4.3　电子表格处理软件 Excel 2013

4.3.1　输入数据与编辑

1. 创建工作簿

在 Excel 中创建工作簿主要有两种方式：创建空白工作簿、根据系统提供的联机模板创建工作簿。

（1）创建空白工作簿。启动 Excel 2013 时创建空白工作簿，单击"空白工作簿"图标，如图 4-36 所示。创建新工作簿后，Excel 将自动按工作簿 1、工作簿 2、工作簿 3、……的默认顺序为新工作簿命名。

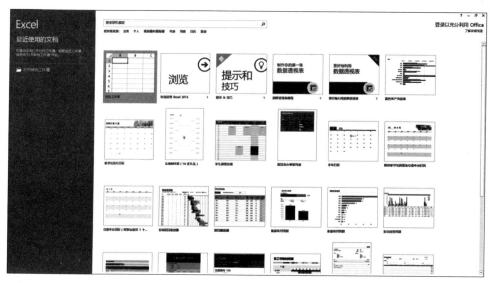

图 4-36　创建空白工作簿窗口

（2）联机模板。在"文件"选项卡中选中"新建"选项,从"联机模板"中选中需要创建工作簿类型对应的模板,单击即可创建带有相关格式的工作簿。

2. 数据录入

（1）字符型数据。字符型是 Excel 常用的一种数据类型,如表格标题、行标题、列标题等。字符型数据是由字母、数字、汉字及其他字符组成的字符串,输入不受单元格的宽度限制。字符型数据在单元格中默认对齐方式是左对齐。

如需要将数字作为字符型数据来输入（身份证号、学号等）,此时可在数字字符前加单撇"'";或输入等号"=",再用英文双引号将字符括起来,例如="20177510101"。

（2）数值型数据。数值型数据的默认对齐方式为右对齐,当输入数据整数位数较长时,Excel 会用科学计数法表示。

① 分数输入。Excel 规定在输入分数时,采用"0＋空格＋分数"的格式输入。如：0 1/2。

② 负数输入。输入负数可直接在数字前加"－",例如－1.23,也可用"（""）"将数字括起来表示负数,如输入－1.234 就可直接输入"(1.234)"。

③ 百分数输入。在数值后直接加"％"即可,表示该数字除以 100。

（3）日期时间型数据。输入日期的年、月、日之间需用"/"或"-"隔开。输入时间时,时、分、秒用"："隔开。系统当前日期和时间可以利用组合键插入到单元格中,插入系统的时间,按 Ctrl＋Shift＋;组合键插入系统的日期,按 Ctrl＋;组合键。

（4）逻辑型数据。在单元格中直接输入逻辑值 TRUE 和 FALSE,一般用于数据的比较,如在 A7 单元格中输入"＝A7＞90",如 A6 单元格的值大于 95,则 A7 单元格中显示 TRUE,否则显示 FALSE。

（5）Excel 填充功能。在 Excel 2013 中除使用"序列"对话框填充等差、等比等特殊数据,还可以自定义填充序列,更方便地帮助用户快速地输入特定的数据序列。

① Excel 填充柄。Excel 2013 中的自动填充功能,可以大大减少重复劳动,提高工作效率。填充柄是活动单元格右下角的小黑色方块,如果发现没有显示填充柄,可以通过设置启用填充柄和单元格拖放功能。在"文件"选项卡中选中"选项"选项,弹出"Excel 选项"对话框,在"高级"项中,选中"启用填充柄和单元格拖放功能"复选框,如图 4-37 所示。

图 4-37 "Excel 选项"对话框

② Excel "自定义填充序列"。根据实际需要,可以事先定义一些经常使用的序列。在使用时只需输入序列中某一项,即可利用填充功能,快速填充其余各项。

在"文件"选项卡中选中"选项"选项,弹出"Excel 选项"对话框,选择"高级"选项,单击右侧的"编辑自定义列表"按钮,打开"自定义序列"对话框。在"输入序列"文本框中输入自定义的序列项,注意每项占一行,即每输入一项按 Enter 键结束,单击"添加"按钮,新定义的序列便会被添加到左侧的"自定义序列"列表框中,如图 4-38 自定义序列所示。

3. 数据清除

单元格内不仅含有数据,还包含格式、备注、超链接等相关属性,如果只需要清除其中部分属性,可以使用 Excel 清除功能。

选定相应的单元格,在"开始"选项卡的"编辑"组中的"清除"按钮,在弹出的下拉菜单中选中有 6 个选项,如图 4-39 所示。

① 全部清除。清除单元格的内容、格式、批注及超链接。
② 清除格式。只清除选定单元格的格式,单元格的内容等其他信息仍将保留。
③ 清除内容。只清除单元格的内容,单元格的格式及批注等仍将保留。
④ 清除批注。只清除单元格的批注信息。

图 4-38 "自定义序列"对话框

图 4-39 "清除"子菜单

⑤ 清除超链接。取消超链接,但该命令未清除单元格格式。
⑥ 删除超链接。取消超链接同时清除单元格格式。

4.3.2 公式和函数

1. 单元格引用

单元格是工作表的基本数据单元。无论是输入数据、编辑数据,还是应用公式或函数时,均需要给出参数所需的引用单元格。引用的作用是标志工作表上的单元格或单元格区域,指明公式或函数中使用的数据位置区域。通过引用,可以在公式中使用工作表内不同部分的数据,或在多个公式中使用同一单元格的数据。

多个单元格的引用使用","或":"分隔。","表示单个选择引用单元格,例如:"A3,B7,H9";":"表示连续区域选择引用单元格,例如:"B7:J6"表示从单元格 B7 始到单元格 J6 止的矩形连续区域单元格数据的引用。

单元格分为相对引用、绝对引用及混合引用。

(1) 相对引用。相对引用是在单元格中引用一个或多个相对地址的单元格的表示方法。这样表示的单元格地址作为公式参数时,会随着公式复制到一个新的位置区域时,公式中的单元格地址随位置的变化而改变。

相对引用的引用样式是直接用字母表示列,用数字表示行。例如"Sheet2!H3"表示工作簿文件中 Sheet2 工作表中的 H3 单元格,相对引用仅指出引用数据的相对位置,当把一个含有相对引用的公式复制到其他单元格位置时,公式中的单元格地址随之改变。

(2) 绝对引用。绝对引用的引用方式是在相对引用的列字母和行数字前加一个符号"$"。例如单元格"$A$5"引用,表示引用 A5 单元格位置时,在随公式等复制或移动过程中,该单元格的列坐标值和行坐标值不变。

(3) 混合引用。混合引用在计算中也常常使用,混合引用在行和列的引用中,一个采用相对引用表达方式,另一个采用绝对引用表达方式,公式中相对引用部分随公式复制而变化,绝对引用部分不随公式复制而变化。例如"＄D9"表示在公式中行采用相对引用、列采用绝对引用;"H＄3"表示在公式中行采用绝对引用、列采用相对引用。

2. 常用函数

Excel 中所提的函数其实是一些预定义的公式,使用一些称为参数的特定数值,按特定的顺序或结构进行计算。可以直接对某个区域内的数值进行一系列运算,如分析和处理日期值和时间值、确定贷款的支付额、确定单元格中的数据类型、计算平均值、排序显示和运算文本数据等。

(1) ABS 函数。

主要功能:返回参数的绝对值。

使用格式:

```
ABS(number)
```

参数说明:number 代表需要求绝对值的数值或引用的单元格。

应用举例:输入公式"＝ABS(A2)",A2 单元格输入正数(如 123),确认后显示 123。

(2) INT 函数。

主要功能:将数值向下取整为最接近的整数。

使用格式:

```
INT(number)
```

参数说明:number 表示需要取整的数值或包含数值的引用单元格。

应用举例:输入公式"＝INT(18.89)",确认后显示出 18。

(3) MAX 函数。

主要功能:求出一组数中的最大值。

使用格式:

```
MAX(number1,number2,…)
```

参数说明:number1,number2,…要求最大值的若干值,允许设置 1～255 个。

应用举例:输入公式"＝MAX(E4:D4)",确认后即可显示出 E4 至 D4 单元区域内最大值。

(4) MIN 函数。

主要功能:求出一组数中的最小值。

使用格式:

```
MIN(number1,number2,…)
```

参数说明:number1,number2,…要求最小值的若干值,允许设置 1～255 个。

应用举例:输入公式"＝MIN(A4:F4)",确认后即可显示出 A4～F4 单元区域内最小值。

(5) ROUND 函数。

主要功能:按指定的位数对数值进行四舍五入。

使用格式：

ROUND(number, num_digits)

参数说明：number 必需，要四舍五入的数字；num_digits 必需，位数，按此位数对 number 参数进行四舍五入。

应用举例：输入公式"＝ROUND(2.15，1)"，确认后即可显示出 2.2。

(6) SUM 函数。

主要功能：计算所有参数数值的和。

使用格式：

SUM(number1,number2,…)

参数说明：number1,number2,…代表需要计算的值，可以是具体的数值、引用的单元格(区域)、逻辑值等。

应用举例：输入公式"＝SUM(D2:D6)"，确认后即可求出总和。

(7) SUMIF 函数。

主要功能：计算符合指定条件的单元格区域内的数值和。

使用格式：

SUMIF(Range,Criteria,Sum_Range)

参数说明：Range 代表条件判断的单元格区域；Criteria 为指定条件表达式；Sum_Range 代表需要计算的数值所在的单元格区域。

应用举例：输入公式"＝SUMIF(C2:C6,"男")"，确认后即可求出条件为"男"性的和。

(8) AVERAGE 函数。

主要功能：求出所有参数的算术平均值。

使用格式：

AVERAGE(number1,number2,…)

参数说明：number1,number2,…需要求平均值的数值或引用单元格(区域)，参数不超过 30 个。

应用举例：输入公式"＝AVERAGE(B7:D7)"，确认后即可求出 B7～D7 区域的平均值。

(9) PRODUCT 函数。

主要功能：将所有数字形式给出的参数相乘，然后返回乘积值。

使用格式：

PRODUCT(number1, number2,…)

参数说明：number1,number2,…为 1～30 个需要相乘的数字参数。

应用举例：输入公式"＝PRODUCT(A1:A3)"，确认后即可求出 A1～A3 区域的乘积。

(10) SUBTOTAL 函数。

主要功能：返回列表或数据库中的分类汇总。

使用格式：

SUBTOTAL(function_num, ref1, ref2,…)

参数说明：function_num 为 1～11 的自然数，用来指定分类汇总计算使用的函数（1 是 AVERAGE；2 是 COUNT；3 是 COUNTA；4 是 MAX；5 是 MIN；6 是 PRODUCT；7 是 STDEV；8 是 STDEVP；9 是 SUM；10 是 VAR；11 是 VARP）。ref1,ref2,…则是需要分类汇总的 1～29 个区域或引用。

应用举例：输入公式"＝SUBTOTAL(9,A1:A3)"，将使用 SUM 函数对"A1:A3"区域进行分类汇总。

(11) COUNT 函数。

主要功能：返回数字参数个数，可以统计数组或单元格区域中含有数字的单元格个数。

使用格式：

COUNT(value1, value2, …)

参数说明：value1,value2,…是包含或引用各种类型数据的参数（1～30 个），其中只有数字类型的数据才能被统计。

应用举例：如果 A1＝90、A2＝人数、A3＝""、A4＝54、A5＝36，则公式"＝COUNT(A1:A5)"返回 3。

(12) COUNTIF 函数。

主要功能：统计某个单元格区域中符合指定条件的单元格数目。

使用格式：

COUNTIF(Range,Criteria)

参数说明：Range 代表要统计的单元格区域；Criteria 表示指定的条件表达式。

应用举例：输入公式"＝COUNTIF(B1:B13,"＞＝80")"，确认后即可统计出 B1～B13 单元格区域中，数值大于等于 80 的单元格数目。

(13) IF 函数。

主要功能：根据对指定条件的逻辑判断的真假结果，返回相对应的内容。

使用格式：

=IF(Logical,Value_if_true,Value_if_false)

参数说明：Logical 代表逻辑判断表达式；Value_if_true 表示当判断条件为逻辑"真(TRUE)"时的显示内容，如果忽略返回"TRUE"；Value_if_false 表示当判断条件为逻辑"假(FALSE)"时的显示内容，如果忽略返回"FALSE"。

应用举例：输入公式"＝IF(C26＞＝18,"符合要求","不符合要求")"，确认后，如果 C26 单元格中的数值大于或等于 18，则显示"符合要求"字样，反之显示"不符合要求"字样。

(14) INDEX 函数。

主要功能：返回列表或数组中的元素值，此元素由行序号和列序号的索引值进行确定。

使用格式：

INDEX(array,row_num,column_num)

参数说明：Array 代表单元格区域或数组常量；Row_num 表示指定的行序号（如果省略 row_num，则必须有 column_num）；Column_num 表示指定的列序号（如果省略 column_num，则必须有 row_num）。

应用举例：输入公式"＝INDEX(A1:D11,4,3)"，确认后则显示出 A1～D11 单元格区域中，第 4 行和第 3 列交叉处的单元格（即 C4）中的内容。

(15) RANK 函数。

主要功能：返回某一数值在一列数值中的相对于其他数值的排位。

使用格式：

RANK(Number,ref,order)

参数说明：Number 代表需要排序的数值；ref 代表排序数值所处的单元格区域；order 代表排序方式参数（如果为"0"或者忽略，则按降序排名，即数值越大，排名结果数值越小；如果为非"0"值，则按升序排名，即数值越大，排名结果数值越大）。

应用举例：输入公式"＝RANK(B2,＄B＄2:＄B＄31,0)"，确认后即可得出 B2 在 B2～B31 区域中，降序排名结果。

(16) LEN 函数。

主要功能：统计文本字符串中字符数目。

使用格式：

LEN(text)

参数说明：text 表示要统计的文本字符串。

应用举例：假定 A4 单元格中保存"今年 2017 年"的字符串，输入公式"＝LEN(C5)"，确认后即显示出结果 7。

(17) VLOOKUP 函数。

主要功能：在数据表的首列查找指定的数值，并由此返回数据表当前行中指定列处的数值。

使用格式：

VLOOKUP(lookup_value,table_array,col_index_num,range_lookup)

参数说明：lookup_value 代表需要查找的数值；table_array 代表需要在其中查找数据的单元格区域；col_index_num 为在 table_array 区域中待返回的匹配值的列序号（当 col_index_num 为 2 时，返回 table_array 第 2 列中的数值，为 3 时，返回第 3 列的值，…）；range_lookup 为一逻辑值，如果为 TRUE 或省略，则返回近似匹配值，也就是说，如果找不到精确匹配值，则返回小于 lookup_value 的最大数值；如果为 FALSE，则返回精确匹配值，如果找不到，则返回错误值"＃N/A"。

应用举例：如果 A1＝23、A2＝45、A3＝50、A4＝65，公式为"＝VLOOKUP(50,A1:

A4,1,TRUE)",输出结果为 50。

(18) FV 函数。

主要功能：基于固定利率及等额分期付款方式，返回某项投资的未来值。

使用格式：

FV(rate, nper, pmt, pv, type)

参数说明：Rate 为各期利率，Nper 为总投资期（即该项投资的付款期总数），Pmt 为各期所应支付的金额，Pv 为现值（即从该项投资开始计算时已经入账的款项，或一系列未来付款的当前值的累积和，也称为本金），Type 为数字 0 或 1（0 为期末，1 为期初）。

应用举例：假如某人计划从现在起每月初存入 2000 元，如果按年利 2.25％，按月计息（月利为 2.25％/12），那么两年以后该账户的存款额会是多少呢？公式为"＝FV(2.25％/12,24,－2000,0,1)"，计算结果为"￥49,141.34"。

(19) PMT 函数。

主要功能：基于固定利率及等额分期付款方式，返回贷款的每期付款额。

使用格式：

PMT(rate, nper, pv, fv, type)

参数说明：rate 贷款利率，nper 该项贷款的付款总数，pv 为现值（也称为本金），fv 为未来值（或最后一次付款后希望得到的现金余额），type 指定各期的付款时间是在期初还是期末（1 为期初。0 为期末）。

应用举例：需要 10 个月付清的年利率为 8％的￥10,000 贷款的月支额为"＝PMT(8％/12,10,10000)"，计算结果为"￥－1,037.03"。

(20) PV 函数。

主要功能：返回投资的现值（即一系列未来付款的当前值的累积和），如借入方的借入款即为贷出方贷款的现值。

使用格式：

PV(rate, nper, pmt, fv, type)

参数说明：rate 为各期利率，nper 为总投资（或贷款）期数，pmt 为各期所应支付的金额，fv 为未来值，type 指定各期的付款时间是在期初还是期末（1 为期初。0 为期末）。

应用举例：假设保险可以在今后 20 年内于每月末回报￥600。此项年金的购买成本为 80 000，假定投资回报率为 8％。该项年金的现值为"＝PV(0.08/12, 12 * 20,600,0)"，计算结果为"￥－71,732.58"。

4.3.3 数据图表处理

1. 数据排序

在 Excel 2013 排序是根据数据清单中的一列或多列数据重新排列记录顺序，分为升序排列和降序排列。排序窗口如图 4-40 所示。

图 4-40 "排序"对话框

2. 数据筛选

筛选功能是使 Excel 工作表只显示符合条件的数据,隐藏其他的数据,是一种查找数据的快速方法。Excel 提供了两种数据的筛选操作,即自动筛选和高级筛选。

(1) 自动筛选。自动筛选一般用于简单的条件筛选,筛选时将不满足条件的数据暂时隐藏,只显示符合条件的数据。进行数据自动筛选操作,先单击工作表内任意单元格,再选中"数据"选项卡的"筛选"命令,这时工作表的字段名称所在单元格出现筛选按钮,单击筛选按钮,在弹出的快捷菜单中选出符合筛选条件的选项,单击"确定"按钮即可。

(2) 高级筛选。高级筛选一般用于条件较复杂的筛选操作,其筛选的结果可显示在原数据表中,不符合条件的记录被隐藏;也可以在新的位置显示筛选结果,不符合条件的记录同时保留在数据表中而不会被隐藏,这样更加便于进行数据比对。

高级筛选操作步骤:单击工作表内任意单元格,在"数据"选项卡的"排序与筛选"组中单击"高级"按钮,弹出"高级筛选"对话框,如图 4-41 所示。

3. 分类汇总

分类汇总是指对数据表中的某个关键字字段进行排序分类,然后选取汇总项进行汇总,如图 4-42 所示。Excel 分类汇总命令可以自动创建公式、插入分类汇总与总和的行,并且自动分级显示数据。

图 4-41 "高级筛选"对话框

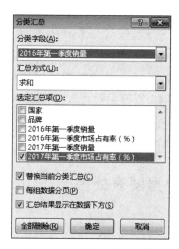

图 4-42 "分类汇总"对话框

4. 创建图表

图表是工作表数据的图形表示，比数据更加易于表现数据之间的关系，更加直观，更容易理解。

图表将工作表单元格的数值显示为柱形图、折线图、饼图或其他形状。当生成图表时，图表中自动表示出工作表中的数值。图表与生成它们的工作表数据相链接，当修改工作表数据时，图表也会更新。在 Excel 2013 中提供了 10 种标准的图表类型。

插入图表时，前选择数据单元格区域，然后在"插入"选项卡中单击"图表"组的对话框启动器按钮，在弹出的"插入图表"对话框的"所有图表"选项卡在选中所需图表样式即可。

4.3.4 综合案例

本案例通过建立一个销售表的电子表格，进一步介绍电子表格的输入技巧，掌握数据单元格格式、排序、分类汇总的使用方法，如图 4-43 所示。

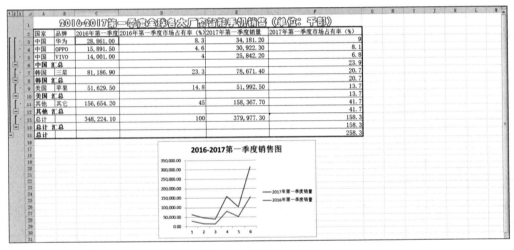

图 4-43 销售表效果图

1. 设置标题栏

合并单元格。选中 A1～F1 单元格，在"开始"选项卡的"对齐方式"组中单击"合并后居中"按钮。在"开始"选项卡的"字体"选项组中单击将"字体"选为"华文彩云"，"字号"为"22"，单击"加粗"按钮，单击"字体颜色"按钮，在弹出的快捷菜单中选中"红色"选项。

2. 使用公式计算

分别计算 2016 年、2017 年第一季度销量总量求和，以及统计求和 2016 年、2017 年第一季度市场占有率(%)。选中 C9 单元格，输入公式"=C3+C4+C5+C6+C7+C8"或"=SUM(C3:C8)"，完成求和。之后复制 C9 单元格，分别粘贴至 D9 单元格、E9 单元格、F9 单元格，完成其余单元格的数据计算。

3. 设置单元格的数字格式

设置 C3～C9 和 E3～E9 单元格的格式为"数值型"，单元格保留小数点后两位。选中

C3～C9 单元格并右击,在弹出的快捷菜单中选中"设置单元格格式"选项,打开"单元格格式"对话框,如图 4-44 所示。在"数字"选项卡的"分类"列表框中选中"数值",再选中"使用千位分隔符"复选框。重复此操作,对 E3～E9 单元格进行设置。

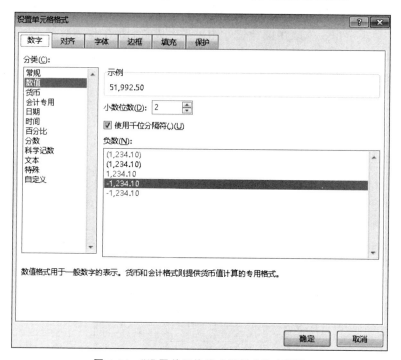

图 4-44 "设置单元格格式""数字"对话框

4. 数据排序

首先按国家对数据进行排序。默认情况下,汉字是按拼音顺序排列。选中所有国家品牌及销售数据单元格。在"数据"选项卡的"排序和筛选"组中单击"排序"按钮,弹出"排序"对话框,在"主要关键字"下拉列表中选中"国家"。在"次序"下拉列表中选中"自定义序列",弹出"自定义序列"对话框,如图 4-45 所示。在"自定义序列"对话框中,选中"自定义序列"列表框的"新序列",在"输入序列"编辑框中输入序列中的各项值,单击"添加"按钮,将"中国、韩国、美国、其他"定义为一个序列。单击"确定"按钮,完成排序。

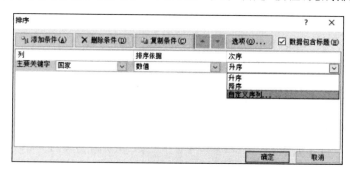

图 4-45 "自定义序列"排序对话框

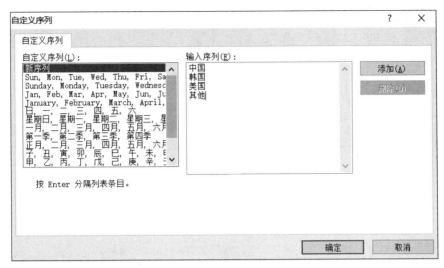

图 4-45 （续）

5. 数据分类汇总

在数据汇总以前，首先要按分类字段"分公司"进行排序。

在"数据"选项卡的"分级显示"组中单击"分类汇总"按钮，弹出"分类汇总"对话框。在"分类字段"的下拉列表中选中"国家"，在"汇总方式"下拉表中选中"求和"，在"选定汇总项"列表框中，选中需要统计的"2017年第一季度市场占有率（％）"字段前的复选框，如图 4-46 所示。

图 4-46 "分类汇总"对话框

6. 设置边框

设置表格的外边框为粗线，内边框为细线。

选中 A2～I22 单元格区域并右击，在弹出的快捷菜单中选中"设置单元格格式"选项，弹出"设置单元格格式"对话框。在"边框"选项卡的"线条样式"中选中一种粗线，单击"预置"的"外边框"按钮；在"线条样式"中选中一种细线，单击"预置"的"内边框"按钮，如图 4-47 所示。

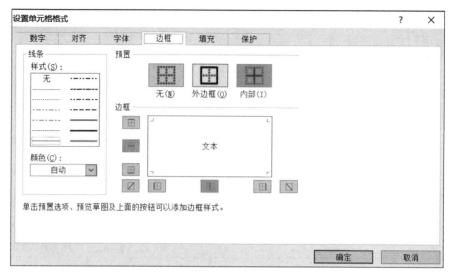

图 4-47 "设置单元格格式""边框"对话框

7. 插入图表

根据 2016—2017 年第一季季度市场占有率生成折线图。选中 C2 到 C5 单元格区域，再按住 Ctrl 键，分别选中其他相关单元格区域。在"插入"选项卡的"图表"选项组中单击"折线图"按钮，在弹出的下拉菜单中选中"堆积折线图"选项，系统会自动生成了一个图表。设置图表标题修改图表标题为"2016—2017 第一季度销售图"。

8. 保存文档

工作表编辑完成后，在"文件"选项卡中选中"另存为"选项，在弹出的"另存为"对话框中设置保存位置，输入文件名"Excel 2013 综合案例"，单击"保存"按钮。

4.4 演示文稿软件 PowerPoint 2013

4.4.1 编辑演示文稿

1. 创建演示文稿

Microsoft PowerPoint 2013 为用户提供了多种创建演示文稿的方法。

（1）创建空白演示文稿。使用不含任何建议内容和设计模板的空白幻灯片制作演示文稿。

（2）根据联机模板创建演示文稿。应用设计模板，可以为演示文稿提供完整、专业的外观，内容可以自定义。

（3）创建相册演示文稿。在演示文稿中添加一组喜爱的图片，创建作为相册的演示文稿。

2. 添加文本

PowerPoint 幻灯片主要支持 4 种类型的文本：占位符文本、文本框文本、形状中添加的文本和艺术字文本。

（1）占位符文本。占位符是一种带有虚线或阴影线边缘的方框，除"空白"幻灯片版式外，其他幻灯片版式中至少包含有一个占位符。在占位符中可以放置标题、正文等文本对象，还可以放置图表、表格和图片等非文本对象。

（2）文本框文本。幻灯片中的占位符是一个特殊的文本框，在幻灯片固定的位置出现，包含预设的文本格式。可以根据需要在幻灯片任意位置绘制文本框，设置文本框的文本格式，创建各种形式的文字。

（3）形状中添加的文本。在插入的矩形、圆、箭头、线条、流程图符号和标注等形状内部可以添加文本内容。用这种方法输入的文本是附加在图形上的，可以随图形进行移动或旋转。

（4）艺术字文本。艺术字是使用系统预设的效果创建的特殊文本对象，可以进行伸长、倾斜、弯曲和旋转等变形处理。操作方法与 Word 2013 文档中操作类似。

3. 应用主题

PowerPoint 提供内置主题，供在创建幻灯片时选择使用，可以直接在主题库中选择需要使用的主题样式，将其应用到演示文稿幻灯片中。

在"设计"选项卡"主题"组的主题列表中选中需要使用的主题，如图 4-48 所示。

图 4-48　从"主题"菜单中选主题

PowerPoint 2013 主题的"变体"组，包括对幻灯片中的主题的颜色、字体、效果、背景样式等内容的设置。"自定义"组可以设置的幻灯片大小、设置背景格式。

（1）自定义主题颜色。在"设计"选项卡的"变体"组单击"颜色"按钮，如图 4-49 所示。整体改变幻灯片整个背景填充颜色、标题文字以及内容文字的颜色。

在"颜色"下拉列表中选中"自定义颜色"选项，打开"新建主题颜色"对话框。在"主题颜色"列表中的按钮，可打开颜色下拉列表更改主题颜色，如图 4-50 所示。

（2）自定义主题字体。自定义主题字体主要是定义幻灯片中的标题字体和正文字体。在"设计"选项卡的"变体"组中单击"字体"按钮，在弹出的快捷菜单中选中 PowerPoint 2013 的字体方案，即可将该字体方案应用到演示文稿中，如图 4-51 所示。

图 4-49 从列表中选主题颜色

图 4-50 "新建主题颜色"对话框

在"字体"下拉列表中选中"自定义字体"选项,打开"新建主题字体"对话框,如图 4-52 所示。在对话框的"标题字体(西文)"下拉列表中选中用于标题的字体,在"正文字体(西文)"下拉列表中选中用于正文的字体,在"名称"文本框中输入字体方案的名称,完成设置后单击"确定"按钮,关闭对话框。

(3) 自定义主题背景样式。背景样式是 PowerPoint 2013 中预设的背景格式,随 PowerPoint 内置的主题一起提供,使用的主题不同,背景样式效果各不相同。在"设计"选项卡的"自定义"组中,单击"设置背景格式"按钮,打开"设置背景样式"窗格,如图 4-53 所示,可以对主题的背景样式进行重新设置,并创建个性化背景样式。

图 4-51 选择所需的字体主题

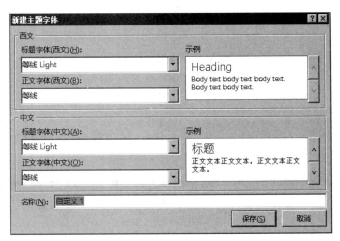

图 4-52 "新建主题字体"对话框

图 4-53 "设置背景格式"窗格

4.4.2 设置切换与动画效果

PowerPoint 2013 中将幻灯片切换动画和对象动画这两类动画分离出来,各自放在不同的选项卡中。

1. 设置幻灯片切换效果

PowerPoint 2013 提供了 48 种内置的幻灯片切换动画,如图 4-54 所示,可以为幻灯片之间的过渡设置丰富的切换效果。既可以为不同幻灯片设置互不相同的切换动画,也可以为演示文稿中的所有幻灯片设置统一的切换动画。

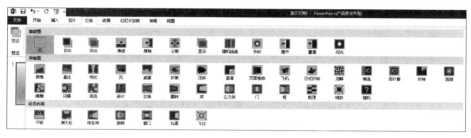

图 4-54 "切换"选项卡

在"切换"选项卡的"切换到此幻灯片"组中选中某种切换选项,播放动画效果以观察其是否符合要求。

在选择后可以在"切换到此幻灯片"组中单击"效果选项"按钮来改变动画效果的细节,如图 4-55 所示。

图 4-55 "效果选项"下拉框

在播放幻灯片时,如果能够配合一定的声音,将会达到更好的播放效果。PowerPoint 2013 预置了很多可用于在切换幻灯片时播放的声音,在"切换"选项卡的"计时"组中单击"声音"按钮,在弹出的快捷菜单中进行选择,如图 4-56 所示。

第 4 章 办公应用软件 Office

图 4-56 "声音"下拉框

另外，对于已经插入的声音，在"切换"选项卡的"计时"组中单击"声音"按钮，在弹出的快捷菜单中选中"播放下一段声音之前一直循环"选项，来使声音持续播放，直到下一个声音播放前才停止。

如果想用其他声音文件，则可以选中"其他声音"选项，打开"添加音频"对话框，如图 4-57 所示，从中可以选择本地计算机中已经保存的 WAV 格式声音文件。

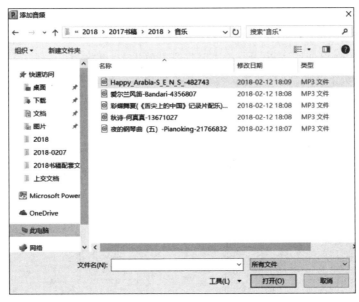

图 4-57 "添加音频"对话框

2. 设置幻灯片动画效果

在"动画"选项卡的"动画"组中可以方便地对幻灯片中的对象添加各种类型的动画效果，主要包括进入、强调、退出和动作路径 4 种。

（1）设置"进入"动画效果。"进入"动画是指幻灯片中某个对象进入幻灯片的动画效果，如出现、淡出、飞入、浮入、劈裂等其他效果。选择"动画"选项卡的"高级动画"组，单击"添加动画"按钮，在弹出的下拉菜单中选中"更多进入效果"选项，弹出如图4-58所示的"更改进入效果"对话框，其中提供了更多的进入动画效果。

（2）设置"强调"动画效果。"强调"动画用于对幻灯片元素进行突出强调，可以选择脉冲、彩色脉冲、跷跷板、陀螺旋、放大/缩小等其他效果。选中"更多强调效果"选项，弹出如图4-59所示的"更改强调效果"对话框，获得更多动画效果。

图4-58 "更改进入效果"对话框

图4-59 "更改强调效果"对话框

（3）设置"退出"动画效果。"退出"动画用于设置幻灯片元素的退出效果，选中"更多退出效果"选项，弹出如图4-60所示的"更改退出效果"对话框。

（4）设置"动作路径"动画效果。动作路径是指为对象或文本所指定的行进路径。选中"其他动作路径"选项，弹出如图4-61所示的"更改动作路径"对话框，选中希望的效果后，手动绘制动作路径。

图4-60 "更改退出效果"对话框

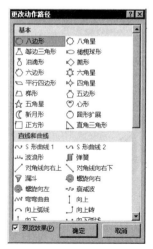

图4-61 "更改动作路径"对话框

（5）动画控制。添加动画效果后，在"动画"选项卡的"高级动画"组中单击"动画窗格"按钮，可打开"动画窗格"窗格，在该窗格中将显示当前幻灯片的动画效果列表，直接单击某个选项，选中对应的动画效果，如图 4-62 所示。

图 4-62　动画窗格

动画设置选项如下。

① "单击开始"选项。在幻灯片播放时，所设置的动画效果需要单击鼠标才能运行。

② "从上一项开始"选项。在一张幻灯片中可以设置多个对象同时运行动画的效果，不同对象的动画时间和播放速度可以自行设定。

③ "从上一项开始之后开始"选项。将在前一个动画播放后，自动播放当前动画效果，可以设置不同对象的播放时间和速度。

④ "效果"选项。该选项弹出一个对话框，可以设置播放时的设置、声音、动画播放后的效果，因当前所选择的动画效果的不同而各异，如图 4-63 所示。

⑤ "计时"选项。该选项弹出一个对话框，根据需要设置播放时的触发点、速度（在"期间"下拉列表中设置）等参数，如图 4-64 所示。

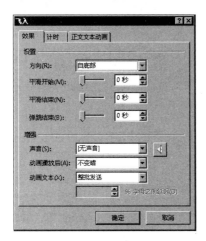

图 4-63　"飞入"的"效果"选项卡

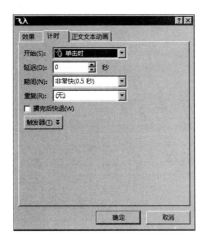

图 4-64　"飞入"的"计时"选项卡

⑥ "显示高级日程表"选项。将在"自定义动画"窗格的动画效果列表下方出现一个时间线。利用该时间线,可以看到当前动画摄制的速度,将光标放到表示时间的方块右侧时,出现当前动画设置的开始时间和持续时间。

⑦ "隐藏高级日程表"选项。隐藏窗格的动画效果列表下方出现的时间线。

⑧ "删除"选项。用于删除当前选定的动画效果。

(6) 动画速度控制。在"计时"选项卡"期间"中"速度"选项下,提供 5 种选项。

① 非常慢:播放时间为 5 秒。

② 慢速:播放时间为 3 秒。

③ 中速:播放时间为 2 秒。

④ 快速:播放时间为 1 秒。

⑤ 非常快:播放时间为 0.5 秒。

4.4.3 动作按钮、超链接与幻灯片放映方式

1. 选择动作按钮

选中要添加动作按钮的幻灯片,在"插入"选项卡的"插图"组中单击"形状"按钮,在弹出的下拉菜单中选中需要的动作按钮,如图 4-65 所示。

图 4-65 "动作按钮"选项列表

在幻灯片上添加按钮后,自动弹出"操作设置"对话框的"单击鼠标"选项卡,如图 4-66 所示。

在"单击鼠标"选项卡中,选中"超链接到:"选项,从其下拉列表框中选择链接位置,选项包括:下一张幻灯片、上一张幻灯片、第一张幻灯片、最后一张幻灯片、最近观看的幻灯片和结束放映等。也可以在"鼠标悬停"选项卡进行类似设置,如图 4-67 所示。

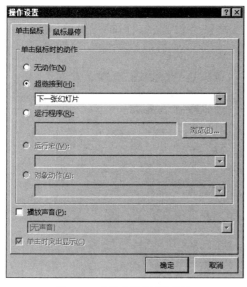

图 4-66 "单击鼠标"选项卡

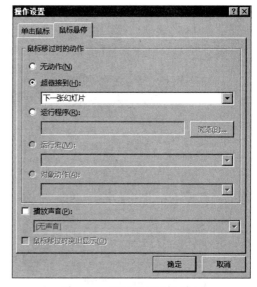

图 4-67 "鼠标悬停"选项卡

2. 幻灯片母版添加动作按钮

将按钮放置在每张幻灯片的固定位置,需要在幻灯片母版中设置按钮,如图4-68所示。在"开始"选项卡中单击"形状"按钮,从"动作按钮"列表中任意动作按钮,在幻灯片母版中拖动鼠标设置按钮。弹出如图4-66所示的"动作设置"对话框,设置幻灯片母版超链接,返回幻灯片普通视图。

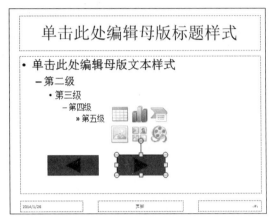

图4-68 幻灯片"母版"窗口

注意:在幻灯片母版设置的按钮,在普通视图下不可以调节按钮的大小和位置。

3. 创建超级链接

在演示文稿中对文本或其他对象(如图片、表格等)添加超链接,单击该对象时可直接跳转到其他位置。

演示文稿的幻灯片中选中要添加链接的对象,在"插入"选项卡的"链接"组中单击"超链接"按钮,弹出"编辑超链接"对话框,如图4-69所示。

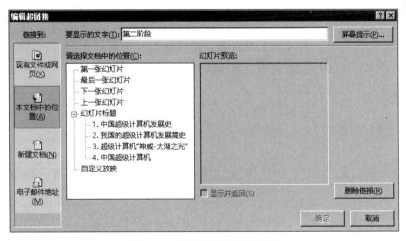

图4-69 "编辑超链接"对话框

链接位置提供了4种选项:"现有文件或网页""本文档中的位置""新建文档"和"电子邮件地址"。选中"本文档中的位置"选项,选中"请选择文档中的位置(C):",选中幻灯片,在"幻灯片预览:"窗口可以看到该幻灯片的预览图片。

在同一演示文稿中链接到其他幻灯片,选中本张幻灯片的文本或对象,在"插入超链接"对话框中,选中"现有文件或网页",选中"当前文件夹"选项,如图 4-70 所示。

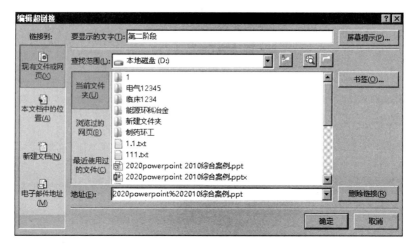

图 4-70　选中超链接对应的文件

4. 幻灯片放映方式

在放映演示文稿过程中,演讲者可以对放映方式有不同的要求,对幻灯片放映进行一些特殊设置。

(1) 自定义放映方式。在"幻灯片放映"选项卡的"设置"组中单击"设置幻灯片放映"按钮,打开"设置放映方式"对话框,在对话框中设置放映类型、放映选项、放映范围和换片方式等参数。

(2) 排练计时。在"幻灯片放映"选项卡的"设置"组中单击"排练计时"按钮,将会自动进入放映排练状态,其右上角将显示"录制"工具栏,在该工具栏中可以显示预演时间。

在放映屏幕中单击鼠标,可以排练下一个动画效果或下一张幻灯片出现的时间,鼠标停留的时间就是下一张幻灯片显示的时间。排练结束后将显示的提示对话框,询问是否保留排练的时间。单击"是"按钮确认后,此时会在幻灯片浏览视图中每张幻灯片的左下角显示该幻灯片的放映时间。

4.4.4　综合案例

本实例将模拟制作,关于中国超级计算机发展史的演示文稿,效果截图如图 4-71 所示。

1. 为演示文稿设计母版

启动 PowerPoint 2013,新建一个新的演示文稿。在"视图"选项卡的"母版视图"组中单击"幻灯片母版视图"按钮,选中标题幻灯片母版。插入一张图片,右击图片,在弹出的快捷菜单选在"叠放层次"|"置于底层"选项。

选择标题和内容幻灯片母版,重复操作步骤,单击"关闭母版视图"按钮,返回普通视图。

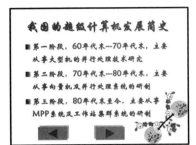

图 4-71 "中国超级计算机发展史"的幻灯片缩略图

2. 制作第一张幻灯片

选择第一张幻灯片,输入标题和副标题文字,设置字型、字号与颜色,如图 4-71 第一张幻灯片所示。

3. 制作第二张幻灯片

在"开始"选项卡的"幻灯片"组中单击"新幻灯片"按钮,在弹出的下拉菜单中选中择"标题和内容"版式,插入一张新幻灯片,输入标题和文本内容,如图 4-71 所示。

4. 制作第三张幻灯片

插入第三张新幻灯片,选中"仅标题"版式,输入标题,如图 4-71 第三张幻灯片所示。

在"插入"选项卡的"图像"组中单击"图片"按钮,在弹出的"插入图片"对话框中选中所要插入的图片,单击"确定"按钮,如图 4-72 所示。

在"图片工具|格式"选项卡的"图片样式"组中选中"裁剪对角线,白色"选项,如图 4-73 所示。

图 4-72 插入图片　　　　　　　　　图 4-73 图片样式效果

5. 制作第四张幻灯片

单击"新建幻灯片"按钮,在弹出的下拉菜单中选中"标题和内容"版式,插入第四张新幻灯片,输入标题。

单击"单击此处添加文本"上的"表格"图标,弹出"插入表格"对话框,输入行列数,单击"确定"按钮。

在表格中,输入数据,如图4-71第四张幻灯片所示。

6. 添加动作按钮

在第二张幻灯片,在"插入"选项卡的"插图"组中单击"形状"按钮,在弹出的下拉菜单中选中"动作按钮:后退或前一项"选项,在幻灯片底部拖动鼠标绘制按钮,弹出"动作设置"对话框,在"单击鼠标时的动作"区域中单击"超链接"单选按钮,在下面的下拉列表中选择"上一张幻灯片",如图4-74所示。

选中"动作按钮:前进或下一项"选项,在幻灯片底部拖动鼠标绘制按钮,在"单击鼠标"选项卡的"单击鼠标时的动作"区域中选中"无动作"单选按钮;在"鼠标移过"选项卡的"单击鼠标时的动作"区域中单击"超链接"单选按钮,在弹出的下拉菜单中选中"下一张幻灯片"选项,如图4-75所示。

图4-74 "单击鼠标"选项卡

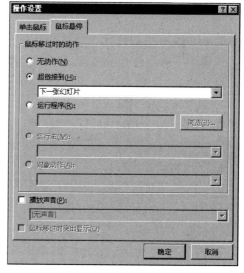

图4-75 "鼠标悬停"选项卡

7. 设置超链接

在第二张幻灯片选中图片并右击,在弹出的快捷菜单中选中"超链接"选项,弹出"编辑超链接"对话框。在"链接到"栏中选中"本文档中的位置",然后选中"4.中国超级计算机"选项,如图4-76所示。单击"确定"按钮。

8. 添加自定义动画效果

在第一张幻灯片中选中幻灯片标题内容,在"动画"选项卡的"高级动画"组中单击"添加动画"按钮,在弹出的"动画"下拉列表中选中"进入"|"阶梯状"选项,单击"效果选项"按钮,在弹出的下拉菜单中选中"方向"|"右下"选项。

选中幻灯片副标题内容,在"动画"下拉列表中选中"进入"|"旋转"选项。

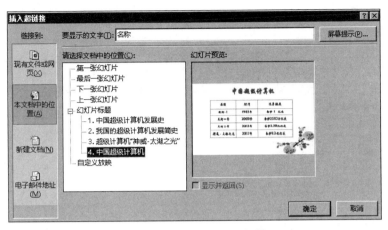

图 4-76 "插入超链接"对话框

分别设置第二、三、四张幻灯片标题文字的进入效果为"进入"|"翻转式由远及近"。在"幻灯片放映"选项卡的"开始放映幻灯片"组中单击"从头开始"按钮,欣赏其放映效果。最后,在"文件"选项卡中选中"保存"选项保存文件。

4.5 不同格式电子文档的互换

在电子文档处理是常常遇到不同格式转换问题,本节简要介绍利用 Office 组件实现不同格式文档的转换。

1. Word 2013 转换为 PDF 文档

(1) 保存文档时选择 PDF 类型

首先打开要转换的文档,单击"浏览"按钮,在"文件"选项卡中选中"另存为"选项,如图 4-77 所示。

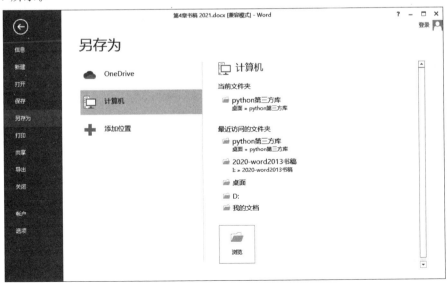

图 4-77 "另存为"窗口

弹出来"另存为"对话框,如图4-78所示,在"保存类型"下拉框内选中"PDF"格式,单击"保存"按钮。

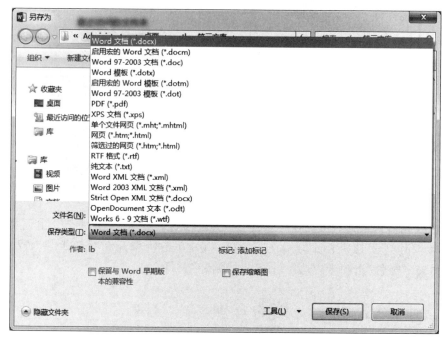

图 4-78 "另存为"对话框

(2) 利用保存类型创建 PDF 文件。打开所要转换的 Word 2013 文档,在"文件"选项卡中选中"导出"选项,选中"创建 PDF/XPS 文档"选项,单击"创建 PDF/XPS"按钮,如图 4-79 所示,弹出"发布为 PDF 或 XPS"对话框,如图 4-80 所示,选择保存位置,单击"发布"按钮。

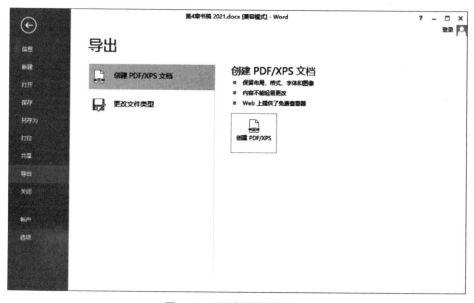

图 4-79 "保存并发送"窗口

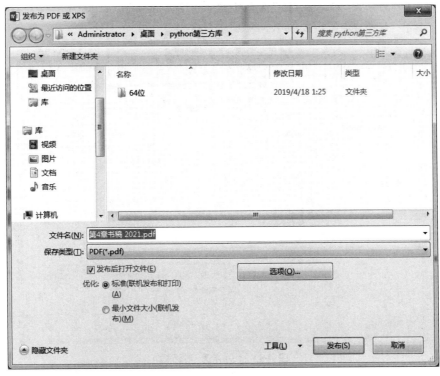

图 4-80 "发布为 PDF 或 XPS"对话框

2. PowerPoint 2013 转换成 WMV 视频格式

(1) 保存文档时选择 WMV 类型。首先打开要转换的演示文稿,在"文件"选项卡中选中"另存为"选项,如图 4-81 所示。

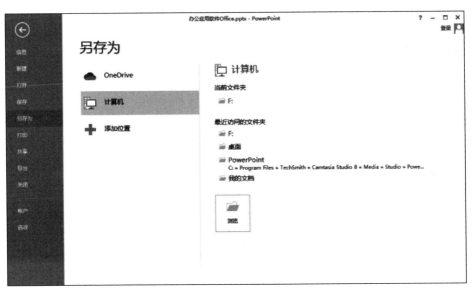

图 4-81 "另存为"窗口

在弹出的"另存为"对话框,的"保存类型"下拉框内选中"Windows Media 视频"格式,单击"保存"按钮,如图 4-82 所示。

图 4-82 "另存为"对话框

(2)利用保存类型创建视频。打开所要转换的 PowerPoint 2013 文档,在"文件"选项卡中选中"保存"选项,单击"创建视频"按钮,如图 4-83 所示。

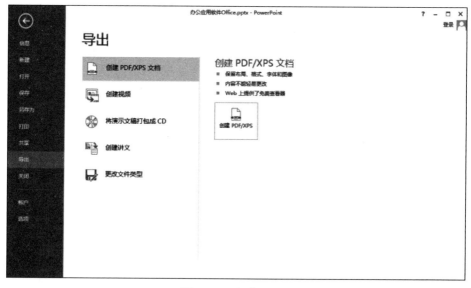

图 4-83 "保存"窗口

在弹出的窗口中单击"创建视频"按钮,如图 4-84 所示。

在弹出的"另存为"对话框中,选中保存位置,单击"发布"按钮,如图 4-85 所示。

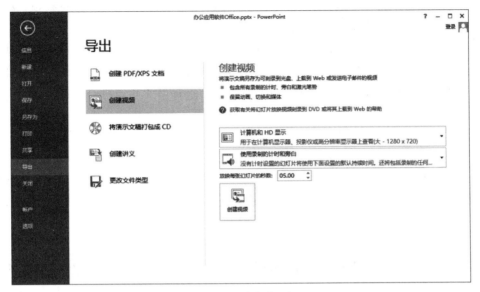

图 4-84 "创建视频"窗口

图 4-85 "另存为"对话框

3. PDF 文档转为 Word 格式文档

PDF 格式文件向 Word 文件转换相对比较难,因为 PDF 格式与 Word 文件格式解码格式不同,在 PDF 下的回车符、换行符以及相关的图片格式无法直接转换为 Word 文件格式。建议使用 PDF 阅读软件打开扫描版文件,并且使用"文件"|"打印"功能。打印机选为"发送至 OneNote 2013",然后选择打印的范围。在 OneNote 中右击,在弹出的快捷菜单中选中"复制此打印输出页中的文本",然后按 Ctrl+V 组合键进行"粘贴"。看一下效果,修正为数不多的几个错字,最后把整段的文字用 Word 进行修改排版。

如果不要全文转换，可利用 PDF 文档自带的文字识别选项，选择文字进行识别转换。

4. CAJ 格式与 Word 文档的转换

CAJ 全称 China Academic Journals，中国学术期刊全文数据库中文件的一种格式，可以用 CAJ Viewer 浏览器来阅读。CAJ Viewer 有点类似于 PDF 文件，属于封装文件，对于该文件唯一的缺陷就是不好二次编辑。而且使用这种格式的用户不是很多，毕竟办公主要还是 Word、Excel、PPT 这些主流软件。所以有时候需要将 CAJ 转换成 Word 文档，然后进行编辑保存使用。

CAJ 格式转换成 Word 文档方法 1：

打开 CAJ 文件，在工具栏上单击"文字识别"按钮，选中需要转换成 Word 的区域。在弹出的"文字识别结果"对话框中单击"发送到 WPS/Word"按钮。单击该按钮，选中文本所要保存的位置，如图 4-86 所示，单击"确定"按钮，刚刚被识别好的文字就可以发送到 Word 文档中。

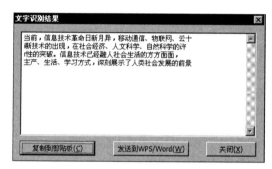 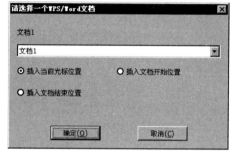

图 4-86 CAJ Viewer 的"文字识别"窗口

CAJ 格式转换成 Word 文档方法 2：

（1）直接在 CAJ 阅读器中的"文件"菜单中选中"另存为"选项。

（2）在弹出的"另存为"窗口中将"保存类型"设置为"文本文件（*.txt）"格式。

（3）由于 Word 支持 txt 文件格式，所以可将文件保存为 *.txt 格式。打开 Word 软件，在"文件"选项卡中选中"打开"选项；在"打开"对话框中找到刚才的 *.txt 文件路径，将其打开；按照默认的选择就可以，直接单击"确定"按钮。现在就已经成功地将 CAJ 格式转换成 Word 文档。

习题 4

一、选择题

1. Word 2013 中的文本替换功能所在的是（　　）选项卡。

   A. "文件"　　　　B. "开始"　　　　C. "插入"　　　　D. "页面布局"

2. 在 Word 2013 中，可以很直观地改变段落的缩进方式，调整左右边界和改变表格的列宽，应该利用（　　）。

   A. 字体　　　　B. 样式　　　　C. 标尺　　　　D. 编辑

3. Word 2013 文档的默认扩展名为（　　）。

A. .txt B. .doc C. .docx D. .jpg

4. 在 Word 2013 的编辑状态,可以显示页面四角的视图是( )。

A. 草稿视图 B. 大纲视图 C. 页面视图 D. 阅读版式视图

5. 当前活动窗口是文档 1.docx 下的窗口,单击该窗口的"最小化"按钮后( )。

A. 不显示 1.docx 文档的内容,但 1.docx 文档并未关闭

B. 该窗口和 1.docx 文档都被关闭

C. 1.docx 文档未关闭,且继续显示其内容

D. 关闭 1.docx 文档但该窗口并未关闭

6. 在输入 Word 2013 文档过程中,为了防止意外而不使文档丢失,Word 2013 设置了自动保存功能,欲使自动保存时间间隔为 10 分钟,应依次进行的一组操作是( )。

A. 在"文件"选项卡中选中"保存"选项,再设置自动保存时间间隔

B. 按 Ctrl+S 组合键

C. 在"文件"选项卡中选中"保存"选项

D. 以上都不对

7. 下面关于 Word 2013 标题栏的叙述中,错误的是( )。

A. 双击标题栏,可最大化或还原 Word 窗口

B. 拖曳标题栏,不能将最大化窗口拖到新位置

C. 拖曳标题栏,可将非最大化窗口拖到新位置

D. Word 标题栏上显示打开文档的名称

8. 在 Word 2013 编辑状态中,如果要给段落分栏,在选定要分栏的段落后,首先要单击( )选项卡。

A. "开始" B. "插入" C. "页面布局" D. "视图"

9. 在 Word 2013 中,下面关于页眉和页脚的叙述错误的是( )。

A. 一般情况下,页眉和页脚适用于整个文档

B. 在编辑"页眉与页脚"时可同时插入时间和日期

C. 在页眉和页脚中可以设置页码

D. 一次可以为每一页设置不同的页眉和页脚

10. 在 Word 2013 编辑状态下,若光标位于表格外右侧的行尾处,按 Enter(回车)键,结果为( )。

A. 光标移到下一行,表格行数不变

B. 光标移到下一行

C. 在本单元格内换行,表格行数不变

D. 插入一行,表格行数改变

11. Excel 2013 中,若在工作表中插入一列,则一般插在当前列的( )。

A. 侧 B. 上方 C. 右侧 D. 下方

12. Excel 2013 中,在单元格中输入文字时,缺省的对齐方式是( )。

A. 左对齐 B. 右对齐 C. 居中对齐 D. 两端对齐

13. Excel 2013 中分类汇总的默认汇总方式是( )。

A. 求和 B. 求平均 C. 求最大值 D. 求最小值

14. Excel 2013中取消工作表的自动筛选后(　　)。
    A. 工作表的数据消失　　　　　　　　B. 作表恢复原样
    C. 只剩下符合筛选条件的记录　　　　D. 不能取消自动筛选
15. 如果Excel 2013某单元格显示为#DIV/0,这表示(　　)。
    A. 除数为0　　　B. 格式错误　　　C. 行高不够　　　D. 列宽不够
16. 以下不属于Excel 2013中的算术运算符的是(　　)。
    A. /　　　　　　B. %　　　　　　C. ^　　　　　　D. <>
17. 已知Excel 2013某工作中的D1单元格等于1,D2单元格等于2,D3单元格等于3,D4单元格等于4,D5单元格等于5,D6单元格等于6,则sum(D1:D3,D6)的结果是(　　)。
    A. 10　　　　　B. 6　　　　　　C. 12　　　　　D. 21
18. 在Excel 2013中,进行分类汇总之前,必须对数据清单进行(　　)。
    A. 筛选　　　　B. 排序　　　　C. 建立数据库　　D. 有效计算
19. 在Excel 2013中,输入当前时间可按(　　)组合键。
    A. Ctrl+;　　　　　　　　　　　B. Shift+;
    C. Ctrl+Shift+;　　　　　　　　D. Ctrl+Shift+:
20. 在Excel中编辑栏中的符号"对号"表示(　　)。
    A. 取消输入　　B. 确认输入　　C. 编辑公式　　D. 编辑文字
21. PowerPoint 2013演示文稿的扩展名是(　　)。
    A. psdx　　　　B. ppsx　　　　C. pptx　　　　D. ppsx
22. 在PowerPoint 2013幻灯片浏览视图中,选定多张不连续幻灯片,在单击选定幻灯片之前应该按住(　　)键。
    A. Alt　　　　　B. Shift　　　　C. Tab　　　　　D. Ctrl
23. 放映当前幻灯片的方法是按(　　)。
    A. F6键　　　　　　　　　　　　B. Shift+F6组合键
    C. F5键　　　　　　　　　　　　D. Shift+F5组合键
24. 在PowerPoint 2013环境中,插入一张新幻灯片的方法是按(　　)组合键。
    A. Ctrl+N　　　B. Ctrl+M　　　C. Alt+N　　　D. Alt+M
25. 在Powerpoint 2013的普通视图中,隐藏了某个幻灯片后,在幻灯片放映时被隐藏的幻灯片将会(　　)。
    A. 从文件中删除
    B. 在幻灯片放映时不放映,但仍然保存在文件中
    C. 在幻灯片放映是仍然可放映,但是幻灯片上的部分内容被隐藏
    D. 在普通视图的编辑状态中被隐藏
26. 如要终止幻灯片的放映,可直接按(　　)。
    A. Ctrl+C组合键　　　　　　　　B. Esc键
    C. End键　　　　　　　　　　　　D. Alt+F5组合键
27. 在PowerPoint 2013中,打开"设置背景格式"对话框的正确方法是(　　)。
    A. 右击幻灯片空白处,在弹出的菜单中选中"设置背景格式"选项

B. 在"插入"选项卡中单击"背景"按钮

C. 在"开始"选项卡中单击"背景"按钮

D. 以上都不正确

28. 播放演示文稿时,以下说法正确的是(　　)。

　　A. 只能按顺序播放

　　B. 只能按幻灯片编号的顺序播放

　　C. 可以按任意顺序播放

　　D. 不能倒回去播放

29. 在幻灯片中插入声音元素,幻灯片播放时(　　)。

　　A. 单击声音图标,才能开始播放

　　B. 只能在有声音图标的幻灯片中播放,不能跨幻灯片连续播放

　　C. 只能连续播放声音,中途不能停止

　　D. 可以按需要灵活设置声音元素的播放

30. 在演示文稿中插入超级链接时,所链接的目标不能是(　　)。

　　A. 另一个演示文稿

　　B. 同一演示文稿的某一张幻灯片

　　C. 其他应用程序的文档

　　D. 幻灯片中的某一个对象

二、简答题

1. Word 2013 文档有哪几种视图方式?如何切换?

2. 在 Word 2013 中保存与另存为有什么区别?

3. 在 Word 2013 文档编辑文本框有哪些操作?设置文本框格式有哪些操作?在文档编辑文本框有哪些操作?设置文本框格式有哪些操作?

4. 在 Word 2013 文档中编辑图形有哪些操作?设置图形有哪些操作?在 Word 2013 文档中编辑图形有哪些操作?设置图形有哪些操作?

5. 在 Word 2013 文档中编辑表格有哪些操作?设置表格有哪些操作?

6. 简述 Excel 2013 单元格、工作表、工作簿之间的关系。

7. 在 Excel 2013 中,如何进行分类汇总?

8. Excel 2013 对单元格的引用有哪几种方式?简述之间的区别?

9. Excel 2013 单元格数字格式有哪几种?如何设置?

10. 简述图表的作用及其常见的类型。

11. PowerPoint 2013 功能有哪些?

12. 演示文稿和幻灯片有何区别和联系?

13. 如何设置自定义动画效果?

14. 如何添加和设置动作按钮?

15. PowerPoint 2013 提供哪些视图方式?各有什么特点?

第 5 章　数据库技术基础

数据库技术是信息管理的重要技术,是一种利用计算机辅助管理数据的方法,它研究的是如何组织和存储数据,高效地获取和处理数据。

5.1　数据库知识

5.1.1　数据库应用及发展

1. 数据库的常见应用

（1）校园一卡通。主要实现校园卡的金融消费功能和身份识别功能,实现"一卡在手,走遍校园"的功能,应用于学校教学、借书、医疗、管理、生活等各个方面。校园一卡通的网络拓扑结构如图 5-1 所示。

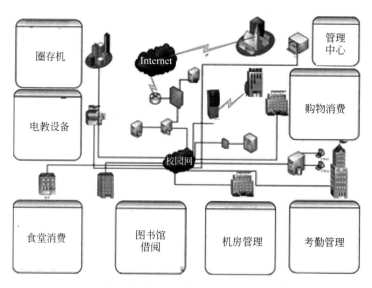

图 5-1　校园一卡通网络拓扑结构

（2）企业进销存。企业进销存是对企业生产经营中采购、采购退货、采购付款、销售、销售退货、销售付款、退货情况、盘库、仓库调拨、借入、借出、借入还出、借出还入，供方客户资料，供方供货汇总、明细报表，采购付款汇总、明细报表进行多仓库、多币种、多结算方式、多报表的管理，进销存可以摆脱繁杂的数字统计等琐事。如图 5-2 为进销存业务流程示意图。

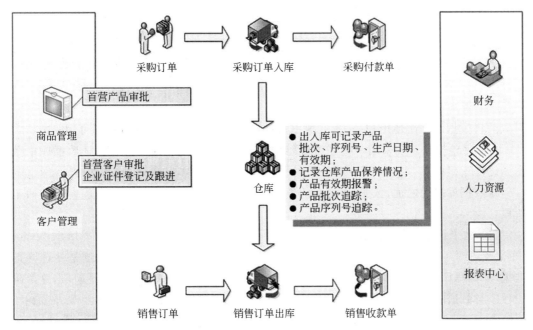

图 5-2　进销存业务流程示意图

校园一卡通及企业进销存的实现，离不开数据库技术的支持，各种信息以数字化的形式存储在数据库中，通过数据库达到数据共享的目的。

2．数据库的历史

数据库及其技术出现在 20 世纪 60 年代后期，当时已经出现了大容量且价格低廉的磁盘且操作系统已成熟，数据处理的规模越来越大。为了解决数据独立和共享问题，实现数据的统一管理，数据库技术应运而生。数据库系统中应用程序与数据的关系如图 5-3 所示。

数据库技术满足了集中存储大量数据以方便众多用户使用的需求。具有如下特点。

（1）采用一定数据模型。以数据为中心按一定的方式存储，即按一定的数据模型组织数据，最大限度地减少数据的冗余。

（2）最低的冗余度。数据冗余是指在数据库中数据的重复存放。数据冗余不仅浪费了大量的存储空间，而且还会影响数据的正确性。数据冗余是不可避免的，但是数据库可以最大限度地减少数据的冗余，确保最低的冗余度。

（3）有较高的数据独立性。处理数据时用户所面对的是简单的逻辑结构，而不涉及具体的物理存储结构，数据的存储和使用数据的程序彼此独立，数据存储结构的变化尽量不影响用户程序的使用，使得应用程序保持不变。

（4）安全性。并不是每一个用户都能允许访问全部数据，通过设置用户的使用权限

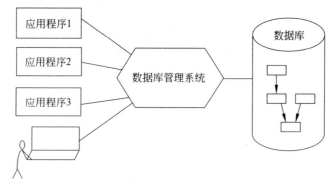

图 5-3　数据库与应用程序关系示意图

可以防止数据的非法使用和丢失,在数据库被破坏时,可以把数据库恢复到可用状态。

(5) 完整性。系统采用一些完整性检验以确保数据符合某些规则,保证数据库中数据始终是正确的。

在数据库出现之前,人们对数据的管理依次经历了人工管理与文件系统管理两个阶段。

(1) 人工管理阶段处理数据的方式,是把程序和数据放在一起。如图 5-4 所示,Visual Basic 程序对 10 个数据从大到小排序,10 个数据是嵌入在程序当中的,虽然是处理同批数据,但是程序之间没有共享数据。在 20 世纪 50 年代中期以前是人工管理阶段,这个阶段程序与数据的关系如图 5-5 所示。

```
Dim i%, j%, t%, a()
a=Array(23,45,12,86,19,99,80,39,82,63)
    For i = 1 To 10
        Input #1, a(i)
    Next i
    For i = 1 To 10 - 1
        For j = i + 1 To 10
            If a(i) < a(j) Then
                t = a(i): a(i) = a(j): a(j) = t
            End If
        Next j
    Next i
```

图 5-4　人工管理阶段程序与数据的关系

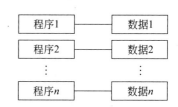

图 5-5　程序与数据在一起

(2) 文件系统阶段。20 世纪 50 年代中期至 60 年代中期,由于计算机大容量存储设备(如硬盘)的出现,推动了软件技术的发展,而操作系统的出现标志着数据管理步入一个新的阶段。在这个阶段,以数据文件为单位存储在外存,且由操作系统统一管理。操作系统为用户使用文件提供了友好界面。这一阶段数据管理的主要特征如下。

① 数据可以长期保存。大量用于数据处理的数据可以长期保留在外存上反复进行查询、修改、插入和删除等操作。

② 程序与数据有了一定的独立性。程序与数据分开,有了程序文件与数据文件的区别,如图 5-6 所示的 Visual Basic 程序对 10 个数据从大到小排序,10 个数据是从文件当中读取。

③ 用户的程序与数据可分别存放在外存储器上,各个应用程序可以共享一组数据,实现了以文件为单位的数据共享。

文件系统阶段程序与数据的关系如图 5-7 所示。

```
Dim i%, j%, t%, a(10)
Open "d:\wenjian\wj0011.txt" For Input As #1
    For i = 1 To 10
        Input #1, a(i)
    Next i
    For i = 1 To 10 - 1
        For j = i + 1 To 10
            If a(i) < a(j) Then
                t = a(i): a(i) = a(j): a(j) = t
            End If
        Next j
    Next i
```

图 5-6 文件管理阶段程序与数据的关系

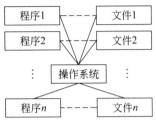

图 5-7 程序与数据分开

3. 数据库系统新技术

从 20 世纪 60 年代美国 IBM 公司开发的第一个数据库系统开始,数据库技术经过了几十年的发展,已成为一个数据模型丰富、新技术内容层出不穷、应用领域日益广泛的体系,是计算机科学技术中发展最快、应用最广泛的重要分支之一,也是计算机信息系统和计算机应用系统重要的技术基础和支柱。

20 世纪 80 年代,数据库技术成功应用于商业领域。同时,这一时期也出现了一系列重大的社会进步和科技进步,这些都大大地刺激并影响了数据库的设计和发展。尤其是进入 20 世纪 90 年代以来,数据库的发展更加令人眼花缭乱,不断推陈出新,形成了一个庞大的数据库家族。

(1) 面向对象数据库管理系统。面向对象数据库管理系统将数据的特性和面向对象的特性结合起来。数据的特性包括数据的完整性、安全性、持久性、事务管理、并发控制、备份、恢复、数据操作和系统调节,面向对象的特性包括继承性、封装性和多态性等。

(2) 并行数据库管理系统。并行数据库管理系统是数据库技术与并行技术相结合的结果,其目的是提供一种高性能、高可用性、高扩展性的数据库管理系统。这种数据库可以充分发挥多处理机结构的优势,将数据分布存储在多个磁盘上,并且利用多个处理机对磁盘数据进行并行处理,从而解决了磁盘 I/O 瓶颈问题。如图 5-8 所示,为共享内存并行数据库管理系统构成。并行数据库管理系统的基本思想在于通过先进的并行查询技术,开发查询间并行、查询内并行以及操作内并行来提高性能和查询的效率。

(3) 分布式数据库管理系统。分布式数据库管理系统是对网络互相连接的计算机系统上的逻辑相关数据的存储和处理。分布式数据库管理系统是由多个结点的数据库组成的,也就是说,一个单独的数据库被分成多个分片,这些分片存储于某个网络中的不同的计算机上,数据处理也分散到多个不同的网络结点上。分布式数据库系统是一种多重来源、多重位置的数据库,核心是多结点数据库。图 5-9 为分布式数据库管理系统构成。

(4) 空间数据库管理系统。空间数据库管理系统是描述空间位置和点、线、面、体积特征的空间数据,以及描述这些空间对象特征属性的数据作为处理对象的数据库,其数据模型和查询语言能支持空间数据类型和空间索引,并提供空间查询和其他空间分析方法。

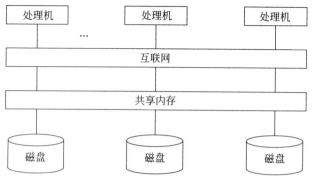

图 5-8 并行数据库管理系统构成

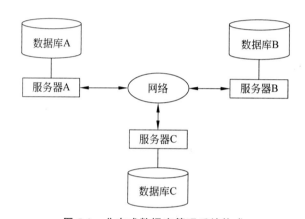

图 5-9 分布式数据库管理系统构成

空间数据库是利用数据库技术实现空间数据的有效存储、管理和检索,为各种空间数据库的用户服务。

(5) 非关系型的数据库。随着互联网网站的兴起,传统的关系数据库在应付超大规模、高并发及海量数据的高效率存储和访问的纯动态网络服务已经显得力不从心,暴露了很多难以克服的问题,而非关系型的数据库则由于其本身的特点得到了非常迅速的发展。

(6) 移动数据库管理系统。装配无线联网设备的移动计算机能够与固定网络甚至其他移动计算机相连,用户不再需要固定地连接在某一个网络中不变,而是可以携带移动计算机自由地移动,这样的环境,称为移动计算。移动数据库管理系统是指在移动计算环境中的分布式数据库。可以从两个层面上来理解移动数据库:一个是用户在移动时可以存取后台数据库数据或其副本,另一个是用户可以带着后台数据的副本移动。图 5-10 为移动数据库管理系统构成。

5.1.2 数据知识

1. 数据

数据是事物特性的反映和描述,是数字、文字、声音、图形、图像等符号的集合。数据

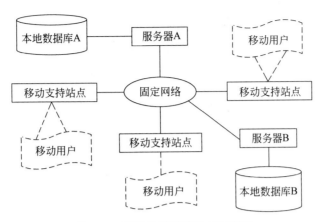

图 5-10 移动数据库管理系统构成

在空间上的传递称为通信(以信号方式传输),数据在时间上传递称为存储(以文件形式存取)。

2. 信息

信息是向人们或机器提供关于现实世界新的事实的知识,是数据中所包含的意义,是和数据关系密切的另外一个概念,数据是信息的符号表示(或称为载体),信息则是数据的内涵,是对数据语义的解释。

3. 知识

知识是可用于指导实践的信息。知识不是数据和信息的简单积累,是人们在改造世界的实践中所获得的认识和经验的总和。知识又分为显性知识和隐性知识。显性知识是已经或可以文本化的知识,并易于传播。隐性知识是存在于个人头脑中的经验或知识,需要进行大量的分析、总结和展现,才能转化成显性知识。

4. 数据处理

数据处理是对数据的采集、存储、检索、加工、变换和传输。数据处理的基本目的是从大量的、可能是杂乱无章的、难以理解的数据中抽取并推导出对于某些特定的人们来说是有价值、有意义的数据。数据处理是系统工程和自动控制的基本环节。数据处理贯穿于社会生产和社会生活的各个领域。数据处理技术的发展及其应用的广度和深度,极大地影响着人类社会发展的进程。

数据处理的基本过程包括数据收集、数据整理、数据描述、数据分析 4 个阶段。

5.1.3 数据库概念

1. E-R 图

E-R 图(Entity-Relationship Approach)即为实体-联系图,是数据关系分析的一种表示方法。E-R 图用矩形表示实体名,矩形框内写明实体名;用椭圆形表示属性,并用无向边将其与相应的实体型连接起来;用菱形表示联系,菱形框内写明联系名,如图 5-11~图 5-13 所示。E-R 图也可以说是现实世界到信息世界的一种抽象,抽象过程如图 5-14 所示。

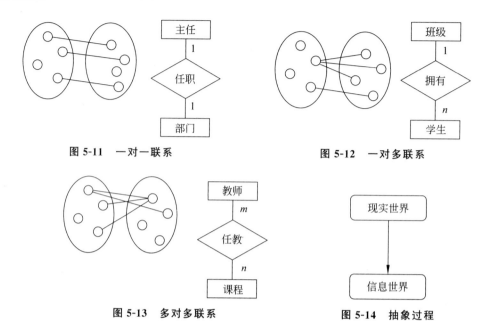

图 5-11 一对一联系　　图 5-12 一对多联系

图 5-13 多对多联系　　图 5-14 抽象过程

学生实体具有学号、姓名、性别、年龄、学院等属性,用 E-R 图表示如图 5-15 所示。再例如:用"供应量"来描述联系"供应"的属性,如图 5-16 所示用 E-R 图表示某供应商供应了多少数量的零件给某个项目。

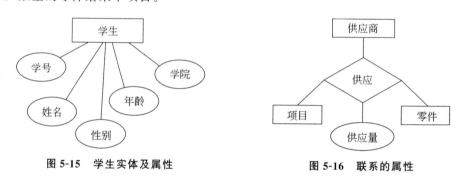

图 5-15 学生实体及属性　　图 5-16 联系的属性

2. 数据库

数据库(database)是依照某种数据模型组织起来并以文件的形式存放在存储器中的数据集合。在生活中,手机的使用越来越普遍,手机里常存有很多亲戚和朋友的姓名和电话号码,用来方便地保持与他们的联系,这些姓名及电话号码通常记录在手机里的一个通讯簿(电话、联系人)中,当与亲戚和朋友打电话时,查找就很方便。这个通讯簿(电话、联系人)就是一个简单的数据库。这个数据库除了查找方便外,还可以根据需要随时在其中添加新朋友的姓名和电话号码数据,也可以修改和删除某个人的数据。

3. 数据库的数据模型

数据库的数据模型主要分 3 类:层次数据模型、网状数据模型、关系数据模型。

(1) 层次数据模型。层次数据模型是最早使用的一种数据模型,采用层次模型数据通过链接方式,将相互关联的记录组织起来,形成一种层次关系,构成树状结构。

这种树状结构,就像一棵倒挂的树,把每一条记录看成是树上的一个结点,则最上一层的结点类似于树根,称为根结点,结构中的每一结点都可以链接一个或多个结点,这些结点称后继结点或子结点。与子结点相链接的上一层结点称该子结点的前驱结点或亲结点。链接则表示结点之间的联系。如图 5-17 为某学校行政管理的数据模型。

(2) 网状数据模型。网状数据模型也是早期经常使用的一种数据模型,网状数据模型采用网状结构表示实体与实体之间的联系,网状数据库则是使用网络模型作为自己的存储结构。

在这种结构中,各数据记录便组成网络中的结点,有联系的各结点通过链接方式链接在一起,构成一个网状结构,这种结构的结点之间的联系较为复杂。某学院教学管理的数据模型如图 5-18 所示。

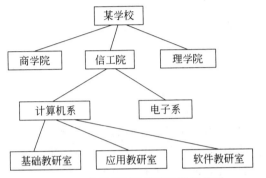

图 5-17 某学校行政管理的数据模型

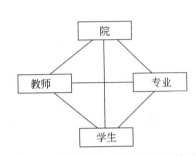

图 5-18 某学院教学管理的数据模型

(3) 关系数据模型。关系数据模型简称关系模型,是目前使用最广泛的一种数据模型,关系模型以其概念简单清晰、操作直观方便、易学易用等优势,受到了众多用户的青睐。现在的数据库产品 90% 以上都是以关系模型为基础的。

关系模型采用关系作为逻辑结构,实际上关系就是一张二维表,一般简称表。一张二维表都是由行和列构成,每一行称为一条记录,每一列称为一个字段,如表 5-1 教工登记表。

表 5-1 教工登记表

工作证编号	姓名	性别	年龄	职称	基本工资	部门
22001	江 海	男	30	讲师	650.00	信息系
22002	张大山	男	52	副教授	750.00	计算机系
22003	王兰英	女	45	副教授	750.00	电子系
22004	张 柳	女	38	讲师	650.00	通信系
22005	王 坤	男	55	教授	850.00	外语系
22006	李天洋	男	28	助教	500.00	历史系

4. 数据库的数据组织

数据库中的数据组织分 4 个级别:字段、记录、表和数据库文件,它们之间的关系如图 5-19 所示。

(1) 字段。字段是定义数据库数据的最小单位。字段与现实世界实体的属性对应,每个字段都有一个名称,被称为字段名。字段的值可以是数值、字母、字母数字、汉字等形

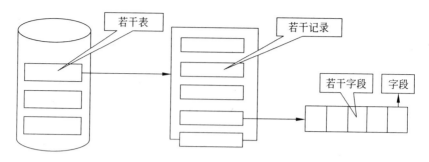

图 5-19 数据库数据组织透视图

式。字段的取值有一定的范围,被称为域,域以外的任何值对该字段都是无意义的。

(2) 记录。记录由若干相关联的字段组成,是处理和存储信息的基本单位,是关于一个实体的数据总和。构成记录的字段表示实体的若干属性。为了标识每个记录的唯一性,就必须有记录标识符(也称为键)。能标识记录唯一性的键称为候选键,确定作为记录的唯一标识的某一候选键称为主键。

(3) 表。表是一个给定类型的记录的全部具体值的集合,用表名称来标识。由于表可以看成是具有相同性质的记录的集合,因而具有以下特性:表的记录格式相同,长度相等;不同的行是不同的记录,因而具有不同的内容;不同的列则代表不同的字段,相同一列中的数据的属性(性质)相同;每一行各列的内容是不能分割的,行的顺序和列的顺序不影响表内容的表达。

(4) 数据库文件。数据库文件是比表更大的数据组织形式,是具有特定关系的表的集合。

5. 数据库的体系结构

数据库的体系结构分 3 个层:数据库的视图结构、数据库的逻辑结构、数据库物理结构。数据库的视图结构是用户的数据视图,最接近于用户,称为外模式;数据库的逻辑结构是介于物理结构和视图结构两者之间,称为模式;数据库的物理结构是数据的物理存储方式,称为内模式。如图 5-20 所示。

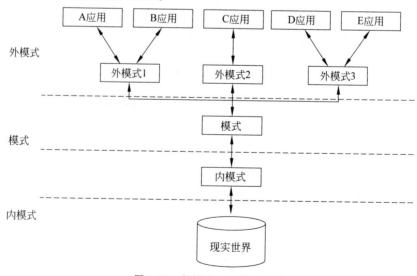

图 5-20 数据库三层体系结构

外模式是数据库的视图结构。外模式是最接近用户的，对应于不同的用户，用户的应用目的不同、使用权限不同，对应的外模式的定义就不同，每个用户只能使用自己权限范围内的外模式的数据，而无法涉及其他用户定义的外模式数据。

模式是数据库的逻辑结构。模式表示了数据库的全部信息内容，定义了数据库的全部数据的逻辑结构，主要描述数据库中存储什么数据以及这些数据之间有何种关系。

内模式是数据库的物理结构。用于定义数据的存储方式和物理结构，处在最底层。

5.1.4 数据库管理系统

数据库管理系统(database management system，DBMS)是一种操纵和管理数据库的大型软件，用于建立、使用和维护数据库。它对数据库进行统一的管理和控制，以保证数据库的安全性和完整性。如图 5-21 所示。

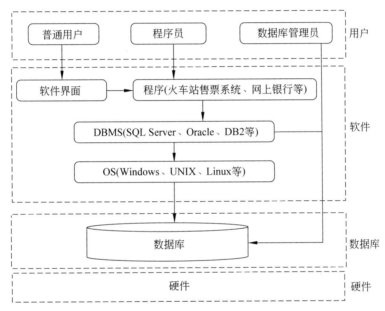

图 5-21 数据库管理系统的构成

5.2 关系数据库

5.2.1 关系数据库概念

本节主要讲解关系数据库的相关概念。

1. 关系

在关系数据库中，基本数据结构被限制为二维表格，数据在用户观点下的逻辑结构就是一张二维表，每一张二维表称为一个关系(relation)。关系数据模型中最基本的概念是关系，表 5-2 给出的工资表就是一个关系。

表 5-2 教工工资表

工作证编号	姓名	性别	职称	基本工资	工龄工资	实发工资
22001	江 海	男	讲师	650.00	230.00	880.00
22002	张大山	男	副教授	750.00	280.00	1030.00
22003	王兰英	女	副教授	750.00	300.00	1050.00
22004	张 柳	女	讲师	650.00	150.00	800.00
22005	王 坤	男	教授	850.00	200.00	1050.00
22006	李天洋	男	助教	500.00	340.00	840.00

2. 关系数据库的二维表组成

(1) 记录和字段。在表 5-2 所示的二维表格中,第 1 行为表头部分,从第 2 行起为数据部分,数据部分共有 6 行 7 列,分别表示 6 个职工的信息。

垂直方向的每一列称为一个属性,在数据库中一个属性称为字段,表 5-2 有 7 个字段。第 1 行是组成该表的各个栏目名称,例如"工作证编号""姓名""性别""职称"等,称为字段名。

在二维表中,从第 2 行起的每一行在数据库中称为一条记录。

这样,这个二维表格由 7 个字段 6 条记录组成。行和列的交叉位置表示某条记录的某个字段的值,例如,第 1 条记录的"工作证编号"字段的值是 22001。

(2) 字段的值。在表 5-2 所示的教工工资表中,包括"工作证编号""姓名""性别""职称""基本工资""工龄工资""实发工资"7 个字段,"姓名"和"基本工资"字段最明显的区别就是它们的数据类型不同,"姓名"字段的值由字符构成,而"基本工资"字段的值则由数字构成。

另外,表中的"姓名"和"性别"这两个字段同样都是字符类型,但是它们的值所占的宽度是不一样的,"性别"字段只要能够容纳一个汉字即可,而"姓名"字段的宽度则要宽一些,如果再有一个"通信地址"字段,则该字段的宽度会更宽一些。

每个字段可以取值的范围也有所不同。例如在表 5-1 的教工登记表,如果规定在职职工的工作年龄是 16~60,则"年龄"字段的取值范围只能是 16~60;每个字段可以取值的范围称为该字段的值域。针对某一字段的数据值设置的条件,例如工作年龄必须是 16~60,称为用户定义的完整性。

(3) 表的结构。每个字段的取值类型、宽度、值域等称为该字段的属性,一个二维表中所有字段的名称和属性构成了表格的框架,也就是这个二维表的结构。因此,这样的二维表格由两个部分组成,即表结构和记录,在具体使用的数据库软件中,不论是创建表还是使用表,都要明确区分是对结构的操作还是对记录的操作。

3. 主键和候选键

(1) 候选键。在关系数据库的一个二维表中,能够用来唯一地标识或区分一个记录的某个字段值或者若干个字段值的集合,称为候选键。

例如在表 5-1 的教工登记表中,"工作证编号"字段的每个记录都取不同的值,因此,可以用来区分每一条记录,也就是说,当"工作证编号"的值确定后,可以唯一地确定该记录,这样,字段"工作证编号"可以作为该表的候选键。

教工登记表中的其他字段"姓名""性别""年龄""基本工资"和"部门"等其他字段都允许有重复的值,所以不能用来区分每一个记录,因此,该表中只有一个候选键"工作证编号"。

如果在教工登记表中再加上一个字段"身份证号",显然,该字段每条记录的取值也是不同的,因此,"身份证号"也可以作为这个表中的候选键,这样,这个关系中就有了两个候选键,即"工作证编号"和"身份证号"。

接下来分析表 5-3 所示的二维表,这是一个课程信息表,包含 4 个字段,分别是"工作证编号""课程编号""开课专业"和"教室",下面确定该表的候选键。

表 5-3　课程信息表

工作证编号	课程编号	开课专业	教　　室
22001	12001	计算机	南 2101
22001	12002	英语	南 2102
22002	12001	物理学	北 2303
22004	12005	通信工程	南 2101
22005	12005	计算机	北 2302
22005	12004	英语	北 2302

该表中的"工作证编号"字段有重复值,表示同一个教师讲授不同课程,"课程编号"字段也有重复值,表示多个教师讲授了同一门课程。"开课专业"和"教室"也均有重复值。显然,在这个表中,任何一个单一的属性都不能唯一地标识每条记录,只有将"工作证编号""课程编号"组合起来才能区分每条记录,因此,该表中的候选键是"工作证编号"和"课程编号"这两个字段的组合。

(2) 主键和实体完整性约束规则。从上面的例子的分析可以知道,在一个二维表格中,可能存在多个候选键,在具体的操作中,可以从这些候选键中指定一个用来标识记录,这一个候选键就称为主键。

由于主键的一个重要作用就是标识表中的每一条记录,这样,表中的记录在组成的主键上不允许出现主键值相同的记录,也就是说,作为主键的字段,其值既不能为空值,也不能有重复值,这种约束就是实体完整性约束规则。

例如,在教工登记表中,字段"工作证编号"作为主键,其值不能为空,也不能有两条记录的"工作证编号"值相同。在课程信息表中,其主键是"工作证编号"和"课程编号"的组合,不同记录的这两个字段的值也不能同时相同。

5.2.2　关系运算

本节主要讲解关系运算的规则。关系运算的运算对象是关系,运算的结果也是关系。常见的关系运算有并、交、差、笛卡儿积、选择、投影、连接等。其中并、交、差、笛卡儿积为传统集合运算。选择、投影、连接为专门关系运算。现有如下两个关系 M(如表 5-4 所示)和 N(如表 5-5 所示)。

表 5-4 M

姓　名	性　别	职　务
王大伟	男	局长
李小双	男	科长
张三强	男	院长
李　静	女	主任

表 5-5 N

姓　名	性　别	职　务
王大伟	男	局长
周　兵	男	科长
李　静	女	主任
黄　可	女	主任

M 与 N 的并（∪）运算结果为表 5-6。M 与 N 交（∩）的结果为表 5-7 所示。M 与 N 差（—）的结果为表 5-8 所示。M 与 N 笛卡儿积（×）的结果为表 5-9 所示。

表 5-6 $M \cup N$

姓　名	性　别	职　务
王大伟	男	局长
李小双	男	科长
张三强	男	院长
李　静	女	主任
周　兵	男	科长
黄　可	女	主任

表 5-7 $M \cap N$

姓　名	性　别	职　务
王大伟	男	局长
李　静	女	主任

表 5-8 $M - N$

姓　名	性　别	职　务
李小双	男	科长
张三强	男	院长

表5-9 M×N

姓　名	性　别	职　务	姓　名	性　别	职　务
王大伟	男	局长	王大伟	男	局长
王大伟	男	局长	周　兵	男	科长
王大伟	男	局长	李　静	女	主任
王大伟	男	局长	黄　可	女	主任
李小双	男	科长	王大伟	男	局长
李小双	男	科长	周　兵	男	科长
李小双	男	科长	李　静	女	主任
李小双	男	科长	黄　可	女	主任
张三强	男	院长	王大伟	男	局长
张三强	男	院长	周　兵	男	科长
张三强	男	院长	李　静	女	主任
张三强	男	院长	黄　可	女	主任
李　静	女	主任	王大伟	男	局长
李　静	女	主任	周　兵	男	科长
李　静	女	主任	李　静	女	主任
李　静	女	主任	黄　可	女	主任

选择运算即在指定的某一个关系中，找出满足给定条件的记录，组成新的关系的操作。例如从表5-1所示的"教工登记表"中，选择"计算机系"的"讲师"的记录，构成一个新的关系，结果见表5-10所示。

表5-10 选择运算

工作证编号	姓　名	性　别	年　龄	职　称	基本工资	部　门
22001	江海	男	30	讲师	650.00	计算机系

投影运算即在指定的某一个关系中，找出包含指定字段的记录，组成新的关系的操作。例如从表5-1中对"姓名""年龄""职称"及"部门"进行投影，如表5-11所示。

表5-11 投影运算

姓　名	性　别	年　龄	职　称	部　门
江　海	男	30	讲师	信息系
张大山	男	52	副教授	计算机系
王兰英	女	45	副教授	电子系
张　柳	女	38	讲师	通信系

续表

姓 名	性 别	年 龄	职 称	部 门
王 坤	男	55	教授	外语系
李天洋	男	28	助教	历史系

连接运算即在两个关系的笛卡儿积的运算结果上,选取满足指定条件的记录构成新的关系的操作,例如表 5-1 与表 5-2 按"姓名"相同进行等值连接。结果见表 5-12 所示。

表 5-12　连接运算

工作证编号	姓 名	性 别	年 龄	职 称	基本工资	部 门	工龄工资	实发工资
22001	江 海	男	30	讲师	650.00	信息系	230.00	880.00
22002	张大山	男	52	副教授	750.00	计算机系	280.00	1030.00
22003	王兰英	女	45	副教授	750.00	电子系	300.00	1050.00
22004	张 柳	女	38	讲师	650.00	通信系	150.00	800.00
22005	王 坤	男	55	教授	850.00	外语系	200.00	1050.00
22006	李天洋	男	28	助教	500.00	历史系	340.00	840.00

5.3　Access 数据库

5.3.1　Access 2013

Microsoft Access 是微软公司推出的基于 Windows 的桌面型关系数据库管理系统,是 Office 系列应用软件之一。它提供了表、查询、窗体等多种用来建立数据库系统的对象;为建立功能完善的数据库管理系统提供了方便,也使得普通用户不必编写代码,就可以完成大部分 Access 管理的对象,这些对象都存放在后缀为 ACCDB 格式的数据库文件中,便于用户的操作和管理。

相比于 SQL Server、Oracle 等数据库管理系统,Microsoft Access 是一个小型数据库,适合在数据量不大的情况下应用,它在处理单机访问的数据库时很方便,效率很高,在很多地方得到广泛使用,例如小型企业、大公司的部门,以及喜爱编程的开发人员专门利用它来制作处理数据的桌面系统。

Microsoft Access 也常被用来开发简单的 Web 应用程序,这些应用程序常利用 ASP 技术在 Internet Information Services 运行。

Microsoft Access 版本也经历了多次的升级,例如 Access 95、Access 98、Access 2000、Access 2003、Access 2007 到 Access 2013 等,功能越来越强,操作越来越方便。

1. Access 2013 的启动

Access 2013 启动方式与 Office 其他办公组件的启动过程一样,可以使用桌面快捷图标进行启动,可以在"开始"菜单中选中"所有程序"|Access 2013 选项进行启动,还可以用

文件关联的方式进行启动,如图 5-22 所示。成功启动 Access 2013 后,屏幕上会出现 Access 2013 的工作首界面,如图 5-23 所示。

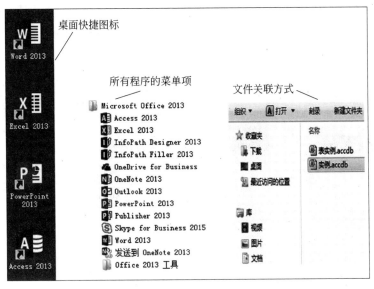

图 5-22　Access 2013 启动方式

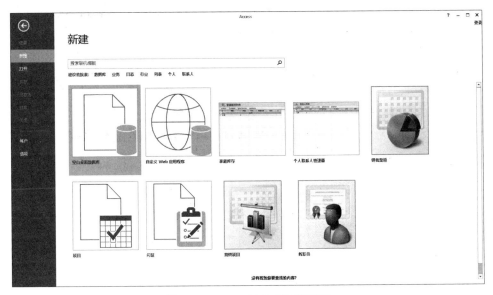

图 5-23　Access 2013 工作首界面

2. Access 2013 的退出

Access 2013 退出方式与 Office 其他办公组件的退出过程也基本一致,单击 Access 窗口右上角的"关闭"按钮,关闭数据库并退出 Access 2013,也可以直接按 Alt+F4 组合键。

如果在退出操作之前,已被修改的数据库还没有保存,则在退出操作时,Access 2013 将会显示对话框,提示用户是否要保存对文档的修改。

5.3.2 Access 2013 的工作窗口

启动 Access 2013，然后双击"空白数据库"图标，打开工作窗口，如图 5-24 所示。

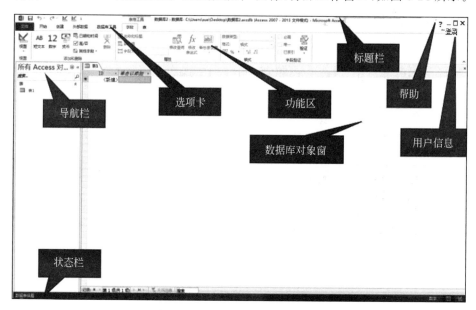

图 5-24　Access 2013 的工作窗口

Access 系统主窗口由标题栏、功能区以及数据库窗口 3 个部分组成。

（1）标题栏。标题栏分两部分，一部分为快速访问工具栏，其中包括"保存""撤销"按钮；另一部分主要包括 Access 2013 标题，"最大化""最小化"及"关闭"按钮，如图 5-25 所示。

图 5-25　标题栏

（2）功能区。Access 2013 的功能区是一个带状区域，贯穿 Access 2013 窗口的顶部，其中包含多组命令。功能区替代了 Access 以前版本的菜单栏和工具栏。功能区为命令提供了一个集中的区域。功能区中包括多个围绕特定方案或对象进行处理的选项卡，在每个选项卡里的控件进一步组成多个命令组，每个命令执行特定的功能，如图 5-26 所示。

图 5-26　菜单面板

为了扩大数据库的显示区域，Access 允许把功能区隐藏起来。关闭和打开功能区最简单的方法是，若要关闭功能区，请双击任意一个命令选项卡。若要再次打开功能区，请再次双击命令选项卡。也可以单击功能区最小化/展开功能区按钮来隐藏和展开功能区。

该按钮在功能区右下侧。

(3) 数据库窗口。数据库窗口主要包括搜索(左上)、导航窗口(左下)以及视图区(右)3 个部分,如图 5-27 所示。

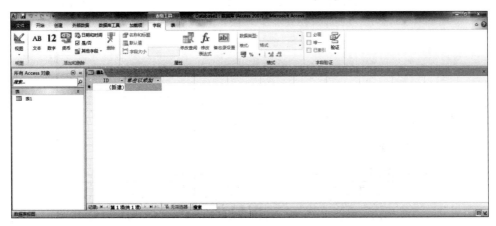

图 5-27　数据库窗口

搜索对象指的是"表""查询""报表"等。导航窗口显示 Access 数据库中正在使用的内容。表和查询都在此处显示,便于用户操作。

5.3.3　Access 2013 基本操作

1. 创建数据库

建立一个空数据库,以后根据需要向空数据库中添加表、查询等对象,这样能够灵活地创建更加符合实际需要的数据库系统。操作步骤如下。

(1) 启动 Access 2013,如图 5-23 所示,在"文件"选项卡选中"新建"选项。

(2) 单击窗格中的"空白数据库"图标。

(3) 在右侧窗格中的"文件名"文本框中输入新建数据库文件的名称。如果要改变新建数据库文件的位置,可以单击图中"文件名"文本框右侧的文件夹图标,弹出"文件新建数据库"对话框,选中文件的存放位置。

(4) 单击"创建"按钮。

(5) 这时将新建一个空白数据库,同时在数据库中自动创建一个数据表,默认表名称为"表 1"。如果没有自动创建表,可在"创建"选项卡的"表"组中单击"表"按钮。

创建数据库还有一种简单的方法是确定完数据库的文件名和存放位置后,直接双击窗格中的"空白数据库"图标。

2. 保存与关闭数据库

(1) 保存数据库。在"文件"选项卡中选中"数据库另存为"选项。

(2) 关闭数据库。在"文件"|选项卡选中"关闭数据库"选项。

3. 打开数据库

(1) 在"文件"选项卡中选中"打开"选项。

(2) 利用文件关联,双击数据库文件图标。如图 5-28 所示。

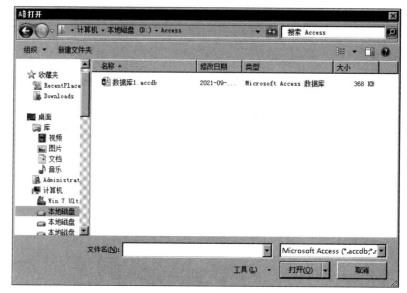

图 5-28 打开数据库

4. 数据表

数据表简称表,是 Access 数据库的基本单位,也是查询的基础。简单来说,数据表是一个关系,是特定主题的数据集合,是将具有相同性质或相关联的数据存储在一起以行和列的形式来记录数据,表现形式上就是一个二维表格。

Access 中的表由结构和记录两部分组成,表结构是指表格的组成框架,由若干个字段及数据类型构成,而记录则是表中的具体数据,是表中每个字段的值。在设计表结构时,要分别输入各字段的名称、数据类型等信息。

(1) 字段名。为字段命名时可以使用字母、数字或汉字等,但字段名最长不超过 64 个字符。

(2) 数据类型。Access 中提供的数据类型主要有以下几种。

① 文本型。这是数据表中的默认类型,最长为 255 个字符。

② 备注型。也称为长文本型,存放说明性文字,最长为 65 536 字符。

③ 数字型。用于进行数值计算,如图书数量、学生成绩和年龄等。

④ 日期/时间型。可以参与日期计算。

⑤ 是/否型。用来记录逻辑型数据,例如是否归还、是否有过某种奖励,可以使用 Yes/No、True/False、On/Off 等值。

⑥ OLE 对象。用来链接或嵌入 OLE 对象,如图像、声音等。

⑦ 自动编号型。在增加记录时,其值依次自动加 1。

(3) 字段属性。字段的属性用来指定字段在表中的取值及存储方式,不同类型的字段具有不同的属性,常用属性如下。

① 字段大小。对文本型数据,指定文字的长度,其长度范围是 0~255,默认值为 50。对数字型字段,指定数据的类型,不同类型数据所在的字节数不同,例如字节型占 1B 存储空间,表示 0~255 的整数;整数占 2B 存储空间,表示 −32 768~32 767 的整数。

② 格式。格式属性用来指定数据输入或显示的格式,这种格式并不影响数据的实际存储格式。

③ 小数位数。对数字型或货币型数据指定小数位数。

④ 有效性规则。用来限定字段的值,例如,对表示百分制成绩的"数学"字段,可用有效性规则将其值限定在 0～100。

(4) 设定主键。对每一个数据表都可以指定一个或多个字段为主关键字(又称主键),主键的作用是使数据表中的每条记录唯一且可识别,例如"职工表"中的"工作证编号"字段,加快对记录进行查询、检索的速度。在对 Access 中的某个表设置主键后,表中的记录将自动按主键值的顺序排列。

5. 创建数据表

数据表的创建分两个步骤:数据表结构的创建及数据记录的输入。

(1) 创建表结构。创建一个名为"学生成绩数据表"的数据表,字段名包括"学号""姓名""数学""英语读写""大学计算机基础""物理""体育"。在"创建"选项卡的"表格"组中单击"表设计"按钮,进入表结构的设计视图。在字段名称列中输入字段名,在数据类型列中选择每个字段的数据类型。学号、姓名为文本数据类型,其他字段为数字类型,如图 5-29 所示。

图 5-29 创建数据表

创建主键。在字段名称列中,选中"学号",在"设计"选项卡的"工具"组中单击"主键"按钮。主键定义成功后会在字段名称前出现一个钥匙图标。

删除主键。选中"学号",再单击"主键"按钮。

在字段名称的输入过程中,可以单击"插入行""删除行"按钮来灵活编辑设置字段。

保存表结构。在"文件"选项卡中选中"保存"选项,在弹出的"另存为"对话框中输入表名称"学生成绩表"。单击"确定"按钮即可。

(2)输入数据。保存完毕表结构后。在导航窗格中双击"学生成绩表",进入数据表视图进行数据输入。输入数据方法同 Excel,如图 5-30 所示。在"文件"选项卡中选中"保存"选项,保存输入的数据,同时保存表结构。

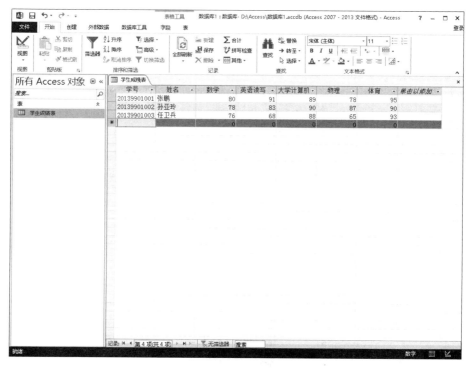

图 5-30　输入数据

图 5-31　修改表结构

Access 数据库允许建立很多表,如果需要继续建表,重复上述两个步骤即可。

6. 删除数据表

在导航窗格中,右击要删除的数据表,从弹出的快捷菜单上选中"删除"选项。

7. 编辑数据表

编辑数据表可以对表的结构和表中的记录分别进行。记录的编辑包括记录定位、数据选择、记录添加、删除记录、修改数据、复制数据等。

(1)修改表结构。修改表结构包括更改字段的名称、类型、属性、增加字段和删除字段等,可以在设计视图中进行。

在导航窗格中,右击"学生登记表",在弹出的快捷菜单中选中"设计视图"选项,如图 5-31 所示。

修改字段名。在设计视图中单击字段名,此时可以输入新的名称。

插入字段。在"表格工具|设计"选项卡的"工具"组中单击"插入行"按钮,可以插入新的字段。

删除字段。在"表格工具|设计"选项卡的"工具"组中单击"删除行"按钮,可以删除字段。

保存编辑的结果。在"文件"选项卡中选中"保存"选项,可以保存文件。

(2) 记录定位。编辑记录的操作只能在数据表视图下进行,在添加记录、删除记录、修改数据和复制数据等编辑之前,应先定位记录或选择记录。

在数据表视图窗口中打开一个表后,窗口下方会显示一个记录定位器,该定位器由若干个按钮构成,如图 5-32 所示,从左到右定位功能分别是定位第一条记录、上一条记录、记录编号框、下一条记录、定位最后一条记录、添加新纪录、筛选器、搜索输入框。使用定位器定位记录的方法如下:

图 5-32 记录定位

① 使用"第一条记录""上一条记录""下一条记录"和"最后一条记录"按钮定位记录。
② 在记录编号框中直接输入记录号,然后按 Enter 键,可以将光标定位在指定的记录上。
③ 在视图下边搜索输入框中输入主键字段的值也可以定位记录。

(3) 数据选择。数据可以分为在行的方向选择记录和在列的方向选中字段以及选中连续区域。

① 选中某条记录。在数据表视图窗口第一个字段左侧是记录选定区,直接在选定区单击可选择该条记录。
② 选中连续若干条记录。在记录选定区拖曳鼠标,鼠标所经过的行被选中,也可以先单击连续区域的第一条记录,然后按住 Shift 键后单击连续记录的最后一条记录。
③ 选中所有记录。单击工作表第一个字段名左边的全选按钮,可以选择所有记录,也可以选中"编辑"|"选择所有记录"选项,或者按 Ctrl+A 组合键进行全选。
④ 选中某个字段的所有数据。直接单击要选字段的字段名即可。
⑤ 选中相邻连续字段的所有数据。在表的第一行字段名处用鼠标拖曳字段名。
⑥ 选择部分区域的连续数据。将鼠标移动到数据的开始单元处,当鼠标指针变成宽十字形状时,从当前单元格拖动到最后一个单元格,鼠标经过的单元格数据被选中,可以选择某行、某列或某个矩形区域的数据。

(4) 记录添加。双击要编辑的表,打开该表的数据表视图,在"表格工具|字段"选项卡的"记录"组中单击"新建"按钮或在记录定位器上单击"新(空白)记录"按钮,光标将停在新记录所在行上,然后输入新记录各字段的数据。

(5) 删除记录。删除记录时,打开该表的数据表视图,定位要删除的记录,在"表格工具|字段"选项卡的"记录"组中单击"删除"按钮,这时,屏幕上出现确认删除记录的对话框,单击"是"按钮,选定的记录被删除。

(6) 修改数据。修改数据是指修改某条记录的某个字段的值。打开该表的数据表视图,先将鼠标定位到要修改的记录上,然后再定位到要修改的位置,即记录和字段的交叉单元格,直接进行修改。

(7) 复制数据。复制数据是指将选定的数据复制到指定的某个位置。方法是先选择要复制的数据,右击,从弹出的快捷菜单中选中"复制"选项,接下来单击要复制的位置,然后右击,在弹出的快捷菜单中选中"粘贴"选项。

5.4 数据库查询语言与实例

5.4.1 SQL 语言

SQL(structured query language,结构化查询语言)是一种通用的、功能极强的、用来操作关系数据库管理系统的计算机语言,其功能包括数据查询、数据操纵、数据定义和数据控制 4 个方面。

SQL 由 Boyce 和 Chamberlin 于 1974 年提出,1975 — 1979 年,IBM 公司的 San Jose Research Laboratory 研制的关系数据库管理系统原型系统 System R 实现了这种语言。

1986 年由美国国家标准局(ANSI)公布 SQL86 标准,1987 年国际标准化组织(ISO)通过了这一标准。

1989 年 ISO 第二次公布了 SQL 标准(SQL89 标准),目前新的 SQL 标准是 1992 年制定的 SQL92 国际标准,在 1993 年获得通过,简称 SQL2。

1999 年在 SQL2 的基础上,增加了许多新特征,产生了 SQL3 标准,表示第三代 SQL,名字改成 SQL:1999,是为了避免"千年虫"现象在数据库标准命名中出现。

SQL 语言由于其功能丰富、语言简洁、使用方法灵活、方便易学的特点,受到用户及计算机工业界的欢迎,被众多计算机公司和软件公司所采用,经各公司的不断修改、扩充和完善,SQL 最终发展成为关系数据库的标准语言。

SQL 支持关系数据库的三级模式,如图 5-33 所示。SQL 既可以对数据表进行操作,也可以对视图进行操作。在 SQL 中一个关系就对应一个表,视图是从数据表中导出的表。

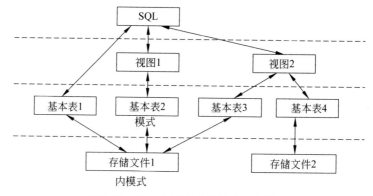

图 5-33 SQL 支持关系数据库三级模式

5.4.2 SQL 语句

SQL 有很多语句,常用的有以下 4 个语句:SELECT、INSERT、UPDATE 和 DELETE。

(1) SELECT 选择记录语句。从一个表中检索记录。用法如下：

SELECT [字段名] FROM <表> WHERE <条件表达式>

(2) INSERT 插入记录语句。向一个表中插入记录。用法如下：

INSERT INTO <表> VALUES [值]

(3) UPDATE 修改记录的数据语句。对于表中已经存在的记录，可以修改所有记录的某些列值，也可以修改部分记录的某些列值。用法如下：

UPDATE <表> SET [字段名]=值 WHERE <条件表达式>

(4) DELETE 删除记录。从一个表中删除记录，可以一次删除部分记录，也可以一次删除所有记录。用法如下：

DELETE FROM <表> WHERE <条件表达式>

5.4.3 SQL 语句的使用

为了说明 SQL 语句的用法，在 Access 2013 中创建数据库 Students，该数据库包括 3 个表，如图 5-34 所示。

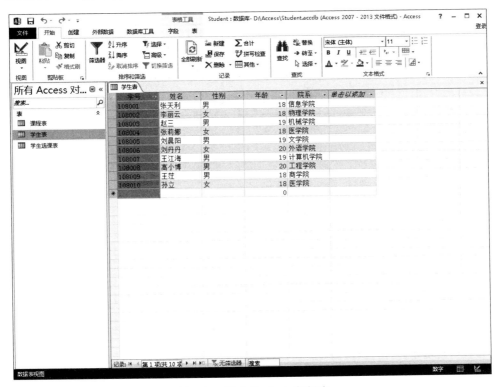

图 5-34　建立 Students 数据库

(1) 学生表。由学号、姓名、性别、年龄、院系 5 个字段组成。其中学号作为主键，年龄字段的数据类型为数字型,其他字段为文本型。

(2)课程表。由课程号、课程名、选修课号、学分4个字段组成。其中课程号作为主键,学分字段为数字型,其他字段为文本型。

(3)学生选课表。由学号、课程号、成绩3个字段组成。其中(学号、课程号)作为主键。成绩字段为数字型,其他字段为文本型。

3个表中的示例数据如表5-13~表5-15所示。

表5-13 学生表

学号	姓名	性别	年龄	院系
108001	张天力	男	18	信息学院
108002	李丽云	女	18	物理学院
108003	赵 山	男	19	机械学院
108004	张莉娜	女	18	医学院
108005	刘晨阳	男	19	文学院
108006	刘丹丹	女	20	外语学院
108007	王江海	男	19	计算机学院
108008	高小博	男	20	工程学院
108009	王 茳	男	18	商学院
108010	孙 立	女	18	医学院

表5-14 课程表

课程号	课程名	选修课号	学分
1001	数据库	3001	4
1002	数学	3002	2
1003	英语	3003	2
1004	信息系统	3004	3
1005	数据处理	3005	4
1006	C语言	3006	2
1007	VB	3007	2

表5-15 学生选课表

学号	课程号	成绩
108001	1002	95
108001	1003	98
108001	1004	90

续表

学号	课程号	成绩
108003	1002	86
108003	1003	95
108003	1004	76
108005	1001	89
108005	1002	100
108005	1003	65

例如,查询全体学生的学号与姓名:

SELECT 学号, 姓名 FROM 学生表

例如,查询全部课程的课程名和学分:

SELECT 课程名,学分 FROM 课程表

例如,查询全体学生的详细记录:

SELECT * FROM 学生表

例如,查找选课成绩小于 90 的所有学生的学号和所选课程号和成绩:

SELECT 学号, 课程号, 成绩 FROM 学生选课表 WHERE 成绩<90

例如,查找年龄不大于 19 岁的所有学生的姓名和年龄:

SELECT 姓名, 年龄 FROM 学生表 WHERE 年龄<=19

例如,一个新学生记录(学号:108022;姓名:李夏;性别:男;所在系:理学院;年龄:18 岁)插入学生表:

INSERT INTO 学生表 VALUES('108022','李夏','男', 18, '理学院')

例如,插入一条选课记录('108022','1001','85'):

INSERT INTO 学生选课表 (学号, 课程号, 成绩) VALUES ('108022','1001','85')

例如,一个新学生记录(学号:108032;姓名:王丽;年龄:18 岁)插入学生表:

INSERT INTO 学生表(学号,姓名,年龄)VALUES('108032','王丽', 18)

例如,将学生 108001 的年龄改为 23 岁:

UPDATE 学生表 SET 年龄= 23 WHERE 学号='108001'

例如,删除学号为 108022 的学生记录:

DELETE FROM 学生表 WHERE 学号='108022'

例如,删除所有的学生选课记录:

DELETE FROM 选课表

在 Access 中执行 SQL 语句。

(1) 进入 Access。在"创建"选项卡的"查询"组中单击"查询设计"命令,弹出"显示表"对话框,如图 5-35 所示。

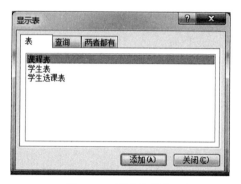

图 5-35　显示数据表

(2) 单击"关闭"按钮,关闭"显示表"。

(3) 在"查询工具|设计"选项卡的"结果"组中单击"SQL 视图"按钮,进入 SQL 视图,如图 5-36 所示。

图 5-36　执行 SQL 语句

(4) 在 SQL 视图中,输入 SQL 语句。单击叹号图标执行"运行"语句。

重复以上过程可执行另一条 SQL 语句。

习题 5

一、选择题

1. E-R 图属于(　　)。

A. 概念模型　　　　B. 层次模型　　　　C. 网状模型　　　　D. 关系模型
2. E-R 图包括的要素是(　　)。
　　A. 实体和属性　　　　　　　　B. 实体之间的联系和属性
　　C. 实体之间的联系　　　　　　D. 实体,实体之间的联系和属性
3. 一个供应商可供应多种零件,而一种零件可由多个供应商供应,则实体供应商与零件之间的联系是(　　)。
　　A. 一对一　　　　B. 一对多　　　　C. 多对一　　　　D. 多对多
4. 用于实现数据库各种数据操作的软件是(　　)。
　　A. 数据软件　　　　　　　　　B. 操作系统
　　C. 数据库管理系统　　　　　　D. 编译程序
5. 关系数据库系统中所使用的数据结构是(　　)。
　　A. 树　　　　　　B. 图　　　　　　C. 表格　　　　　D. 二维表格
6. 用二维表数据来表示实体之间联系的模型称(　　)。
　　A. 网状模型　　　　B. 层次模型　　　C. 关系模型　　　D. 实体-联系模型
7. 下列哪一个不是数据库组织级别(　　)。
　　A. 字段　　　　　B. 记录　　　　　C. 表　　　　　　D. 实体
8. 关系数据模型(　　)。
　　A. 只能表示实体间的 1∶1 联系　　　B. 只能表示实体间的 1∶n 联系
　　C. 只能表示实体间的 $m∶n$ 联系　　　D. 可以表示实体间的上述 3 种联系
9. 关系数据库操作中,从表中选出满足某种条件的记录的操作称为(　　)。
　　A. 选择　　　　　B. 投影　　　　　C. 扫描　　　　　D. 连接
10. Access 2013 数据库系统是(　　)。
　　A. 网络数据库　　　　　　　　B. 层次数据库
　　C. 关系数据库　　　　　　　　D. 以上都不对
11. Access 的默认数据库文件格式是(　　)。
　　A. BADB　　　　B. ACCDB　　　　C. ACCDE　　　　D. MDE
12. Access 用于存储数据的数据库对象是(　　)。
　　A. 表　　　　　　B. 查询　　　　　C. 窗体　　　　　D. 报表
13. Access 中,同一时间,可以打开(　　)数据库。
　　A. 1 个　　　　　B. 2 个　　　　　C. 3 个　　　　　D. 4 个
14. 下列关于数据表的说法中,正确的是(　　)。
　　A. 在打开一个表后,原来打开的表将自动关闭
　　B. 表中的字段名可以在设计视图中更改
　　C. 在表设计视图中可以通过删除行来删除一个字段
　　D. 在表的数据表视图中可以对字段属性进行设置
15. 以下各项中,不是 Access 字段类型的是(　　)。
　　A. 文本型　　　　B. 数字型　　　　C. 货币型　　　　D. 窗口型

二、简答题

1. 什么是数据库?数据库具有哪些特点?

2. 数据库系统发展阶段具有哪些特点？
3. 简述 DBMS 的功能。
4. 简单说明数据库系统的三级模式？
5. 简要说明关系数据库的特征。
6. 什么是主键？
7. 简述 SQL 语言的发展及特点。
8. 常用的 SQL 语句有哪几条？

三、操作题

创建一个数据库，依照表 5-16～表 5-23 建立数据表"学生表""课程表""成绩表""院系表"。

表 5-16 学生表（结构）

字 段	学号	姓名	性别	出生日期	专业	院系
类 型	文本	文本	文本	日期/时	文本	文本
大 小	4	6	2		16	4

表 5-17 学生表（数据）

学号	姓名	性别	出生日期	专业	院系
2001	王云浩	男	1983 年 3 月 6 日	计算机信息管理	电气学院
2002	刘小红	女	1985 年 5 月 18 日	国际贸易	商学院
2003	陈 芸	女	1983 年 2 月 10 日	国际贸易	商学院
2101	徐 涛	男	1984 年 6 月 15 日	计算机信息管理	电气学院
2102	张春晖	男	1986 年 8 月 27 日	电子商务	信息管理
2103	祁佩菊	女	1980 年 7 月 11 日	电子商务	信息管理

表 5-18 课程表（结构）

字 段	课程号	课程名	学时数	学分
类 型	文本	文本	数字	数字
大 小	3	16	整型	整型

表 5-19 课程表（数据）

课程号	课程名	学时数	学分
501	大学语文	70	4
502	高等数学	90	5
503	基础会计学	80	4

表 5-20　成绩表(结构)

字　段	学号	课程号	成绩
类　型	文本	文本	数字
大　小	4	3	单精度

表 5-21　成绩表(数据)

学号	课程号	成绩
2001	501	88
2001	502	77
2001	503	79
2002	501	92
2002	502	91
2002	503	93
2003	501	85
2003	502	93
2003	503	66
2101	501	81
2101	502	96
2101	503	75
2102	501	72
2102	502	60
2102	503	88
2103	501	95
2103	502	94
2103	503	80

表 5-22　院系表(结构)

字　段	编号	名称	地址	电话
类　型	文本	文本	文本	文本
大　小	4	20	50	10

表 5-23　院系表(数据)

编号	名称	地址	电话
D005	电气学院	西二楼	87542227
D006	控制系	南一楼	87545612
D011	水电学院	西七楼	87543412
D012	商学院	北二楼	87642867
D013	信息管理	北三楼	87624521

第 6 章

计算机网络基础

计算机网络诞生于 20 世纪 60 年代,随着计算机技术、通信技术、多媒体技术的迅速发展,世界范围的计算机网络在 20 世纪 90 年代就已初具规模。到目前为止,计算机网络已经延伸到社会的各个领域。计算机网络的迅速普及和广泛应用充分证明,计算机网络对人类社会的进步做出了巨大贡献,必将对 21 世纪的经济、教育、科技、文化和世界文明产生重大影响。数字化、网络化和信息化是 21 世纪的时代特征,因此掌握计算机网络知识和应用技能自然成为每一个人知识结构中的重要部分。

6.1 计算机网络应用基础知识

计算机网络是计算机技术与通信技术结合的产物,是计算机应用技术中最活跃的领域之一。计算机网络技术的应用渗透到社会生活的方方面面。

6.1.1 计算机网络的基础知识

1. 计算机网络的定义

计算机网络是将多个地理位置分散的具有独立功能的计算机连接起来,按照某种协议进行数据通信,为实现计算机资源共享和信息交流而形成的网络。人们可以通过网络共享设备资源和信息资源,这些信息资源除一般文字信息外,还包括声音、图形、图像和视频等多媒体信息。

2. 计算机网络的共享资源

连网的计算机能够共享以下 3 种资源。

(1) 硬件资源。微型计算机和小型计算机可以共享远程大型计算机,即将自己不能完成的作业转交给大型计算机去处理,然后将处理结果取回。除了大型计算机以外,共享的硬件资源还可以是打印机、大容量磁盘和绘图仪等。

(2) 软件资源。在一些大型计算机上装有较完善的软件资源,用户可以通过网络远程上机的方法使用这些软件。另外,因特网服务提供方(the

Internet service provider,ISP)在网络上也提供了大量的软件,用户可以将这些软件下载到自己的计算机上使用。在网络环境下,很多软件可以安装在服务器上供用户使用,而在用户的计算机上不用安装同样的软件。

(3) 数据与信息。计算机网络上的数据库和各种文件中存储有大量的信息资源,例如图书资料、新闻、天气预报、飞机航班、火车时刻表、旅游指南、发明专利、股票行情等,用户可以很方便地查询和使用。

3. 计算机网络的性能指标

衡量计算机网络的性能指标有很多,最重要的两个是速率和带宽。

(1) 速率。计算机网络中的速率是指计算机在数字信道上传送数据的速率,单位是比特每秒(b/s)、千比特每秒(Kb/s)、兆比特每秒(Mb/s)、吉比特每秒(Gb/s)。

(2) 带宽。带宽是指通信线路所能传送数据的能力,是网络能够允许的传送数据的最高速度,即在单位时间内从计算机网络中两个特定结点之间所能传输的最高数据量,其单位与速率相同。

6.1.2 计算机网络的发展阶段

随着计算机技术和通信技术的不断发展,计算机网络也经历了从简单到复杂,从单机到多机的发展过程。一般来讲,其形成和发展大致分为4个阶段。

1. 面向终端的计算机网络(始于 20 世纪 50 年代)

将一台计算机经过通信线路与若干地理位置分散的终端直接连接,构成面向终端的计算机网络。这类简单的"终端—通信线路—计算机"系统,构成了计算机网络的雏形,这样的系统除了一台中心计算机外,其余的终端设备都没有自主处理的能力。20 世纪 50 年代初,美国建立的半自动地面防空系统(semi-automatic ground environment,SAGE)就属于这一类网络。这个系统通过通信线路将远距离的雷达和其他测量控制设备的信息通过通信线路汇集到一台中心计算机上进行集中处理,首次实现了计算机技术和通信技术的结合。

2. 计算机网络阶段(始于 20 世纪 60 年代末)

随着计算机应用的发展,出现了由多台具有自主处理能力的计算机互连的系统,开创了"计算机—计算机"通信的时代,并呈现出多处理中心的特点。20 世纪 60 年代后期,原美国国防部高级研究计划局研制而发展起来的 ARPANET 是由美国 4 所大学的 4 台大型计算机分别采用分组交换技术,通过专门的接口通信处理机和专门的通信线路相互连接的计算机网络,标志着目前所称的计算机网络的兴起。

ARPANET 的主要目标是借助于通信系统、使网内各计算机系统之间能够共享资源,在概念、结构和网络设计方面都为后继的计算机网络打下了基础。

3. 计算机网络互连阶段(始于 20 世纪 70 年代末)

在 ARPANET 的影响下,很多公司创建了自己的网络,各自不同的网络体系结构相继出现。由于没有统一的标准,导致不同体系结构的网络设备难以实现互连,限制了计算机网络的发展和应用。1983 年国际标准化组织(International Standard Organization,ISO)提出了著名的开放系统互连参考模型(open system interconnection reference model),用于各种计算机能够在世界范围内连成网。从此,计算机网络走上了标准化的轨道,开放系统互连参考模型成为研究和制定新一代计算机网络标准的基础。

开放系统互连参考模型只给出了一些原则性的说明,并不是一个具体的网络。它采用层次化结构的构造技术,将整个网络通信的工作划分成了 7 层,从低到高依次为物理层、数据链路层、网络层、传输层、会话层、表示层和应用层。每层完成一定的功能,且都直接为其上层提供服务。

一个开放式标准化网络的实例是 Internet,它对任何计算机系统开放,只要遵循 TCP/IP 标准,就可以接入 Internet。

4. 国际互联网与信息高速公路阶段(始于 20 世纪 90 年代)

随着美国信息化高速公路计划的提出与实施,宽带网络与无线网络的快速发展,Internet 被迅速地广泛应用,极大地促进了计算机网络的发展。

目前,IPv6 技术的研究和发展成为构建高性能的下一代网络的基础工作,网络互连和高速计算机网络正在成为最新一代计算机网络的发展方向。

6.1.3 计算机网络的硬件与软件组成

计算机网络系统由网络硬件和网络软件两个部分构成。在网络系统中,硬件、通信线路的选择对网络的性能起决定性的作用,网络软件则是支持网络运行、利用网络资源的工具。

1. 网络硬件

网络硬件是计算机网络的物质基础,一个计算机网络是通过网络设备和通信线路将不同地点的计算机及其外围设备在物理上实现连接。随着计算机技术和网络技术的发展,网络硬件呈现出多样化、复杂化、功能强等特点。常见的网络硬件有网络终端设备、网络适配器、传输介质、网络互连设备、网络外部设备等。

(1) 网络终端设备。网络终端设备是指直接接入计算机网络的末端设备,通常是用户利用计算机网络进行信息处理的设备,直接为用户提供服务。网络中的主要终端设备有服务器和客户机。

① 服务器(server)。服务器也称主机,是指在网络环境下运行网络操作系统及相应的应用软件,为用户提供共享信息资源和各种服务的计算机,一般由功能强大的计算机担任,例如小型计算机、专用 PC 服务器或高档微型计算机。根据服务器所担任的功能不同又可将其分为文件服务器、通信服务器、备份服务器和打印服务器等。

② 客户机(client)。客户机又称用户工作站,既可以作为独立的计算机为用户服务,又可以按照被授予的一定权限访问服务器。网络中的工作站,可以共享网络资源,也可以相互通信。工作站的接入和离开不会对网络系统产生影响。

(2) 网络适配器(network interface card,NIC)。网络适配器又称网卡或网络接口卡,是计算机与传输介质的接口。每台服务器和客户机都至少配有一块网卡,通过传输介质将它们连接到网络上。网卡的工作是双重的,一方面负责接收网络上传过来的数据包,解包后将数据通过主板上的总线传输给本地计算机;另一方面将本地计算机上的数据打包后送入网络。

近几年来,随着无线网技术的产生出现了无线网卡。无线网卡是一个信号收发的设备,作用及功能跟普通的网卡一样,只是在传送信息时不需要双绞线和同轴电缆。所有无线网卡在找到上互联网的出口时才能实现与互联网的连接,只能局限在已布有无线局域网的范围内。根据接口类型不同,线网卡可分为 PCMCIA 无线网卡(适用于便携式计算机)、PCI 无线网卡(适用于普通的台式计算机)和 USB 无线网卡 3 类。

(3) 传输介质。传输介质又称为传输媒体或通信线路,是传输信息的载体。传输介质按其特征可分为有线通信介质和无线通信介质两类。有线通信介质包括双绞线、同轴电缆和光缆,无线通信介质包括无线电、微波等。

① 双绞线。双绞线是一种柔性的通信电缆,是综合布线工程中最常用的一种传输介质。双绞线最外层由绝缘材料包裹,为了降低信号干扰,内部的绝缘铜导线两两相互缠绕。与 RJ-45 水晶头一起配套使用,制作双绞线与网卡 RJ-45 接口之间的接头时,制作质量的好坏直接关系到整个网络的稳定性。

② 同轴电缆。同轴电缆是由一层层的绝缘线包裹着中央铜导体的电缆线,它的最大特点就是抗干扰能力好、传输数据稳定、价格便宜,主要用于闭路电视线、有线电视和某些局域网等。

③ 光缆(optical fiber cable)。光缆是由光导纤维纤芯(光纤核心)、玻璃网层(内部敷层)和坚强的外壳(外部保护层)组成。与铜质介质相比,光纤光缆具有抗电磁干扰性好、安全性强、可靠性高、传输容量大等优点,而且,光纤传输的带宽大大超出铜质线缆,是组建较大规模网络的必然选择。尽管价格较为昂贵,但是光纤到户(Fiber To The Home,FTTH)作为宽带接入的最终发展方向已是不可逆转。

④ 无线电。无线电是指在所有自由空间(包括空气和真空)传播的电磁波,是其中的一个有限频带。应用形式包括无线数据网、各种移动通信以及无线电广播等。

⑤ 微波。微波是无线电波中一个有限频带的简称,其频率比一般的无线电波频率高,通常也称为"超高频电磁波"。微波具有穿透力强、应用范围广泛的特点,其最重要的应用有雷达、通信等。

(4) 网络互连设备。网络互连通常是将不同或相同的网络用互连设备连接在一起而形成一个范围更大的网络,也可以是为增加网络性能和易于管理而将一个原来很大的网络划分为几个子网或网段。

常用的网络互连设备有中继器、集线器、网桥、交换机、路由器、网关、调制解调器等。

① 中继器(repeater)。中继器又称转发器,是最简单的局域网延伸设备。它具有对物理信号进行放大和再生的功能,以便在网络上传输的更远,是一个典型的单进单出结构。不同类型的局域网采用不同的中继器,而且只能在规定范围内进行有效的工作,否则会引起网络故障。

② 集线器(hub)。集线器是对网络进行集中管理的重要设备,其主要作用是将信号再生转发。接口数是集线器的一个重要参数,是指集线器所能连接的计算机的数目。集线器是一个共享设备,其实质是一个多端口的中继器,可以将多台计算机连接起来组成一个局域网,如果用户数量太多,网络传输效率就会明显下降。

③ 网桥(bridge)。网桥用于连接使用相同通信协议、传输介质和寻址方式的网络。网桥可以连接不同的局域网,也可以将一个大网分成多个子网,均衡各网段的负荷,提高

网络的性能。

④ 交换机(switch)。交换机是一种用于电信号转发的网络设备,也可以称为"智能型集线器",在集线器的基础上添加了一个寻址转发机制。交换机采用交换技术,为所连接的设备同时建立多条专用线路,当两个终端互相通信时并不影响其他终端的工作,是网络的性能得到大幅提高。

⑤ 路由器(router)。路由器是一种可以在不同网络之间互连的网络互连设备。它会根据信道的情况自动选择和设定路由,以最佳路径按前后顺序发送信号。网络与网络互连时,必须使用路由器。其主要用途是实现局域网与广域网的互连。

⑥ 无线路由器。无线路由器是带有无线覆盖功能的路由器,可将家中墙上接出的宽带网络信号通过天线转发给附近的无线网络设备(笔记本计算机、支持 WiFi 的手机等),主要应用于用户上网和无线覆盖。市场上流行的无线路由器一般都支持专线 XDSL/cable,动态 XDSL,PPTP 这 4 种接入方式,并具有其他一些网络管理的功能(如 DHCP 服务、NAT 防火墙、介质访问控制地址过滤等)。

⑦ 网关(gateway)。网关又称网间连接器、协议转换器,是最复杂的网络互连设备,用以实现不同网络协议或结构之间的转换,并将数据重新分组后传送。网关把信息重新包装的目的是适应目标环境的要求。网关的一个较为常见的用途是在局域网的微机和小型机或大型机之间作翻译。

⑧ 调制解调器(modem)。调制解调器是调制器和解调器的合称,俗称"猫"。这是一种特殊的信号转换设备,可以将计算机发出的数字信号转换(调制)成可以在电话线上传送的模拟信号(音频信号),从电话线的这一端传送到另一端。另一端的调制解调器再把模拟信号还原(解调)成数字信号,送到网络上去,从而使用户可以通过电话线使用网络。调制解调器有内置和外置两种,内置调制解调器是一块电路板,插到主板的插槽上。外置调制解调器在计算机机箱外使用,它的一端连接在计算机上,另一端连接到电话插口上。

(5) 网络外部设备。网络外部设备是网络用户共享的硬件设备之一,通常是一些昂贵的设备,例如高性能网络打印机(高速激光打印机)、大容量存储设备(磁盘阵列)和绘图仪等。

2. 网络软件

在计算机网络环境中,用于支持数据通信和各种网络活动的软件被称为网络软件。其目的是为了本机用户共享网中其他系统的资源,或是为了把本机系统的功能和资源提供给网中其他用户使用。为此,每个计算机网络都制订一套全网共同遵守的网络协议,并要求网中每个主机系统配置相应的协议软件,以确保网中不同系统之间能够可靠、有效地相互通信和合作。网络软件主要有以下几种。

(1) 网络操作系统。网络操作系统的主要功能有网络运行的控制和管理、资源管理、文件管理、用户管理、系统管理等。用以实现系统资源共享、管理用户对不同资源访问的应用程序。目前比较流行的网络操作系统主要有 Windows、NetWare、UNIX、Linux。

随着计算机硬件和软件系统的不断升级,微软的 Windows 操作系统也在不断升级,从 16 位、32 位到 64 位操作系统,保持了深受欢迎的 Windows 用户界面,目前正被越来越多的网络所应用;NetWare 是 Novell 公司推出的网络操作系统,是一个开放的网络服务器平台,可以方便地对其进行扩充 NetWare 以文件服务及打印管理,而且其目录服务可以说是被业界公认的目录管理杰作;UNIX 操作系统是美国 AT&T 公司推出的在 PDP-11 上运行的操作系统,它具有多用户、多任务的特点,支持多种处理器架构,以安全可靠和应用广泛著称;Linux 是一种自由和开放源码的类 UNIX 操作系统,可安装在各种计算机硬件设备中,例如手机、平板计算机、路由器、视频游戏控制台、台式计算机、大型机和超级计算机,它凭借其先进的设计思想和自由软件的身份正跻身优秀网络操作系统的行列。

(2) 网络通信软件。网络通信软件是用以监督和控制通信工作的软件。它除了作为计算机网络软件的基础组成部分外,还可用作计算机与自带终端或附属计算机之间实现通信的软件。

(3) 网络协议软件。网络协议软件是按照网络所采用的协议层次模型(如 ISO 建议的开放系统互连参考模型)组织而成。除物理层外,其余各层协议大都由软件实现,主要是完成相应层的协议所规定的功能以及与上、下层的接口功能。

连入网络的计算机是依靠网络协议实现互相通信,而网络协议要靠运行具体的网络协议软件才能工作。凡是连入计算机网络的服务器和工作站上都运行着相应的网络协议软件。

(4) 网络管理与网络应用软件。网络管理软件是对网络资源进行管理和对网络进行维护的软件;网络应用软件是为网络用户提供服务并为网络用户解决实际问题的软件。

6.1.4 计算机网络的分类

根据计算机网络的覆盖范围、物理连接方式、信号传输方式和传输介质的不同,计算机网络可进行以下分类。

1. 按照计算机网络覆盖的地理范围分类

(1) 局域网(local area network,LAN)。局域网是一种覆盖面最小的网络,它可以覆盖几米到几千米的范围,可以在一个房间或一幢建筑物内搭建,主要用于实现单位内部多种资源的共享。一个管理较好的局域网,能给用户提供良好的浏览、查询、学习、交流、教学等服务。局域网在实际应用中常常与广域网连接,例如,校园网上的用户能够和广域网上的用户互相交流信息。

(2) 城域网(metropolitan area network,MAN)。城域网由一座城市内相互连接的局域网构成,一般由政府或大型企业或集团组建。此外,一些大型企业或集团公司为连接各分公司或分厂而建立的局域网称为 Intranet(企业网)。

(3) 广域网(wide area network,WAN)。广域网又称为远程网,它可以跨越国家或地区将计算机连接起来,实现世界范围的远距离通信。例如,Internet(因特网)。

2. 按网络的拓扑结构进行分类

网络中各个站点的相互连接方式称为网络的拓扑结构。计算机网络常用的拓扑结构有总线结构、环形结构、星形结构。在实际组网中,大多采用的是几种拓扑结构的结合,几种结构结合的拓扑结构又称为混合拓扑结构。

(1) 总线拓扑结构。总线拓扑结构是采用单根传输线作为传输介质,网络上的所有站点都是通过一个硬件接口连到传输线上(此传输线称为总线),如图 6-1 所示。总线结构的特点是结构简单,布线容易,连线总长度相对短于其他结构。

（2）环形拓扑结构。环形拓扑结构是首尾相连的网络结构,如图6-2所示,环形网络的优点是使用的传输介质短、抗故障性能好,其缺点是只要有一个结点发生故障就会影响全网。

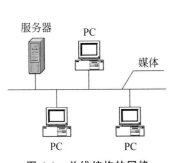

图6-1　总线结构的网络

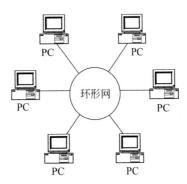

图6-2　环形结构的网络

（3）星形拓扑结构。星形拓扑结构是以一台计算机为中央结点,其他外围结点(工作站、服务器)的计算机连接到中央结点,此结构又称为集中式网络,如图6-3所示。星形拓扑结构的特点是连接方便,容易检测故障,一个外围结点出现故障不会影响其他结点,其缺点是外围结点全部依赖中央结点,如果中央结点出现故障将会影响全网。

除了以上常用的网络拓扑结构,另外还有树状结构、分布式结构、网状结构、蜂窝状结构等。

树状结构是一种分层网,其结构可以对称,联系固定,具有一定容错能力,一般一个分支结点出现故障不会影响另一分支结点的工作,任何一个结点送出的信息都

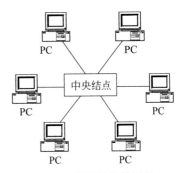

图6-3　星形结构的网络

可以传遍整个传输介质。一般树状网上的链路相对具有一定的专用性,无须对之前的网络做任何改动就可以扩充工作站。

分布式结构的网络是将分布在不同地点的计算机通过线路互连起来的一种网络形式,分布式结构的网络特点是,由于采用分散控制,即使整个网络中的某个局部出现故障,也不会影响全网的操作,因此具有可靠性高的优点。但是由于它连接线路长、造价高,所以在一般局域网中不采用这种结构。

3. 按传输信号分类

按信息传输信号不同,计算机网络可划分为基带网和宽带网。使用基带网传输数字信号时,信号占用了整个信道带宽,其数据传输速率可达到数百兆位每秒,使用宽带网在工作的频段上通过多路复用技术可以实现高达数十吉位每秒的数据传输速率。

4. 按传输介质分类

按信息传输介质不同,计算机网络可划分为以下几种。

（1）有线网。有线网是采用同轴电缆或双绞线来连接的计算机网络。同轴电缆网的特点是比较经济,安装较为便利,但传输率和抗干扰能力一般,传输距离较短。双绞线网的特点是价格便宜,安装方便,但传输的信息容易受干扰,传输率较低,传输距离比同轴电

缆要短。

（2）光纤网。光纤网采用光导纤维作传输介质,光纤传输距离长,传输率高,可达数千兆位,抗干扰能力强,是高安全性网络的理想选择。但价格较高,并且需要高水平的安装技术。

（3）无线网。无线网采用微波、无线电、卫星等进行数据通信的网络,具有联网方式灵活方便、费用低、易于扩展等优点,适于移动特征较明显的系统。缺点是传输速率低、存在通信盲点等。

6.1.5 计算机网络体系结构

在计算机网络系统中,由于计算机类型、通信线路类型、连接方式、通信方法等不同,在计算机网络构建过程中,必须考虑网络协议结构和网络通信协议。将计算机网络层次模型和各层协议的集合定义为计算机网络体系结构。

1. 网络协议

协议就是交流双方为了实现交流而设计的规则(格式及约定)。

网络通信协议是为了使网络中的不同设备能进行数据通信而预先制定一整套通信双方共同遵守的通信规则、约定的集合,即定义了通信时信息必须采用的格式和这些格式的意义。在网络中,通信双方之间必须遵从相互可以接受的网络协议(相同或兼容的协议)才能进行通信。例如,因特网使用的协议为 TCP/IP,任何计算机连入网络后只要运行 TCP/IP,就可以访问因特网并相互通信。

2. 计算机网络体系结构

计算机网络体系结构可以从网络体系结构、网络组织、网络配置 3 个方面进行描述,网络组织是从网络的物理结构和网络的实现两方面来描述计算机网络,网络配置是从网络应用方面来描述计算机网络的布局,硬件、软件和通信线路来描述计算机网络,网络体系结构是从功能上来描述计算机网络结构。

计算机网络体系结构可以定义为网络协议的层次划分与各层协议的集合,同一层中的协议根据该层所要实现的功能来确定,各对等层之间的协议功能由相应的底层提供服务完成。对等层之间进行通信时,数据传送方式并不是由第 i 层发送方直接发送到第 i 层的接收方,而是每一层都把数据和控制信息组成的报文分组传输到与它相邻的 $i-1$ 层,直到物理传输介质。接收时,则是每一层从它的相邻低层接收相应的分组数据,在去掉与本层有关的控制信息后,将有效数据传送给其相邻上层。

3. 常用计算机网络体系结构

目前,计算机网络主要存在的两种体系结构是 OSI-RM 体系结构和 TCP/IP 体系结构。

（1）OSI-RM 体系结构。OSI-RM 是国际标准化组织(ISO)制定的一个用于计算机或通信系统之间互连的标准体系,一般称为 OSI 参考模型或七层模型,是一个异种计算机互连的国际标准,其结构如图 6-4 所示。图中水平双向箭头线表示概念上的通信(虚通信),空心箭头表示实际通信(实通信)。

（2）TCP/IP 体系结构。TCP/IP(transmission control protocol/internet protocol,传输控制协议/互联网协议),是针对 Internet 开发的一种体系结构和协议标准。从协议

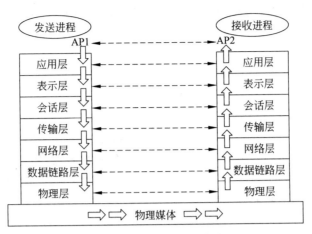

图 6-4 ISO/OSI 参考模型

分层模型方面来讲,TCP/IP 协议族是一个四层的协议系统,从下到上依次是数据链路层、互联网络层、传输层、应用层。每一层通过若干协议完成不同的功能,上层协议使用下层协议提供的服务,其结构如图 6-5 所示。

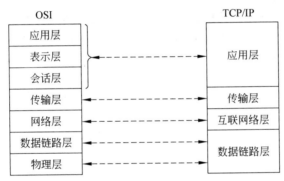

图 6-5 TCP/IP 体系结构与 OSI 参考模型对照关系

TCP/IP 在物理网上的一组完整的网络协议。其中,传送控制协议是一种提供给用户进程的可靠的全双工字节流面向连接的协议,为用户进程提供虚电路服务,并为数据可靠传输建立检查,是提供传输层服务的。互联网协议负责主机间数据的路由和网络上数据的存储,是提供网络层服务的,用户进程通常不需要涉及这一层。

TCP/IP 体系结构的优点是,简化了计算机网络的结构,由原来的 7 层变到现在的 4 层;每一层既独立又有联系,独立是因为如果哪一层出现问题了不会影响其他层的工作,联系是因为上层协议又使用下层协议提供的服务。

TCP/IP 已成为目前 Internet 上的国际标准和工业标准。

6.2 局域网

局域网(LAN)是计算机网络的重要组成部分,是计算机网络中应用最为普及、技术发展迅速的一个领域。公司、企业、政府部门及住宅小区内的计算机都通过 LAN 连接起来，达到资源共享和信息交互的目的。了解和掌握局域网的知识和技术，为个人网络应用能力的发展奠定基础。

6.2.1 局域网概述

1. 局域网的发展

局域网产生于 20 世纪 70 年代。随着微型计算机应用的迅速普及和性能的提高，越来越多的用户对计算机的需求，不只停留在单机功能的强弱，而是需要与部门或工作组中其他计算机进行资源共享或信息交换，尤其共享一些昂贵的硬件或软件资源，为此提出了部门计算机互连成网的要求，计算机局域应运而生。几十年来，随着人们对局域网应用的不断深入和扩大，推动了局域网的发展。下面列举局域网发展过程中的一些重要事件。

（1）1973 年，Bob Metcalfe（以太网之父）和 David Boggs 发明了以太网。

（2）1979 年，Bob Metcalfe 开始了以太网标准化的研究工作。

（3）1980 年，DEC、Intel 和 Xerox 施乐（DIX）共同制定了 10Mb/s 以太网的物理层和链路层标准，即 DIX Ethernet V1 以太网规范；1983 年，IEEE 802.3 委员会以 DIX Ethernet V2 为基础，制定并颁布了 IEEE 802.3 以太网标准。

（4）1983 年，美国国家标准化委员会 ANSI X3T9.5 委员会提出了光纤高速网的标准 FDDI（光纤分布式数据接口），使局域网的传输速率提高到 100Mb/s。

（5）1985 年，在 IBM 公司推出的著名的令牌环网的基础上，IEEE 802 委员会又制定了令牌环标准 IEEE 802.5。

（6）1990 年，为提高以太网的传输速率，在 10Mb/s 以太网技术的基础上，进而开发了快速以太网技术。于 1995 年 6 月通过了 100BASE-T 快速以太网标准 IEEE 802.3u，其带宽是 100Mb/s。

（7）1995 年 11 月，IEEE 802.3 标准委员会组建了一个新的"高速研究组"去研究千兆以太网。1996 年分别通过 IEEE 802.3z 标准和 IEEE 802.3ab 标准，千兆以太网的产品上市，并和现有的以太网相兼容，支持 3 种数据传输速率：10Mb/s、100 Mb/s 和 1000 Mb/s，通过自动协商协议实现速度的自动配置，千兆以太网较传统以太网的带宽高出 100 倍。

（8）1999 年至今，以太网的不断革新和发展，成了当今局域网通用的通信协议标准。2003 年发布的 10Gb/s 以太网标准，定义了一个速度为每秒 100 亿位的光纤系统。2006 年，双绞线 10Gb/s 标准发布，支持在扩展 6 类双绞线上进行秒 100 亿位的传输，支持 4 种数据传输速率：10Mb/s、100Mb/s、1000b/s。2010 年发布了 40Gb/s 和 100Gb/s 以太网标准，定义了 40Gb/s 和 100Gb/s 介质系统，可以在光纤和短程同轴电缆上承载 40Gb/s 和 100Gb/s 的以太网信号。

（9）1997 年，IEEE 制定出无线局域网第一个无线网络通信的工业标准 IEEE 802.11，定义了无线局域网的拓扑结构、媒体访问控制协议和物理层的规范。经过不断补充和完善，形成 IEEE 802.11x 的标准系列，已成为当今无线局域网的主流标准。2009 年通过了 IEEE 802.11n 标准。无线局域网的发展趋势是数据传输速率越来越高、安全性越来越好、服务质量越来越有保证。

局域网的发展还不断突破其应用局限性,一方面迈向城域网和广域网的应用领域,另一方面不断融合到嵌入式开发等物联网应用领域。

2. 局域网的定义及特点

局域网(LAN)是将分散在有限地理范围内(如一栋大楼、一个部门)的多台计算机通过传输介质(如双绞线)连接起来的通信网络,通过功能完善的网络软件(如 Windows、Linux、UNIX)实现计算机之间的相互通信和资源共享。

美国电气和电子工程协会(IEEE)于 1980 年 2 月成立了局域网标准化委员会(简称 802 委员会)专门对局域网的标准进行研究,提出了 LAN 的定义:LAN 是允许中等地域内的众多独立设备通过中等或高等速率的物理信道直接互连、通信的数据通信系统。这里的数据通信设备是广义的,包括计算机、终端和各种外围设备;这里的中等区域可以是一座建筑物、一个校园或者大至直径为几十千米的一个区域。

局域网的典型特点如下。

(1) 局域网覆盖的地理范围有限,用于企业、学校、机关等单一组织有限范围内的计算机联网,实现组织内部的资源共享。

(2) 数据传输速率较高。由于传输距离较短,一般采用性能好的传输介质,传输可靠性高,速率可达 10～1000Mb/s,甚至 10Gb/s。

(3) 传输控制比较简单。对于共享传输线路的局域网来说,网络没有中间结点。

(4) 有较低的延迟和误码率。由于传输介质性能较好且通信距离较短,因此局域网具有较低的延迟,误码率也大大降低。

(5) 可以支持多种传输介质,如双绞线、光缆等。

(6) 局域网的拓扑结构简单,主要有总线、星形、环形和树状等结构,便于网络的控制与管理,数据链路层协议也比较简单。

(7) 能方便地共享昂贵的外围设备、软件和数据。

(8) 易于安装、组建和维护,保密性好,可靠性高,便于系统的扩展和升级,各个设备的位置可灵活调整和改变。

3. 局域网的主要技术要素

影响局域网性能(像传输数据的类型、响应时间、吞吐率、利用率等)的主要技术要素有网络拓扑结构、传输介质和介质访问控制方法。

(1) 局域网使用总线、星形、环形、树状等共享信道的拓扑结构,使得网络的管理和控制变得简单。

(2) 局域网通信距离较短,通信线路的成本在网络建设的总成本中所占的比例不大,可以选用性能优越的传输介质。

(3) 将传输介质的频带有效地分配给网上各站点用户的方法称为介质访问控制(carrier sense multiple access with collision detection,MAC)方法。介质访问控制方法是局域网中最重要的一项基本技术,既要确定网络上每个结点何时可以使用共享介质传输的问题,又要解决多个站点如何共享公用传输介质的问题。一个好的介质访问控制方法要实现协议简单,能获得有效的信道利用率 3 个基本目标,且公平合理地对待网上各站点的用户。常用的方法有带冲突检测的载波监听多址访问(CSMA/CD)方法、令牌环访问控制方法和令牌总线访问控制方法 3 种。

4. 局域网的参考模型

局域网与 OSI-RM 中的物理、数据链路和网络层的功能对应，用带地址的数据帧来传送数据，不需要路由选择，所以在局域网模型中不单独设置网络层。将网络层的服务访问点(LSAP)设在逻辑链路控制(LLC)子层与高层协议的交界面上。

IEEE 802 委员会针对局域网的特点并参照 OSI-RM，制定了有关局域网的参考模型(IEEE 802 模型)和相关标准(称为 IEEE 802 系列标准)。IEEE 802 模型仅包含 OSI 参考模型的物理层和数据链路层，IEEE 802 模型与 OSI 模型的对应关系如图 6-6 所示。为使局域网的数据链路层不至于太复杂，将局域网的数据链路层划分为两个子层，即介质访问控制子层和逻辑链路控制子层。

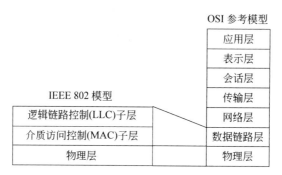

图 6-6　IEEE 802 模型与 OSI 模型的对应关系

IEEE 802 模型中各层的功能定义如下。

(1) 物理层。局域网的物理层与 OSI 模型的物理层功能相当，主要涉及局域网物理链路上原始比特流的传输，定义局域网物理层的机械、电气、规程和功能特性，例如，信号的传输与接收、同步序列的产生和删除等，物理连接的建立、维护和撤销等。

(2) 介质访问控制(MAC)子层。主要功能是提供帧的封装和拆封，物理传输差错的检测，寻址以及实现介质访问控制方法(如 CSMA/CD、token ring 等)。它向 LLC 子层提供单个 MSAP 服务访问点，由于有不同的访问控制方法，所以它和 LLC 子层有各种不同的访问控制方法接口，它与物理层则有 PSAP 访问点。

(3) 逻辑链路控制(LLC)子层。LLC 子层与物理传输介质无关，主要执行 OSI 模型中定义的数据链路层协议的大部分功能和网络层的部分功能。例如，连接管理(建立和释放连接)、帧的可靠传输、流量控制和高层的接口(它向高层提供一个或多个服务访问点 LSAP)。LLC 子层与相邻的高层界面上，设置了多个网络的服务访问点 LSAP，LLC 子层起着向上屏蔽了物理层和 MAC 层异构的作用。

由于目前几乎所有局域网都采用以太网规范，故 LLC 子层已经不再重要。当不同的局域网需要在网络层实现互连时，报文分组就必须经由多条链路才能到达目的站，此时需专门设立一个层次来完成网络层的功能，但可以借助已有的通用网络层协议(如 IP)实现。

5. 局域网的基本组成

局域网的基本组成包括服务器、客户机、网络适配器(网卡)、传输介质(如双绞线、同轴电缆和光纤、无线介质等)、网络互连设备(如集线器、交换机、网桥等)、网络操作系统及网络通信协议。

6.2.2 局域网技术

局域网确定了拓扑结构,也就确定了传输介质和终端之间的连接方式以及接口标准。当多个站点共享同一介质时,如何将带宽合理地分配给各站点是介质访问控制协议的主要功能。介质访问控制方法中最常用的有两种,一种是 IEEE 802.3 使用的轮询型访问方式,即具有冲突检测的载波侦听多路访问(CSMA/CD),它也是以太网的核心技术;另外一种是 IEEE 802.5 使用的轮询型访问方式,即令牌(token)技术,主要用在 IBM 的令牌环网和 FDDI 类型的网络上。由于局域网大多为广播型网络,因而介质访问控制协议是局域网所特有的,而广域网采用的是点对点通信,因此不需要此类协议(广域网的路由协议是其设计的关键)。目前比较流行的局域网有以太网、令牌环网、ATM、FDDI 等。

1. 以太网

以太网(Ethernet)是最早的局域网技术,是一种基于总线型的广播式网络,标准化程度非常高,速度快而且价格低廉,是应用最广泛、发展最成熟的一种局域网。

以太网诞生于 1973 年,1983 年 IEEE 正式批准了第一个以太网的工业标准(IEEE 802.3 标准)时,明确了 10Mb/s 为标准宽带。此时的以太网采用直径为 1cm 的同轴电缆做通信介质,电缆阻抗为 50Ω,区段最大长度为 500m,每段电缆可连接 100 个结点,传输速率为 10Mb/s,通常被人们称为"标准以太网"。

以太网物理拓扑结构可以为总线、星形和树状结构,但其逻辑上都是总线结构。例如 10BASE-T、100BASE-T 等,虽然用双绞线连接时在外表上看是星形结构,但连接双绞线的集线器内部仍然是总线结构,只是连接每个计算机的传输介质变长了,这种以太网称为共享式以太网,共享式以太网采用 CSMA/CD 介质访问控制方式,当站点过多时,由于冲突将导致传输速率和网络性能急剧下降。

以太网结构简单,易于实现,技术相对成熟,网络连接设备的成本也非常低。此外,以太网虽然类型较多,但互相兼容,不同类型的以太网可以很好地集成在一个局域网中,其扩展性也很好。因此,在组建局域网,校园网和企业网时,很多的单位还是把以太网作为首选。

随着技术的不断进步,以太网传输速率不断提高,以太网经历从 10Mb/s 的传统以太网到高速以太网的发展过程。高速以太网包括 100Mb/s(百兆以太网、快速以太网)、1Gb/s(千兆以太网)、10Gb/s(万兆以太网)、40Gb/s(四万兆以太网)、100Gb/s(十万兆以太网)。

(1) 传统的以太网。传统的以太网有 4 种类型:10Base5、10Base2(细缆以太网)、10BASE-T(双绞线以太网)和 10BASE-F(光纤以太网)。名称中的"10"表示信号在电缆上的传输速率为 10Mb/s。

10Base5 意思是网络的最大网段长度为 500m,以 10Mb/s 的速度进行基带传输。10Base5 使用标准的同轴电缆(直径为 0.4in,1in≈0.0254m),又称为粗缆以太网,因为粗缆对信号有衰减作用,需要限制每段粗缆的长度,当连接距离超出 500m 时采用中继器链接,但总长度不宜超过 2.5km。

10Base2 意思是网络的最大网段长度为 200m(实际为 185m),采用基带传输技术,最大数据传输率为 10Mb/s 的速度进行。10Base2 采用柔软的细同轴电缆(直径为 0.25in),又称为细缆以太网,如果网络中设备间的距离超过了 185m,同样需要接有中继器,起到增强信号的目的。

10BASE-T 是采用双绞线(UTP)连接的星形拓扑结构。因为双绞线的传输质量相对较差,网络上任意两台计算机之间的电缆长度为 25~100m,以免相互干扰。

10BASE-F 以太网的传输介质为光纤(fiber),光纤作为双绞线的替代,将网段最大距离增加至 500m,并且加强了传输特性。10BASE-F 标准使用曼彻斯特编码,能够将电信号转换成光信号。10BASE-F 标准有 3 个规范。

① 10BASE-FP:用于无源星形拓扑,连接结点之间的每一段链路长度不超过 1km,P 表示无源(passive)。

② 10BASE-FL:连接结点之间的每一段链路长度不超过 2km,L 表示接口(link)。

③ 10BASE-FB:连接转发器之间的每一段链路长度不超过 2km,用于跨越远距离的主干网系统,B 表示主干(backbone)。

(2) 以太网的数据链路层协议。载波监听多址接入/冲突检测(CSMA/CD)是一种介质访问控制方法,适用于总线结构及星形结构的共享式以太局域网,解决多站点在共享访问传输介质中的争用信道问题。传输介质可以是双绞线、同轴电缆或光纤。CSMA/CD 的工作过程是,听后发,边听边发,冲突停止,随机重发。具体步骤如下。

① 当一个站点想要发送数据时,首先检测网络,查看是否有其他站点正在利用线路发送数据,即监听线路的忙、闲状态。线路上已有数据在传输,称为线路忙;线路上没有数据在传输,称为线路空闲。

② 如果线路忙,则等待,直到线路空闲;如果线路空闲,站点就发送数据。

③ 在发送数据的同时,站点继续监听网络一段时间以确保没有冲突发生。监听期间若没有发生冲突,发送方就假设帧传送成功。

④ 若检测到冲突发生,则立即停止发送,并发出一串固定格式的阻塞信号以强化冲突,让其他的站点都能发现冲突,此时两个冲突站点发送的数据均丢失,只能过一段时间后重新发送。

根据 CSMA/CD 规则,只有当线路空闲时,站点才可以发送数据,线路上数据的冲突有两种可能:第一种是两个结点同时检测到线路空闲,同时发送数据;第二种是第一个站点已发送数据,但由于传输的延迟,第二个站点没有检测到信号,认为线路是空闲的,又向线路上发送数据。

常用的冲突检测方法如下。

① 通过硬件检查。以信号叠加引起的接收信号电平摆动变大是否超过特定阈值,来判断是否有冲突发生。

② 检查曼彻斯特编码信号的每位中间有无过零点(是否偏移)来判断有无发生冲突。

③ 边发边收,将发送的信号与接收的信号相比较,若不一致则说明有冲突存在。

在使用 CSMA/CD 协议时,一个站不可能同时进行发送和接收,必须边发送边监听信道。因此,使用 CSMA/CD 协议的以太网不可能进行全双工通信,只能进行半双工通信。

(3) 高速以太网。快速以太网(fast Ethernet)以上的网络都属于高速以太网,高速以太网基于扩充的 IEEE 802.3 标准,由 10BASE-T 以太网标准发展而来,保持了原有的帧格式、MAC(介质存取控制)机制,是当前最流行并广泛使用的局域网。

(4) 快速以太网。1993 年,随着 Grand Junction 公司推出世界上第一台快速以太网集线器 Fastch10/100 和网络接口卡 Fast NIC 100,快速以太网技术才正式得到应用。Intel、3Com 等公司也随之陆续推出快速以太网装置,与此同时,IEEE 802 工程组也对 100Mb/s 以太网的各种标准、工作模式等进行了研究。1995 年 3 月,IEEE 宣布了 IEEE 802.3u 100BASE-T 快速以太网标准,开始了快速以太网的时代。快速以太网和传统的以太网的不同之处在于物理层,原 10Mb/s 以太网的附属单元接口由新的媒体无关接口代替,接口下所采用的物理媒体也相应地改变。用户网络想从 10Mb/s 以大网升级到 100Mb/s,只需要更换一张适配卡和配一个 100Mb/s 的集线器即可,不必更改网络的拓扑结构和在 10BASE-T 上所使用的应用软件和网络软件。100BASE-T 标准还包括有自动速度侦听功能,其适配器有很强的自适应性,能以 10Mb/s 和 100Mb/s 两种速度发送,并以另一端的设备所能达到的最快的速度进行工作。具有高可靠性、易于扩展性、成本低等优点,由于仍是基于载波侦听多路访问和冲突检测(CSMA/CD)技术,当网络负载较重时,需要使用交换技术来提高效率。

(5) 千兆以太网。随着多媒体技术、高性能分布式计算和视频应用的发展,用户对局域网的带宽提出了越来越高的要求,100Mb/s 桌面系统也要求主干网、服务器一级的设备要有更高的带宽。在这种需求背景下,IEEE 802 委员会在 1996 年 3 月成立了 IEEE 802.3z 工作组,专门负责 1Gb/s 以太网标准的制定,并于 1998 年 6 月正式公布关于千兆以太网的标准(支持光纤传输的 IEEE 802.3z 和支持铜缆传输的 IEEE 802.3ab)。千兆以太网的数据传输速率为 1Gb/s,保留了原有以太网的帧结构,与 10BASE-T、100BASE-T 以太网技术兼容,便于早期的以太网络的升级。千兆以太网的主要优点如下。

① 保持了经典以太网的灵活性、安装实施和管理维护的简易性。

② 技术过渡的平滑性,如在半双工方式下采用 CSMA/CD 协议,全双工方式下不用,保留原有以太网的帧结构。

③ 可采用简单网络管理协议(SNMP)查找和排除工具,以确保千兆以太网的可管理性和可维护性。

④ 具有支持新应用与新数据类型的高速传输能力。

(6) 万兆以太网。从 1999 年开始,千兆以太网开始向万兆以太网技术发展。万兆以太网不仅再度扩展了以太网的带宽和传输距离,更重要的是推动以太网从局域网领域向城域网、广域网领域渗透。IEEE 802 委员会在 1999 年底成立了 IEEE 802.3ae 工作组,进行万兆以太网技术的研究,并于 2002 年正式发布 IEEE 802.3ae 10GE 标准。万兆以太网只采用全双工方式,不使用 CSMA/CD 协议,保留了原有以太网的帧结构,易于兼容早期的以太网技术,便于网络升级和扩展。

(7) 四万兆以太网和十万兆以太网。IEEE 802 委员会在 2010 年 6 月公布了 40GE/100GE 的标准 IEEE 802.3ba-2010。40GE/100GE 以太网只工作在全双工方式,不使用 CSMA/CD 协议,保留了原有以太网的帧结构。40GE/100GE 以太网技术的成功,使得局域网技术的应用领域扩大到城域网和广域网,当城域网和广域网都采用千兆以太网和万兆以太网时,用户家中实现以太网宽带接入因特网,就不需要任何调制解调器,从而实现端到端的以太网传输,中间链路不需要再进行帧格式的转换,提高数据传输效率,降低了传输成本。

2. 令牌环网

令牌环网(token ring)是 IBM 公司于 20 世纪 70 年代发展的,由于存在固有缺点,现在这种网络比较少见。

在老式的令牌环网中,数据传输速度为 4Mb/s 或 16Mb/s,新型的快速令牌环网速度可达 100Mb/s。令牌环网的传输方法在物理上采用了星形拓扑结构,但逻辑上仍是环形拓扑结构。与传统总线结构的网络不同,令牌环网不是采用竞争机制获取信道的使用权,而是通过集中方式控制,通过一个称作令牌(toke)的比特控制信号来控制环网连接的计算机有序地访问信道。令牌控制信号在环上逆时针绕行,站点如果需要发送数据,则在得到这个令牌并且令牌状态为"空"的情况下就可以发送数据,同时把令牌置"忙",发送完毕以后再将令牌置"空"。

3. 光纤分布式数据接口

光纤分布式数据接口(fiber distributed data interface,FDDI)为高速光纤网,它是于 20 世纪 80 年代中期发展起来一项局域网技术,起源于 ANSI(美国国家标准协会)X3T 9.5 委员会定义的标准,但同时也借用了 IEEE 802.2 的 LLC 层的协议标准,采用了多帧访问方式,提高了信道的利用率。FDDI 提供的高速数据通信能力要高于当时的以太网(10Mb/s)和令牌网(4Mb/s 或 16Mb/s)的能力。

FDDI 采用了令牌环网的访问控制技术,并且使用双环机制解决了网络中站点故障导致信道中断的问题,提高了容错性。但其硬件投入高,技术复杂,价格昂贵等原因限制了其使用,并且 FDDI 网络升级或者转换为 ATM 或以太网较为困难。

4. 异步传输模式

异步传输模式(asynchronous transfer mode,ATM)与传统的以太网或者令牌环网不同,它使用固定大小的信元(cell)分组来传输所有的信息。信元大小为 53B,其中,5B 为信元头,48B 为有效载荷,因为长度固定,所以信元交换可以由硬件来实现,速度可达数百吉比特每秒。ATM 技术的高带宽使宽带 ISDN(integrated services digital network,综合业务数字网)成为可能,ISDN 是一种在数字电话网 IDN 的基础上发展起来的通信网络,它能够支持多种业务,包括电话业务和非电话业务。ISDN 的目标是将各种业务(如语音、数据、图像、视频)综合在一个网络中进行传送,提供全方位的媒体服务,这一切都将通过电话线来传输。

5. 虚拟局域网

在一个较大的局域网中,如果广播帧太多,轻则造成网络效率下降,重则发生广播风暴,使局域网崩溃。传统的解决方法是通过路由器把一个较大的局域网划分为若干个较小的广播域,也可以采用虚拟局域网(VLAN)技术来解决。

VLAN 技术是一种不用路由器实现对广播包进行抑制的解决方案。在 VLAN 中,对数据包的抑制由具有路由功能的交换机来完成。VLAN 交换设备能够将整个物理网络逻辑上划分为若干个虚拟的工作组,这种逻辑上划分的虚拟工作组通常被称为虚拟局域网。高性价比的 LAN 交换设备给用户提供了非常好的网络分段能力,并具有极低的帧转发延迟和高的传输带宽,这为实现 VLAN 技术提供了有利的基础保证。

VLAN 可以为信息业务、子业务以及信息业务间提供一个相符合业务结构的虚拟网络拓扑架构并实现访问控制功能。与传统的局域网技术相比较,VLAN 技术更加灵活,它可以是由混合的网络类型设备组成,例如 10Mb/s 以太网、100Mb/s 以太网、令牌网、FDDI 等,可以是工作站、服务器、集线器、网络上行主干等。

VLAN 除了能将网络划分为多个广播域,从而有效地控制广播风暴的发生,以及使网络的拓扑结构变得非常灵活的优点外,还可以用于控制网络中不同部门、不同站点之间的互相访问,减少网络设备的移动、添加和修改的管理开销,提高网络的安全性。

6. 无线局域网

无线局域网(wireless local area network,WLAN)是一种无线的数据传输系统,它利用射频(radio frequency,RF)技术,基于 IEEE 802.11 标准在局域网络环境中使用未授权的 2.4GHz 或 5.8GHz 射频波段进行无线连接,从而取代上文中介绍的有线介质所构成的局域网络。无线局域网技术方便在楼宇或其他建筑物内进行组网,并且使得用户可以随时随地访问网络。

无线局域网的优点包括如下。

① 灵活性和移动性。有线局域网中网络设备的安放位置易受限制,而无线局域网网在无线信号覆盖区域内的任何一个位置都可以接入网络。无线局域网另一个最大的优点在于移动性,连接到无线局域网的用户可以移动且能同时保持与网络连接。

② 安装便捷。无线局域网可以免去或最大限度地减少网络布线的工作量,一般只要安装一个或多个接入点设备(access point,AP),就可建立覆盖整个区域的局域网络。

③ 易于进行网络规划和调整。对于有线网络来说,办公地点或网络拓扑的改变通常意味着重新建网。重新布线是一个昂贵、费时、浪费和琐碎的过程,无线局域网可以避免或减少以上情况的发生。

④ 故障定位容易。有线网络一旦出现物理故障,尤其是由于线路连接不良而造成的网络中断,往往很难查明,而且检修线路需要付出很大的代价。无线网络则很容易定位故障,只需更换故障设备即可恢复网络连接。

⑤ 易于扩展。无线局域网有多种配置方式,可以很快从只有几个用户的小型局域网扩展到上千用户的大型网络,并且能够提供结点间"漫游"等有线网络无法实现的特性。

无线局域网有以下几方面的不足。

① 性能。无线局域网是依靠无线电波进行传输的,这些电波通过无线发射装置进行发射,而建筑物、车辆、树木和其他障碍物都可能阻碍电磁波的传输,所以会影响网络的性能。

② 速率。无线信道的传输速率与有线信道相比要低得多,无线局域网的最大传输速率为 1Gb/s,只适合于个人终端和小规模网络应用。

③ 安全性。本质上无线电波不要求建立物理的连接通道,无线信号是发散的。从理论上讲,很容易监听到无线电波广播范围内的任何信号,造成通信信息泄漏。

6.3 Internet 基础

Internet(因特网)是继电话网络之后出现的功能更强、作用更大、使用范围更广的网络。

6.3.1 Internet 简介

1. Internet 的起源与发展

Internet 源于美国国防高级研究计划署部(Advanced Research Project Agency, ARPA)为了研究数据通信中的分组交换技术而在 1969 年建立的一个实验型网络,目的是通过计算机网络将远程的计算机连接起来,使研究人员能够共享远程计算机的硬件和软件资源。到了 1983 年,ARPA 网被分成两个网络,即 ARPANET 和 MILNET(military network),这两个网络互相连接,仍然可以互享共同的资源,这种网际互联的网络被称为 DARPA Internet。这就是最早的 Internet,它标志着 Internet 的诞生。1986 年,美国国家科学基金会网(National Science Foundation Network,NSFN)将美国各地的科研人员使用的计算机连接到了分布在美国不同地区的 5 个超级计算机中心,后来又将大学和科研机构的计算机中心连接起来。美国国家科学基金会网采取的这一举措为后来 Internet 的发展起了重要的作用。由于 Internet 上潜在的巨大的资源共享优势。

自从 1983 年 Internet 建立之后,加入 Internet 的计算机逐年急剧增加。1985 年,加入网络的计算机数量有 100 个左右,到了 1990 年增加到 2200 多个,1992 年加入 Internet 的网络数超过 5000 个,加入的国家超过 40 个,到了 1996 年底,全球已有 186 个国家和地区连入 Internet,上网用户超过 7000 万。在 Internet 上大约有 600 个大型的电子图书馆,100 多万个信息源。由于 Internet 的快速发展,到目前已经没有人能够确切知道 Internet 的规模到底有多大。

2. 中国最早接入 Internet 的四大主干网络

中国最早接入 Internet 的四大主干网络是中国国家计算机与网络设施(NCFC)、中国教育和科研计算机网(CERNET)、中国公用计算机互联网(CHINANET)和中国国家公用经济信息通信网(CHINAGBNET)。

我国接入 Internet 是在 20 世纪 90 年代初。1990 年 4 月,中国国家计算机与网络设施示范网络(The National Computing and Networking Facility of China,NCFC 又称中国科技网,简称 CSTNET)工程开始启动,由中国科学院主持,联合清华大学和北京大学共同建设。1992 年,NCFC 工程的院校网,即中国科学院院网(CASNET)、清华大学校园网(TUNET)和北京大学校园网(PUNET)全部完成建设。1994 年 4 月 20 日,NCFC 正式开通了可以访问国外 Internet 的专线。随后,中国科学院计算机网络信息中心于 1994 年 5 月 21 日完成了中国国家顶级域名(CN)的注册,设立了中国自己的域名服务器。从此,我国的 Internet 进入了快速发展的时期。

1994 年 10 月,由原国家计划委员会投资,原国家教育委员会主持的中国教育科研计算机网(China Education and Research Network,CERNET)开始启动。

1995年5月，中国电信开始筹建中国公用计算机互联网（CHINANET）。1996年1月，中国公用计算机互联网建成并正式开通。中国公用计算机互联网的诞生标志着中国的Internet用户从科技教育界已经转向全国各行各业，为中国Internet的发展奠定了坚实的基础。

中国金桥信息网（CHINAGBNET），又称中国国家公用经济信息通信网，是国家经济信息化的基础设施。1993年3月12日提出建设国家公用经济信息通信网（简称金桥工程），1996年9月6日，金桥信息网Internet业务正式宣布开通。

到1996年，我国的互联网基本形成了以上四大网络主流体系。

1997年6月3日，受国务院信息化工作领导小组办公室的委托，中国科学院在中国科学院计算机网络信息中心组建了中国互联网络信息中心（CNNIC），CNNIC作为我国非盈利的管理与服务机构，其宗旨是为我国互联网络用户服务，促进我国互联网络健康、有序地发展。中国科学院计算机网络信息中心承担CNNIC的运行和管理工作。

我国的互联网从起步到现在发展很快，2021年8月27日，中国互联网络信息中心（CNNIC）发布了第48次《中国互联网络发展状况统计报告》。

截至2021年6月，我国网民规模达10.11亿，较2020年12月增长2175万，互联网普及率达到71.6%，较2020年12月提升1.2个百分点。

我国手机网民规模达10.07亿，较2020年12月增长2092万，网民使用手机上网的比例达99.6%，与2020年12月基本持平。即时通信用户规模达9.83亿，较2020年12月增长218万，占网民整体的97.3%。在线办公用户规模达3.81亿，较2020年12月增长3506万，占网民整体的37.7%。

网民规模超过10亿，形成了全球最为庞大、生机勃勃的数字社会。随着智能手机的普及，短视频、直播正在成为全民新的娱乐方式；全民的购物方式、餐饮方式也在发生悄然变化；在线公共服务（在线教育、在线医疗）进一步便利民众；以在线办公为代表的灵活工作模式将持续创新发展。

互联网的发展令世人瞩目，已经影响到人们生活的方方面面。互联网用户可以利用互联网去获取需要的信息和良好的服务，还可以在互联网上发布有关的信息；互联网上不仅有着不断增长的庞大的信息资源和世界上最大的知识宝库，并且在互联网上蕴藏着可被开发和利用的无限商机。有人曾作过比喻：把商业领域在互联网中的可利用率比作大海，现在仅仅利用了大海的一滴水。

3. Internet提供的服务

目前，Internet提供的服务主要有电子邮件（E-mail）、远程上机（telnet）、文件传输（FTP）、文档查询索引（archie server）、网络新闻（usenet）、Gopher（信息查找系统）、WAIS（wide area information system，广域信息查询系统）、WWW（万维网）、WDL（世界数字图书馆）、远程网上大学、网上医疗、电子刊物、电子购物、金融服务等。

6.3.2 Internet 地址

1. 介质访问控制地址

介质访问控制地址（medium access control address，MAC address），用来定义网络设

备的位置。在OSI-RM中，第三层网络层负责IP地址，第二层数据链路层则负责介质访问控制地址。因此一个主机会有一个介质访问控制地址，而每个网络位置会有一个专属于它的IP地址。介质访问控制地址是网卡决定的，是固定的，如果一个计算机的网卡坏了，在更换网卡之后，该计算机的介质访问控制地址就改变了。

介质访问控制地址用来表示网络上每一个站点的标识符，采用十六进制数表示，共占6B(48位)，例如，00-23-5A-15-99-42。其中，前3B是由IEEE的注册管理机构RA负责给不同厂家分配的代码(高位24位)，也称为"编制上唯一的标识符"(organizationally unique identifier)，后3B(低位24位)由各厂家自行指派给生产的适配器接口，称为扩展标识符(唯一性)。

在一个稳定的网络中，IP地址和介质访问控制地址是成对出现的。如果一台计算机要和网络中另一台计算机通信，那么要配置这两台计算机的IP地址，介质访问控制地址是在网卡出厂时就已设定的，这样配置的IP地址就和介质访问控制地址形成了一种对应关系。在数据通信时，IP地址负责表示计算机的网络层地址，网络层设备根据IP地址来进行操作；介质访问控制地址负责表示计算机的数据链路层地址，数据链路层设备根据介质访问控制地址来进行操作。IP和介质访问控制地址这种映射关系由ARP(address resolution protocol，地址解析协议)协议完成。

可以通过ipconfig /all命令查看介质访问控制地址。

2. IP地址

连入Internet的计算机为了能够实现相互访问，都要分配一个能够被识别的数字编码，就像每一台电话机有一个固定的电话号码一样。这个数字编码称为IP地址。目前人们使用最多的是第4版互联网协议(IPv4)，每个IP地址长32位，由网络地址和主机地址两部分组成，如图6-7所示。

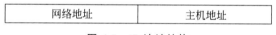

图6-7 IP地址结构

根据网络的不同格式，IP地址通常分为A、B、C、D、E等几种类型，其中A、B、C三种常用类型分别适用于大、中、小型网络。A、B、C三类网络的IP地址类型格式如图6-8所示。

A类	0	网络地址(7位)	主机地址(24位)	
B类	1	0	网络地址(14位)	主机地址(16位)
C类	1	1	0	网络地址(21位)	主机地址(8位)

图6-8 IP地址类型格式

IP地址在计算机内部用32位的二进制表示，决定了网络地址数的上限和每一个网络地址所允许连接的最多主机数量。

在使用时，IP地址是用4个0~255的十进制数来表示，各十进制数之间用小数点分开，此种表示方法又称为点分法。每个十进制数对应一个8位的二进制数，例如IP地址202.120.143.250，写成32位二进制数表示的IP地址就是 11001010 01111000

10001111 11111010。

A 类地址的第一段数(IP 地址左边第一个十进制数)为 1~127,子网掩码为 255.0.0.0;B 类地址的第一段数为 128~191,子网掩码为 255.255.0.0;C 类地址的第一段数为 192~223,子网掩码为 255.255.255.0。由于 IP 地址中的网络地址和主机地址全"0"、全"1"时有特殊用途,因此 IP 地址的实际容量如表 6-1 所示。

表 6-1 IP 地址容量

类型	第一字节地址	网络地址数	网络主机数	主机总数	私有 IP 地址范围
A 类	1~127	126	16777214	2113928964	10.0.0.0 -10.255.255.255
B 类	128~191	16384	65534	1073709056	172.16.0.0-172.31.255.255
C 类	192~223	2097152	254	532676608	192.168.0.0-192.255.255.255

从 IP 地址格式可以看出,如果能申请到一个 A 类地址的网络号,其允许连接的主机数就会比较多。

在 Web 技术发展的同时,Internet 技术也在快速发展,特别是当前主机的 IP 资源已经非常匮乏,新编址模式的需求日益迫切。

第 6 版互联网协议(IPv6)是 IP 的新版本,它的地址长度为 128 位(16B),是 IPv4 的 4 倍。IPv6 的地址格式是,将 128 位分成 32 个十六进制数,每个为一段,若干个连续为 0 的段可以简写为":"但只能出现一次。

目前操作系统主机默认的协议是 IPv4,要使用 IPv6 协议需要进行一系列的安装和配置。Windows 已经自带了 IPv6 功能,但默认是不启用的。

3. 域名(DN)

域名是指互联网上识别和定位计算机的层次结构式的字符标识,与该计算机的 IP 地址相对应。人们不仅可以通过 IP 地址,还可以通过比较好记忆的域名(例如,中华人民共和国教育部网站的域名是 www.edu.cn)访问网站。浏览 Internet 网站时,域名是通过浏览软件将其送往域名服务器系统(DNS),再由域名服务器系统将域名翻译成 IP 地址,然后根据 IP 地址才能访问相应的网站。中文域名是指含有中文文字的域名,顶级域名是指域名体系中根结点下的第一级域的名称。

Internet 域名如同商标,在美国,连街头上的小百货店和小加油站都在注册它们的域名,以便在网上宣传自己的商品和服务。因为每个域名只能有一个,无论是个人或者公司,越早行动,才有可能注册上所需要的域名。

域名采用分层命名的方式,每一层称为一个域,各个域之间用"."分开。域的层次次序从右向左分别称为一级域名、二级域名、三级域名等。域名级数是指一个域名由多少级组成,域名的各个级别被"."分开,简而言之,有多少个点就是几级域名。

顶级域名在开头有一个点,顶级域名分为两大类,它们分别是国际顶级域名和国家和地区顶级域名。

国际顶级域名一般用 2~3 个字母来表示;国家和地区顶级域名用两个字母来表示,部分国家的顶级域名如表 6-2 所示。

中国的域名体系也遵照国际惯例,包括类别域名和行政区域名两套。

表6-2 部分国家的顶级域名

域名	国家	域名	国家
au	澳大利亚	jp	日本
ca	加拿大	kr	韩国
cn	中国	my	马来西亚
de	德国	nz	新西兰
fr	法国	se	瑞典
uk	英国	sg	新加坡
us	美国	it	意大利

类别域名有.com(工、商、金融等企业)、.net(互联网络、接入网络的信息中心(NIC)和运行中心(NOC))、.org(各种非营利性的组织)、.gov(政府部门)、.edu(教育机构)、.ac(科研机构),部分类别域名如表6-3所示。

表6-3 部分类别域名

域名	机构类型	域名	机构类型
com	商业机构	arts	艺术类机构
edu	教育机构	net	网络服务机构
gov	政府部门	firm	公司企业
info	信息服务	store	销售类公司企业
org	专业团体	rec	娱乐类机构
nom	个人	web	从事www活动的机构

行政区域名是按照中国的各个行政区域划分而成的,其划分标准依照原国家技术监督局发布的国家标准而定,包括"行政区域名"34个,适用于中国的各省、自治区、直辖市。我国二级地理域名如表6-4所示。

表6-4 我国二级地理域名

BJ	北京	JS	江苏	HI	海南
SH	上海	ZJ	浙江	SC	四川
TJ	天津	AH	安徽	GZ	贵州
CQ	重庆	FJ	福建	YN	云南
HE	河北	JX	江西	XZ	西藏
SX	山西	SD	山东	SN	陕西
NM	内蒙古	HA	河南	GS	甘肃
LN	辽宁	HB	湖北	QH	青海
JL	吉林	HN	湖南	NX	宁夏
HL	黑龙江	GD	广东	TW	台湾
HK	香港	XJ	新疆		
MO	澳门	GX	广西		

在国际上，一级域名由设在美国的 Internet 信息管理中心 InterNIC 和它设在世界各地的分支机构负责注册。在我国，二级域名由中国互联网网络信息中心负责注册，而三级域名则由二级域名机构负责，而四级域名又由三级域名机构负责。例如，二级域名 edu 将它的三级域名授予 CERNET 网络中心管理。

自 2017 年 11 月 1 日起施行的《互联网域名管理办法》规定，".CN"和".中国"是中国的国家顶级域名。

DNS(domain name server,域名服务器)是进行域名和与之相对应的 IP 地址转换的服务器。

4. URL 地址

在 Internet 的 WWW 服务器上，每一个信息资源，如一个文件等，都有统一的且在网上唯一的地址，该地址称为 URL(uniform resource locator,统一资源定位符)地址。URL 用来确定 Internet 上信息资源的位置，它采用统一的地址格式，以方便用户通过 WWW 浏览器查阅 Internet 上的信息资源。URL 地址的组成如下：

信息服务类型://信息资源地址/文件路径

其中参数说明如下。

(1)"信息服务类型"表示采用什么协议访问哪类资源，以便浏览器确定用什么方法来获得资源，例如 http://表示超文本信息服务，即采用超文本传输协议 HTTP 访问 WWW 服务器;telnet://表示远程上机服务;ftp://表示文件传输服务;gopher://表示菜单式的搜索服务;news://表示网络新闻服务。

(2)"信息资源地址"表示要访问的计算机的网络地址，可以使用域名地址。

(3)"文件路径"表示信息在计算机中的路径和文件名。

6.3.3 连入 Internet 的方式

由于科学技术的发展，上网的方式越来越多。目前，接入 Internet 的方式主要有以下几种：经 PSTN(公用电话线)使用调制解调器的拨号接入上网；经 ISDN(综合业务数字网)的拨号接入上网；通过 DSL 宽带接入上网；使用 Cable Modem(电缆调制解调器)通过有线电视电缆接入上网以及无线接入上网等。无论选择哪种上网方式，都需要选择提供 Internet 接入服务的运营商。

提供 Internet 接入服务的公司或机构称为因特网服务提供方(the Internet service provider,ISP)，指的是面向公众提供下列信息服务的经营者：一是接入服务，即帮助用户接入 Internet；二是导航服务，即帮助用户在 Internet 上找到所需要的信息；三是信息服务，即建立数据服务系统，收集、加工、存储信息，定期维护更新，并通过网络向用户提供信息内容服务。

作为 ISP，一般需要具备下面 3 个条件。

① 有专线与 Internet 相连。

② 有运行各种 Internet 服务程序的主机，可以随时提供各种服务。

③ 有 IP 地址资源。

1. 专线入网

使用网卡和专线通过局域网(例如校园网)与 Internet 相连。专线上网具有上网速度快、不占用电话线路、收费低廉等优点,但是需要配备服务器和路由器等,同时要向有关部门(电信局)租用通信专线或建立无线通信,并申请 IP 地址和域名。

专线上网的用户除了要有一块自适应以太网卡外,还要有从网络服务中心申请到的 IP 地址及相应网关地址。

这种方式适合较大的商业机构、科研单位和院校等。

2. 电话线路入网

通过调制解调器和电话线同 Internet 上的某一服务器相连。拨号上网需要有一台调制解调器、一条电话线和从 ISP 处申请到的用户账号(username)及密码(password)。拨号上网不受地点限制,只要有电话线的地方均可用同一账号和口令接入,缺点是上网时要占用电话线且费用较高。

电话拨号上网方式适合于小规模单位和家庭个人使用。用户使用电话拨号通过调制解调器和电话线进入 ISP 的主机,再接入 Internet。

电话线上网方式又分为电话线拨号上网、"一线通"(ISDN)和 ADSL 接入方式。

(1) 电话拨号上网。该方式曾经是家庭用户接入互联网最普遍的窄带接入方式。即通过电话线,利用当地运营商提供的接入号码,拨号接入互联网,速率不超过 56kb/s。特点是使用方便,只需有效的电话线及自带调制解调器(modem)的计算机就可完成接入。一般运用在一些低速率的网络应用(例如网页浏览查询、聊天、收发 E-mail 等),主要适合于临时性接入或无其他宽带接入场所的使用。缺点是速率低,无法实现一些高速率要求的网络服务,其次是费用较高(接入费用由电话通信费和网络使用费组成)。

(2) ISDN。ISDN 俗称"一线通",专业名称为"窄带综合业务数字网",采用数字传输和数字交换技术,将电话、传真、数据、图像等多种业务综合在一个统一的数字网络中进行传输和处理。用户利用一条 ISDN 用户线路,可以在上网的同时拨打电话、收发传真,就像两条电话线一样。ISDN 基本速率接口有两条 64kb/s 的信息通路和一条 16kb/s 的信息通路,简称 2B+D,当有电话拨入时,它会自动释放一个 B 信道来进行电话接听。主要适合于普通家庭用户使用。缺点是速率仍然较低,无法实现一些高速率要求的网络服务;其次是费用同样较高(接入费用由电话通信费和网络使用费组成)。

(3) ADSL 接入。ADS(asymmetric digital subscriber line,非对称数字用户线路)属于 DSL(digital subscriber line,数字用户线路)技术的一种。ADSL 可直接利用现有的电话线路,通过 ADSL modem 后进行数字信息传输,使得高速的数字信息和电话语音信息在一对电话线的不同频段上同时传输,理论速率可达到 8Mb/s 的下行和 1Mb/s 的上行,ADSL2+ 速率可达 24Mb/s 下行和 1Mb/s 上行。类似 ADSL 及 ADSL2+ 技术的 VDSL2 技术可以达到上下行各 100Mb/s 的速率,速率稳定、带宽独享、语音数据不干扰。适用于家庭、个人等用户的大多数网络应用需求,满足一些宽带业务包括 IPTV、视频点播(video demand, VOD)、远程教学,可视电话,多媒体检索、LAN 互连、Internet 接入等。

ADSL 技术具有以下一些主要特点:可以充分利用现有的电话线网络,通过在线路两端加装 ADSL 设备便可为用户提供宽带服务;它可以与普通电话线共存于一条电话线上,接听、拨打电话的同时能进行 ADSL 传输,而又互不影响;进行数据传输时不通过电话交换机,这样上网时就不需要缴付额外的电话费,可节省费用;ADSL的数据传输速率可根据线路的情况进行自动调整,它以"尽力而为"的方式进行数据传输。

3. 有线电视线路接入

有线电视线路接入是网络接入技术的新发展。利用 HFC(hybrid fiber-coaxial,混合光纤同轴电缆网)网络结构,可以建立一种经济实用的宽带综合信息服务网。

HFC是一种基于有线电视网络铜线资源的接入方式。具有专线上网的连接特点,允许用户通过有线电视网实现高速接入互联网。适用于拥有有线电视网的家庭、个人或中小团体。特点是速率较高,接入方式方便(通过有线电缆传输数据,不需要布线),可实现各类视频服务、高速下载等。因为基于有线电视网络的架构是属于网络资源分享型的,所以当用户激增时,速率就会下降且不稳定,扩展性不够。

4. 光纤宽带接入

通过光纤接入小区结点或楼道,再由网线连接到各个共享点上(一般不超过100m),提供一定区域的高速互连接入。特点是速率高、抗干扰能力强,适用于家庭、个人或各类企事业团体,可以实现各类高速率的互联网应用(视频服务、高速数据传输、远程交互等),缺点是一次性布线成本较高。

5. 无线接入网络

无线接入是指从交换结点到用户终端之间,部分或全部采用了无线手段。无线接入网络使用无线电波连接移动终端系统和基站,再从基站接入路由器。无线接入网络有4种主要实现方式。

(1) 无线局域网。无线局域网(wireless local area networks,WLAN)利用射频(radio frequency,RF)技术,取代旧式碍手碍脚的同轴电缆(coaxial)所构成的局域网络,是相当便利的数据传输系统。例如无线以太网或WiFi,如图6-9所示。

图6-9 无线局域网

(2) 移动卫星通信系统。移动卫星通信系统是利用卫星通信的多址传输方式,为全球用户提供大跨度、大范围、远距离的漫游和机动、灵活的移动通信服务,是蜂窝移动通信系统的扩展和延伸,在偏远的地区、山区、海岛、受灾区、远洋船只及远航飞机等通信方面更具独特的优越性。

同步通信卫星可以实现全球除南北极之外地区的通信,但是无法实现个人手机的移动通信。非同步地球卫星(中低轨道卫星距离地面只有几百千米或几兆千米,它在地球上空快速绕地球转动),或称移动通信卫星,是以个人手机通信为目标而设计的。尽管卫星移动通信系统覆盖全球,能解决人口稀少、通信不发达地区的移动通信服务,是全球个人通信的重要组成部分,但是它的服务费用较高。

(3) 2G和3G网络。无论是2G还是3G,在本质上讲的是手机的网络制式。2G是第二代(second generation)移动通信技术规格的简称,它是以数字语音传输技术为核心。3G即第三代(third generation)移动通信技术,是指将无线通信与国际互联网等多媒体通信结合的新一代移动通信系统。它能够处理图像、音乐、视频流等多种媒体形式,提供包括网页浏览、电话会议、电子商务等多种信息服务。例如电信的CDMA2000、联通的

WCDMA、移动的 TD-SCDMA,网速很快。

（4）4G 移动网络。4G 是第四代(fourth generation)移动电话行动通信标准(也称第四代移动通信技术)的简称,是数据通信与多媒体业务需求的发展,适应移动数据、移动计算及移动多媒体运作的新一代移动通信。4G 是集 3G 与 WLAN 于一体,并能够高质量地超高速传输数据、音频、视频和图像等,能够满足几乎所有用户对于无线服务的要求。此外,4G 可以在 DSL 和有线电视调制解调器没有覆盖的地方部署,然后再扩展到整个地区。

（5）5G 移动网络。5G 是第五代(fifth generation)移动电话行动通信标准(也称第五代移动通信技术)的缩写,其峰值理论传输速度可达几十吉比特每秒,比 4G 网络的传输速度快数百倍。2017 年 12 月 21 日,在国际电信标准组织 3GPP RAN 第 78 次全体会议上,5G NR 首发版本正式冻结并发布。2018 年 2 月 23 日,完成了首次 5G 通话测试。

5G 作为一种新型移动通信网络,不仅要解决人与人通信,为用户提供增强现实、虚拟现实、超高清(3D)视频等更加身临其境的极致业务体验,更要解决人与物、物与物通信问题,满足移动医疗、车联网、智能家居、工业控制、环境监测等物联网应用需求。随着 5G 网络建设稳步推进,5G 手机用户数迅速扩大,5G 将渗透到经济社会的各行业各领域,成为支撑经济社会数字化、网络化、智能化转型的关键新型基础设施。

智能手机是指像个人计算机一样,具有独立的操作系统(例如 Android、iOS 等),独立的运行空间,可以由用户自行安装软件、游戏等第三方服务商提供的程序,通过此类程序来不断对手机的功能进行扩充,并可以通过移动通信网络来实现无线网络接入的这样一类手机的总称。智能手机已经成为了人们生活的一部分,智能手机正在从各方面改变人们的生活。

当前几乎所有的互联网热点,其实就是移动互联网,也就是说互联网市场向移动互联网倾斜。随着移动互联网新产品、新应用、新模式、新理念不断涌现,主流社交产品全面进入"移动社交+"时代,充分发挥溢出效应,通过移动金融、移动政务、移动民生服务等深度融入社会生活。

分析数据显示,继数字阅读时长超过传统纸质媒介阅读时长之后,移动阅读已超过基于台式计算机的传统数字阅读,成为消费者首选的阅读方式,中国移动阅读人群持续壮大。随着网络的发展,移动支付全面普及,把线下零售高效接入互联网体系,市场进入线上线下一体化阶段。

"未来的互联网将以无线接入为主,有线互联网将只是互联网的一部分"正在成为一种共识。在可预测的将来,移动互联网将引领发展新潮流,移动互联网的市场规模和空间前景广阔。

6.3.4　Internet 的信息服务

一台计算机连在 Internet 上,就意味着它与世界保持了紧密的联系。计算机网络使人与人、组织与组织之间的通信距离相对缩短,通信时间减少,交流的机会增多,工作、学习效率提高,生活质量改变。利用 Internet,可以查到火车车次和乘车时间、飞机航班及天气预报,可以浏览各大报刊及期刊的网络版内容,可以浏览世界各地的新闻,可以收看在线电影、欣赏音乐、下棋、打牌,可以跟同学和朋友甚至不认识的人聊天、打网络电话,可以下载或者阅读网上文章,可以利用网络购买商品、预定车票、飞机票,可以利用网络求医看病,可以在网上申请入学、找工作,可以下载免费软件,可以发送电子信件、软件、文件、数据,可以在网上学习、拿学位,可以在网上搞宣传、做广告、发布告、征集意见,可以网络电话、发传真,可以利用 Internet 搜集各种有价值的资料。

遍布于世界各地的 Internet 服务提供商可以向用户提供各种各样的服务,按其分类,目前主要的服务有以下几种。

1. 电子邮件服务

电子邮件(E-mail)是 Internet 提供的最重要的服务项目之一,Internet 为用户提供了快速、便捷、廉价的通信手段,用户可以通过计算机网络收发文字、图片、图像、声音、软件、数据等电子邮件内容。

2. 信息浏览服务

WWW 是最直观、最方便的信息查询工具,遍布各地的 Web 服务器,给人们提供了最有效的信息交流工具。

3. 文件传送服务

通过文件传送协议(file transfer protocol,FTP),能把文件从一台计算机传送给另一台计算机。大多数情况下使用 FTP 服务把文件从远程主机中复制到本地计算机中。这个过程称为下传(downloading);同样,也可以把文件从本地计算机传送给远程主机,这个过程称为上传(uploading)。FTP 服务有两种类型,一种是普通 FTP(需要一个有效的账户名和口令)服务,另一种是匿名(anonymous)FTP 服务。

4. 远程上机服务

利用远程上机(telnet),可使用户的计算机暂时成为另一台远程计算机的虚拟终端。一旦登录成功,用户就可以进入远程计算机,并实时地使用该机上的对外开放资源。通过远程上机,用户可以进入世界各地的图书馆进行联机检索,也可以进入政府部门、科研机构的对外开放数据库及信息系统进行查阅,甚至能在登录的计算机上运行程序。

5. 网络电话服务

网络电话又称为 VOIP 电话,是通过互联网直接拨打对方的固定电话和手机,包括国内长途和国际长途。网络电话通过把语音信号经过数字化处理、压缩编码打包、透过网络传输、然后解压、把数字信号还原成声音,让通话对方听到。宏观上讲可以分为软件电话和硬件电话。软件电话就是在计算机上下载软件,购买网络电话卡,然后通过耳麦实现和对方(固话或手机)进行通话;硬件电话比较适合公司、话吧等使用,首先要一个语音网关,网关一边接到路由器上,另一边接到普通电话机上,然后普通电话机即可直接通过网络自由呼出了。语音网关是使普通电话能够通过网络进行通话的电子设备,根据使用电话的部数有一口语音网关、两口语音网关、四口语音网关、八口语音网关等。

6. 电子商务

电子商务是指在全球各地广泛的商业贸易活动中,在互联网/移动互联网环境下,基于客户端/服务端应用方式,买卖双方在线进行的各种商贸活动,实现消费者网上购物、商家之间的交易和在线支付的各种商务活动、金融活动和相关的综合服务活动的一种新型的商业运营模式。

电子商务是以信息网络技术为手段，以商品交换为中心的商务活动。其中"电子"是一种技术，是一种手段，而"商务"才是最核心的目的，一切的手段都是为了达成目的而产生的。

电子商务已经广泛应用到社会经济活动中，对人们的生活、工作、学习、消费、娱乐产生影响，其服务和管理也涉及政府、工商、金融及消费者等诸多方面。随着新一代互联网信息技术的升级换代，互联网与经济领域的深度融合，加快了商业模式创新发展，电子商务正逐渐演变为数字零售、数字贸易、数字生活、数字产业、数字教育、数字医疗等各种形态，已成为推动经济快速发展的新动能。

6.4 Internet 应用

6.4.1 上网方式

由于科学技术的发展，上网的方式越来越多。接入 Internet 的方式主要有经 PSTN（公用电话线）使用调制解调器的拨号接入上网、经 ISDN（综合业务数字网）的拨号接入上网、DSL 宽带接入上网、使用电缆调制解调器（cable modem）用有线电视电缆接入上网。

目前，一个家庭用户与 Internet 相连主要有两种方式，一种是通过调制解调器和电话线同 Internet 上的某一服务器相连，这种上网称为拨号上网；另外一种是使用网卡和专线通过局域网（如校园网）与 Internet 相连，这种上网称为专线上网，如图 6-10 所示。

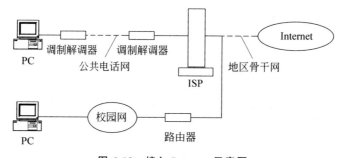

图 6-10 接入 Internet 示意图

专线上网的用户除了要有一块 10Mb/s 或 100Mb/s 的以太网卡外，还要有从网络服务中心申请到的 IP 地址及相应网关地址。拨号上网需要有一台调制解调器、一条电话线和从网络服务商处申请到的用户账号（username）及密码（password）。

需要说明的是，尽管 WiFi 上网实质上就是无线上网，但 WiFi 信号仍然是有线网提供，需使用无线路由器把有线网络信号转换成无线信号，发送给计算机和手机等。处理方法是，先将无线路由器与家里的宽带（或校园网）有线连接，然后按照要求进行路由器的上网设置，成功后就可以通过该无线路由器 WiFi 上网了。

6.4.2 使用 Edge 浏览器上网

Internet 是一个庞大的互联系统,通过全球范围的信息资源以及遍布各区域网点,向人们提供包罗万象、瞬息万变的信息。

浏览器就是在 Internet 上浏览超文本数据的一种应用软件,是最经常使用到的客户端程序。使用浏览器可以在 Internet 上"旅行",访问 Internet 上有趣的站点,看到文字、图像、视频和听到声音。

常见的网页浏览器有 Internet Explorer、Firefox(又称火狐,是一个开源网页浏览器,非 IE 内核,使用 Gecko 引擎)、Google Chrome(由 Google 公司开发的开源浏览器,又称 Google 浏览器)、Safari(是苹果系列设备的默认浏览器)、Opera、百度浏览器、搜狗浏览器、猎豹浏览器、QQ 浏览器、360 浏览器、UC 浏览器、傲游浏览器、世界之窗浏览器等。

Microsoft Edge(简称 ME 浏览器)是由微软开发的基于 Chromium 开源项目及其他开源软件的网页浏览器,与谷歌旗下的 Chrome 浏览器基础技术相同,内置于 Windows 10 版本中,于 2015 年启用。其特色如下。

(1) 支持现代浏览器功能。Microsoft Edge 作为微软新一代的原生浏览器,在保持 IE 原有的强大的浏览器主功能外,还完美补充了扩展等现代浏览器功能。

(2) 共享注释。用户可以通过 Microsoft Edge 在网页上撰写或输入注释,并与他人分享。

(3) 内置微软 Cortana。Microsoft Edge 内置有人工智能微软 Cortana,在使用浏览器的时候,个人智能管家会给出更多的搜索和使用建议。

(4) 设计极简注重实用。Microsoft Edge 浏览器的交互界面比较简洁,凸显了微软在 Microsoft Edge 浏览器的开发上更注重其实用性。

Edge 浏览器的一些功能细节包括:支持内置 Cortana(微软小娜)语音功能;内置了阅读器(可打开 PDF 文件)功能,提供 IE 兼容模式,支持现代浏览器功能(通过扩展)。

1. 启动 Edge 浏览器

在 Windows 的"开始"菜单中选中 Microsoft Edge 浏览器,可以打开 Microsoft Edge,如图 6-11 所示。

第一次进入 Edge 浏览器会出现欢迎界面,登录或创建微软账号后,可以实现书签、密码、集锦等项目的同步功能,单击浏览器右上角菜单"…",选中"设置"后,可以设置浏览器的外观;可以通过"从 Microsoft Store 获取扩展"选择谷歌插件。

2. Edge 浏览器窗口的组成

Microsoft Edge 浏览器窗口的组成如图 6-12 所示,具体如下。

(1) 当前标签页。显示当前网页的名称(例如:百度一下,你就知道)和"关闭当前标签页"按钮。

(2) 当前页地址栏。可以输入或显示当前标签页的 URL 地址。

(3) 其他标签页。在浏览器中打开的其他网页,单击标签页的名称可使其成为当前标签页,单击其"关闭当前标签页"按钮可关闭该标签页。

(4) "新建标签页"按钮。单击此按钮,可以新建一个空白标签页。

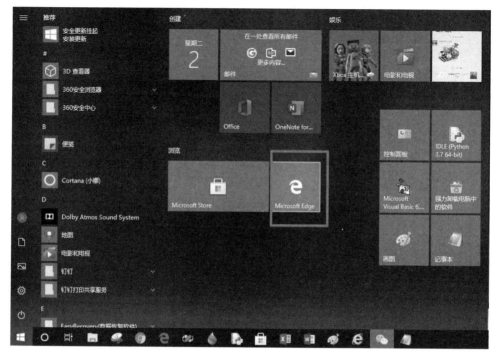

图 6-11　启动 Microsoft Edge 浏览器

图 6-12　Microsoft Edge 浏览器窗口的组成

(5) "搁置这些标签页"按钮。单击此按钮搁置已打开的标签页,可以稍后还原它们,以便在原来的位置进行恢复。

(6) "查看所有标签页"按钮。单击此按钮,可以查看所有已搁置的标签页,可以还原标签页,可以将标签页添加到收藏夹,还可以共享标签页,如果不需要搁置了,可以删除标签页。

(7) 网页控制按钮。有"返回"按钮、"前进"按钮、"刷新"按钮。

(8) "主页"按钮。单击此按钮,可以在当前标签页上打开主页网址。

(9) "收藏夹"按钮。单击此按钮,可以收藏该网站,也可以导入其他浏览器的收藏夹。

(10)"备注"按钮。单击此按钮,可以在任意网页上用鼠标涂鸦文字(圆珠笔、荧光笔均有不同颜色供选择)、图案等内容,然后将这些内容保存到笔记或者分享给好友,相关的涂鸦工具如图 6-13 所示。

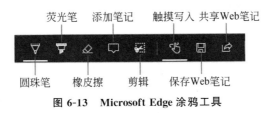

图 6-13 Microsoft Edge 涂鸦工具

(11)"共享此页面"按钮。可以直接将网站分享给联系人,这些联系人可以是邮箱里的,也可以是 QQ 好友等;也可以"选择已打开就近共享",通过"使用蓝牙和 WLAN 共享给附近的设备"进行共享。

(12)"设置及其他"按钮。单击此按钮,可以打开菜单,如图 6-14 所示。

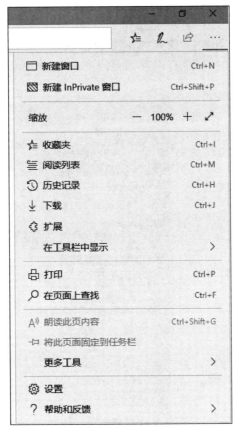

图 6-14 Microsoft Edge 菜单

3.浏览网页

(1)使用 URL 浏览网页。在浏览器的地址栏输入网站或网页的网址,然后按 Enter

键,或者在地址栏的下拉列表中选择相应的网站,即可进入指定的网站或网页。

(2) 使用超链接浏览网页。如果网页上有超链接,只要将鼠标指针指向这些超链接位置,鼠标指针变成小手形状,此时单击,可以从当前网页打开并进入下一个网页的超链接。

(3) 通过已搁置的网页浏览网页。通过"查看所有标签页"按钮,进入已搁置的网页列表,选中要查看的网页。

(4) 使用工具按钮浏览曾访问过的网页。

① 单击"后退""前进"按钮浏览曾访问过的网页。

② 单击收藏夹按钮,通过历史记录、阅读列表浏览曾访问过的网页。

4. 搜索当前页面文字信息

单击"设置及其他"按钮,在打开的菜单中,选中"在页面上查找",输入待查找的关键词(可以"全字匹配",也可以"区分大小写"),如果找到了(找到的关键词会反白显示),可以通过"上一个结果"按钮或者"下一个结果"按钮,快速定位到关键词的位置。

5. Edge 浏览器主页设置方法

(1) 打开 Edge 浏览器后,单击右上角的"…"图标。

(2) 在弹出的选项中单击"设置"选项。

(3) 在弹出的"设置"界面中,找到"Microsoft Edge 打开方式",可以选中"特定页",输入主页网址,单击"磁盘"按钮进行保存,如图 6-15 所示。

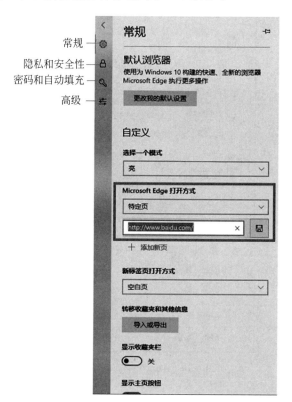

图 6-15 Microsoft Edge 设置主页

6. 设置隐私和安全性

打开 Edge 浏览器后,单击右上角的"..."图标,在弹出的菜单中选中"设置"|左侧的"隐私和安全性"选项,进行保护隐私内容的设置或限制。

(1) 清除浏览数据。找到"清除浏览数据"功能,单击"选择要清除的内容",即可选择一些涉及个人隐私的选项,如历史记录、下载记录等,选中后单击下方的"清除"按钮,即可删除这些信息。

(2) 阻止 Cookie。找到 Cookie 功能,单击展开列表,选中"阻止所有 Cookie"或者"仅阻止第三方 Cookie",即可阻止或者限制一些网站访问存储在计算机中的个人信息。

(3) 隐私设置。打开"隐私"下方的"发送'禁止跟踪'请求",即可向访问的网站发送禁止跟踪的请求,还可以设置"阻止弹出窗口""显示搜索历史记录"等。

7. 设置密码和自动填充

打开 Edge 浏览器后,单击右上角的"..."图标,在弹出的菜单中选中"设置"|"设置密码和自动填充"选项,进行密码和自动填充的设置。

(1) 开启"保存密码",单击"保存"按钮。这样当通过用户名、密码登录网页时会弹出提示,询问是否保存密码。

(2) 单击"管理密码",可以对已保存的用户名、密码进行修改。

还可以对"自动填充"设置"保存表单数据""保存卡片"的"打开"或"关闭"。如果开启"保存表单数据""保存卡片",还可以管理表单、卡片。

8. Edge 浏览器的高级设置

打开 Edge 浏览器后,单击右上角的"..."图标,在弹出的选项中选中"设置"|"高级"选项。

(1) 在"网站设置"中,可以对"Adobe Flash"设置"打开"和"关闭"。

(2) 在"网站设置"中,可以对"媒体自动播放"设置"允许""限制"和"阻止"。

(3) 在"地址栏搜索"中,选中"更改搜索提供程序",可以设置默认的搜索引擎。

9. Edge 浏览器打开兼容模式

(1) 打开 Edge 浏览器后,单击右上角的"..."图标,选中"更多工具"选项。

(2) 在弹出的菜单中选中"使用 Internet Explorer 打开"选项。

(3) 打开 Internet Explorer 浏览器后,单击右上角的设置图标或者"工具"选项,在弹出的选项中选中"兼容性视图设置"选项。

(4) 打开"兼容性视图设置"设置界面,在添加此网站选择中输入要兼容的网站,单击"添加"按钮,Edge 浏览器的兼容模式就设置好了。

6.4.3 网络信息检索

随着因特网的发展,网上信息资源的数量、种类不断激增,如何才能在这浩瀚的信息海洋中快捷、准确地找出所需信息已成为一个突出的问题。信息搜索可以分 3 个层次,基本使用、搜索引擎、文献检索。

搜索之前要考虑 3 个问题:搜索什么,用什么搜索方式(搜索工具),怎样搜索。

首先要确定搜索的内容,其次要选择搜索比较快速且搜索成功率较高的搜索方式,最后还要采用一定的搜索方法。下面介绍用什么搜索和如何搜索。

1. 基本使用

使用浏览器浏览信息时,只要在浏览器的地址栏中输入相应的 URL 即可,也可以利用浏览器中的查找操作完成搜索。使用 Internet Explorer 实现搜索的步骤如下。

步骤 1,打开 Internet Explorer 浏览器。

步骤 2,在查找栏中输入要搜索的关键词,然后单击"搜索"按钮,此时,在 Internet Explorer 窗口显示搜索到的网址。

步骤 3,单击其中的网页地址,在窗口中即可显示出搜索到的网页。

如果是搜索网页上的信息,可以通过单选中"编辑"|"在此页上查找"菜单项,在查找栏中输入要搜索的关键词,被找到的内容项均用颜色突出显示出来。

2. 搜索引擎

搜索引擎是用来搜索网上资源的工具,是指根据一定的策略、运用特定的计算机程序从互联网上搜集信息,在对信息进行组织和处理后,为用户提供检索服务,将用户检索相关的信息展示给用户的系统。搜索引擎并不真正搜索 Internet,搜索引擎搜索的是预先整理好的网页索引数据库。当用户以某个关键字查找时,所有在页面内容中包含了该关键字的网页都将作为搜索结果被搜出来。除了搜索网页以外,各搜索引擎都提供了许多重要的分类搜索。

搜索引擎一般由搜索器、索引器、检索器和用户接口 4 个部分组成。

搜索器的功能是在互联网中漫游,发现和搜集信息;索引器的功能是理解搜索器所搜索到的信息,从中抽取出索引项,用于表示文档以及生成文档库的索引表;检索器的功能是根据用户的查询在索引库中快速检索文档,进行相关度评价,对将要输出的结果排序,并能按用户的查询需求合理反馈信息;用户接口的作用是接纳用户查询、显示查询结果、提供个性化查询项。

搜索引擎主要包括全文索引、目录索引、元搜索引擎等。

全文搜索引擎是目前广泛应用的主流搜索引擎,它们从互联网提取各个网站的信息(以网页文字为主),建立起数据库,并能检索与用户查询条件相匹配的记录,按一定的排列顺序返回结果。根据搜索结果来源的不同,全文搜索引擎可分为两类,一类拥有自己的检索程序(indexer),俗称蜘蛛(spider)程序或机器人(robot)程序,能自建网页数据库,搜索结果直接从自身的数据库中调用,典型的有 Google、百度搜索等。另一类则是租用其他搜索引擎的数据库,并按自定的格式排列搜索结果,如 Lycos 搜索引擎。

目录索引,也称分类检索,是按目录分类的网站链接列表。用户完全可以按照分类目录找到所需要的信息,不依靠关键词(keywords)进行查询。目录索引中最具代表性的是 Yahoo!、搜狐、新浪分类目录搜索等。

元搜索引擎(META search engine)接受用户查询请求后,同时在多个搜索引擎上搜索,并将结果返回给用户。著名的有 InfoSpace、Dogpile、Vivisimo 等,中文元搜索引擎中具代表性的是搜星搜索引擎。在搜索结果排列方面,有的直接按来源排列搜索结果,如 Dogpile;有的则按自定的规则将结果重新排列组合,如 Vivisimo。

其他非主流搜索引擎形式有以下几种。

① 集合式搜索引擎,类似元搜索引擎,区别在于它并非同时调用多个搜索引擎进行

搜索,而是由用户从提供的若干搜索引擎中选择,如 HotBot 在 2002 年底推出的搜索引擎。

② 门户搜索引擎：AOL Search、MSN Search 等虽然提供搜索服务,但自身既没有分类目录也没有网页数据库,其搜索结果完全来自其他搜索引擎。

③ 免费链接列表(free for all links,FFA),一般只简单地滚动链接条目,少部分有简单的分类目录,不过规模要比 Yahoo!等目录索引小很多。

3. 网络文献检索

文献检索(information retrieval)是指根据学习和工作的需要获取文献的过程。紧跟现代网络技术的发展,文献检索更多是通过计算机技术来完成,在 Internet 上进行文献检索,速度快、耗时少、查阅范围广。

文献是指通过一定的方法和手段、运用一定的意义表达和记录体系记录在一定载体的有历史价值和研究价值的知识,如专业论文、专利技术、国家标准等,此时就可以通过专业的信息咨询服务(如文献检索系统)来完成对应的信息查询。

为方便利用计算机进行文献检索,在 Internet 上建立了许多文献数据库,在这些数据库里,又常分为多个不同的类别和子数据库,用户可以从这些数据库中以文献的关键字、作者、发表年份等查找相关文献,最后以 PDF 或 CAJ 格式呈现给用户。目前,高校的图书馆都陆续引进了一些大型文献数据库,这些电子资源以镜像站点的形式链接在校园网上供校内师生使用,学校通常采用 IP 地址控制访问权限。

文献数据库众多,检索方法不尽相同。一般来说,使用文献数据库检索文献的步骤是,明确查找目的与要求、选择合适的文献数据库、确定检索途径和方法、在该数据库的检索页面中指定关键字词等信息查阅原始文献。

另外,各大搜索引擎也提供了文献搜索,只是在 Internet 上检索到的文献很多是需要付费下载的。

文献数据库常用的网络资源有学术期刊、博士学位论文、硕士学位论文、重要会议论文,最常用的中文文献信息检索工具与数据库有中国知网(CNKI)、万方数字资源系统和维普中国科技期刊。

(1) 中国知网(CNKI 数字图书馆)。中国知网简称知网,收录了包括期刊、博硕士论文、会议论文、报纸、年鉴等学术资料,覆盖理工、社会科学、电子信息技术、农业、医学等学科范围,数据每日更新,支持跨库检索,网址是 www.cnki.net。

(2) 维普网(全文版中文科技期刊数据库库)。维普网简称维普,收录我国自然科学、工程技术、农业科学、医药卫生、经济管理、教育科学和图书情报等学科 8000 余种期刊的 2300 余万篇文章的全文,网址是 www.cqvip.com。

(3) 万方数据资源系统。万方数据资源系统简称万方,涉及自然科学和社会科学各个专业领域,包括学术期刊、学位论文、会议论文、专利技术、中外标准、科技成果、政策法规、新方志、机构、科技专家等子库,网址是 www.wanfangdata.com.cn。

目前,在国际科学界,如何正确评价基础科学研究成果已引起越来越广泛的关注。SCI、EI、ISTP 是世界著名的三大科技文献检索系统,是国际公认的进行科学统计与科学评价的主要检索工具。其收录文章的状况是评价国家、单位和科研人员的成绩、水平以及进行奖励的重要依据之一。熟练使用三大科技文献系统可以快速地掌握最新的研究成果。

（1）SCI（科学引文索引）。SCI 是由美国科学信息研究所（Institute for Scientific Information，ISI）创建的引文数据库，其覆盖生命科学、临床医学、物理化学、农业、生物、兽医学、工程技术等方面的综合性检索刊物。

（2）SSCI（社会科学引文索引）。SSCI 为 SCI 的姊妹篇，由美国科学信息研究所创建，是目前世界上可以用来对不同国家和地区的社会科学论文的数量进行统计分析的大型检索工具。内容覆盖包括人类学、法律、经济、历史、地理、心理学等 55 个领域。收录文献类型包括研究论文、书评、专题讨论、社论、人物自传、书信等。

（3）EI（工程索引）。EI 由美国工程情报公司出版，是工程技术领域内的一部综合性检索工具，内容包括电类、自动控制类、动力、机械、仪表、材料科学、农业、生物工程、数理、医学、化工、食品、计算机、能源、地质、环境等学科。

（4）ISTP（科技会议录索引）。ISTP 由 ISI 编辑出版，收录了生命科学、物理与化学科学、农业、生物和环境科学、工程技术和应用科学等学科的会议文献，包括一般性会议、座谈会、研究会、讨论会、发表会等。

6.5 电子邮件

电子邮件（E-mail）是 Internet 中最常用、最基本的功能。网络用户可以通过 Internet 与全世界的 Internet 用户相互传递电子信件。电子邮件的传递依据 POP3 和 SMTP 这两个协议进行文件的接收和发送。Internet 的电子邮件系统一般由两台服务器构成：一台称为邮件接收服务器，专门用于邮件的接收、存储；另一台称为邮件发送服务器，专门用于邮件发送。在收发邮件之前，必须向 ISP（因特网服务提供方）申请电子信箱。目前，提供免费信箱的 ISP 很多。

每个用户经过申请，都可以拥有属于自己的电子邮箱。每个电子邮箱都有一个唯一的邮件地址，邮件地址的组成形式如下：

邮箱名@邮箱所在的主机域名

例如，mat68@163.com 是一个邮箱地址，其中，邮箱的名字是 mat68，邮箱所在的主机是 163.com。

收发电子邮件要使用相应的软件，最简单的是使用 Web 在线收发电子邮件，另外一种方法是使用 Outlook Express、Foxmail 等软件收发电子邮件。无论使用哪种方式，对电子邮件的操作都会有以下几种基本功能：写信、邮件收发、随心附件、信件回复与转发、信件地址管理、参数配置等。

6.5.1 电子邮件信箱的申请

目前，提供免费信箱的网站很多，在不同的网站，申请免费信箱的方法有所不同，但申请的步骤基本相同。下面以申请 163 免费信箱为例，了解申请免费邮箱的过程。

申请163免费信箱的过程需要以下5步。

步骤1,启动 Internet Explorer。

步骤2,在地址栏中输入"http://www.163.com"并按 Enter 键,出现网易主页面,如图 6-16 所示。

图 6-16　www.163.com 主页

步骤3,单击"注册免费邮箱"按钮,在打开的"注册网易免费邮箱"页面上选中"注册字母邮箱"选项卡,如图 6-17 所示。认真阅读网易公司"服务条款"和"隐私权相关政策",选择同意。

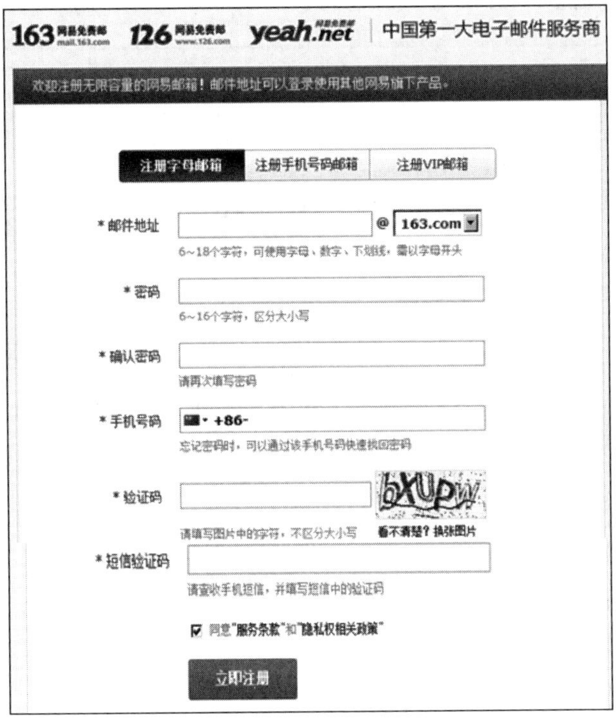

图 6-17　"注册字母邮箱"界面

步骤4,在图 6-17 所示的页面上依次输入邮箱地址(邮箱名)、密码、确认密码、手机号码、验证码后,单击"免费获取验证码",在"短信验证码"栏中填写手机收到的验证码,单击"立即注册"按钮。

步骤5,在打开的窗口中,再次输入验证码后,单击"提交"按钮,如图 6-18 所示。当通过验证后,自动进入 163 信箱,如图 6-19 所示。至此,免费信箱申请成功。

图 6-18　二次验证界面

图 6-19　163 信箱页面

6.5.2　电子邮件信箱的使用

1. 使用 Web 发送电子邮件

信箱不同,其发送、接收信件的方法也不尽相同,下面以 163 信箱为例,介绍发送、接收信件的方法。

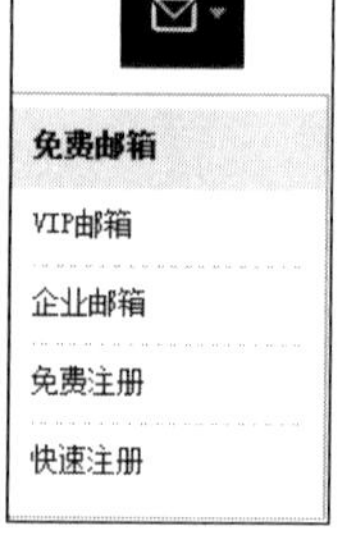

步骤 1,启动 Internet Explorer。

步骤 2,在地址栏中输入"http://www.163.com"并按 Enter 键,出现网易主页面。

步骤 3,指向"邮件"工具,在显示的选项(如图 6-20 所示)中,单击"免费邮箱",打开登录 163 免费邮箱的窗口,如图 6-21 所示。

也可以在地址栏中输入"http://mail.163.com"并按 Enter 键,进入到 163 网易免费邮箱的登录界面。

图 6-20　"邮件"

步骤 4，在图 6-22 所示的页面中单击窗口左部"写信"按钮，出现撰写邮件页面，如图 6-22 所示。

图 6-21　登录 163 免费邮箱界面工具

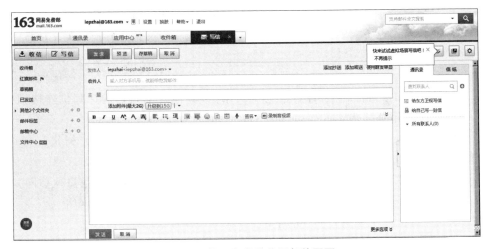

图 6-22　撰写和发送普通邮件页面

步骤 5，在"收件人"文本框中输入收信人邮箱地址。如果收件人多于一个，各邮箱地址之间用逗号或分号隔开。

步骤 6，可以单击"添加密送"按钮，在"密送人"文本框中输入不想让收件人知道的其他人的邮箱地址。

步骤 7，如果邮件还要发给另外的人，可以单击"添加抄送"按钮，在"抄送人"文本框中输入其他人的邮箱地址；如果邮箱地址多于一个，各邮箱地址之间用逗号分开。

步骤 8，可以在"主题"文本框中输入信件的标题。

步骤 9，在页面下方的空白文本框内输入信件的内容，或者使用 Word、写字板、记事本等输入信件内容，然后复制粘贴过来。

如果还要发送附件(程序、图片、图像、其他文档等),单击"添加附件"按钮,在弹出的名为"选择要上载的文件,通过:cwebmail.mail.163.com"的对话框中选择要上载的文件的名字,单击"打开"按钮完成。

如果发送多个附件,可以多次单击"添加附件"按钮,选择要上载的文件。

步骤10,信件内容及附件输入结束,单击"发送"按钮。

当看到"发送成功"字样的时候,表示完成邮件的发送。

2. 使用 Web 接收电子邮件和阅读邮件

步骤1,在如图 6-18 所示的页面中单击左侧列表中的"收件箱"。

步骤2,双击右边列表中"预览/主题"下的邮件主题名,此时可在信件区阅读邮件;如果有附件,双击"附件"按钮,打开或者保存到外存储器。

习题 6

一、选择题

1. 开放系统互连参考模型简写为( )。
 A. ISO B. OSI-RM C. TCP/IP D. HTTP
2. Modem 所具备的功能是( )。
 A. 能将模拟信号转换成数字信号 B. 能将数字信号转换成模拟信号
 C. 既是输入设备,又是输出设备 D. 能将中文信息转换成英文信息
3. WAN 是指( )。
 A. 广域网 B. 局域网 C. 城域网 D. 校园网
4. 在拓扑结构中,若以一台计算机为中央结点,其他外围结点的计算机连接到中央结点,称为( )拓扑结构。
 A. 总线 B. 环形 C. 星形 D. 树状
5. 中国的 CERNET 计算机网络是( )。
 A. 中国公用计算机互联网 B. 中国国家公用经济信息通信网
 C. 中国教育科研计算机网 D. 中国国家计算机与网络
6. 建立计算机网络最主要的目的是( )。
 A. 传输数字信息快捷 B. 资源共享
 C. 网络距离短 D. 远程上机
7. 基于 TCP/IP 的文件传输命令是( )。
 A. Telnet B. FTP C. HTTP D. ISP
8. 网关的作用是( )。
 A. 实现协议转换 B. 解释域名
 C. 解释 IP 地址 D. 为 IP 地址起名
9. 在 Windows 中,任何计算机想连入网络应该运行( )。
 A. TCP B. IP C. TCP/IP D. FTP
10. 网络接口卡又称为( )。

A. 网关 B. 网络适配器
C. 调制解调器 D. 路由器

11. Internet Explorer 浏览器中的"收藏"是收藏（　　）。
    A. 网页的网址 B. 图片
    C. 文字 D. 所有浏览过的网址

12. IPv4 地址是使用（　　）表示的。
    A. 2B B. 4B C. 8B D. 16B

13. IPv6 地址是使用（　　）表示的。
    A. 2B B. 4B C. 8B D. 16B

14. 在 Internet 网站域名中，com 表示（　　）。
    A. 商业机构 B. 政府机构 C. 军事机构 D. 娱乐机构

15. 以下正确的 IP 地址是（　　）。
    A. 122.34.257.1 B. 127.254.252
    C. 202.127.16.1 D. 0.0.0.345

16. 顶级域名在开头有一个（　　）。
    A. . B. , C. ; D. //

17. TCP/IP 是一组工业标准协议，它由（　　）构成。
    A. 1 组协议 B. 2 组协议 C. 7 组协议 D. 许多协议

18. 计算机网络诞生于 20 世纪（　　）年代。
    A. 50 B. 60 C. 70 D. 80

19. 中国的 CHINANET 计算机网络是（　　）。
    A. 中国公用计算机互联网 B. 中国国家公用经济信息通信网
    C. 中国教育科研计算机网 D. 中国科技网

20. 计算机网络的共享资源是（　　）。
    A. 硬件资源 B. 软件资源
    C. 软件资源和硬件资源 D. 软、硬件资源和数据与信息资源

21. Internet 的 IP 地址 202.126.221.12 属于（　　）类地址。
    A. A B. B C. C D. D

22. ISO OSI-RM 网络体系结构中，最低层是（　　）。
    A. 传输层 B. 会话层 C. 物理层 D. 数据链路层

23. TCP/IP 体系结构中，最低层是（　　）。
    A. 网络接口层 B. 网际层 C. 传输层 D. 物理层

24. 下列不属于网页浏览器的是（　　）。
    A. Internet Explorer B. Firefox
    C. Google Chrome D. CNKI

25. 下列选项中能完成邮件发送的服务器是（　　）。
    A. SMTP B. ISP C. POP D. FTP

26. 保存当前网页时要指定保存类型，可以有（　　）种选择。
    A. 1 B. 2 C. 3 D. 4

27. 电子邮件地址 liming@163.net 中,163.net 表示(　　)。
    A. 电子信箱服务器   B. 电子邮局
    C. IP 地址   D. 域名
28. 如果给多人同时发送同一邮件,在收件人地址栏中可以写多个人的信箱地址,但各地址之间需要用(　　)分隔。
    A. ,   B. ;   C. ,或;   D. 空格
29. 使用 IE 快速查找网页上的文字,可以使用 IE 菜单栏中的(　　)命令。
    A. 插入   B. 文件   C. 编辑   D. 工具
30. 在 Internet Explorer 浏览器中设置起始页面地址的操作是(　　)。
    A. 选中"查看"|Internet 菜单项   B. 选中"工具"|Internet 菜单项
    C. 选中"编辑"|Internet 菜单项   D. 选中"文件"|Internet 菜单项

二、简答题

1. 简述计算机网络的定义及组建计算机网络的目的。
2. 简述计算机网络发展的过程。
3. 简述网络拓扑结构的定义,列举常用的 4 种拓扑结构。
4. 简述 OSI 和 TCP/IP 两种网络体系结构的异同点。
5. 结合目前 Internet 的应用,举例说明 Internet 的作用。
6. 简述中国最早接入 Internet 的 4 个主干网。
7. 简述 IP 地址的作用及表示方法。
8. 简述域名的作用及表述方法。
9. 简述 MAC 与 IP 的关系。
10. 简述自己上因特网的方式。
11. 简述自己使用电子邮件时用到功能。
12. 简述 URL 地址的结构,列举自己常用的 2 种信息服务类型。
13. 列举 3 种常用的浏览器并进行比较。
14. 简述搜索引擎的作用,列举自己常用的 5 个搜索引擎。
15. 简述文献检索在自己所学专业中的应用。

第 7 章 网页设计基础

网页设计是根据企业单位希望向浏览者传递的信息(包括产品、服务、理念、文化等),进行网站功能策划,然后进行的页面设计美化工作。

凡是在 Internet 上有自己主页(homepage)的组织和个人,自然成为 Internet 上的成员,好比在世界上有了一个页面,利用这个"家"宣传自己,服务于别人,而主页就是人们在浏览网站时看到的第一页。主页上的内容十分丰富,它包含有文字、图片、列表、动画、声音、视频等多媒体信息。现在有很多提供免费主页空间的网站,用户可以在网上申请建立自己的主页。

7.1 网页与网站

万维网上的一个超媒体文档称之为一个页面。作为一个组织或者个人在万维网上放置开始点的页面称为主页或首页,主页中通常包括有指向其他相关页面或其他结点的指针(超级链接),所谓超级链接,就是一种统一资源定位符(uniform resource locator,URL)指针,通过激活(单击)它,可使浏览器方便地获取新的网页。在逻辑上将视为一个整体的一系列页面的有机集合称为网站。超级文本标记语言 HTML 是为"网页创建和其他可在网页浏览器中看到的信息"设计的一种标记语言。

网页是用 HTML 语言编写的,通过世界万维网传输,并被 Web 浏览器翻译成可以显示出来的集文本、图片、声音和数字电影等信息形式的页面文件。网页根据页面内容可以分为主页、专栏网页、内容网页以及功能网页等类型,在这些网页中最重要的是网站的主页。

主页通常设有网站的导航栏,是所有站点网页的链接中心。网站就是由网页通过超链接形式组成的。网页是构成网站的基本单位,当用户通过浏览器访问一个站点的信息时,被访问的信息最终以网页的形式显示在用户的浏览器中。

7.1.1 网页

在访问一个网站时,首先要在浏览器的地址栏中输入一个网址,然后按

Enter 键即可浏览想要访问的网页。完成浏览器中用户指定网址的请求以及服务器做出相应的响应,整个过程需要用到域名、DNS、IP 地址、浏览器、Web 服务器、HTTP 等的支持。

网页(web page)是构成网站的基本元素,是承载各种网站应用的基本单位,通常为 HTML 格式(文件扩展名为.html 或.htm),或者混合使用了动态技术设计的文件(文件扩展名为.asp、.aspx、.php、.jsp 等)。

例如,一个用 HTML 表示语言编写的简单网页,浏览效果如图 7-1 所示。

```
<head>
<title>我的第一个网站</title>
</head>
<body>
<h2 align="center"><font face="华文新魏">我的第一个网页</font></h2>
<p align="center">
<font color="#FF0000" size="3"><strong>欢迎访问我的主页 </strong></font></p>
</body>
</html>
```

图 7-1　静态网页设计示例

网页是一个纯文本文件,采用 HTML、CSS、XML 等多种技术来描述组成页面的各种元素,包括文字、图像、音频、视频、表单和超链接等,并通过客户端浏览器进行解析,从而向浏览者呈现网页的各种内容。

在网站设计中,使用 HTML 语言编写的纯 HTML 格式的网页通常被称为静态网页。静态网页是相对于动态网页而言的,是指没有后台数据库、不含程序且不可交互的网页。静态网页更新起来比较麻烦,一般适用于更新较少的展示型网站。静态网页通常使用.html、.htm 等为文件扩展名。需要说明的是,在 HTML 格式的网页中,也可出现各种动态的效果,如 GIF 格式的动画、Flash 动画、视频等内容。

浏览器如果请求访问的网页是静态网页,则 Web 服务器处理的流程比较简单,只需查找到请求页面直接发送到请求的浏览器即可。

动态网页文件的扩展名是.asp、.aspx、.php、.jsp 等。动态网页在服务器端通常需要数据库支持,其显示内容随着数据库中数据的变化而变化。目前动态网页开发采用的主流技术是 ASP.NET、JSP、PHP 等。

如果请求访问的网页是动态网页,则 Web 服务器的处理流程比较复杂。Web 服务器将控制权转交给应用程序服务器,应用程序服务器解释执行网页中包含的服务器端脚本代码,并根据脚本代码的要求访问数据库等服务器端资源,最后将计算结果转变为标准的 HTML 文件代码,由 Web 服务器将文件发送给浏览器。

7.1.2 网页的上传

一个网页或网站制作完成之后,需要将其上传到 Internet 服务器上,以供不同的用户访问。在普通网页上传时,往往需要经过两个过程。第一步需要申请一个域名、空间;第二步就是将自己的网页上传到服务器。

1. 注册域名

为了保证网络安全和有序性,以及每个网站的域名或访问地址是独一无二的,在网站建立前必须要向统一管理域名的机构或组织注册,根据网站的定位不同,可以申请不同类别的域名。单位和个人均可申请顶级域名,并按照国家法规进行备案,即可在一定期限内具有该域名的所有权。

2. 申请虚拟主机

对于一些小企业来说,由于其信息流量及访问量较小,可以采用虚拟主机的方案,租用 ISP 的 Web 服务器磁盘空间,这样可以有效地使服务与经济达到平衡。如果是大型商业公司或云平台,则需要自建服务器系统以确保数据安全。

3. 上传

网页制作完成后,最后要发布到 Web 服务器上,才能够让全世界的朋友观看,上传的工具有很多,有些网页制作工具本身就带有 FTP 功能,利用这些 FTP 工具,可以很方便地把网站发布到自己申请的主页存放服务器上。网站上传以后,设计者要在浏览器中打开自己的网站,逐页逐个链接的进行测试,发现问题,及时修改,然后再上传测试。全部测试完毕就可以把自己的网址对外发布以供浏览。

上传的工作完成后,可以在浏览器中输入注册的域名,检验网页是否已成功上传到 Internet 服务器。

7.1.3 网站

1. 网站

网站(website)是因特网面向全世界发布消息的地方,是根据一定的规则,使用 HTML 等工具制作的用于展示特定内容的相关网页的集合。它建立在网络基础之上,以计算机、网络和通信技术为依托,通过一台或多台计算机向访问者提供服务。人们可以通过网站来发布自己想要公开的信息,或者利用网站来提供相关的网络服务;可以通过网页浏览器来访问网站,获取自己需要的信息或者享受网络服务。

网站从广义上讲是在浏览器地址栏输入 URL 之后由服务器回应的一个 Web 系统,分为动态网站和静态网站两类。

静态网站是指全部由 HTML(标准通用标记语言的子集)代码格式页面组成的网站,所有的内容包含在网页文件中。网页上也可以出现各种视觉动态效果,例如 GIF 动画、Flash 动画、滚动字幕等,而网站主要是静态化的页面和代码组成,一般文件名均以 htm、html、shtml 等为后缀。

动态网站并不是指具有动画功能的网站,而是指网站内容可根据不同情况动态变更的网站,一般情况下动态网站通过数据库进行架构。除了要设计网页外,动态网站还要通过数据库和编程序来使网站具有更多自动的和高级的功能。动态网站体现在网页一般是以 asp、jsp、php、aspx 等结束,动态网站服务器空间配置要比静态的网页要求高,费用也相应地高,动态网页利于网站内容的更新,适合企业建站。

网站的种类很多,不同的分类标准可把网站分为多种类型,根据网站所用的编程语言可以分为 ASP 网站、PHP 网站、JSP 网站和 ASP.NET 网站等。根据功能网站可分为以下几种类型:综合信息门户网站、电子商务型网站、企业网站、政府网站、个人网站、内容型网站等。按网站内容又可以将网站分为门户网站、专业网站、个人网站、职能网站等。

2. 网站制作的基本流程

通常,把一个网站的开发过程分为 3 个阶段。分别是规划与准备阶段、网页制作阶段和网站的测试发布与维护阶段。具体的开发制作过程如下。

(1) 确定主题。一个网站要有明确的目标定位,只有定位准确、目标鲜明,才可能做出切实的计划,按部就班地进行设计。网站定位就是确定网站主题和用途。

(2) 收集与加工网页制作素材。收集与加工制作网页所需要的各种图片、文字、动画、声音、视频等素材。

(3) 规划网站结构和网页布局。在进行页面板式设计的过程中,需要安排网页中包括文字、图像、导航条、动画等各种元素在页面中显示的位置和具体数量。合理的页面布局可将页面中的元素完美、直观地展现给浏览者。常见的网页布局形式包括"国"字布局、T 形布局、"三"字布局、"川"字布局等。

网站是由若干文件组成的文件集合,大型网站文件的个数更是数以万计,因此为了网站管理人员便于维护,也为了浏览者快速浏览网页,需要对文件物理存储的目标结构进行合理规划。

(4) 编辑网页内容。具体实施设计结果,按照设计的方案制作网页。利用网页编辑工具软件(如 Dreamweaver 等),在具体的页面中添加实际内容。

(5) 测试并发布网页。在完成网页的制作工作之后,需要对网页效果充分进行测试,以保证网页中各元素都能正常显示。测试工作完成后,可将整个网站发布。

(6) 网站的维护。维护网站文件和其他资源,实时更新网站的内容。

3. 网站的宣传

一个企业建立网站或个人创建站点的目的就是为了宣传企业或个人的信息,如果不进行合理的网站宣传,则发布的网站访问量将会很小,这就失去宣传信息的目的。在进行网站宣传时可以采用传统媒体、网络广告、搜索引擎注册以及设置 Meta 4 种方式。

(1) 传统媒体。如果是较大企业的网站,可以采用在传统的电视、报纸、繁华街头的广告牌等方式进行网站的宣传。这种方式可以在短时间内取得良好的宣传效果,因为电视、报纸目前仍是最大的媒体。但同时需要较大资金的投入,因此需要根据网站的定位决定是否采用这种宣传方式。

(2) 网络广告。针对目前我国网络快速发展的情况,可以在一些访问量较高的门户网站做一些广告。由于这些网站平均流量较高,因此站点被广大客户熟知的概率相对较大。

同时针对一些小流量的网站或个人网站,可以选择在一些信誉较好并且性质相近的论坛或网站做一些友情链接,这样在一定程度上也可以起到宣传网站的效果。

(3) 搜索引擎注册。现在用户需要查询信息的时候,更多的人会选择使用搜索引擎,因此可以在各大搜索引擎站点(如图 7.2 所示)注册自己的网站,这样当用户搜索包含网站的关键词或简介时,站点就可以被检索到并有可能被用户所访问。只是当网页被搜索到,但排名较靠后,网页被用户访问到的可能性就非常小了。

以国内搜索引擎市场使用份额较大的百度(www.baidu.com)为例,登录之后,进入"网站登录"页面。在文本框中输入网站的主页地址,并填写认证码,提交注册。这样该搜索引擎将自动收录用户的网站。

其他的搜索引擎注册方式类似于上面提到的注册过程。

(4) 设置 Meta。

Meta 是 HTML 标记语言中的一个辅助性标签。它主要用来告诉搜索引擎一些网页的基本信息,其语法格式如下所示:

```
<html>
<head>
<Meta NAME="xxx" CONTENT="xxxx">
</head>
</html>
```

常用的一些参数如下所示。

① Keywords(关键字)。它主要用来通知搜索引擎一个网页的关键字是什么。如果一个网页定位为娱乐,那么其 Keywords 可以设置为:

```
<Meta NAME="Keywords" CONTENT=" entertainment,star,movies,music">
```

② Description(简介)。它主要用来告诉搜索引擎网站的主要内容是什么。

③ Author(作者)。它主要用来标识网页作者或工作组,其使用方式如下:

```
<Meta NAME="Author" CONTENT="NCWU Designer">
```

7.2 网页的基本元素与常用制作工具

7.2.1 网页的基本元素

网页上最常见的功能组件元素包括有站标、导航栏、广告条。而色彩、文本、图片和动画则是网页最基本的信息形式和表现手段。充分了解这些网页基本元素的设计要点之后,再进行网页设计就可以做到胸有成竹了。如果设计的精致得体,网页组件会起到画龙点睛的作用。如图 7-2 所示,雅虎网的主页就是一个包含了多种元素的网页。

1. 站标

站标(LOGO)是一个网站的标志,通常位于主页面的左上角。站标位置并不是一成不变的,图 7-3 所列出的是网络上常见的站标布局示意图。

图 7-2　包含多种元素的网页

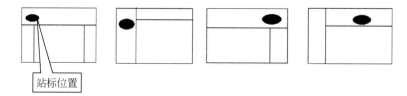

图 7-3　网页站标位置示意图

2. 导航栏

导航栏可以直观地反映出网页的具体内容，带领浏览者顺利访问网页。网页中的导航栏要放在明显的位置。

导航栏的类型有多种，可以有一排、两排、多排、图片导航和框架快捷导航等类型。另外还有一些动态的导航栏，如精彩的 Flash 导航。

3. 广告条

广告又称广告栏，一般位于网页顶部、导航栏的上方，与左上角的站标相邻。免费空间的站点的广告条主要用来显示站点服务商要求的一些商业广告，一般与本站内容无关，付费站点的广告条则可以用来深化本网站的主题，或对站标内涵进行补充。广告条上的广告语要精炼、朗朗上口。广告条的图形无需太复杂，文字尽量是黑体等字体，否则在视觉上很容易被网页的其他内容淹没。

4. 按钮

在网页上按钮的形式比较灵活，任何一个板块内容都可以设计成按钮形式。在制作按钮时要注意与网页整体协调，按钮上的文字要清晰，图案色彩要简单。

5. 文本

网页中文本的样式繁多、风格不一，可以根据自己的需要设置文字的颜色、字体、字号等内容。吸引人的网页通常都具有美观的文本样式。文本的样式可以通过对网页文本的属性进行设置修改,在后面的章节将会详细讲解这方面的知识。

6. 图像

图像是表现、美化网页的最佳元素。图像可以应用于网页的任何位置。用户可以在网页中使用 GIF、JPEG 和 PNG 等多种文件格式的图像,但是网页中的图像不宜太多,会让人觉得杂乱,也影响网速。

7. 表格

表格一般用来控制网页布局的方式,很多网页都是用表格来布局的,比较明显的就是横竖分明的网页布局。

8. 表单

表单的作用是用来收集用户在浏览器中输入的个人信息、请求信息、反馈意见及登录信息等,它是用户和服务器交互的接口。例如,申请免费邮箱时要填写的表单。

9. 多媒体及特殊效果

很多网页为了吸引浏览者,常常设置一些动画或声音,这样可以增加点击率。

动画在网页中可以更有效地吸引访问者的注意。Flash 动画以尺寸小、易于实现等特点,在网页中被广泛使用。声音是多媒体和视频网页重要的组成部分,网页中常用的音乐格式有 MIDI 和 MP3。常见的视频文件格式包括 RM、MPEG 和 AVI 等。

7.2.2　常用网页制作工具

通常,网页有多种媒体元素组成,因此其制作也需要用到多种技术,往往需要制作者身兼数职。静态网页包括 HTML 页面的制作、美工的处理、动画的制作等;如果是动态网页,则需要在前端网页的基础上,实现其后台的数据库连接功能。

HTML(hypertext markup language,超文本标记语言)是一种专门用于网页制作的编程语言,用来描述超文本各个部分的内容,告诉浏览器如何显示文本,怎样生成与别的文本或图像的链接点。

超文本是指页面内可以包含图片、链接,甚至音乐、程序等非文字元素。HTML 文档由文本、格式化代码和导向其他文档的超链接组成。

1. Expression Web

Expression Web 是一个专业的设计工具,可用来建立现代感十足的网站。使用其强大的设计工具和工作窗格,可快速地合并 XML 数据,减少复杂度和简化数据整合。

Expression Web 和 Visual Studio 对 XML、ASP.NET 和 XHTML 提供了绝佳支持,可以顺畅地整合 Web 设计和开发团队;通过 CSS 设计功能,可释放创意,为网站注入活力;借助可视化设计工具、专门的工作窗格和工具列,可以精确地控制版面配置和格式。

2. Fireworks

使用 Adobe Fireworks CS6 可以创作精美的网站和移动应用程序设计,而无须编码,发布适用于热门的平板计算机和智能手机的矢量和点阵图、模型、3D 图形和交互式内容。

Adobe Fireworks CS6 是专业的网页图片设计、制作与编辑软件。它不仅可以轻松制作出各种动感的 GIF、动态按钮、动态翻转等网络图片，更可以轻松地实现大图切割，让网页在加载图片时显示速度更快。Fireworks CS6 利用 jQuery 支持制作移动主题，从设计组件中添加 CSS Sprite 图像，为网页、智能手机和平板计算机应用程序提取简洁的 CSS3 代码。

3. Flash

Adobe Flash Professional CS6 是用于创建动画和多媒体内容的强大的创作平台。可以将音乐、声效、动画以及富有新意的界面融合在一起，制作出高品质的网页动态效果。它主要应用于网页设计和多媒体创作等领域，功能十分强大和独特，已成为交互式矢量动画的标准，在网上非常流行。Flash 广泛应用于网页动画制作、教学动画演示、网上购物、在线游戏等的制作中。

4. Dreamweaver

Dreamweaver CS6 是用于制作并编辑网站和移动应用程序的网页设计软件，与 Flash 和 Fireworks 一起构成"网页三剑客"，深受网页设计人员的青睐。Dreamweaver CS6 是集网页制作和管理网站于一身的所见即所得的网页代码编辑器，支持 HTML、CSS、JavaScript 等内容，可快速进行网站建设，是一款所见即所得的网页编辑软件，适合不同层次的人使用。

Dreamweaver CS6 支持代码、拆分、设计、实时视图等多种方式来创作、编写和修改网页（通常是标准通用标记语言下的一个应用 HTML），利用 Dreamweaver 中的可视化编辑功能，用户可以快速创建 Web 页面而无须编写任何代码。用户可以查看所有站点元素或资源并将它们从易于使用的面板直接拖到文档中。用户可以在 Fireworks 或其他图形应用程序中创建和编辑图像，然后将它们直接导入 Dreamweaver，从而优化开发工作流程。

Dreamweaver 还提供了其他工具，可以简化向 Web 页中添加 Flash 资源的过程。除了可帮助用户生成 Web 页的拖放功能外，Dreamweaver 还提供了功能全面的编码环境，其中包括代码编辑工具（例如代码颜色、标签完成、"编码"工具栏和代码折叠）；有关层叠样式表（CSS）、JavaScript、ColdFusion 标记语言（CFML）和其他语言的语言参考资料。Macromedia 的可自由导入导出 HTML 技术可导入用户手工编码的 HTML 文档而不会重新设置代码的格式，用户可以随后用用户首选的格式设置样式来重新设置代码的格式。Dreamweaver 还可以使用服务器技术（如 CFML、ASP.NET、ASP、JSP 和 PHP）生成动态的、数据库驱动的 Web 应用程序。如果用户偏爱使用 XML 数据，Dreamweaver 也提供了相关工具，可帮助轻松创建 XSLT 页、附加 XML 文件并在 Web 页中显示 XML 数据。

5. Microsoft Visual Studio

Microsoft Visual Studio 系列的版本有 2015、2017、2019、2022 等版本；适合开发动态的 aspx 网页，同时，还能制作无刷新网站、Web Service 功能等，Microsoft Visual Studio 仅适合高级用户。

7.3 HTML 网页设计基础

HTML(hypertext marked language,超文本标记语言)是一种用来制作超文本文档的简单标记语言。

HTTP 超文本传输协议规定了浏览器在运行 HTML 文档时所遵循的规则和进行的操作,使浏览器在运行超文本时有了统一的规则和标准。用 HTML 编写的超文本文档称为 HTML 文档,它能独立于各种操作系统平台。

7.3.1 HTML 语言简介

自 1990 年以来 HTML 就一直被用作 WWW(World Wide Web,或 Web、万维网)的信息表示语言,使用 HTML 语言描述的文件,不仅仅是文本信息,还可以包含图片、声音、动画、影视等内容,可以通过链接从一个页面跳转到另外一个页面,从而与世界各地的主机相连接。

HTML 语言与其他编程语言不同,它不是一种真正的计算机编程语言,而是一种在使用转义码文档中应用的格式化语法,通过语法标签由浏览器解释生成相应的页面。

HTML 文件对其编写工具的要求不高,可以在 Dreamweaver 中实现,也可以在最简单的文本编辑工具中实现,使用记事本编写 HTML 文件的具体步骤如下。

(1) 打开记事本。
(2) 在记事本中直接输入图 7-1 中所示的内容。
(3) 选中"文件"|"另保存"菜单项,打开"另存为"对话框。
(4) 在打开的"另存为"对话框中,完成如图 7-4 所示的设置。

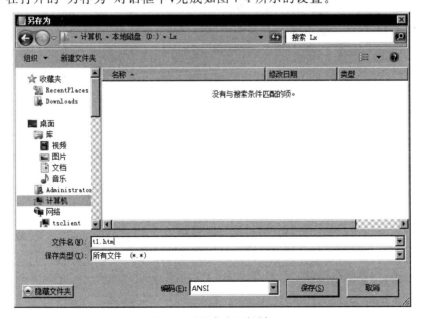

图 7-4 "另存为"对话框

① 设置文件保存的位置。
② 在"另存为"对话框中选中"保存类型"下拉列表中的"所有文件"选项。
③ 在"文件名"文本框中设置文件的名称,给出后缀名.htm 或者.html。
④ 单击"保存"按钮,保存文件。

(5) 关闭记事本程序,在文件保存的目录下,可以看到保存的文件名及其图标。

7.3.2 HTML 基本页面布局

1. HTML 文档的基本结构

一个 HTML 文档是由一系列的元素组成,元素由标签、属性及元素的内容组成。元素名不区分大小写,HTML 用标签来规定元素的属性和它在文件中的位置。

HTML 超文本文档分文档头和文档体两部分,在文档头里,对这个文档进行了一些必要的定义,文档体中是要显示的各种文档信息。

基本的 HTML 文档结构如下所示。

```
<html>              HTML 文件的开始标记,表示这是一个 HTML 文件
<head>              文件头的开始标记,这对标记之间的是头部信息
    头部信息         文件头的内容,也称为文件的头部信息
</head>             文件头的结束标记
<body>              文件体开始标记
    文件主体、正文部分  文件的主体部分,是文件真正要显示的文件信息
</body>             文件体结束标记
</html>             HTML 文件的结束标记
```

2. 常用页面标签

网页中有很多数据,不同的数据可能需要不同的显示效果,这个时候需要使用标签把要操作的数据封装起来(包起来),通过修改标签的属性值实现标签内的数据样式的变化。一个标签相当于一个容器,想要修改容器内数据的样式,只需要改变容器的属性值,就可以实现容器内数据样式的变化。

在 HTML 中,标签是 HTML 语言中最基本的单位,是用"<"和">"括起来的句子。HTML 标签用来标记内容块,也用来标记元素内容的意义(及语义),通过指定某块信息为段落或标题等来标识文档某个部件。

HTML 标签有两种形式:成对出现的标签和单独出现的标签,无论是哪种标签,标签中不能包含空格。

(1) 成对出现的标签。包括开始标签和结束标签,使用格式:<开始标记>内容</结束标记>。

开始标签,即标志一段内容的开始;结束标签,是指和开始标签相对的标签,结束标签比开始标签多一个"/"。例如<html>…</html>标签、<head>…</head>标签、<body>…</body>标签、<font>…</font>标签、<p>…</p>标签、<a>…</a>标签、<table>…</table>标签等。

(2) 单独出现的标签。单独出现的标签即单独标签,其格式:<标签名>,放置相应

的位置即可。例如：
、<hr>、<img>、<area>、<meta>等。

大多数标签都有自己的一些属性，属性要写在开始标签内，属性用于进一步改变显示的效果，各属性之间无先后次序，属性是可选的，采用默认值的属性可以省略，其格式如下：

<开始标签名 属性1 属性2 属性3 …>受标签影响的内容</结束标签名>

属性只可加于开始标签中。根据规范，属性值写在一对英文双引号中，属性的书写顺序不影响最终效果，使用默认值的属性可以省略不写。

对"字体设置"这4个字设置为蓝色、宋体、6号字的语句如下：

<font color="#0000ff" face="宋体" size="6">字体设置</font>

输入开始标签时，不要在"<"与标签名之间输入多余的空格，也不能在中文输入法状态下输入这些标签及属性，否则浏览器将不能正确地识别"<"与">"之间的标志命令。

HTML文档中常用的一些页面标签如下。

(1) <html>…</html>标签表明这是一个HTML文件，从<html>开始到</html>结束，形成了一个HTML文档，所有文本和标签都包含在这对符号之间。

(2) <head>…</head>标签是网页的头部标签，描述HTML文档的相关信息（包括浏览器窗口的标题名称），构成HTML文档的开头部分，在此标签对之间可以使用<title>…</title>、<script>…</script>等标签。这对符号之间的内容是不会在浏览器的框内显示出来的。

① <title>…</title>标签用于显示网页标题。在写标题名称时要做到简洁清楚，使网页文件的内容一目了然。

② <meta>特殊信息标签用于存储特殊的应用信息。一般用于设定文档所用的字符集，或用于设定多长时间后装入其他页面或者再度装入此页面等。

(3) <body>…</body>标签是网页的主体标签，包含所有要在浏览器窗口上显示的内容。在这对符号之间可以设置背景颜色、背景图片和主体部分的字体大小等信息。

① <hn>…</hn>标签是设置网页子标题的标签，HTML文件中不同的子标题将通过<hn>和</hn>标签来设定，从而可以区分不同的章节。不同的子标题在网页中以不同大小的字体显示，其中n表示字号，通常为1~6。<h1>…</h1>表示最大的字体，而<h6>…</h6>则表示最小的字体。基本语法结构是：<hn>子标题</hn>，且产生自动换行的效果。

② <p>…</p>段落标签在HTML文档里定义一个段落。浏览器在显示<p>段落时，将在其前后分别插入一个空白行。这些空白是由浏览器在呈现网页时自动加入的，也可以用样式表来指定显示多少空白。

③
换行标签用于插入一个换行符。

④ <hr>水平线标签用于创建一条水平线。

⑤ <pre>…</pre>原样显示标签用于定义预先排版的文本，在这对符号之间包含的换行、tab键和空格等均在运行的网页中原样输出。

(4) <!-->…<-->标签用于在源代码中插入注释的标签，注释不会显示在浏览器中。当编写了大量代码时，使用注释对代码进行解释，有助于在以后的时间对代码的编辑。

3. 页面布局综合实例

```
<html>
<head>
<title>中国计算机史-简况</title>
</head>
<body>
<h2 align="center">中国计算机史</h2>
<hr width="90% "color="#FFFF 00">
<p align="center"><b>简   况</b></p>
<p>第一代电子管计算机研制(1958—1964年):中国从1957年在中科院计算所开始研制通用数字电子计算机,1964年中国第一台自行设计的大型通用数字电子管计算机119机研制成功。
<br>第二代晶体管计算机研制(1965—1972年):1965年中科院计算所研制成功了中国第一台大型晶体管计算机,哈军工(国防科大前身)于1965年2月成功推出了441B晶体管计算机并小批量生产了四十多台。
<br>第三代中小规模集成电路的计算机研制(1973年—20世纪80年代初):1973年,北京大学与北京有线电厂等单位合作研制成功运算速度每秒100万次的大型通用计算机,1974年清华大学等单位联合设计,研制成功DJS-130小型计算机,70年代后期,电子部32所和国防科大分别研制成功655机和151机,速度都在百万次级。进入80年代,中国高速计算机,特别是向量计算机有新的发展。
<br>第四代超大规模集成电路的计算机研制:和国外一样,中国第四代计算机研制也是从微机开始的,1983年12月,原电子工业部六所成功研制出与IBM PC机兼容的DJS-0520微型计算机。
</p>
<hr width="100% "align="left">
<pre><font  size="1">
华罗庚教授是我国计算技术的奠基人和最主要的开拓者之一。华罗庚在数学上的造诣和成就深受冯·诺依曼等人的赞赏。
1950年,华罗庚回国时一心想让中国要有计算机,被任命为中科院数学所所长,提出要发展计算数学,要跟上国外的发展,指出"计算数学是一门在中国被忽视了的科学,但它在整个科学中的地位是不可少的,是为其他各部门需要冗长计算的科学尽服务功能的一门学问,必须想尽办法来发展"。
1952年夏,华罗庚从清华大学电机系物色了闵乃大、夏培肃和王传英三位科研人员在中国科学院数学所内建立了中国第一个电子计算机科研小组。
1956年,筹建中科院计算技术研究所时,华罗庚教授担任筹备委员会主任。
1958年,中国科学技术大学成立应用数学和计算技术系,他为系主任。是年,建议哈工大研发"三堆下棋计算机",是中国最早的人工智能,体现了"脑力放大",促进了计算机科学在全国发展。
华罗庚是中国计算机事业的奠基人,是中国的一面旗帜,是中国的一个奇迹,是科研队伍的带头人,是成功教育的典范,是后人永远学习的榜样。
</font></pre>
</body>
</html></html>
```

程序运行结果如图7-5所示。

7.3.3　文本修饰

为了使网页内容更加丰富多彩,文本的修饰是一个重要的环节,通过文本修饰,可以

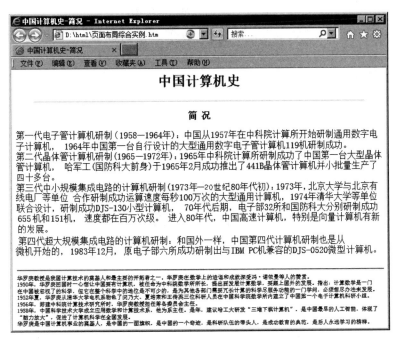

图 7-5　页面布局综合实例运行结果

突出文档中的重点内容,避免整个文档外观上的单一化,从而产生良好的视觉效果。

下面学习文本修饰的最常用的几种标签。

1. 文本修饰的主要标签

(1)＜font＞…＜/font＞基本字体标签。＜font＞标签在 HTML 中的使用是十分频繁的,它可以指定选定文本的字体、大小和颜色,其基本语法结构如下:

```
<font
size=n
face=charnames
color=#n>
```

其中,size 表示字体大小,表示方法有两种:一种方法是直接设定 n 的值,即 $n=1\sim 7$,$n=1$ 表示最小,$n=7$ 表示最大;另一种方法是采用相对数值,即在基准字体大小的基础上增减字体大小,如 size＝＋1 表示加大一号。如果想要更大的字体,可以通过 css 样式来解决。

face 设定字体选项,如 face＝"楷体"表示选定字体是楷体,可以根据需要选定各种字体。如果计算机上没有安装指定的字体,浏览器会使用默认的字体。

color 选项用于设定选定文本的颜色,同样可以采用两种方法,直接设定颜色名称或者一个十六进制数。

＜font＞…＜/font＞标签不会产生自动换行。

(2)＜b＞、＜i＞、＜u＞字体效果标签。＜b＞…＜/b＞、＜i＞…＜/i＞和＜u＞…＜/u＞分别设置文字为黑体、斜体或加下画线。另外,＜em＞标签用于强调的文本,一般显示成斜体,相当于＜i＞标签;＜strong＞标签用于特别强调的文本,一般显示成粗体,相当于<b>标签;<cite>标签也用于显示斜体,表示引用。

(3) <align>对齐方式。align属性不是一种独立的标签,需要与其他标签一起使用,指定文本的对齐方式,如:<p>、<hr>、<hn>、<table>、<td>、<th>、<tr>等。对齐方式有如下。

左对齐:align-left;

右对齐:align=right;

居中对齐:align=center。

2. 文本修饰的其他标签

(1) <blockquote>换行引用标签。<blockquote>…<blockquote>所包起来的文本将换下行显示,并右移一个单位长度,其目的是突出引用部分。

(2) <code>程序代码标签。在HTML文档中显示程序代码时可以采用此标签,<code>…</code>将所包起来的文本设定为固定宽度的小字体,这样可以较好地显示源代码。

(3) <sup>上标字和<sub>下标字。[…]和_…这两对标签可以方便地将所包文字设置成上标和下标。

(4) <marquee>活动字幕标签。活动字幕的使用可以使得整个网页具有动感,增强网页的互动性。通过<marquee>…</marquee>将所包起来的文本设定为活动字幕,其语法结构如下:

```
<marquee
align=left/center/right/top/middle/bottom
bgcolor=#n
direction=left/right/up/down
behavior=type
height=n
hspace=n
scrollamount=n
scrolldelay=n
width=n
vspace=n
loop=n>
```

活动字幕的显示方式多种多样,可选的参数也很多。下面分别介绍各参数的含义:

align同样用于设定活动字幕的位置,除了居左、居中、居右3种位置外,还有上对齐、垂直居中、下对齐3种位置。

bgcolor用于设定活动字幕的背景颜色,一般用十六进制数表示。

direction用于设定活动字幕的滚动方向是从右向左(默认值)还是从左向右、向上、向下。

behavior用于设定滚动的方式,主要有3种方式:scroll表示由一端滚动到另一端,循环滚动,默认值;slide表示由一端快速滑动到另一端;alternate表示在两端之间来回滚动。

height用于设定滚动字幕的高度。

hspace 和 vspace 分别用于设定滚动字幕的左右边框和上下边框的宽度。
scrollamount 用于设定活动字幕的滚动距离。
sc roldelay 用于设定滚动两次之间的延迟时间。
width 用于设定滚动字幕的宽度。
loop 用于设定滚动的次数,当为-1时,表示一直滚动下去,直到页面更新。

（5）转义字符。HTML 中＜、＞、& 等有特别含义(前两个字符用于链接签,& 用于转义),不能直接使用。在使用这三个字符时,应使用它们的转义序列,常见的转义字符如表 7-1 所示。

表 7-1 HTML 常见转义字符

字　　符	转 义 字 符	字　　符	转 义 字 符
＜	&lt;	&	&amp;
＞	&gt;	空格	
"	&quot;		

注意：HTML 语言不区分大小写,所以在使用标签和对应的参数时,无论大小写,对应的都是相同的内容。但是转义字符只能是小写字母。

3. 文本修饰的综合实例

（1）常用颜色名称与十六进制数值。

```
<html>
<head>
<title>常用颜色名称与十六进制数值</title>
</head>
<body>
<font size="5">
<font color="#ff0000">红色    red      #ff0000</font><br>
<font color="#ffff00">黄色    yellow   #ffff00</font><br>
<font color="#0000ff">蓝色    blue     #0000ff</font><br>
<font color="#000080">深蓝色  navy     #000080</font><br>
<font color="#009900">绿色    green    #009900</font><br>
<font color="#00ff00">亮绿色  lime     #00ff00</font><br>
<font color="#00ffff">浅绿色  aqua     #00ffff</font><br>
<font color="#808000">橄榄色  olive    #808000</font><br>
<font color="#000000">黑色    black    #000000</font><br>
<font color="#808080">灰色    gray     #808080</font><br>
<font color="#c0c0c0">银色    silver   #c0c0c0</font><br>
<font color="#800000">栗色    maroon   #800000</font><br>
<font color="#800080">紫色    purple   #800080</font><br>
<font color="#ff00ff">紫红色  fuchsia  #ff00ff</font><br>
<font color="#008080">海蓝色  teal     #008080</font><br>
<table>
<tr>
```

```
<td bgcolor="#009900">
<font color="#ffffff"size="5">白色    white    #ffffff</font>
</td>
</tr>
</table>
</font>
</body>
</html>
```

</html>程序运行结果如图 7-6 所示。

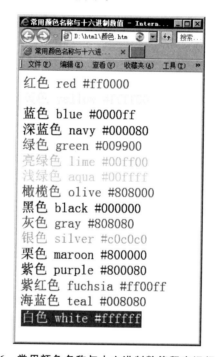

图 7-6　常用颜色名称与十六进制数值程序运行结果

HTML 使用英文名称或十六进制的 RGB 颜色值对颜色进行控制，RGB 三基色模式是以开头的 6 位十六进制数，前两位是红色色彩数值，中间两位是绿色色彩数值，后两位是蓝色色彩数值，每个基色为的取值为 00～ff(即十进制的 0～255)。

(2) 文本效果综合实例。

```
<html>
<head>
<title>文本效果综合实例</title>
</head>
<body>
<p align="center">
<font face="方正舒体"size="7"color="#FF 0000">中国梦</font>
</p><hr>
<p align="center"><font face="隶书"size="7"color="blue">
```

```
<strong>中国人共享人生出彩机会</strong></font></p>
<p><font face="微软雅黑"size="3">
    实现中国梦必须弘扬中国精神。这就是以爱国主义为核心的民
族精神,以改革创新为核心的时代精神。这种精神是凝心聚力的兴国之魂、强国之魄。</font>
</p>
<p>
<font face="仿宋"size="4">
  爱国主义始终是把中华民族坚强团结在一起的精神力量,改革创新始终是鞭策我
们在改革开放中与时俱进的精神力量。全国各族人民一定要弘扬伟大的民族精神和时代精神,不
断增强团结一心的精神纽带、自强不息的精神动力,永远朝气蓬勃迈向未来。</font></p>
<p>
<font face="宋体">
  实现中国梦必须凝聚中国力量。这就是中国各族人民大团结的力量。
中国梦是民族的梦,也是每个中国人的梦。只要我们紧密团结,万众一心,为实现共同梦想而奋
斗,实现梦想的力量就无比强大,我们每个人为实现自己梦想的努力就拥有广阔的空间。</font>
</p>
<p><font face="华文行楷"size="4">
     生活在我们伟大祖国和伟大时代的中国人民,共同享有人生出彩的
机会,共同享有梦想成真的机会,共同享有同祖国和时代一起成长与进步的机会。</font></p>
<p><font face="隶书"size="5">
 有梦想,有机会,有奋斗,一切美好的东西都能够创造出来。</font></p>
<p align="center">
<marquee bgcolor="#00ffff"align="middle"width="70%" hspace="1"vspave="1"
loop="10">
<font face="华文新魏"size="7"color="#FF0000">
中国梦归根到底是人民的梦,必须紧紧依靠人民来实现,必须不断为人民造福。</font>
</marquee>
</p>
</body>
</html>
```

程序运行结果如图7-7所示。

7.3.4 超链接

广泛存在于Internet上各个地方的超链接,是组织网上大量的文字、图片及多媒体材料的重要而有效的方法,实现了网站中从一个网页访问另一个网页的跳跃。超链接将文档中的元素或者图像与另一个文档、文档的一部分或者一幅图像链接在一起,用户在浏览一个网站的时候才能随心所欲地进行页面浏览。

1. 超链接的基本概念

超链接(hyper link)又称为超文本链接(hypertext link),或者简称为链接(link)。超链接是由源端点到目标端点的一种请求转移,源端点可以是文字或图像等,目标端点可以是多种对象,链接在浏览器中表现形式为有下画线的文字,或者设有热点的图像,当用户

图 7-7　文本修饰综合实例运行结果

单击对应的链接时可以到达目标端点，在目标端点中又含有新的通向其他页面的链接。

超链接的类型主要有两种，即文本超链接和图像超链接。

(1) 文本超链接是最常用的超链接形式。在浏览器中进行浏览时，当把鼠标指针移到链接上面时，指针将变成手形，告诉用户此对象处对应一个超链接，单击这个超链接就可以访问所链接到的网页。

(2) 图像超链接与文本超链接类似，当把鼠标指针指向含有超链接的图形时，同样指针变成相应的手形，单击该链接到达所链接的网页。使用图像超链接的优势是，不仅可以实现超链接的所有功能，而且可以使该页面变得更加有生气，更加形象。

链接的目标可以是图像、文字、页面及其他格式的文件。目标文件可以分布在本地硬盘、网络驱动器、本地服务器上的任意一个位置。在定义一个超链接的地点时可以选用绝对路径或相对路径。

① 绝对路径。绝对路径是采用完整的 URL 规定文件的精确地点。当创建一个超链接的时候，可以对选定的超链接确定一个绝对 URL 来精确地描述该超链接在网上对应的地址。如 http://www.ict.cas.cn/kxcb/jsjfzs/201811/t20181103_5164634.html。

② 相对路径。相对路径是相对于包含超链接页的地点来规定文件的地点。当在文件 new-page.htm 中创建一个超链接时，默认将此超链接保存在与文件 new-page.htm 相同的文件夹中。例如文件 new-page.htm 保存在\html 文件夹中，则把相应的超链接也保存在这个文件夹中。

通过上述对比可以发现，相对路径方式比较方便，不用输入一长串字符，特别是可以毫无顾忌地修改 Web 网站的名字及地址。例如已经建立了一个名为 study 的站点,现在却要将其更名为 studyjsj,这时只要把总的文件夹名字进行更改,则相应的链接也会跟着改变。

在用 HTML 创建 Web 站点时,尽量采用相对路径方式,可以减小将来的工作量,但如果要用到 Internet 上的其他站点的资源时,就必须采用绝对路径方式,否则无法知道精确地址。

2. 创建超链接的方法

在 HTML 中创建超链接的标签有＜a＞和＜base＞两个。

（1）＜a＞…＜/a＞超链接标签。＜a＞标签代表一个链接点,是英文 anchor(锚点)的缩写。这个解释形象地说明了当前位置的文本或图片与其他的页面的文本或图像存在链接关系。＜a＞标签的基本语法结构如下:

```
<a
class=type
id=value
href=reference
name=value
rel=same/mext/parent/previous
rev=value
target=window
style=value
title=title
on click=function
onmouseout=function
onmouseover=function>
```

由＜a＞标签的语法结构可以看出,由于 HTML 语言的超链接性,在设定一个超链接时有很多参数可供选择,并能实现不同的链接效果。下面介绍其中几个参数的含义。

① class 和 id 属性。该属性用于设定链接点所属的类型和分配的 ID 号,通常不加以设定。

② href 属性。该属性用于设定链接地址,但是链接地址必须为 URL 地址,如果没有给出具体路径,则默认路径和当前页的路径相同。链接到的文件也分为以下几种情况:如果为 HTML 文件,则在当前浏览器中可以直接打开;如果为可执行文件(.exe 文件),则直接执行;如果为文本类文件,如 Word 格式的文件,则在浏览器中打开此文件时,可以进行编辑加工。用法格式如下:

```
<a href="url">链接的显示文字</a>
```

例如:

```
<a href="http://www.zzu.edu.cn">链接到郑州大学网站首页</a>
<a href="./test/test.htm">链接到本地目录下的 test 目录中的 test.htm 网页</a>
<a href="D:/html/网页设计/课件说明及报名表.docx">单击阅读 Word 文档</a>
<a href="test/test.htm"><img src="_image/computer.jpg"></a>
```

```
<a href="ftp://ftp主机地址">文字链接</a>
```

③ target 属性：可以在一个新窗口里打开链接文件。例如：

```
<a href="http://www.zzu.edu.cn" target=_blank>在新窗口中打开郑州大学网站</a>
```

④ title 属性：可以让鼠标指针悬停在超链接上的时候，显示该超链接的文字注释。例如：

```
<a href="http://www.zzu.edu.cn"title="郑州大学网站">链接到郑州大学网站</a>
```

如果希望注释多行显示，可以使用"
"作为换行符。例如：

```
<a href="http://www.zzu.edu.cn"title="郑州大学 &#10;  网站">郑州大学网站</a>
```

⑤ name 属性：可以跳转到一个文件的指定部位。使用 name 属性，不仅要设定 name 的名称，还要设定一个 href 指向这个 name。其基本结构如下：

```
<a href="#链接点名称">part1</a>
…
<a name="#链接点名称">part2</a>
```

这样就把 part2 赋予了一个链接名，通过单击 part1 对应的文本或者图片，就会自动跳转到 part2 部分。

name 属性也可用于创建一个大文件的章节目录（tableofcontents）。每个章节都建立一个链接，放在文件的开始处，每个章节的开头都设置 name 属性。当用户单击某个章节的链接时，这个章节的内容就显示在最上面。

如果浏览器不能找到 name 指定的部分，则显示文章开头，不会报错。

⑥ onclick、onmouseover 和 onmouseout 属性。onclick 属性对应于一个事件，当链接点被单击后将触发这个事件，执行对应的子程序。onmouseover 与 onclick 类似，对应的事件在鼠标指针移到链接点上时被触发；onmouseout 对应的事件则在鼠标指针移出链接点后才被触发。

（2）<base>基底链接标签。该标签的主要作用是设定基底的 URL 地址或路径，直接服务于<a>标签。设定基底链接标签后，就不用在<a>标签的链接地址中加上具体的路径，只要给出文件名称就会自动加上基底链接标签设定的 URL 地址或路径。使用格式如下：

```
<base href="URL">
```

例如，在<a href="index.htm">前面加上<base href="http://www.abc.com.cn">，其效果相当于直接使用<a href="http://www.abc.com.cn/index.htm">。

3. 超链接综合实例

（1）检测鼠标事件。

```
<html>
<head>
<title>检测鼠标动作的链接</title>
</head>
```

```
<body>
<base href="D:/html/">
<p><a href="t1.htm"onclick="alert('您通过链接1进入其他页面了！')">链接1：
onclick链接
</a></p>
<p><a href="t2.htm"onmousemove="alert('鼠标悬停在链接2上了！')">
链接2：onmouseover链接
</a></p>
<p><a href="t22.htm"
onmouseout="alert('鼠标离开链接3了！')">链接3：onmouseout链接
</a></p>
</body>
</html>
```

程序运行结果如图7-8～图7-11所示。

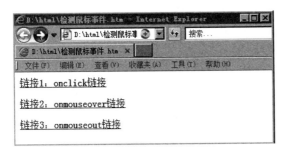

图7-8 检测鼠标动作的链接

图7-9 单击链接1

图7-10 鼠标悬停在链接2

图7-11 鼠标离开链接3

（2）内部链接和外部链接。

```
<html>
<head>
<title>内部链接和外部链接</title>
</head>
<body>
<p><a href="#本页指定内容">HTML基础导读</a></p>
<p><a href="检测鼠标事件.htm"target="_blank">链接到其他页</a></p>
<p><a href="页面布局综合实例外链接.htm#外链接页的指定内容"target="_blank">华罗
庚教授</a></p>
<hr>
<p><font face="华文新魏"size="5">关于name的使用</font>
```

```
        <hr align="left"width="26% "></p>
        <p>name 属性：可以跳转到一个文件的指定部位。<br><br>
        使用 name 属性，不仅要设定 name 的名称，还要设定一个 href 指向这个 name。其基本结构
        如下：
        <br><br>
             &lt;a href="#链接点名称"&gt; part1 &lt;/a&gt;<br>
        <br>
             ……………<br><br>
             &lt;a name="#链接点名称"&gt; part2 &lt;/a&gt;<br>
        <br>
        这样就把 part2 赋予了一个链接名<br><br>
        通过单击 part1 对应的文本或者图片，根据"#链接点名称"就会自动跳转到 part2 部分。
        </p><hr>
        <p>name 属性也可用于创建一个大文件的章节目录(tableofcontents)。</p>
        <p>每个章节都建立一个链接，放在文件的开始处，每个章节的开头都设置 nane 属性。</p>
        <p>当用户单击某个章节的链接时，这个章节的内容就显示在最上面。</p>
        <p>name 属性通常用于创建一个大文件的章节目录(tableofcontents)。</p>
        <p>每个章节都建立一个链接，放在文件的开始处，每个章节的开头都设置 nane 属性。</p>
        <p>当用户单击某个章节的链接时，这个章节的内容就显示在最上面。</p>
        <hr>
        <p><a name="本页指定内容">
        <font face="华文新魏"size="5"color="blue">HTML 基础导读</font></a>
        <hr align="left"width="25% ">
            HTML 是制作网页的基础语言，是初学者必学的内容。尽管目前可
        视化工具是网页设计的主流工具(如 Dreamweaver、FrontPage 等)，但作为网页设计人员，学习
        和掌握一定的 HTML 基本知识，对提高网页设计水平是很有必要的。</p>
        <p><hr align="left"width=36% ">
        <font face="华文新魏"size="5">HTML 含义及发展历史</font>
        <hr align="left"width="36% ">
            HTML 是 HyperText Markup Language(超文本标记语言)的缩
        写，它是构成 Web 页面的符号标记语言。通过 HTML 将所需要表达的信息按某种规则写成 HTML
        文件，并将这些 HTML 文件翻译成可以识别的信息，就是所见到的网页。最初设计 HTML 的目的是
        为了方便把两台计算机中的文字、图形联系在一起，形成一个整体。同时也是为了能以一致的方
        式展示该结果，而不受用户计算机软硬件环境和地理位置的影响。HTML 最早是由英国计算机科
        学家、万维网(WWW)的发明者、南安普顿大学与麻省理工学院教授 TIM Berners-Lee 和同事
        DanielW.Connolly 于 1990 年创立的一种标记式语言。万维网联盟(WorldWide Web
        Consortium,W3C)是伯纳斯•李为关注万维网发展而创办的组织，他担任万维网联盟的主席，也
        是万维网基金会的创办人。伯纳斯•李还是麻省理工学院计算机科学及人工智能实验室创办主
        席及高级研究员。HTML 发展历史 W3C 作为制定 HTML 标准的国际性组织，于 1993 年正式推出
        HTML1.0 版，提供简单的文本格式功能。1997 年 12 月,W3C 发布了 HTML4.0,其中增加和增强了
        许多功能。2008 年 1 月发布了 HTML 5 的正式草案。2014 年 10 月 29 日,万维网联盟宣布,经过
        接近 8 年的艰苦努力，该标准规范终于制定完成。</p>
    </body>
</html>
```

程序运行结果如图 7-12 所示。

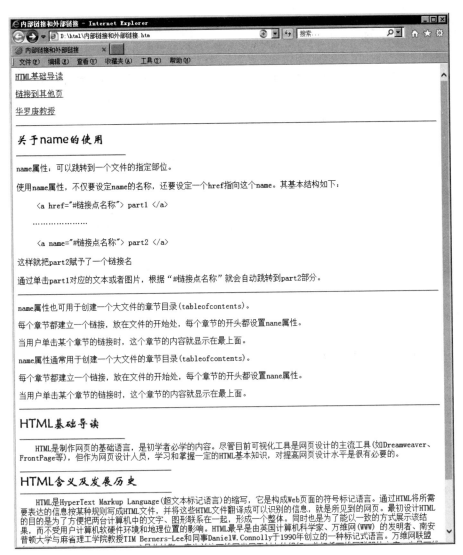

图 7-12 含有所有内部链接和外部链接的运行结果

程序中建立了 3 个链接：

`<a href="#本页指定内容">HTML 基础导读</a>`

表示内部链接，链接的目标是本页中的"HTML 基础导读"。

`<a href="检测鼠标事件.htm"target="_blank">链接到其他页</a>`

表示外部链接，链接目标是其他页"检测鼠标事件.htm"。

`<a href="页面布局外链接.htm#外链接页的指定内容"target="_blank">华罗庚教授</a>`

表示外部链接，链接目标是其他页"页面布局外链接.htm"中指定内容"华罗庚教授"，此时需要在"页面布局外链接.htm"中加入链接名"＜a name＝"外链接页的指定内容"＞＜font face＝"华文新魏"size="4"＞华罗庚教授＜/font＞＜/a＞"。

7.3.5 图像处理

Web 页中最引人入胜的莫过于那些丰富多彩的图像,图像可以使 HTML 页面美观生动且富有生机。没有绚丽的图像的网页使浏览者觉得索然无味,浏览者也可以通过由图像创建的超链接,更加直观地找到目标。

1. 图像的基本知识

(1) 图像的种类。网页中的图像除了基本图像,还包括背景图像、跟踪图像、鼠标经过图像和导航条等,若要使网页中插入的图片能与网站的设计风格保持一致,有时还需要使用软件工具进行处理。

常见的图像格式有 GIF、JPEG、PNG、BMP 等,这些图像格式的主要特点如下。

① GIF 格式。该格式支持 256 色模式,采用无损压缩格式,图像与原来的效果完全相同,其文件大小要远小于 bmp 格式的图片,不支持真彩色图像。

② JPEG 格式。该格式支持 24 位真彩模式,在不影响可分辨的图片质量的前提下,尽可能的压缩文件大小(有损压缩),压缩比最大。

③ PNG 格式。该格式为便携式网络图形,是一种无损压缩的图片形格,在不损失图片数据的情况下,可以快速地获取自己想要的图片,而且图片的质量并不会下降,支持真彩色图像。在可能的情况下,应该尽可能地使用 PNG 格式文件。

④ BMP 格式。Windows 操作系统特有的图片,色彩度真实,文件存储空间大,传输慢。

采用哪种格式,需要根据所选用的图像来决定。如果所用图像是真彩色的,又不是很讲究图像质量,可以采用 JPEG 格式;反之,图像颜色位数并不高,但要求清楚,采用 GIF 格式即可。

(2) 内部图像和外部图像。内部图像和外部图像主要是针对浏览器对图像的处理来说的。

内部图像是指在下载并显示网页的过程中,直接在浏览器中显示的图像;而外部图像在网页下载时不能在浏览器中直接显示,必须借助专门的软件才能将其显示出来。

一般情况下,GIF、JPEG、PNG、BMP 格式的图像都是内部图像,可以直接显示在浏览器中。

2. HTML 中的图像标签

(1) <img>基本图像标签。该标签是向网页嵌入一幅图像,创建了被引用图像的占位空间,从网页上链接图像。其基本语法结构如下:

```
<img
align=left|right|middle|top|bottom
class=type
id=value
name=value
src=url
title=text
```

```
alt=value
border=n
height=nwidth=n
hspace=n
vspace=n
ismap=image
usemap=url
onload=function
onabort=function
onerror=function
dynsrc=url
controls=controls
loop=n
start=type>
```

关于基本图像标签＜img＞的应用参数很多。在实际应用的只是其中几项，只有在需要实现特殊效果的情况下，才会使用较多的参数。各参数的具体含义如下。

align 用于指定图像的位置是居左、居右、居中、上对齐或者是下对齐。默认情况下是上对齐，即 align＝top。在图文混排时，这个参数很有用。

class 和 id 分别用于指定图像所属的类型和图像的 id 号。

name 用于设定图像的名称。

src 用于规定插入图像的 URL 地址。

title 用于设定图像的标题。

alt 表示图像的替代字，主要用于在浏览器还没有装入图像的时候，先显示有关此图像的信息。

border 用于设定图片的边框大小。

height 和 width 分别用于指定图像的高度和宽度。

hspace 和 vspace 在图文混排时分别用于设定图像的左右边框大小和上下边框大小。

ismap 和 usemap 在应用图像地图时会用到，ismap 表示图像地图的数据存放在服务器中，当鼠标指针在图像的某个区域上时，可以将此区域的坐标传运给服务器进行处理，usemap 则用于设定图像地图的名称。

onload、onabort、onerror 对应于设定的子程序，分别在图像被载入、取消载入、载入出错的情况下执行各自对应的子程序，较少使用。

dynsrc、controls、loop、start 对应的都是载入影像片段的情形。可以把一个影像片段当作一个图像来处理。dynsrc 指定要下载的影像片段的 URL 地址；controls 设定影像播放的控制按钮；loop 则指定影像片段的播放次数，同样当 loop＝－1 时，影像片段将连续插入直到页面更新；start 用于设定何时开始播放指定的影像片段，有三种选择：start＝fileopen，表示页面被载入后立即播放，这也是默认情况；start＝mouseover 表示在鼠标指针移到影像片段上的时候开始播放；start＝fileopen、mouseover 表示当有上面两种情况之一发生时就开始播放影像片段。

＜img＞没有结束标签。

(2) <area>地图作用区域标签。<area>标签主要用于图像地图,通过该标签可以在图像地图中设定作用区域(又称为热点),这样当用户的鼠标指针指到指定的作用区域时,会自动链接到预先设定好的页面。其语法结构如下:

```
<area
class=type
id=value
href=url
alt=text
shape=area-shape
coords=value>
```

class 和 id 同样是分别指定热点的类型和 id 号。

alt 用于设定热点的替代性文字。

href 用于设定热点所链接的 URL 地址。

shape 和 cords 是两个主要的参数,分别用于设定热点的形状和大小。其基本用法如下:

```
<area shape="rect"cords="103,6,153,49"href="url">
```

表示设定热点的形状为矩形,左上顶点坐标为(103,6),右下顶点坐标为(153,49)。

```
<area shape="circle"coords="72,26,17"href="url">
```

表示设定热点的形状为圆形,圆心坐标为(72,26),半径为 17。

```
<area shape="poly"coords="14,14,31,6,39,19,26,37,11,28,37,31,6,37"href="url">
```

表示设定热点的形状为多边形,各顶点坐标依次为(14,14)、(31,6)、(39,19)、(26,37)、(11,28)、(37,31)、(6,37)。

<area>没有结束标签。

(3) <map>设定地图标签。此标签用于设定图像地图的作用区域,并为指定的图像地图设定名称。语法结构如下:

```
<map name="图像地图名称">…</map>
```

3. 应用实例

(1) 图像基本使用。

```
<html>
<head>
<title>图像基本使用</title>
</head>
<body>
<p><img src="test1.gif"alt="郑州大学"width="120"height="30"></p>
<p align="center">
<img src="test1.gif"alt="郑州大学"width="120"height="120"border="4">
```

```
</p>
</body>
</html>
```

程序运行结果如图 7-13 所示。

图 7-13　图像基本使用

通过上面的程序和效果图可以看出：第一个图像居左，没有边框；第二个图像居中，有 4 个像素的边框。程序中还为这两个图像都指定了大小和替代字。发生下列情况下时，图像的替代字就会显示出来：用户设定浏览器不自动显示图像；页面刚刚下载，图片还没有来得及显示；图片不存在。这样用户就能够清楚地知道对应图像的内容。

（2）图像与文字混排。

```
<html>
<head>
<title>图像与文字混排</title>
</head>
<body>
<p align="left">
<img src="test1.gif"alt="welcome"width="100"height="100"align="top">1-欢迎来到这里</p>
<p align="right">
<img src="test1.gif"width="100"height="100"align="middle">2-欢迎来到这里</p>
<p align="left">
<img src="test1.gif"width="100"height="100"align="bottom">3-欢迎来到这里</p>
</body>
</html>
<html>
```

程序运行结果如图 7-14 所示。

图 7-14　图像与文字混排运行结果

由图 7-14 可见,文字分别被安排在图像的顶部、中部和底部。

在下列语句中,一共用了两个 align。

```
<p align="left"><img src="test1.gif"alt="welcome"width="100"height="100"
align="top">1-欢迎来到这里</p>
```

一个在<p>标签中,即<p align="left">,表示图像的位置在窗口的左端;另一个在<img>标签中,即 align="top",表示图像旁边的文字与图像的相对位置:在图像的顶部。

(3) 图像与段落混排。

```
<html>
<head>
<title>图像与段落混排</title>
</head>
<body>
<p><img src="test1.gif"alt="郑州大学"width="120"height="60"align="right"
    hspace="5">
</p>
<p>  <font color="#FF0000">
```

郑州大学是国家"211 工程"重点建设高校、一流大学建设高校和教育部"部省合建"高校,是由原郑州大学、郑州工业大学、河南医科大学于 2000 年 7 月合并组建而成,涵盖文、理、工、医、农等 12 大学科门类的综合性大学;现有全日制普通本科生 5 万余人、各类在校研究生 2.2 万余人,以及来自 85 个国家的留学生 2500 余人。

```
</font></p>
<p></p>
<p><img src="test1.gif"width="80"height="80"align="left"hspace="50">
```

```
</p>
<p>    <font color="0000FF">
```
郑州大学世界一流大学建设,承载着中原大地经济社会现代化发展的呼唤,承载着中原崛起民族复兴的意志,全体郑大人将坚持扎根中原大地办大学,秉持求是,勇敢担当,追求卓越,强力推动世界一流综合性研究型大学建设。
```
</font></p>
</body>
</html>
```

程序运行结果如图 7-15 所示。

图 7-15 图像与段落混排

在上面的程序段中,把相应的文字部分都当作一个段落来处理,前后加了<p>…</p>标签。连续的<p></p>则表示空行。请注意,在图像的说明中又增加了一项 hspace。hspace 在这里的作用是为了分隔文字和段落,避免使它们挨得太近而不好阅读。例如,hspace=10 就表示图像的左右有 10 个像素的空白。

如果想在段落中加入空行或者在段落中增加换行,只要在段落中相应的位置加入<p>…</p>标记或
标签即可。

(4) 图像地图的应用(在指定的图像上设定热点)。

```
<html>
<head>
<title>图像地图的应用</title>
</head>
<body>
<p>
<img src="郑州大学-标.jpg"alt="computer"width="300"height="196"border="0"
```

```
            usemap="#none">
<map name="none"id="none">
<area shape="poly"coords="84,16,168,24,102,67,154,66,148,113,90,121,67,73"
    href="t1.htm">
<area shape="rect"coords="167,42,249,110"href="t2.htm">
<area shape="circle"coords="133,169,33"href="t3.htm">
</map>
</p>
</body>
</html>
```

程序运行结果如图 7-16 所示。

图 7-16　图像地图实例中的热点显示(多边形、矩形、圆形)

7.3.6　表格

表格是 HTML 页面中十分重要的组成部分。表格能够把有关数字或信息集中起来,直观地反映给用户。通过表格的使用,可以更好地组织页面,使图像、文字的混合排列变得更加容易,效果也好得多。

1. 表格的基本概念

一个基本的网页表格和普通文档中使用的表格类似,通常由表格的标题、表栏、数据项、数据等元素组成。标题表示了这个表格的主要内容;表栏是指表格中一个个小的矩形区域,它用来存放数据等;数据项,又称表头,表示数据项所对应的名称;数据是指存放在表栏中的文字、数字等信息。在设计表格的时候可以根据实际情况对表格的结构进行适当调整,使之符合自己的要求。

2. 简单表格

一个简单表格就是一个基本的表格。

(1) <table> 基本表格标签。在 HTML 页面中表示表格时,采用<table>…</table>标签作为起止标识。由于表格设计的多样性,<table>标签有很多参数,其基本语法结构如下:

```
<table
align=left/center/right/bleedleft/bleedright/justify
border=n
width=value
height=value
background=url
bgcolor=#n
bordercolor=#n
bordercolordark=#n
bordercolorlight=#n
cols=n
valign=top/middle/bottom/baseline
hspace=n
vspace=n
rules=rules
cellpadding=n
cellspacing=n
frame=type>
```

align 用于设定表格位置。表格的位置有居左、居右、居中、靠左超出、靠右超出、左右对齐几种方式。

border 也是一个常用的参数,用于设定表格的边框宽度。当 border＝0 时无边框。

width 和 height 分别指定表格的宽度和高度。其中在指定表格宽度时,仍然可以采用两种方式:像素宽和占窗口的百分比。

background 用于设定整个表格的背景所用的填充图片,格式是 background＝图片URL 地址。

bgcolor 用于设定整个表格的背景颜色,用颜色名称或一个十六进制数皆可。

bordercolor、bordercolordark、bordercolorlight 都与表格边框颜色有关。bordercolor 设定整个表格边框的颜色;如果表格使用三维立体边框,则 bordercolordark 用于设定立体边框中较深部分的颜色;而 bordercolorlight 用于设定立体边框中较浅部分的颜色。设定颜色时可以用颜色名称或者一个十六进制数。

cols 用于设定表格的行数。如果不指定 cols,表格会根据实际情况计算行数。

valign 用于设定表格的垂直位置是靠上、靠底、居中或者是底部紧挨周围的文本。默认情况是靠上。

hspace 和 vspace 分别设定表格与周围文本或图片在水平方向和垂直方向上的距离。

rules 对内部边框做了显示设定:rules＝none 表示不加内部边框;rules＝rows 表示只显示水平方向的边框;rules＝cols 表示只显示垂直方向上的边框;rules＝all 是默认情况。

cellpadding 和 cellspacing 分别指定单元格边距和单元格间距。

frame 与 rules 类似,但 frame 用于设定外部边框的显示。frame＝void 表示不加外边框;frame＝above 表示显示上边的外边框;frame＝below 表示显示下边的外边框;frame＝lhs 表示显示左边的外边框;frame＝rhs 表示显示右边的外边框;frame＝hsides

表示显示上下外边框;frame=vsides 表示显示左右两边的边框;frame=box 则显示全部外框。

有关参数的具体用法将在后面的实例中给出。

(2) <caption>表格标题标签。此标签用于设定表格的标题部分,语法结构比较简单:

```
<caption
align=left/center/right
valign=top/bottom>
```

align 和 valign 分别用于设定标题的水平位置和垂直位置。

(3) <tr>行标签。<tr>标签可以用来产生表格的一行,其基本语法结构如下。

```
<tr
align=left/center/right/justify
valign=top/middle/bottom/baseline
bgcolor=#n
bordercolor=#n
bordercolordark=#n
bordercolorlight=#n>
```

从上面的语法结构中可以看出:行标签的全部参数在<table>标签中都出现过,其具体含义请参照<table>标签中相应参数的含义说明。不同的是:在<tr>标签中,所有参数都只对当前行有效。

(4) <td>单元格标签。<td>标签的对象是一个表格栏,也就是一个单元格。在实际应用中,<td>标签通常包含在<t>标签内,表示对<tr>所修饰的一行中的一个单元格进行标签。其语法结构如下:

```
<td
align=left
valign=top
bgcolor=#n
background=url
bordercolor=#n
bordercolor dark=#n
bordercolor light=#n
height=n
width=n
colspan=n
rowspan=n>
```

其中,前 9 个参数与<table>标签中介绍过的参数含义相似,只不过是一个单元格。最后两个参数:colspan 表示此栏宽位(即表示有几个普通单元格那么宽),rowspan 表示此栏高位(即表示有几个普通单元格那么高)。虽然 width 和 height 同样表示单元格的宽度和高度,但它们是用像素来表示的。

3. 复杂表格

在简单表格的基础上进行适当的调整，就可以得到一个复杂的表格，复杂表格的设计主要体现在对表头的设计上。<th>标签就是用于对表头进行设计，使之符合实际设计的要求。<th>标签通常要跟在<tr>标签后面使用。<th>标签的基本语法结构如下：

```
<th
align=left/center right/justify
valign=top/middle/bottom/baseline
bgcolor=#n
background=n
bordercolor=#n
bordercolorlight=#n
bordercolordark=#n
colspan=n
rowspan=n
```

上面这些参数的含义同前面所介绍的一致，只是其应用对象是表头，通过对colspan和rowspan的设定来达到设计复杂表格的目的。

4. 表格应用实例

（1）基本表格设计。

```
<html>
<head>
<title>表格的基本结构</title>
</head>
<body>
<table width="100%"border="7"align="center">
<caption>
<p align="center"><big>
<font color="#FF0000"face="幼圆">表格的标题</font>
</big></p>
</caption>
<td width="22%"align="center"></td>
<td width="20%"align="center"><font color="#FF8040">表栏1</font></td>
<td width="20%"align="center"><font color="#FF8040">表栏2</font></td>
<td width="20%"align="center"><font color="#FF8040">表栏3</font></td>
<td width="20%"align="center"><font color="#FF8040">表栏4</font></td>
<tr>
<td width="24%"align="center"><fontcolor="#0000FF">数据项1</font></td>
<td width="19%"align="center">数据</td>
<td width="19%"align="center">数据</td>
<td width="19%"align="center">数据</td>
<td width="19%"align="center">数据</td>
</tr>
```

```
<tr>
<td width="24%"align="center"><fontcolor="#0000FF">数据项2</font></td>
<td width="19%"align="center">数据</td>
<td width="19%"align="center">数据</td>
<td width="19%"align="center">数据</td>
<td width="19%"align="center">数据</td>
</tr>
</table>
</body>
</html>
```

程序运行结果如图7-17所示。

图7-17 表格的基本结构实例

从以上程序可以看出，该程序段采用了最基本的表格结构。首先用＜table＞…＜/table＞表示表格的起止位置，并指明了整个表格的宽度、边框宽度等；然后用＜caption＞标签显示标题；进入表格正文之后，采用3个＜tr＞…＜/tr＞标签表明了表格的行数；在每个＜tr＞…＜/tr＞标签中又使用了5个＜td＞…＜/td＞标签表明表格的列数。

（2）复杂表格设计。

```
<html>
<head>
<title>复杂表格设计</title>
</head>
<body>
<table width="90%"border="1">
<tr>
<th width="15%"rowspan="2"align="center">内容</th>
<th width="85%"colspan="4"align="center"bgcolor="#80FF 80">信息工程学院
</th>
</tr>
<tr>
<th width="26%"align="center"bgcolor="#00FFEE">计算机系</th>
<th width="17%"align="center"bgcolor="#00FFFE">软工系</th>
<th width="17%"align="center"bgcolor="#00FFFF">电子系</th>
```

```
<th width="17%"align="center"bgcolor="#00FFFE">通信系</th>
</tr>
<tr>
<th width="15%"align="center"bgcolor="#00FFFF"scope="row">教师</th>
<th width="26%"align="center">60</th>
<th width="17%"align="center">75</th>
<th width="17%"align="center">58</th>
<th width="17%"align="center">68</th>
</tr>
<tr>
<th width="15%"align="center"bgcolor="#00FFFF"scope="row">学生</th>
<th width="26%"align="center">400</th>
<th width="17%"align="center">360</th>
<th width="17%"align="center">380</th>
<th width="17%"align="center">480</th>
</tr>
</table>
</body>
</html>
```

程序运行结果如图 7-18 所示。

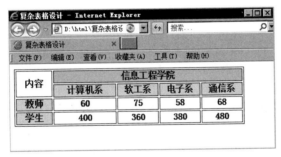

图 7-18 复杂表格设计实例

7.3.7 多窗口页面

1. 多窗口的基本概念

多窗口页面，又称为帧窗口页面或框架型页面，是一种复杂的页面技术，它将浏览器窗口按照功能分割成多个小窗口。每个窗口都有对应的 HTML 页面，并且按照一定的组合方式组合在一起，实现特殊的用法。这样使得用户可以在同一个浏览器窗口中浏览不同网站的内容，或者在一个小窗口中发出查询命令而在另一小窗口中接收查询结果等。

在 HTML 页面中使用多窗口技术的基本页面结构如下：

```
<html>
<head>
...
```

```
<title>…</title>
</head>
<frameset>
<frame src="url">
…
</frameset>
</html>
```

帧页面与普通页面的结构类似,使用＜frameset＞…＜/frameset＞取代普通页面中＜body＞…＜/body＞的位置。

2. 创建多窗口页面

创建多窗口页面所用的标签主要有＜frame＞和＜frameset＞两种。通过这两种标签可以创建多种复杂的多窗口页面。

(1)＜frameset＞分割窗口标签。＜frameset＞在多窗口页面中的地位相当于＜body＞在普通单窗口页面中的地位,在页面中是用＜frameset＞…＜/frameset＞标签标志页面主体部分的起止位置的,＜frameset＞标签决定怎样划分窗口及每个窗口的位置和大小。其基本语法结构如下:

```
<frameset
cols=n
rows=n
frameborder=yes/no/1/0
border=n
bordercolor=#n
framespacing=n>
```

决定窗口如何分割的是 cols 和 rows 两个参数。分割左右窗口用 cols,各帧的左右宽度用占窗口宽度的百分比表示。例如,cols="30%,40%,*"就表示水平方向分割3个窗口,各自所占总宽度的百分比依次是 30%、40% 和 30%。其中"*"表示剩余部分,也就是说"*"对应的小窗口计划调节为剩余的宽度;分割上下窗口用 rows,同样采用百分比的设定方法。

frameborder 指定各分窗口是否要加边框。如果加边框,则用 border 参数指定边框的宽度,用 bordercolor 指定边框的颜色。

framespacing 用于设定各分窗口之间的间隔大小,默认值是 0。

(2)＜frame＞定义窗口标签。＜frame＞标签用在＜frameset＞标签当中,可以定义一个分窗口的各种属性。其语法结构如下:

```
<frame
name=framename
src=url
noresize
scrolling=yes/no/auto
frameborder=yes/no
bordercolor=#n
```

```
marginheight=n
marginwidth=n>
```

name 用于指定窗口的名称。

src 用于指定窗口所显示的网页地址。

noresize 是对用户来说的,当<frame>标签中包含此参数的时候,用户就不能用鼠标调整修改各分窗口的大小。

scrolling 设定分窗口是否可以滚动。scrolling＝yes 时表示可以滚动;scrolling＝no 时表示不可滚动;scrolling＝auto 时表示自动滚动。

frameborder 和 bordercolor 同样是设定分窗口有无边框和边框颜色的,但对象只限于用<frame>标签的窗口。

marginheight 和 marginwidth 分别用于设定分窗口的上下边缘的高和左右边缘的宽度。

3. 多窗口页面创建实例

(1) 水平排列多个窗口。

```
<html>
<head>
<title>水平排列窗口</title>
</head>
<frameset cols="25%,25%,30%, * ">
  <frame nane="left Frame"src="a.htm">
  <frame name="center Frane"src="b.htm">
  <frame name="center Frane"src="c.htm">
  <frame name="right Frane"src="d.htm">
</frameset>
<noframes>
<body>
<p>你的浏览器不支持多窗口功能</p>
</body>
</noframes>
</html>
```

程序运行结果如图 7-19 所示。

这个程序将浏览器窗口由左至右分成了 4 个分窗口,其宽度分别占 25％、25％、30％和 20％。如果所使用的浏览器不支持多窗口技术,则会提示"你的浏览器不支持多窗口功能"。

(2) 纵横排列多个窗口。

```
<html>
<head>
<title>纵横排列窗口</title>
</head>
<frameset rows=" * "cols="15%, * "frameborder="1"border="1"framespacing=
"5">
```

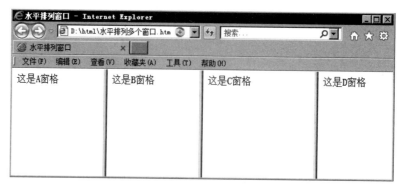

图 7-19 水平排列窗口实例显示效果

```
  <frame src="a.htm"name="left Frane"scrolling="No"noresize>
  <frameset rows="20%,60%, * ">
    <frame nane="top Frane"src="b.htm">
    <frame name="center Frane"src="c.htm">
    <frame name="right Frane"src="d.htm">
</frameset>
<noframes>
<body>
<p>你的浏览器不支持多窗口功能</p>
</body>
</noframes>
</html>
```

程序运行结果如图 7-20 所示。

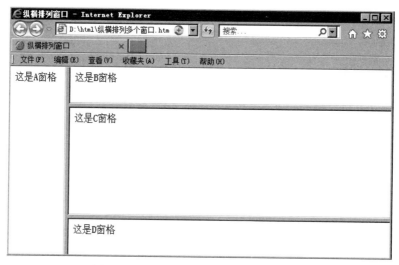

图 7-20 纵横排列多个窗口实例运行结果

在这个程序中,各窗口之间的空白区域有 5 个像素的距离(framespacing="5"),A 窗口的大小不可调整(noresize)。

7.4 网站的测试与发布

7.4.1 网站的测试

网站在发布之前需要进行测试,测试站点是为了发布后的网页能在浏览器中正常显示以及超链接的正常跳转。测试内容一般包括浏览器的兼容性、不同屏幕分辨率的显示效果、网页中的所用链接是否有效和网页下载的速度等。测试不仅要在本地对网站进行,最重要的是在远程进行。

1. 性能测试

(1) 连接速度测试。用户连接到网络的速度与上网方式有关,他们或许是电话拨号,或是宽带上网。打开速度越快的网站,越受用户喜爱。

(2) 负载测试。负载测试是在某一负载级别下,检测网站系统的实际性能,也就是能允许多少个用户同时在线。可以通过相应的软件在一台客户机上模拟多个用户来测试负载。

(3) 压力测试。压力测试是测试网站系统的限制和故障恢复能力,也就是测试网站系统会不会崩溃。

2. 安全性测试

需要对网站的安全性(服务器安全,脚本安全),可能有的漏洞测试,攻击性测试,错误性测试。用相对应的软件进行测试对客户服务器应用程序、数据、服务器、网络、防火墙等进行测试。

3. 基本测试

包括色彩的搭配,连接的正确性,导航的方便和正确,CSS 应用的统一性。其中,超链接是将站点的各个页面组合为整体的关键,如果某些超链接不正常,就不能正常跳转到相应的页面,这样会让浏览者对网站产生不好的印象,同时让浏览者失去看网站内容的机会。因此在发布站点之前,应对站点的超链接进行测试。

4. 网站优化测试

好的网站是看它是否经过搜索引擎优化、网站的架构、网页的栏目与静态情况等。

5. 功能实现

网站现有版本是否完全实现需求,满足需求的网站才是有用的网站。

7.4.2 网站的发布

网站制作好之后要发布到网络上。网站制作的最终目的是为了发布到 Internet 上,让大家都能通过 Internet 看到才是做网站的初衷。发布一个网站需要域名空间放置制作好的网站。

网站发布成功后,网络上的用户可以访问该网站,有两种发布网站的方式。

(1) IIS 发布。IIS(internet information server,互联网信息服务)是一种 Web(网页)

服务组件,主要运行在微软的操作系统之上。它包括 Web 服务器、FTP 服务器、NNTP 服务器和 SMTP 服务器,分别用于网页浏览、文件传输、新闻服务和邮件发送等方面。IIS 使得在网络(包括互联网和局域网)上发布信息成了一件很容易的事。通过在 IIS 上将已经制作好的网站发布出来,别人才能通过 http://×××.×××.×××.×××网站地址访问网站。

(2) FTP 上传。是指装了 IIS 的服务器在远端,不是本地的,通过 FTP 方式将已经制作好的网站上传到服务器上。上传站点时,必须已经申请了域名,并且在 Internet 上有了自己的站点空间。申请站点空间时,网站服务商会将相应的上传主机的地址、用户名、密码等信息告诉用户。

下载并安装 FTP 工具,打开 FTP 工具,输入网站服务商提供的若干信息,单击快速连接,FTP 会自动连接到 FTP 上传空间,连接成功后,找到要上传的网站程序并右击,在弹出的快捷菜单中选中"上传"选项,然后在弹出的窗口中完成文件 FTP 上传。

7.4.3 网站的维护

网站维护是为了让网站能够长期稳定地运行在 Internet 上。一个好的网站需要定期或不定期地更新内容,才能不断地吸引更多的浏览者,增加访问量。所以,网站发布之后,并不意味着针对网站的所有任务都结束了,而是新任务的开始。网站维护工作主要包括以下内容。

(1) 在维护时,可以合理地采纳用户的反馈信息,关注用户的留言,注意查收邮件。定时升级服务器的操作系统和更新网站内容,以增加网站的生机和活力。

(2) 完善组织结构和导航。根据用户的反馈和访问情况完善组织结构和导航,如添加必要的导航信息并通过设置网络选项修改相关文字。

(3) 网络监控。设置保留服务器工作的必要信息,并经常阅读日志文件,识别中断的脚本。监控磁盘和内存的使用情况,提供安全保障,确保服务器的正常工作。

(4) 网页的内容更改。替换过时的文件,删除不需要的网页。

(5) 安全防护。妥善保管账户及密码,定期更换密码,防止外来攻击。对修改前和修改后的网站内容进行及时备份,必要时采用双服务器,以确保数据安全。

习题 7

一、选择题

1. 下列文件属于静态网页的是(   )。

   A. index.asp   B. index.jsp   C. index.htm   D. index.php

2. 双击.htm 网页文件时的默认操作是(   )。

   A. 打开浏览器预览该文件

   B. 打开记事本显示该文件源代码

   C. 将文件进行上传到远程服务器

   D. 在 Dreamweaver 编辑窗口打开该文件

3. 可以在 HTML 文档中插入换行符的标签是(　　)。

　　A. <area>　　　B.
　　　C. <hr>　　　D. <img>

4. 定义 HTML 表格的标签是(　　)。

　　A. <td>　　　B. <tr>　　　C. <body>　　　D. <table>

5. 超链接在网页中的应用非常广泛,下列关于超链接的描述错误的是(　　)。

　　A. 可以使用文字创建超链接　　　B. 可以使用图片创建超链接

　　C. 可以使用映像图创建超链接　　　D. 不能使用超链接访问外部文档

6. 为了美化网页效果会在网页中添加各种元素,下列选项中不能添加的是(　　)。

　　A. 文字、图像　　B. 表格、动画　　C. 声音视频　　D. 风景照片实物

7. 在下面对框架的描述中,错误的是(　　)。

　　A. 框架的作用是把浏览器的显示空间分割为几个部分

　　B. 不同框架中的页面之间可以没有任何关系

　　C. 框架的每个部分都可以独立显示不同的网页

　　D. 框架不允许嵌套

8. 外部 CSS 样式表文件的扩展名为(　　)。

　　A. htm　　　B. html　　　C. css　　　D. asp

9. 在下面对表格的描述中,错误的是(　　)。

　　A. 使用表格可以很方便地实现网页元素的定位

　　B. 在网页定位方面,表格比图层技术更为强大

　　C. 表格允许嵌套

　　D. 使用表格的网页比使用图层的网页更适用于大多数的访问者

10. 在网页中常用的图像格式是(　　)。

　　A. .bmp 和 .jpg　　　　B. .bmp 和 .gif

　　C. .bmp 和 .pmg　　　　D. .gif 和 .jpg

二、简答题

1. 简述制作网站的流程。

2. 简述常用的网页制作工具。

3. HTML 文档主要由哪些元素构成?

4. 列举常用的页面标签。

5. 主要的文本修饰标签有哪些?

6. 超链接的种类有哪些? 创建超链接的标签有哪些?

7. 表格主要由哪些元素组成?

8. 创建表格需要用到哪个标签?

9. 创建多窗口页面的标签有哪些?

10. 完成制作一个介绍班级的小型网站。

第 8 章 算法与程序设计基础

本章首先从算法的定义开始,详细介绍算法的有关问题,包括算法设计、算法描述等;接着,按照问题求解的策略,介绍求解问题中常用的算法,对每一类算法,介绍算法思想,给出典型实例,并使用程序设计语言实现算法,使学生了解算法和程序设计在解决实际问题过程中的地位和作用,理解计算机解题的过程和步骤;最后,介绍了常用的程序设计语言以及 Raptor 编程基础。

8.1 算法的基本概念

8.1.1 算法定义与性质

人们使用计算机,就是要利用计算机处理各种不同的问题。要做到这一点,就必须事先对各类问题进行分析,确定解决问题的具体方法和步骤,编制好一组让计算机执行的指令(程序),交给计算机,让计算机按人们指定的步骤有效地工作。这些让计算机工作的具体方法和步骤,其实就是一个解决问题的算法。

算法是一组明确步骤地有序集合,它产生结果并在有限时间内终止。

广义地讲,算法就是为解决问题而采取的方法和步骤。随着计算机的出现,算法被广泛地应用于计算机的问题求解中,被认为是程序设计的精髓。

在计算机科学中,算法是指问题求解的方法及求解过程的描述,是一个经过精心设计、用以解决一类特定问题的计算序列。

一个算法必须具备以下性质。

(1) 算法中每一个步骤都必须是确切定义的,不能产生二义性。

(2) 可行性。算法必须是由一系列具体步骤组成的,并且每一步都能被计算机所理解和执行。

(3) 有穷性。一个算法必须在执行有穷步后结束,每一步必须在有穷的时间内完成。

(4) 输入。一个算法可以有零个或多个输入,这取决于算法要实现的功能。

（5）输出。一个算法有一个或多个输出，以反映对输入数据加工后的结果。没有输出的算法是毫无意义的。

对算法的学习包括5方面的内容。

（1）设计算法。算法设计工作是不可能完全自动化的，应当学习一些已经被实践证明有用的基本算法设计方法，这些基本的设计方法不仅适用于计算机科学，而且适用于电气工程、运筹学等领域。

（2）表示算法。描述算法的方法有多种形式，每种描述方法（例如自然语言和算法语言）各自有适用的环境和特点。

（3）确认算法。算法确认的目的是使人们确信这一算法能够正确无误地工作，即该算法具有可计算性。正确的算法用计算机算法语言描述得到计算机程序，计算机程序在计算机上运行，得到算法运算的结果。

（4）分析算法。算法分析是对一个算法需要多少计算时间和存储空间作定量的分析。分析算法可以预测这一算法适合在什么样的环境中有效地运行，对解决同一问题的不同算法的有效性做出比较。

（5）验证算法。用计算机语言描述的算法是否可计算、有效合理，必须对程序进行测试，测试程序的工作由调试和做出时空分布图组成。

8.1.2 设计算法原则和过程

对于一个特定问题的算法在大部分情况下都不是唯一的。也就是说，同一个问题，可以有多种解决问题的算法，而对于特定的问题、特定的约束条件，相对好的算法还是存在的，选择合适的算法，会对解决问题有很大帮助。

在设计算法时，通常应考虑以下原则。

（1）正确性。算法的正确性是指算法至少应该具有输入、输出和加工处理无歧义性、能正确反映问题的需求、能够得到问题的正确答案。

但是算法的"正确"通常在用法上有很大的差别，大体分为以下4个层次。

① 算法程序没有语法错误。
② 算法程序能够根据正确的输入值得到满足要求的输出结果。
③ 算法程序能够根据错误的输入值得到满足规格说明的输出结果。
④ 算法程序对于精心设计的、极其刁难的测试数据都能满足要求的输出结果。

对于这4层含义，第①层次要求最低，因为仅仅没有语法错误实在谈不上是好算法。而第④层次是最困难的，我们几乎不可能逐一验证所有的输入都得到正确的结果。

因此，算法的正确性在大部分情况下都不可能用程序来证明，而是用数学方法证明的。证明一个复杂算法在所有层次上都是正确的，代价非常昂贵。所以一般情况下，把③层作为一个算法是否正确的标准。

（2）可读性。设计算法的目的，一方面是为了让计算机执行，但还有一个重要的目的是为了便于他人阅读，让人理解和交流，自己将来也可能阅读。如果可读性不好，时间长了自己都不知道写了些什么。可读性是评判算法（也包括实现它的程序代码）好坏很重要的标志。可读性不好不仅无助于人们理解算法,晦涩难懂的算法往往隐含错误,不易被发现并且难于调试和修改。

(3) 健壮性。当输入的数据非法时,算法应当恰当地做出反应或进行相应处理,而不是产生莫名其妙的输出结果。并且处理出错的方法不应是中断程序的执行,而应是返回一个表示错误或错误性质的值,以便在更高的抽象层次上进行处理。

(4) 高效率与低存储量。算法的效率指的是算法的执行时间;算法的存储量指的是算法执行过程中所需的最大存储空间,两者的复杂度都与问题的规模有关。算法分析的任务是对设计出的每一个具体的算法,利用数学工具,讨论其复杂度,探讨具体算法对问题的适应性。

在满足以上几点以后,还可以考虑对算法程序进一步优化,尽量满足时间效率高和空间存储量低的需求。

8.1.3 算法的基本表达

算法是对问题求解过程的清晰表述,通常可以采用自然语言、流程图、伪代码等多种不同的方法来描述,目的是要清晰地展示问题求解的基本思想和具体步骤。

1. 算法的自然语言描述

自然语言就是人们日常使用的语言,可以使用汉语、英语或其他语言等。用自然语言表示通俗易懂,但文字冗长,表示的含义往往不太严格,要根据上下文才能判断其正确含义,容易出现歧义性。

此外,用自然语言来描述包含分支和循环的算法,不很方便,因此除了那些简单的问题以外,一般不用自然语言描述算法。

2. 算法的流程图描述

流程图使用一些图框来表示各种操作。用流程图来描述问题的解题步骤,可使算法十分明确、具体直观、易于理解。美国国家标准化协会(American National Standard Institute,ANSI)规定了一些常用的流程图符号,如图 8-1 所示。

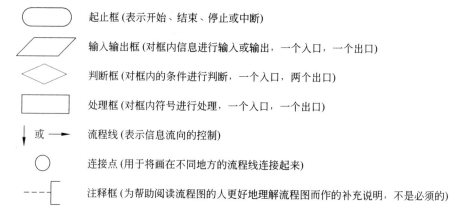

图 8-1 常用流程图符号

流程图将解决问题的详细步骤用特定的图形符号表示,中间再画线连接以表示处理的流程,流程图比文字方式更能直观地说明解决问题的步骤,可使人快速准确地理解并解决问题。

【例 8.1】 用流程图描述求 $1+2+3+\cdots+n$ 的算法。

对 $1\sim n$,n 个自然数的和,数学上有直接的计算公式,然而在计算机科学中,常常采用的策略是逐次近似的方法。设 s 表示和,初始 $s=0$,逐次加 $1,2,3,\cdots,n$,其中 n 是确定的值。其算法流程图如图 8-2 所示。

【例 8.2】 求两个正整数的最大公约数。

利用欧几里得算法求两个正整数的最大公约数。设两个正整数分别用 p 和 q 表示,余数用 r 表示。其算法流程图如图 8-3 所示。

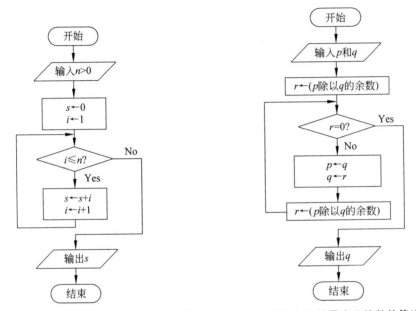

图 8-2　计算 $1+2+3+\cdots+n$ 的算法流程图　　图 8-3　计算两个数的最大公约数的算法流程图

用流程图表示算法直观形象,比较清楚地显示出各个框之间的逻辑关系。但这种流程图占用篇幅较多,尤其当算法比较复杂时,画流程图既费时又不方便。在结构化程序设计方法推广之后,经常采用 N-S 结构化流程图代替传统的流程图。

N-S 流程图是一种适于结构化程序设计的流程图。在 N-S 流程图中,完全去掉了带箭头的流程线,全部算法写在一个矩形框内,在该框内可以包含其他从属于它的框,或者说,由一些基本的框组成一个大的框。

针对结构化程序设计方法中的三大基本控制结构(顺序结构、选择结构和循环结构),用 N-S 流程图来表示它们的流程图符号如下。

(1) 顺序结构。顺序结构如图 8-4 所示。顺序结构是最简单的程序结构,也是最常用的程序结构,只要按照解决问题的顺序写出相应的语句就行,它的执行顺序是自上而下,依次执行。

例如,$a=3$,$b=5$,现交换 a,b 的值,这个问题就好像交换两个杯子中的水,这当然要用到第 3 个杯子,假如第 3 个杯子是 c,那么正确的程序为 $c=a$;$a=b$;$b=c$;执行结果

是 $a=5,b=c=3$ 如果改变其顺序，写成：$a=b;c=a;b=c;$ 则执行结果就变成 $a=b=c=5$，不能达到预期的目的，这是初学者最容易犯的错误。

顺序结构可以独立使用、构成一个简单的完整程序，常见的输入、计算、输出三部曲的程序就是顺序结构。例如计算圆的面积，其程序的语句顺序就是输入圆的半径 r，用公式 $s=3.14159\times r^2$ 计算圆的面积 s，输出圆的面积 s。不过大多数情况下顺序结构都是作为程序的一部分，与其他结构一起构成一个复杂的程序，例如选择结构中的复合语句、循环结构中的循环体等。

（2）选择结构。选择结构如图 8-5 所示。顺序结构的程序虽然能解决输入、计算、输出等问题，但不能做判断再选择，对于要先做判断再选择的问题就要使用选择结构。选择结构的执行是依据一定的条件选择执行路径，而不是严格按照语句出现的物理顺序。选择结构的程序设计方法的关键在于构造合适的分支条件以及分析程序的流程，根据不同的程序流程选择适当的分支语句。选择结构适合于带有逻辑或关系比较等条件判断的计算，设计这类程序时往往都要先绘制其程序流程图，然后根据程序流程写出源程序，这样做把程序设计分析与语言分开，使得问题简单化，易于理解。

（3）循环结构。循环结构又分"当"型循环结构和"直到"型循环结构，如图 8-6 和图 8-7 所示。

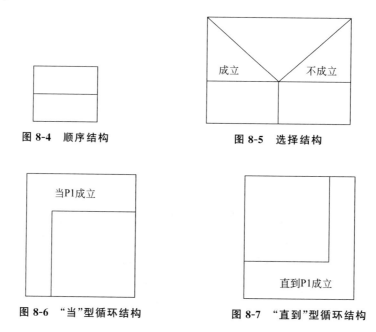

图 8-4　顺序结构　　　　　图 8-5　选择结构

图 8-6　"当"型循环结构　　图 8-7　"直到"型循环结构

循环结构可以看成是一个条件判断语句和一个向回转向语句的组合。循环结构的三要素是循环控制变量、循环体和循环终止条件。

循环结构在程序框图中是利用判断框来表示，判断框内写上条件，两个出口分别对应着条件成立和条件不成立时所执行的不同指令，其中一个要指向循环体，然后再从循环体回到判断框的入口处；另一个则是从循环体中出去，即终止循环。

说明：框中的 A 或 B 可以是一个简单的操作（如读入数据、公式计算或打印输出），也可以是 3 种基本结构之一。

【例 8.3】 将例 8.1 的算法用 N-S 流程图表示，如图 8-8 所示。

【例 8.4】 将例 8.2 的算法用 N-S 流程图表示，如图 8-9 所示。

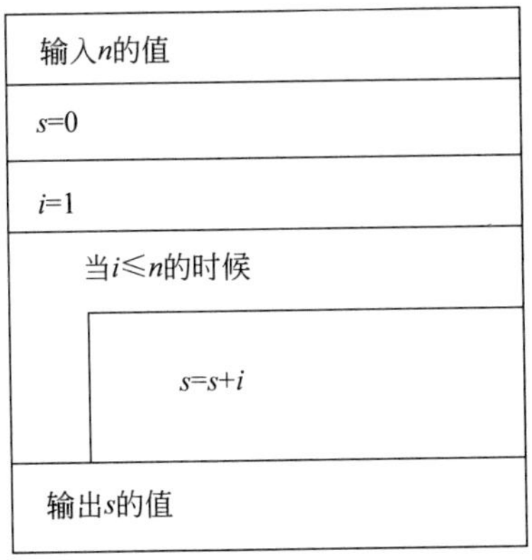

图 8-8 计算 $1+2+3+\cdots+n$ 的 N-S 流程图

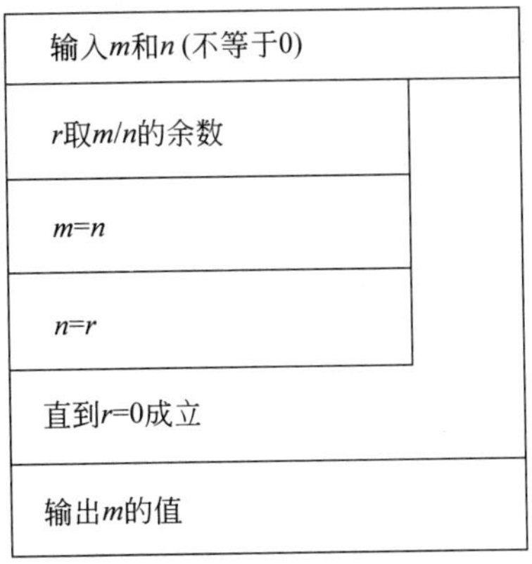

图 8-9 计算两个数最大公约数的 N-S 流程图

3. 算法的伪代码描述

用传统的流程图和 N-S 流程图表示算法直观易懂，但画起来都比较费事。在设计一个算法过程中，因为需要对算法反复修改，所以用流程图表示算法不是很理想（每修改一次算法，就要重新画流程图）。为了设计算法时的方便，常用一种称为伪代码的工具。

伪代码是用介于自然语言和程序设计语言之间的文字和符号来描述算法。伪代码不使用图形，在书写上方便，格式紧凑，比较好懂，不仅适宜设计算法过程，也便于向计算机语言算法（即程序）过渡。

【例 8.5】 计算 6!。

用伪代码表示的算法如下：

```
Begin              (算法开始)
    1→t
    1→f
    While i≤6
        {   f*t→f
            t+1→t
        }
        输出 f
End                (算法结束)
```

4. 用计算机语言表示算法

设计算法的目的是为了实现算法。因为是用计算机解题，也就是要用计算机实现算法，因此在用流程图或伪代码描述一个算法后，还要将它转换成计算机语言编写的程序才能被计算机执行。用计算机语言表示的算法是计算机能够执行的算法。

用计算机语言表示算法必须严格遵循所用的语言的语法规则，这是和伪代码不同的。

【例 8.6】 将例 8.5 表示的算法（计算 6!）用计算机语言表示。

① 使用 C 语言表示算法的程序代码如下：

```c
#include<stdio.h>
void main()
{
    int f,t;
    f=1;
    t=1;
    while(t<=6)
    {
        f=f*t;
        t++;
    }
    printf("6!=%d\n",f);
}
```

② 使用 Python 语言表示算法的程序代码如下：

```python
f=1
t=1
while t<=6:
    f=f*t
    t=t+1
print("6!=",f)
```

③ 使用 Visual Basic 语言表示算法的程序代码如下：

```
Private Sub Command1_Click()
    Dim f&, t%
    f = 1
    t = 1
    Do While t <= 6
        f = f * t
        t = t + 1
    Loop
    Print "6!="; f
End Sub
```

8.2 算法策略

算法策略就是在问题空间中随机搜索所有可能的解决问题的方法，直至选择一种有效的方法解决问题。所有算法策略的中心思想就是用算法的基本工具（循环机制和递归机制）实现算法。按照问题求解策略来分，算法有枚举法、递推法、递归法、分治法、回溯法等。

8.2.1 枚举法

枚举法又称穷举法、列举法、蛮力法，它既是一个策略，也是一个算法，也是一个分析问题的手段。枚举法算法的实现依赖于循环,通过循环嵌套,枚举问题中各种可能的情况。

枚举法的求解思路很简单,就是对所有可能的解逐一尝试,从而找出问题的真正解。这就要求所求解的问题可能有的解是有限的、固定的、容易枚举的、不会产生组合爆炸的。

枚举法的解题思路常常直接基于问题的描述,所以它是一种简单而直接地问题求解的方法,多用于决策类问题,这类问题都不易进行问题的分解,只能整体来求解。

枚举法的基本思想是依题目的部分条件确定答案的大致范围,在此范围内对所有可能的情况逐一验证,直到全部情况验证完。若某个情况经过验证符合题目的全部条件,则为本题的一个答案。若全部情况经过验证后都不符合题目的全部条件,则本题无解。

用枚举法解题时,答案所在范围总要求是有限的,关键是怎样才能不重复、一个不漏、一个不增地逐个列举答案所在范围的所有情况。由于计算机的运算速度快,擅长重复操作,很容易完成大量的枚举。

枚举法是计算机算法中的一个基础算法,所设计出来的算法其时间性能往往是最低的。

【例8.7】 百钱买百鸡问题。有一个人有一百块钱,打算买一百只鸡(同时买有公鸡、母鸡和小鸡)。到市场一看,公鸡5元1只,母鸡3元1只,小鸡1元3只。编写一个算法,算出怎么样的买法,才能刚好用100元买100只鸡,而且同时买有公鸡、母鸡和小鸡。

这是一个求解不定方程问题,设 x,y,z 分别为公鸡、母鸡和小鸡的只数,可列出下面的代数方程:

$$\begin{cases} x+y+z=100 & \text{(百鸡)} \\ 5x+3y+z/3=100 & \text{(百钱)} \end{cases}$$

像这样两个方程3个未知数的求解问题,只能将各种可能的取值代入,其中能满足两个方程的就是所需的解。遍历 x,y,z 的所有可能组合,因为解必在其中,而且不止一个解,只要某种组合符合上述两个方程,这种组合就是人们要找的解,当遍历完所有可能的组合,也就找到了问题的所有解。在计算机科学中这是典型的枚举法问题。

这里 x、y、z 为正整数,由于鸡的总数是100,可以确定 x、y、z 的取值范围。

(1) x 的取值范围为 1~99;
(2) y 的取值范围为 1~99;
(3) z 的取值范围为 1~99。

鸡数为枚举对象(x,y,z),以3种鸡的总数$(x+y+z)$和买鸡用去的钱的总数$(5x+3y+z/3)$为判定条件,枚举各种鸡的个数。

算法描述如下:

```
//把 x,y,z 可能的取值(1~99)逐一列举
循环(使 x 从 1 变到 99)
    循环(使 y 从 1 变到 99)
        循环(使 z 从 1 变到 99)
            //判断 x,y,z 的取值是否满足两个约束条件
            若(x+y+z=100 且 5x+3y+z/3=100),则
                输出 x,y,z 的值                //找到一个解,即一种买法
```

在枚举算法中,枚举对象的选择是非常重要的,选择适当的枚举对象可以获得更高的效率,如本例中由于 3 种鸡的和是固定的,总价也是固定的,因此只要枚举公鸡 x 和母鸡 y,小鸡 z 根据约束条件求得,这样就缩小了枚举范围,优化了算法过程。即

(1) x 的取值范围为(1~19)

(2) y 的取值范围为(1~33)

(3) $z=100-x-y$

使用 C 语言实现算法的程序代码如下:

```c
#include<stdio.h>
void main()
{
    int x,y,z;
    for(x=1;x<=19;x++)
        for(y=1;y<=33;y++)
        {
            z=100-x-y;
            if(5*x+3*y+z/3==100 && z%3==0)
                printf("%d\t%d\t%d\n",x,y,z);
        }
}
```

8.2.2 递推法

递推法又称迭代法,是通过已知条件,在其前、后项之间找出某种特定关系,利用这种关系可以从已知项的值递推出未知的值,直至得到结果的算法。

实际上,递推法是一种不断用变量的旧值递推新值的过程,通过把一个复杂的计算过程转化为简单过程的多次重复进行问题的求解。

【例 8.8】 猴子吃桃子的问题。有若干桃子,猴子第 1 天吃掉一半多 1 个,第 2 天接着吃了剩下的桃子的一半多 1 个,以后每天都吃尚存桃子的一半多 1 个,到第 7 天早上要吃的时候只剩下 1 个了,问这堆桃子原来有多少个?

第 7 天的桃子数为 1,即 $t_7=1$,根据题目描述:

第 6 天的桃子数为:$t_6=(t_7+1)\times 2=(1+1)\times 2=4$

第 5 天的桃子数为:$t_5=(t_6+1)\times 2=(4+1)\times 2=10$

第 4 天的桃子数为:$t_4=(t_5+1)\times 2=(10+1)\times 2=22$

第 3 天的桃子数为:$t_3=(t_4+1)\times 2=(22+1)\times 2=46$

第 2 天的桃子数为:$t_2=(t_3+1)\times 2=(46+1)\times 2=94$

第 1 天的桃子数为:$t_1=(t_2+1)\times 2=(94+1)\times 2=190$

由此可知,第 i 天的桃子数为 $t_i=(t_{i+1}+1)\times 2, i=6,5,\cdots,1$。

算法描述如下:

(1) 数据初始化:$i=7, t_2=1$

(2) $i=i-1$
(3) $t_1=(t_2+1)\times 2$
(4) $t_2=t_1$
(5) 如果 $i>1$,则转向(2)
(6) 输出 t_1

使用 C 语言实现算法的程序代码如下：

```c
#include<stdio.h>
void main()
{
    int i=7,t1,t2=1;
    while(i>1)
    {
        i--;
        t1=(t2+1) * 2;
        t2=t1;
    }
    printf("原来有桃子 %d 个\n",t1);
}
```

8.2.3 递归法

直接或间接地调用自身的算法称为递归算法。

递归法是利用大问题与其子问题间的递归关系来解决问题的。能采用递归描述的算法通常有这样的特征：为了求解规模为 N 的问题，设法将它分解成规模较小的问题，然后从这些小问题的解可以很方便地构造出大问题的解，并且这些规模较小的问题也能采用同样的分解和综合方法，分解成规模更小的问题，并从这些更小问题的解构造出规模较大问题的解。特别地，当规模 $N=1$ 时，能直接得解。

【例 8.9】 设计一个获取斐波那契(Fibonacci)数列的第 n 项值的函数 $\mathrm{fib}(n)$，编写主函数，在主函数中通过调用函数 $\mathrm{fib}(n)$ 输出斐波那契数列的前 n 个值。

斐波那契数列为：1,1,2,3,…，即

fib(1)=0;
fib(2)=1;
fib(n)=fib(n-1)+fib(n-2)   (当 $n>2$ 时)

写成递归函数，其算法描述如下：

```
fib(n)
{
    如果(n=1)              return  1;
    否则,如果(n=2)          return  1;
    否则,如果(n>2)          return  fib(n-1)+fib(n-2);
    否则                   return  -1;
}
```

递归算法的执行过程分递推和回归两个阶段。在递推阶段,把较复杂的问题(规模为n)的求解推到比原问题简单一些的问题(规模小于n)的求解。例如上例中,求解 fib(n),把它推到求解 fib($n-1$)和 fib($n-2$)。也就是说,为计算 fib(n),必须先计算 fib($n-1$)和 fib($n-2$),而计算 fib($n-1$)和 fib($n-2$),又必须先计算 fib($n-3$)和 fib($n-4$),依次类推,直至计算 fib(1)和 fib(0),分别能立即得到结果 1 和 0。在递推阶段,必须要有终止递归的情况。例如在函数 fib()中,当 n 为 1 和 0 的情况。

在回归阶段,当获得最简单情况的解后,逐级返回,依次得到稍复杂问题的解,例如得到 fib(2)和 fib(1)后,返回得到 fib(3)的结果,…,在得到了 fib($n-1$)和 fib($n-2$)的结果后,返回得到 fib(n)的结果。

在编写递归函数时要注意,函数中的局部变量和参数只是局限于当前调用层,当递推进入"简单问题"层时,原来层次上的参数和局部变量便被隐蔽起来。在一系列"简单问题"层,它们各自有自己的参数和局部变量。

使用 C 语言实现算法的程序代码如下:

```c
#include<stdio.h>
int fib(int);
void main()
{
    int num,t;
    do
    {
        printf("请输入一个不小于 0 的整数: ");
        scanf("%d",&num);
    }while(num<=0);
    for(t=1;t<=num;t++)
    {
        printf("%d\t",fib(t));
        if(t%8==0)
            printf("\n");
    }
    printf("\n");
}
int fib(int n)    //计算斐波那契数列的第 n 项的函数 fib(n)
{
    if(n==1)
        return 1;
    else if(n==2)
        return 1;
    else if(n>2)
        return fib(n-1)+fib(n-2);
    else
        return -1;
}
```

由于递归引起一系列的函数调用,并且可能会有一系列的重复计算,递归算法的执行效率相对较低。当某个递归算法能较方便地转换成递推算法时,通常按递推算法编写程序。例如上例计算斐波那契数列的第 n 项的函数 fib(n) 应采用递推算法,即从斐波那契数列的前两项出发,逐次由前两项计算出下一项,直至计算出要求的第 n 项。

【例 8.10】 Hanoi(汉诺)塔。汉诺塔(又称河内塔)问题是源于印度一个古老传说的益智玩具。大梵天创造世界的时候做了 3 个金刚石柱子 A、B、C,在柱子 A 上从下往上按照大小顺序摞着 64 个黄金圆盘。大梵天命令婆罗门把圆盘从上面开始按大小顺序重新摆放在柱子 C 上。并且规定,在小圆盘上不能放大圆盘,在 3 个柱子之间一次只能移动一个圆盘。

不管这个传说的可信度有多大,现只考虑把 64 个圆盘,从柱子 A 上移到另一个柱子上,并且始终保持上小下大的顺序,需要移动的次数有多少。

先考虑 3 个圆盘的移动,如图 8-10 所示。

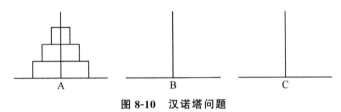

图 8-10 汉诺塔问题

设 3 个圆盘从小到大依次称呼为盘 1、盘 2、盘 3,移动方法如下。
(1) 盘 1 从柱子 A 移动到柱子 C。
(2) 盘 2 从柱子 A 移动到柱子 B。
(3) 盘 1 从柱子 C 移动到柱子 B。
(4) 盘 3 从柱子 A 移动到柱子 C。
(5) 盘 1 从柱子 B 移动到柱子 A。
(6) 盘 2 从柱子 B 移动到柱子 C。
(7) 盘 1 从柱子 A 移动到柱子 C。
共计移动 7 次完成任务。

把问题抽象出来,就是把圆盘借助于柱子 B 从柱子 A 移到柱子 C,解决的方法如下。
移动的过程可以分解为 3 个步骤:
(1) 把 A 上的 $n-1$ 个圆盘移到 B 上。
(2) 把 A 上的 1 个圆盘移到 C 上。
(3) 把 B 上的 $n-1$ 个圆盘移到 C 上。

至于(1)或(3)中如何把 A 上的 $n-1$ 个圆盘移到 B 上,那就又回到问题本身,同样也要 3 个步骤。
(1) 把 A 上的 $n-2$ 个圆盘移到 C 上。
(2) 把 A 上的 1 个圆盘移到 B 上。
(3) 把 C 上的 $n-2$ 个圆盘移到 B 上。
……

如此继续,n 值不断减小,直到圆盘 $n=2$,则

(1) 把 A 上的一个圆盘移到 B 上。
(2) 把 A 上的一个圆盘移到 C 上。
(3) 把 B 上的一个圆盘移到 C 上。

根据以上的分析,可以写出下面的递归表达式:

借助 B 将 n 个圆盘从 A 移到 C(借助 B) = $\begin{cases} 将一个圆盘从 A 移到 C, & n=1 \\ 借助 C 将 n 个圆盘从 A 移到 B(借助 C) \\ 将一个圆盘从 A 移到 C & , n>1 \\ 借助 A 将 n-1 个圆盘从 B 移到 C(借助 A) \end{cases}$

为了编写一个递归函数实现"借助 B 将 n 个圆盘从 A 移到 C",比较等式左右两边相似操作,会发现:

(1) 圆盘的数量从 n 变化到 $n-1$,问题规模缩小了,显然,n 是一个可变的参数。
(2) 等式两侧圆盘的初始位置是不同的,等式左侧是 A,右侧是 A 或 B。
(3) 等式两侧圆盘的最终位置是不同的,等式左侧是 C,右侧是 B 或 C。
(4) 同样等式两侧被借助的位置也是变化的,等式左侧是 B,右侧是 C 或 A。

综上,递归函数共有圆盘数、初始位置、借助位置和最终位置 4 个变量,所以函数有 4 个参数。假定函数 Hanoi() 的参数依次为圆盘数、初始位置、借助位置和最终位置,则可以写出这个函数的算法描述。

```
Hanoi(n,sA,sB,sC)
    如果 (n=1)              //圆盘数量为 1,打印输出结果后,退回上一层函数
        输出 sA,"->"sC;     //移动一个圆盘从 sA 到 sC
    否则                    //圆盘数量大于 1,继续进行递归过程
        Hanoi(n-1,sA,sC,sB);
        输出 sA,"->"sC;     //移动一个圆盘从 sA 到 sC
        Hanoi(n-1,sB,sA,sC);
```

使用 C 语言实现算法,通过调用 Hanoi 函数观察:当柱子 A 上有 3 个盘子的时候,需要移动盘子的次数以及盘子是如何被移动的。

```
#include<stdio.h>
void Hanoi(int n,char sA,char sB,char sC);
int m=0;
void main()
{
    int x;
    char a,b,c;
    x=3;
    a='A';    b='B';    c='C';
    printf("\n");
    Hanoi(x,a,b,c);
    printf("\n %d 个盘,共移动 %d 次 \n",x,m);
}
void Hanoi(int n,char sA,char sB,char sC)
{
```

```
        m=m+1;
        if(n==1)
            printf("\t从柱%c ->柱%c\n",sA,sC);
        else
        {
            Hanoi(n-1,sA,sC,sB);
            printf("\t从柱%c ->柱%c\n",sA,sC);
            Hanoi(n-1,sB,sA,sC);
        }
    }
```

8.2.4 分治法

分治法的基本思想是将一个规模为 N 的问题分解为 K 个规模较小的子问题,这些子问题相互独立且与原问题性质相同,求出子问题的解,就可得到原问题的解。在设计上,就是将一个难以直接解决的大问题,分割成一些规模较小的相同问题,以便各个击破,分而治之。

当 $K=2$ 时的分治法又称二分法。

利用分治法求解的问题,应同时满足以下 4 个要求。

(1) 原问题在规模缩小到一定程度时可以很容易地求解。绝大多数问题都可以满足这一点,因为问题的计算复杂性一般是随着问题规模的减少而减少。

(2) 原问题可以分解为若干个规模较小的同构子问题。这一点是应用分治法的前提,此特征反映了递归思想。满足该要求的问题通常称该问题具有最优子结构性质。

(3) 各子问题的解可以合并为原问题的解。它决定了问题的求解可否利用分治法。如果这一点得不到保证,通常会考虑使用贪心法或动态规划法。

(4) 原问题所分解出的各个子问题之间是相互独立的。这一条涉及分治法的效率,如果各自问题是不独立的,则分治法要做许多不必要的工作,对公共的子问题进行重复操作,通常考虑使用动态规划法。

利用分治法求解问题的算法通常包含以下几个步骤。

(1) 分解。将原问题分解为若干个相互独立、规模小且与原问题形式相同的一系列子问题,最好使各子问题的规模大致相同。

(2) 解决。如果子问题规模小到可以直接被解决则直接求解,否则需要递归地求解各个子问题。

(3) 合并。将各个子问题的结果合并成原问题的解。有些问题的合并方法比较明显,有些问题的合并方法比较复杂,或者存在多种合并方案;也有些问题的合并方案不明显。究竟应该怎样合并,没有统一的模式,需要具体问题具体分析。

分治策略的解题思路:

```
if(问题不可分) {
    直接求解;
    返回问题的解;
```

```
}
else {
    对原问题进行分治;
    递归对每一个分治的部分求解;
    归并整个问题,得出全问题的解;
}
```

【例 8.11】 求一元三次方程 $ax^3+bx^2+cx+d=0$ 的解,假设该方程中各项的系数 a、b、c、d 均为实数,并约定该方程存在 3 个不同实根(根的范围为 $-100 \sim 100$),且根与根之差的绝对值不小于 1。要求:由小到大依次在同一行输出这 3 个实根(根与根之间留有空格),并精确到小数点后 4 位。

记方程 $f(x) = ax^3+bx^2+cx+d=0$,若存在两个数 x_1 和 x_2,且 $x_1 < x_2$,$f(x_1) \times f(x_2) < 0$,则在 (x_1, x_2) 之间一定有一个根。

若输入

1 -5 -4 20

则输出

-2.00 2.00 5.00

如果精确到小数点后两位,可用简单的枚举法,将 x 从 -100.00 到 100.00(步长 0.01)逐一枚举,得到 20000 个 $f(x)$,取其值与 0 最接近的 3 个 $f(x)$,对应的 x 即为答案。但由于本题的精度要求为小数点后 4 位,枚举算法时间复杂度达不到要求,如果直接使用求根公式,在处理上极为复杂,效果也不佳。可以考虑逐个段落采用二分法逐渐缩小根的范围,得到根的某精度的数值。

用二分法求根,若区间 (m, n) 内有根,则必有 $f(m) \times f(n) < 0$。重复执行如下的过程:

(1) 若 $f((m+n)/2) = 0$,则可确定根为 $(m+n)/2$ 并退出过程;

(2) 若 $f(m) \times f((m+n)/2) < 0$,则可知根在区间 $(m, (m+n)/2)$ 中,故对区间重复该过程;

(3) 若 $f(m) \times f((m+n)/2) > 0$,则必然有 $f((m+n)/2) \times f(n) < 0$,根在 $((m+n)/2, n)$ 中,对此区间重复该过程。

使用 C 语言实现算法的程序代码如下:

```c
#include<stdio.h>
void main()
{
    double a,b,c,d,fm,ft,m,n,t;
    int num=0,k;
    a=1;b=-5;c=-4;d=20;
    m=-100;k=-100;
    do
    {
        n=k+1;
```

```
        do
        {
            t=(m+n)/2;
            fm=a*m*m*m+b*m*m+c*m+d;
            ft=a*t*t*t+b*t*t+c*t+d;
            if(ft==0)
            {
                num++;
                printf("根%d : %6.2f\n",num,t);
                break;
            }
            else if(fm*ft<0)
                n=t;
            else
                m=t;
        }while(m<n);
        k++;
        m=k+0.0001;
    }while(k<100);
    printf("\n");
}
```

8.2.5 回溯法

回溯法(探索与回溯法)是一种选优搜索法,又称为试探法,按选优条件向前搜索,以达到目标。当搜索到某一步时,发现原先选择并不优或达不到目标,就退回一步重新选择,这种走不通就退回再走的技术称为回溯法,而满足回溯条件的某个状态的点称为"回溯点"。

回溯法通过递归尝试走完问题的各个可能解的通路,发现此路不通时回溯到上一步继续尝试别的通路,是一个既带有系统性又带有跳跃性的搜索算法。它在包含问题的所有解的解空间树中,按照深度优先的策略,从根结点出发搜索解空间树。

算法搜索至解空间树的任一结点时,总是先判断该结点是否肯定不包含问题的解。如果肯定不包含,则跳过对以该结点为根的子树的系统搜索,逐层向其祖先结点回溯。否则,进入该子树,继续按深度优先的策略进行搜索。直到根结点的所有子树都已被搜索遍才结束。

用回溯法解题的一般步骤如下。

(1) 针对所给问题,定义问题的解空间,它至少包含问题的一个(最优)解。

(2) 确定易于搜索的解空间结构,使得能用回溯法方便地搜索整个解空间。

(3) 以深度优先方式搜索解空间,并在搜索过程中用剪枝函数避免无效搜索。

问题的解空间通常是在搜索问题的解的过程中动态产生的,这是回溯算法的一个重要特性。在确定了解空间的组织结构后,就可以从开始结点(根结点)出发,以深度优先的方式搜索整个解空间。这个开始结点就成为一个活结点(通过与约束函数的对照,结点本身和其父结点均满足约束函数要求的结点),同时也成为当前的扩展结点(就是当前正在求出它的子结点的结点,只允许有一个)。在当前的扩展结点处,搜索向纵深方向移至一个新结点。这个新结点就成为一个新的活结点,并成为当前扩展结点。如果在当前的扩展结点处不能再向纵深方向移动,则当前扩展结点就成为死结点(不满足约束函数要求的结点,以这个结点延伸的"枝条"可以被剪掉)。此时,应往回移动(回溯)至最近的一个活结点处,并使这个活结点成为当前的扩展结点。始终以这种工作方式递归地在解空间中搜索,直至找到所要求的解或解空间中已没有活结点时为止。

在回溯法中构造约束函数(具有约束条件的函数),可以提升程序效率。因为在深度优先搜索的过程中,不断地将每个解(并不一定是完整的,事实上这也就是构造约束函数的意义所在)与约束函数进行对照从而删除一些不可能的解,这样就不必继续把解的剩余部分列出从而节省部分时间。

通过深度优先搜索思想完成回溯的完整过程如下。

(1) 设置初始化的方案(给变量赋初值,读入已知数据等)。
(2) 变换方式去试探,若全部试完则转(7)。
(3) 判断此法是否成功(通过约束函数),不成功则转(2)。
(4) 试探成功则前进一步再试探。
(5) 正确方案还未找到则转(2)。
(6) 已找到一种方案则记录并打印。
(7) 退回一步(回溯),若未退到头则转(2)。
(8) 已退到头则结束,或打印无解。

回溯法的典型应用是迷宫问题的求解。

迷宫问题中包括很多路口,但是每一个路口上最多有3个分支,所以算法可以设计为这样的一个搜索过程。

(1) 把整个搜索过程分解为向左、向右、向前3个方向上的子问题的搜索。
(2) 当搜索到某一路口时,发现该路口没有可搜索的方向,就让搜索过程回溯到该路口的前一路口,然后搜索回溯后路口其他尚未被搜索的方向,如果发现该路口也无搜索方向,则回溯至这个路口的前一方向继续这样的过程。
(3) 直到找到出口,或者搜索完毕全部可连通的路口的可能的搜索方向没有找到出口为止。

下面以"八皇后问题"为例,看看怎样利用回溯法进行问题求解。

【例8.12】 八皇后问题是一个古老而著名的问题。19世纪著名的数学家高斯1850年提出:在8×8格的国际象棋棋盘上摆放8个皇后,使其不能互相攻击,即任意两个皇后都不能处于同一行、同一列或同一对角线上,则有多少种摆法?

首先构建出一棵解空间树,通过探索这棵解空间树,可以得到八皇后问题的一种或几种解。该解空间树的根结点为第1个皇后的一种摆法,它还有另外7种摆法,因此一共可以构造出8棵解空间数。依次探索8棵解空间树,就可以得到八皇后问题的所有解。

第一步按照顺序放一个皇后,然后第二步按照要求放第2个皇后,如果没有符合要求的位置,即该皇后的摆法不符合八皇后问题的要求,于是停止向下探索,回溯到根结点,继续探索根结点的下一个孩子结点,这就是所谓的剪枝操作,这样可以减少搜索的步数,以尽快找到问题的答案。如果在这个解空间树中根结点的所有孩子结点均探索完毕,那么就要探索第2棵解空间树。改变第1个皇后的位置,重新放第2个皇后的位置,……,直到探索完所有的解空间树。

设棋盘的横坐标为 i,纵坐标为 j。当某个皇后占了位置(i,j)时,在这个位置的垂直方向、水平方向和对角线方向都不能再有其他皇后。

棋盘中同一反斜线上的方格的行号与列号相同;同一正斜线上的方格的行号与列号之差均相同,这是判断斜线的依据。

八皇后问题在每一行上都有8个可选的位置,在位置的试探过程中,每行的原则是一样的,因此也可以用递归的方法实现。

定义一个含8个元素的一维整型数组 $a[8]$,数组元素 $a[i]$ 表示第 i 行的皇后位于第 $a[i]$ 列。求8皇后问题的一个解,即寻求 a 数组的一组取值,该组取值中每一元素的值互不相同(即没有任何两个皇后在同一列),且第 i 个元素与第 k 个元素相差不为 $|i-k|$(即任两个皇后不在同一条45°的斜线上)。

首先 $a[1]$ 从1开始取值,然后从小到大选择一个不同于前 $a[1]$ 且与 $a[1]$ 相差不为1的整数赋给 $a[2]$;再从小到大选择一个不同于 $a[1]$、$a[2]$ 且与 $a[1]$ 相差不为2,与 $a[2]$ 相差不为1的整数赋给 $a[3]$;依次类推,把 $a[8]$ 也作了满足要求的赋值,输出该数组即为找到的一个8皇后解。

为了检验所找 $a[i]$ 的数是否满足上述要求,设置标志变量 g。g 赋初值1,若不满足上述要求,使 $g=0$,按以下步骤操作:

令
$$x=|a[i]-a[k]|, \quad k=1,2,\cdots,i-1$$
判别:若 $x=0$ 或 $x=i-k$,则 $g=0$。

若出现 $g=0$,则表明现所找的 $a[i]$ 不满足要求,$a[i]$ 调整增1后再试,依次类推。

若 $i=n$ 且 $g=1$,表明满足要求,用 s 统计解的个数后,输出这组解。

若 $i<n$ 且 $g=1$ 时,表明还不到 n 个数,则下一个 $a[i]$ 从1开始赋值继续。

若 $a[8]=8$,则返回前一个数组元素 $a[8-1]$ 增1赋值(此时,$a[8]$ 又从1开始)再试。若 $a[8-1]=8$,则返回前一个数组元素 $a[8-2]$ 增1赋值再试。一般地,若 $a[i]=8$($i>1$)则回溯到前一个数组元素 $a[i-1]$ 增1赋值再试,直到 $a[1]=8$ 时,已无法返回,这意味着已经全部试完,求解结束。

综合以上过程,可以形象地概括成一句话:"向前走,碰壁回头。"这种方法也称为深度优先搜索(Depth First Search,DFS)技术。

使用C语言实现算法的程序代码如下:

```
#include<stdio.h>
void main()
{
    int i,g,k,j,n,s,x,a[8+1];
    n=8;
    printf("%d 皇后问题的解为: \n",n);
```

```
        i=1; s=0; a[1]=1;
        while(1)
        {
            g=1;
            for(k=i-1;k>=1;k--)
            {
                x=a[i]-a[k];if(x<0) x=-x;
                if(x==0||x==i-k) g=0;
            }
            if(i==n&&g==1)
            {
                for(j=1;j<=n;j++) printf("%d",a[j]);
                printf("  ");
                s++;
                if(s%7==0) printf("\n");
            }
            if(i<n&&g==1)
            {
                i++;
                a[i]=1;
                continue;
            }
            while(a[i]==n&&i>1)    i--;
            if(a[i]==n&&i==1)
                break;
            else
                a[i]=a[i]+1;
        }
        printf("\n共 %d 个解 \n",s);
    }
```

8.3 基本算法

8.3.1 基础算法

算法实际上就是用计算机解决某个问题的方法和步骤。对某一类问题的求解，有很多解决的方法，因此同一个问题的程序设计，针对不同的算法可能编写出不同的程序，本节中介绍的只是对某类问题的通用算法思想。另外，算法的设计不针对某一个具体的问题，希望大家在学习时，不要仅满足掌握相关例题的程序设计，而要学习算法的基本思想，学会以后遇到类似的问题时能运用该思想来解决问题。

1. 累加算法

累加是程序设计中最常遇见的问题，例如求某单位职工的所有工资总和、某门课程的所有学生成绩总和等。

累加算法的一般做法是：定义一个变量 s，作为累加器使用，往往初值为 0，再定义一个变量用来保存加数。一般在累加算法中的加数都是有规律可循，可结合循环程序来实现。

由前面可知，一个循环程序的算法设计，如果以下三方面确定下来：变量的赋初值、循环体的内容、循环结束条件，那么根据循环语句的格式，就很容易写出相应的循环算法。

【例 8.13】 求 $1+2+3+\cdots+100$ 的和。

设累加器 s 专门存放累加的结果，初值为 0，加数用变量 t 表示

当 $t=1$ 时，s 的值应为 $0+1=1$，即 $s=0+1=s+t$（执行语句 $s=s+t$）

当 $t=2$ 时，s 的值应为 $1+2=3$，即 $s=1+2=s+t$（执行语句 $s=s+t$）

当 $t=3$ 时，s 的值应为 $3+3=6$，即 $s=3+3=s+t$（执行语句 $s=s+t$）

当 $t=4$ 时，s 的值应为 $6+4=10$，即 $s=6+4=s+t$（执行语句 $s=s+t$）

……

当 $t=100$ 时，累加器 $s=s+100=1+2+3+\cdots+99+100=5050$（执行语句 $s=s+t$）

不难看出，t 的值从 1 变化到 100 的过程中，累加器均执行同一个操作：$s=s+t$，该操作执行了 100 次。

从上述的计算过程可以归纳出如下规律：

所有累加程序的基本思想都是定义累加器 s，初值为 0 或根据情况赋一个特定值，定义一个变量 t 存放加数，只不过在不同情况下，加数 t 的值不同，在循环体中，每次产生指定的加数 t，执行 $s=s+t$，直到循环结束为止。

求解此类问题的基本步骤，可以概括如下：

① 定义代表和的变量 s，定义代表第 n 项的变量 t；

② 令 $s=0$；

③ 构建循环体，一般情况下为 $s=s+t$；

④ 构建循环条件，根据问题的具体要求，选用相应的循环语句；

⑤ 输出累加和 s 的值。

说明：上述算法对数值型数据，执行的是累加操作，但如果用于字符串型数据，完成的则是字符串的连接。

如果需要实现字符串的连接，定义一个字符串型变量 s 作为字符连接器，一般赋初值为""（空串），变量 t 作为被连接的字符，则在循环体中执行 $s=s+t$ 时完成的就是字符串的顺序连接。

如果需要实现字符的逆序连接，则只需将循环体中 $s=s+t$ 改为 $s=t+s$。

使用 C 语言实现算法的程序代码如下：

```
#include<stdio.h>
void main()
{
    int s,t;
    s=0;
    for(t=1;t<=100;t++)
```

```
        s=s+t;
    printf("1+2+3+……+99+100=%d\n",s);
}
```

2. 连乘算法

连乘算法和累加算法的思想类似,只不过一个做乘法,一个做加法。

连乘算法的一般做法是,设一个变量 p 作为累乘器使用,初值一般为 1,设一个变量 k 用来保存每次需要乘的乘数,在循环体中执行 $p=p\times k$ 的语句即可。

【例 8.14】 计算并输出 $10!=1\times 2\times 3\times\cdots\times 10$ 的结果。

设乘法器 p,初值为 1,设变量 k 存放乘数。

当 $k=1$ 时,$p=p\times k=1\times 1=1$

当 $k=2$ 时,$p=p\times k=1\times 2=2$

当 $k=3$ 时,$p=p\times k=2\times 3=6$

…

当 $k=10$ 时,$p=p\times k=1\times 2\times 3\times\cdots\times 9\times 10$。

所以当 k 的值从 1 变化到 10 的过程中,乘法器均执行同一个操作:$p=p\times k$。

综上,求解此类问题的基本步骤,可以概括如下:

① 定义代表乘积的变量 p,定义代表第 n 项的变量 k;
② 令 $p=1$;
③ 构建循环体,一般情况下为 $p=p\times k$;
④ 构建循环条件,根据问题的具体要求,选用相应的循环语句;
⑤ 输出乘积 p 的值。

选用 C 语言表示算法的程序代码如下:

```
void main()
{
    int p,k;
    p=1;
    for(k=1;k<=10;k++)
        p=p*k;
    printf("10!=%d\n",p);
}
```

3. 统计算法

统计问题在程序设计中也是经常遇到的。

【例 8.15】 输入一串字符,统计其中的字母个数、数字个数和其他字符的个数。

要统计满足指定要求的字符个数,应定义相应变量作为计数器,初值为 0,每找到符合条件的字符,将指定计数器的值加 1。

本题需要定义 3 个计数器 n_1、n_2、n_3,分别统计字母、数字和其他字符的个数,初值均为 0。对字符串中的字符逐个判断,如果是字母,n_1 执行加 1 操作,如果是数字,n_2 加 1,否则 n_3 加 1。

从上述的计算过程可以归纳出求解此类问题的基本步骤,概括如下:

① 定义代表所有统计要求的计数器变量(有几项统计要求,就有几个计数器变量)。
② 令所有计数器变量的初值为 0。
③ 构建循环体,当满足指定的计数要求时,就将相应的计数器的值加 1(执行类似于 $n=n+1$ 的操作)。
④ 构建循环条件,根据问题的具体要求,选用相应的循环语句。
⑤ 输出所有计数器的值。

使用 C 语言实现算法的程序代码如下:

```c
#include<stdio.h>
void main()
{
    int n1,n2,n3;
    char ch;
    n1=0,n2=0,n3=0;
    while((ch=getchar())!='\n')
    {
        if('a'<=ch && ch<='z' || 'A'<=ch && ch<='Z')
            n1++;
        else if('0'<=ch && ch<='9')
            n2++;
        else
            n3++;
    }
    printf("字母个数=%d\n",n1);
    printf("数字个数=%d\n",n2);
    printf("其他字符个数=%d\n",n3);
}
```

4. 求最大值和最小值算法

求最大值和最小值的问题,属于比较问题,是人们在生活中经常做的事情。例如,找出班上同学中个子最高的同学、年龄最大的同学、若干件商品中价格最低的商品等问题。人们通常采用的方法是两两比较。

在 N 个数中求最大值和最小值的思路是,定义一个变量,假设为 max,用来存放最大值,再定义一个变量,假设为 min,用来存放最小值。

一般先将 N 个数中的第 1 个数赋给 max 和 min 作为初始值,然后将剩下的每个数分别和 max、min 比较,如果比 max 大,将该数赋给 max,如果比 min 小,将该数赋给 min,即让 max 中总是放当前的最大数,让 min 中总是放当前的最小值,这样当所有数都比较完时,在 max 中放的就是最大数,在 min 中放的就是最小数。

求解此类问题的基本步骤,可以概括如下。

(1) 定义 x 代表 N 个数中的一个。
(2) 定义一个存放最大值的变量 max,定义一个存放最小值的变量 min。
(3) 分别令 max 等于所有数据中的第 1 个数,min 等于所有数据中的第 1 个数。
(4) 构建循环体,在循环体中进行比较。
① 将 x 与 max 比较,如果 x 比 max 大,令 max$=x$。

② 将 x 与 min 比较,如果 x 比 min 小,令 min$=x$。

(5) 构建循环条件,根据问题的具体要求,选用相应的循环语句。

(6) 输出 max 和 min 的值。

【例 8.16】 任给若干个整数(至少两个),输出其中的最大值和最小值。

使用 C 语言实现算法的程序代码如下:

```c
#include<stdio.h>
void main()
{
    int x,max,min,n=1;
    char ans='Y';
    printf("请输入第 1 个数: ");
    scanf("%d",&x);
    max=min=x;
    while(ans=='Y'||ans=='y')
    {
        n++;
        printf("请输入第%d 个数",n);
        scanf("%d",&x);
        if(max<x) max=x;
        if(min>x) min=x;
        getchar();
        printf("是否还有数据(y/n)?");
        scanf("%c",&ans);
    }
    printf("最大值=%d\t 最小值=%d\n",max,min);
}
```

8.3.2 排序

排序是程序设计中很重要的算法。排序是将一组相同类型的记录序列调整为按照元素关键字有序(递增或递减)的记录序列。例如,将学生记录按学号排序,上体育课时按照身高从高到低排队,考试成绩从高分到低分排列,电话簿中的联系人姓名按照字母顺序排列,电子邮件列表按照日期排序,等等。

排序算法就是如何使得记录按照要求进行排列的方法。当数据不多时,排序比较简单,有时手工可以处理。但若排序对象的数据量庞大,排序就成为一件非常重要且费时的事情。考虑到在各个领域中数据的各种限制和规范,要得到一个符合实际的优秀算法,得经过大量的推理和分析,在大量数据的处理方面,一个优秀的排序算法可以节省大量的资源。

排序的算法有很多,对空间的要求及其时间效率也不尽相同。下面介绍 3 种常见的排序算法。

1. 选择法排序

选择排序(selection sort)是一种简单的容易实现的排序方法。该方法的基本思想是,每一次从待排序的数据元素中选出最小(或最大)的一个元素,存放在已排好序的序列的最后(也可以视为待排序序列的起始位置),直到全部待排序的数据元素排完。

假设已将 n 个数存放在数组 R 中,要求将这 n 个数按从小到大的顺序排序。

选择排序法的算法描述如下:

(1) 将第一个数依次与其后面的 $n-1$ 个数进行比较,如果有一个数比它小,就执行交换操作,经过这一趟比较,产生的最小数放在了第一个数的位置中。

(2) 将第二个数再依次与其后面的 $n-2$ 个数进行比较,如果有一个数比它小,就执行交换操作,经过这一趟比较,产生的第二小的数放在了第二个数的位置中。

(3) 重复执行以上操作,最后是第 $n-1$ 个数和第 n 个数进行比较,如果后者小于前者,执行交换,否则保持原值。

从以上的排序过程可以看出:n 个元素排序要进行 $n-1$ 趟的比较,每一趟中要进行若干次比较,所以排序的算法是一个双重循环。若用循环变量 i 表示比较的趟数,则 i 的值从 1 变化到 $n-1$,当 $i=1$ 时,$R[1]$ 分别与 $R[2]$ 到 $R[n]$ 之间的每一个元素进行比较,一旦有元素比 $R[1]$ 小就执行交换;当 $i=2$ 时,$R[2]$ 分别与 $R[3]$ 到 $R[n]$ 之间的每一个元素进行比较,一旦有元素比 $R[2]$ 小就执行交换;所以在第 i 趟的比较中,$R[i]$ 分别与 $R[i+1] \sim R[n]$ 的每一个元素进行比较,一旦有元素比 $R[i]$ 小就执行交换。若用 j 表示内循环的控制变量,则 j 的值是从 $i+1$ 变化到 n。因为涉及交换,所以还需定义变量 temp 作交换时的临时变量。

下面以一个例子来看一下选择排序法的执行过程。

【例 8.17】 假设有一个数组 $R[6]$,下标从 1 开始,现将其按选择法由小到大进行排序。

排序的执行过程如下所示,其中下画线部分表示要执行比较交换的两个数组元素,如果出现逆序,则交换。

原始数据　18、13、15、12、14、11
第 1 趟　　<u>18</u>、<u>13</u>、15、12、14、11
　　　　　<u>13</u>、18、<u>15</u>、12、14、11
　　　　　<u>13</u>、18、15、<u>12</u>、14、11
　　　　　<u>12</u>、18、15、13、<u>14</u>、11
　　　　　<u>12</u>、18、15、13、14、<u>11</u>
　　　　　11̄、18、15、13、14、12

第 2 趟　　11̄、<u>18</u>、<u>15</u>、13、14、12
　　　　　11̄、<u>15</u>、18、<u>13</u>、14、12
　　　　　11̄、<u>13</u>、18、15、<u>14</u>、12
　　　　　11̄、<u>13</u>、18、15、14、<u>12</u>
　　　　　11̄、12̄、18、15、14、13

第 3 趟　11、12、18、15、14、13
　　　　　11、12、15、18、14、13
　　　　　11、12、14、18、15、13
　　　　　11、12、13、18、15、14

第 4 趟　11、12、13、18、15、14
　　　　　11、12、13、15、18、14
　　　　　11、12、13、14、18、15

第 5 趟　11、12、13、14、18、15
　　　　　11、12、13、14、15、18

排序后数据　11、12、13、14、15、18

下面给出利用选择法排序的求解步骤。

(1) 定义数组 R 存放待排序的 n 个数；

(2) 定义变量 i 表示比较的趟数，定义变量 j 表示每一趟比较的次数，定义变量 temp 作交换时的临时变量；

(3) 利用循环把 n 个数送给数组元素；

(4) $i=1$；

(5) 构建循环体(控制趟数，共 $n-1$ 趟)。

① $j=i+1$。

② 构建循环体(控制每一趟比较的次数，每趟从 $i+1$ 变化到 n)。

③ 将 $R[i]$ 与 $R[j]$ 比较，如果 $R[i]$ 比 $R[j]$ 大，令 $R[i]$ 与 $R[j]$ 互换值，即 $temp=R[i]$，$R[i]=R[j]$，$R[j]=temp$。

④ 构建循环条件，根据问题的具体要求，选用相应的循环语句。

(6) 构建循环条件，根据问题的具体要求，选用相应的循环语句。

(7) 利用循环输出排序后的数组元素。

使用 C 语言实现算法的程序代码如下：

```c
#include<stdio.h>
void main()
{
    int r[6]={18,13,15,12,14,11},temp,i,j,n=6;
    for(i=0;i<n-1;i++)
        for(j=i+1;j<n;j++)
            if(r[i]>r[j])
                temp=r[i],r[i]=r[j],r[j]=temp;
    for(i=0;i<n;i++)
        printf("%3d",r[i]);
```

```
        printf("\n");
    }
```

2. 冒泡法排序

冒泡排序(bubble sort),是一种计算机科学领域的较简单的排序算法。

通过序列中相邻元素之间队交换,使较小的元素逐步从序列的后端移到序列的前端,使较大的元素从序列的前端移到后端。它的执行过程有点像在水中气泡的运动,轻的往上浮,重的往下沉,因此人们形象地称这种排序方法为"冒泡排序"。

冒泡排序法主要是比较相邻两个元素的值,如果前面的数比后面的数大,就执行一次交换,这样就可以在每一趟的比较中产生本趟的最大值。

冒泡排序方法的算法描述:第1趟排序对全部 n 个记录 $R_1,R_2,\cdots,R_n$ 自左向右顺次两两比较,若 R_k 大于 R_{k+1}(其中,$k=1,2,\cdots,n-1$),则交换两者内容,第1趟排序完成后 R_n 成为序列中最大记录。第2趟排序对序列前 $n-1$ 个记录采用同样的比较和交换方法,第2趟排序完成后 R_{n-1} 成为序列中仅比 R_n 小的次大的记录。第3趟排序对序列前 $n-2$ 个记录采用同样处理方法。如此做下去,最多做 $n-1$ 趟排序,整个序列就排序完成。

下面以一个例子来看一下冒泡排序法的执行过程。

【**例 8.18**】 假设有一个含4个数的数组 $R[4]$,下标从1开始,现将其按冒泡法进行由小到大的排序。

排序的执行过程如下所示,其中下画线部分表示要执行交换的两个数组元素,每次都是相邻两个元素之间进行比较。

原始数据		44、33、25、19
R[1] R[2] R[3] R[4]	第1趟	<u>44</u>、<u>33</u>、25、19
		33、<u>44</u>、<u>25</u>、19
		33、25、<u>44</u>、<u>19</u>
		33、25、19、|44|
R[1] R[2] R[3]	第2趟	<u>33</u>、<u>25</u>、19
		25、<u>33</u>、<u>19</u>
		25、19、|33|
R[1] R[2]	第3趟	<u>25</u>、<u>19</u>
		19、|25|
排序后数据		19、25、33、44

由上述的排序过程可以看出,n 个数按冒泡法排序需要 $n-1$ 趟比较,每一趟中也要进行若干次比较,所以冒泡排序也是一个双重循环。

若用循环变量 i 表示比较的趟数,则 i 的值从1变化到 $n-1$,在每趟中是相邻两个数进行比较,如果前面的数比后面的大,就执行交换,每次产生本趟的最大数。

当 $i=1$ 时,$R[1]$ 与 $R[2]$、$R[2]$ 与 $R[3]$、$\cdots$、$R[n-1]$ 与 $R[n]$ 进行两两比较,最后产生的最大数放在 $R[n]$ 中;当 $i=2$ 时,$R[1]$ 与 $R[2]$、$R[2]$ 与 $R[3]$、$\cdots$、$R[n-2]$ 与 $R[n-1]$ 进行两两比较,最后产生的最大数放在 $R[n-1]$ 中;依次类推,在第 i 轮循

环中，$R[1]$ 与 $R[2]$、$R[2]$ 与 $R[3]$、…、$R[n-i+2]$ 与 $R[n-i+1]$ 进行两两比较，最后产生的最大数放在 $R[n-i+1]$ 中。所以若用 j 表示内循环变量，每次比较应为 $R[j]$ 和 $R[j+1]$ 相邻两个元素进行比较，则 j 的值应从 1 变化到 $n-i$。

下面给出利用冒泡法排序的求解步骤。

① 定义数组 R 存放待排序的 n 个数；

② 定义变量 i 表示比较的趟数，定义变量 j 表示每一趟比较的次数，定义变量 temp 作交换时的临时变量；

③ 利用循环把 n 个数送给数组元素；

④ $i=1$；

⑤ 构建循环体(控制趟数，共 $n-1$ 趟)，

- $j=1$；
- 构建循环体(控制每一趟比较的次数，从 1 变化到 $n-i$)；
- 将 $R[j]$ 与 $R[j+1]$ 比较，如果 $R[j]$ 比 $R[j+1]$ 大，令 $R[j]$ 与 $R[j+1]$ 互换值，即 temp $=R[j]$，$R[j]=R[j+1]$，$R[j+1]=$ temp；
- 构建循环条件，根据问题的具体要求，选用相应的循环语句；

⑥ 构建循环条件，根据问题的具体要求，选用相应的循环语句；

⑦ 利用循环输出排序后的数组元素。

使用 C 语言实现算法的程序代码如下：

```c
#include<stdio.h>
void main()
{
    int r[4]={44,33,25,19},temp,i,j,n=4;
    for(i=0;i<n-1;i++)
        for(j=0;j<=n-i;j++)
            if(r[j]>r[j+1])
                temp=r[j],r[j]=r[j+1],r[j+1]=temp;
    for(i=0;i<n;i++)
        printf("%3d",r[i]);
    printf("\n");
}
```

3. 插入排序

插入排序(insertion sort)是一种简单直观的排序算法。适用于少量数据的排序，是一种稳定的排序方法。

插入排序的基本思想是，将记录分为有序和无序两个序列，假定当插入第 k 个记录时，前面的 $R_1,R_2,…,R_{k-1}$ 已经排好序，而后面的 $R_k,R_{k+1},…,R_n$ 仍然无序，这时用 R_k 的关键字与 R_{k-1} 的关键字进行比较，若 R_k 小于 R_{k-1}，则将 R_{k-1} 向后移动一个单元；再用 R_k 的关键字与 R_{k-2} 的关键字进行比较，若 R_k 小于 R_{k-}，则将 R_{k-2} 向后移动一个单元；依次比较下去，直到找到插入位置将 R_k 插入。初始状态认为有序序列为 $\{R_1\}$。

插入排序的操作步骤描述如下：

① 对于待排序的一个序列，先把它的第 1 个记录按顺序排好(实际上是直接取第 1

个记录作为已经排好的序列,因为一个记录的顺序总是正确的);

② 取出下一个记录,在已经有序的序列中从后向前扫描;

③ 如果有序序列中的记录大于新记录,则将有序序列中的记录移到下一个位置;

④ 重复步骤③,直到找到有序序列中的记录小于新记录的位置 j;

⑤ 将新记录插入到 $j+1$ 位置上;

⑥ 重复步骤②。

插入排序的操作方式类似于按序整理扑克牌。在打扑克牌的时候,通常是一边拿牌一边排序,假设拿到 6 张牌的顺序依次是 6、3、5、10、8、4,则具体的插入过程为,拿到第一张牌 6 后,即建立了只有一张牌 6 的有序队列,拿到牌 3,只需把牌 3 插入到牌 6 之前,拿到牌 5,只需把牌 5 插入到牌 6 之前,拿到牌 10,直接插入到牌 6 之后,拿到牌 8,只需把牌 8 插入到牌 10 之前,拿到牌 4,只需把牌 4 插入到牌 5 之前。也就是,每拿到一张新牌,都在已有的有序序列中找到正确位置并插入。

拿牌后按序摆放的过程,也即直接插入排序的过程,如下所示:

初始状态						{6、3、5、10、8、4}
第 1 次	6					{3、5、10、8、4}
第 2 次	3	6				{5、10、8、4}
第 3 次	3	5	6			{10、8、4}
第 4 次	3	5	6	10		{8、4}
第 5 次	3	5	6	8	10	{4}
第 6 次	3	4	5	6	8	10 { }

插入排序的算法描述:

```
InsertSort(R[],n)
i←2                              //从第 2 个记录开始
当 i≤n 时
    将 R[i]临时存放在 temp 中;
    j←i-1;
    当(j≥1 且 temp<R[j])时       //寻找插入的位置
        R[j+1]←R[j];
        j←j-1;
    R[j+1]←temp;                 //插入元素
    i←i+1
```

【例 8.19】 假设有 6 个数,利用插入排序法进行由小到大的排序。

使用 C 语言实现算法的程序代码如下:

```c
#include<stdio.h>
void InsertSort(int r[],int n);
#define N 6
void main()
{
    int a[6]={6,3,5,10,8,4},i;
    InsertSort(a,N);
```

```
    for(i=0;i<N;i++)
        printf("%3d",a[i]);
    printf("\n");
}
void InsertSort(int r[],int n)
{
    int i=1,temp,j;
    while(i<n)
    {
        temp=r[i];    j=i-1;
        while(j>=0 && temp<r[j])
        {
            r[j+1]=r[j];j=j-1;
        }
        r[j+1]=temp;
        i++;
    }
}
```

8.3.3 查找

查找也称为检索,它是在较大的数据集中找出或定位某些数据的过程,即在大量的信息中寻找一个特定的信息元素,在计算机中进行查找的方法是根据表中的记录的组织结构确定的,被用于查找的数据元素的一般称为关键字。

日常生活中随处可见查找的实例,如查找某人的地址、电话号码,查找某单位45岁以上职工的信息,在网上购书中,要搜索需购买的图书等。由于参与运算的数据量往往十分庞大,即便是运行速度非常快的计算机,其缓慢的处理速度也会让人望而却步,因此,查找算法是十分常用且重要的算法。

查找表即查找集合,是为了进行查找而建立起来的数据结构,集合中元素的存储结构可以是顺序结构,也可以是树状结构或图结构。

在查找的时候,若查找表的长度是固定的,即保持初始元素个数不变,就是静态查找,静态查找的查找表以顺序存储结构为主,这样的查找表称为静态查找表,所对应的查找算法属于静态查找技术。

若随着查找的进行,查找表的内容会动态地扩张或缩小,那就是动态查找,动态查找以树状结构居多,这样的查找表称为动态查找表,所对应的查找算法属于动态查找技术。如统计一篇英文文章中用到了哪些单词及每个单词的使用次数,就需要先建立一个空的查找表,以后每读到一个单词就在查找表中查询一次,如果该单词存在,则将其使用次数加1,否则将新单词插入到查找表中并设其使用次数为1。显然,这个查找表是不断扩张的,是典型的动态查找。

下面介绍基于顺序结构的两种常用查找方法。

1. 顺序查找

顺序查找也称为线性查找,是一种最简单的查找方法,可用于有序列表,也可用于无序列表。其基本思想是，从查找表（数据结构线性表）的一端开始，顺序扫描线性表，依次将扫描到的结点关键字与给定值 key 相比较，若当前扫描到的结点关键字与 key 相等，则表示查找成功；若扫描结束后，没有找到关键字等于 key 的结点，表示查找失败。

假设顺序查找表存储在一维数组，目标数据有 100 个，这些数据是无序的（不需要刻意地排序），分别存放在一维数组 $R[1],R[2],\cdots,R[100]$ 中，现要求查找这些数据里面有没有值为 key 的数据元素，若找到就给出其所在的位置，若没有找到，则给出相应提示信息。

算法描述如下：

```
SqSearch(key)
    设初始查找位置 k 为 1;
    当 k≤100 且 R[k]≠key 时         //位置向后移动,直到找到或 k 越界
        k=k+1;
    若 k≤100 时
        return k;                    //返回数据元素所在位置
    否则
        return 0;                    //没有找到,返回 0
```

该算法若查找成功，则函数返回值为目标元素在表中的位置，否则返回 0。这里元素位置从 1 开始。

【例 8.20】 已知数据 6,3,5,10,8,4，实现顺序查找。

使用 C 语言实现算法的程序代码如下：

```c
#include<stdio.h>
#define N 6
void main()
{
    int a[N]={6,3,5,10,8,4},m,key,f=0;
    printf("请输入要查找的数: ");
    scanf("%d",&key);
    for(m=0;m<N;m++)
        if(key==a[m])
        {
            f=1;
            break;
        }
    if(f)
        printf("找到了\n");
    else
        printf("没有找到\n");
}
```

上述算法的基本操作是比较 $R[k]$ 和 key，为了避免操作超出数组上界，同时需要做 $k≤100$ 的判断，这使算法的执行时间几乎增加一倍。为提高效率，对查找表的结构改动如下：假设数组从 0 开始，即数组元素分别为 $R[0],R[1],\cdots,R[100]$，将查找表中的元素分别存于 $R[1],R[2],\cdots,R[100]$ 之中，$R[0]$ 作为"监视哨"存放待查找数据 key，在查

找过程中,即使没有找到 key,也将会在位置 0 处停止查找,这样就不必在每一次循环中都判断 k 是否超出数组界限。

改进的顺序查找算法描述如下:

```
SqSearch0(key)
    设 R[0]为 key;
    设初始查找位置 k 为 100;
    当 R[k]≠key 时
        k=k-1;           //从后往前找
    return k;             //当找不到时,k 为 0
```

顺序查找的优点是算法简单,既适用于线性表的顺序存储结构,也适应于线性表的链式存储结构,无论结点之间是否按关键字有序,都同样适用。它的缺点是查找效率低,当数据量较大时不宜采用顺序查找。

2. 折半查找

折半查找又称二分查找,是在一个有序的元素列表中查找特定值的一种方法,该顺序可能是升序,也可能是降序,是一种效率较高的查找方法。

算法思想:假设表中元素是按升序排列的,将表中间位置记录的关键字与要查找的关键字比较,如果两者相等,则查找成功;否则利用中间位置记录将表分成前、后两个子表,如果中间位置记录的关键字大于查找关键字,则进一步查找前一子表,否则进一步查找后一子表。重复以上过程,直到找到满足条件的记录使查找成功,或直到子表不存在为止(即表中不存在这个关键字),此时查找不成功。

算法步骤描述如下:

假定数据按升序分别放置在 $R[\text{low}],\cdots,R[\text{high}]$ 中。

第 1 步,首先确定整个查找区间的中间位置 $\text{mid}=(\text{low}+\text{high})/2$。

第 2 步,用待查关键字值 key 与中间位置的关键字值 $R[\text{mid}]$ 进行比较。

(1) 若相等,即 $\text{key}=R[\text{mid}]$,则查找成功。

(2) 若大于,即 $\text{key}>R[\text{mid}]$,则在后(右)半个区域[mid+1,high]中继续折半查找,此时,low=mid+1。

(3) 若小于,即 $\text{key}<R[\text{mid}]$,则在前(左)半个区域[low,mid-1]中继续折半查找,此时,high=mid-1。

第 3 步,对确定的缩小区域再按折半查找方式,重复上述步骤。

最后得到的结果:要么查找成功,要么查找失败。

【例 8.21】 如果要从(18,28,37,52,57,60,66,78,95,99)这 10 个数中查找 99,具体的比较步骤如下:

第 1 步,利用 mid=(1+10)/2=5,找到第 1 个数(18)和第 10 个数(99)中间的那个数(57),用第 5 个数(57)和 99 比较;

第 2 步,由于 99>57,所以第 2 次的查找范围就缩小为从第 6 个数(60)到第 10 个数(99)之间,利用 mid=(6+10)/2=8,找到这 2 个数中间的数(78),用第 8 个数 78 和 99比较;

第 3 步,由于 99>78,所以第 3 次的查找范围就缩小为从第 9 个数(95)到第 10 个数

(99)之间,利用 mid=(9+10)/2=9,找到这 2 个数中间的数(95),用第 9 个数 95 和 99 比较;

第 4 步,由于 99>95,所以第 4 次的查找范围就缩小为从第 10 个数(99)到第 10 个数(99)之间,利用 mid=(10+10)/2=10,找到这 2 个数中间的数(99),用第 10 个数 99 和 99 比较,结果相等,所以查找成功。

使用 C 语言实现算法的程序代码如下:

```c
#include<stdio.h>
void main()
{
    int a[10]={18,28,37,52,57,60,66,78,95,99},m,n,mid,key,f;
    m=0;n=9;f=0;
    printf("请输入要查找的数:");
    scanf("%d",&key);
    while(!f && m<=n)
    {
        mid=(m+n)/2;
        if(key==a[mid])
            f=1;
        else if(key<a[mid])
            n=mid-1;
        else
            m=mid+1;
    }
    if(f)
        printf("找到了\n");
    else
        printf("没有找到\n");
}
```

折半查找要求:
(1) 必须采用顺序存储结构(往往采用一维数组存放数据)。
(2) 必须按关键字大小有序排列。

折半查找的优点是比较次数少,查找速度快,即只要检查有序列表的中间项就可以锁定搜索关键字的较小范围,这样每检查一次相当于将待查的目标数量减少一半,适合于不经常变动而查找频繁的有序列表。它的缺点是要求待查列表必须为有序表,不利于频繁插入或删除元素。

8.4 程序设计概述

8.4.1 程序

人们在日常的学习生活中打算完成一项任务的时候,通常会事先拟定一系列有序的具体步骤,在具体的时候就可以按照这些具体步骤按部就班地完成这项任务。这些完成目标任务的一系列有序步骤就是程序,是用人们熟悉的语言描述的。

1. 计算机程序

随着计算机的出现和普及,"程序"已经成为计算机领域的专有名词。计算机程序,是为了得到某种结果而由计算机等具有信息处理能力装置执行的代码化指令序列,即,用一些最基本的操作,通过对已知条件一步一步地加工和变换,从而实现问题的求解。

让计算机完成任务的步骤序列是由计算机能"识别"的语言来描述的。

当解决某个应用问题的算法设计完成后,必须要使用某种合适的程序设计语言来表示这一算法,即编写解决该问题的计算机程序,运行该程序后获得结果。

2. 计算机程序的组成

计算机程序通常由两种基本要素组成。

(1) 对数据的描述:要指定待处理数据的类型及其组织形式,也就是数据结构。

(2) 对操作的描述:选择合适的基本操作、规定各操作之间的执行顺序。

一个程序由若干操作步骤构成,一般都可以用顺序、选择、循环这三种基本控制结构组合而成,即任何简单或复杂的程序都是由基本功能操作和控制结构组成。

程序的控制结构决定了程序的执行顺序。

著名计算机科学家沃思提出一个经典公式:程序=数据结构+算法。

8.4.2 程序设计的一般过程

程序的设计和编写如同写作文,是靠日积月累的,通过知识与经验的不断积累,逐步具有熟练的程序设计技能。

编写程序解决问题的过程一般包括5个步骤。

1. 分析问题

在开始解决问题之处,首先要弄清楚所求解问题相关领域的基本知识,应理解和明确以下几点。

(1) 分析题意,搞清楚问题的含义,明确要解决问题的目标。

(2) 问题的已知条件和已知数据。

(3) 需要什么样的求解结果(数据、报告、图表、信息等)。

2. 确定数学模型

在分析问题的基础上,建立计算机可以实现的数学模型,确定数据模型就是把实际问题直接或间接转化为数学问题,直到得到求解问题的公式。

3. 算法设计

算法是求解问题的方法和步骤,其设计是从给定的输入到期望的输出的处理步骤。

对于求解大问题、复杂问题,需要将大问题分解成若干个小问题,每个子问题将作为程序设计的一个功能模块。

学习程序设计最重要的是学习算法思想,掌握常用算法并能自己设计算法。

4. 程序编写、编辑、编译和连接

选择一种编程语言,然后按照算法并根据语言的语法规则写出程序;将程序输入计算机形成没有语法错误的源程序;通过编译程序将源程序翻译成目标程序;通过连接程序将目标程序和程序中所需要的系统中固有的目标程序模块后生成可执行文件。

编译器对源程序进行语法和逻辑结构检查,是一个不断重复进行的过程,需要耐心和毅力,还需要调试程序经验的积累。

5. 运行和测试

程序运行后得到计算结果。

程序是由人设计的,如何保证程序的正确性、如何证明和验证程序的正确性是一个极为困难的问题,比较实用的方法就是测试。

测试的目的是找出程序中的错误,测试是以程序通过编译,没有语法和连接上的错误为前提的,在此基础上,可以通过让程序试运行一组数据,看程序是否满足预期结果。

以任何程序都是有错误的为前提精心设计出来的测试数据,称为测试用例。

8.4.3 程序设计方法

随着计算机硬件与通信技术的发展,计算机应用领域越来越广泛,应用规模也越来越大,程序设计不再是一两个程序员可以完成的任务。在这种情况下,编写程序不再片面追求高效率,而是综合考虑程序的可靠性、可扩充性、可重用性和可理解性等因素。为有效进行程序设计,除了要仔细分析数据并精心设计算法外,程序设计方法也很重要,它在很大程度上影响到程序设计的成败以及程序的质量。

目前,最常用的是结构化程序设计方法和面向对象的程序设计方法。

1. 结构化程序设计

程序设计初期,由于计算机硬件条件的限制,运算速度与存储空间都迫使程序员追求高效率,编写程序成为一种技巧与艺术,而程序的可理解性、可扩充性等因素放到第二位,允许程序从一个地方跳到另一个地方的 GoTo 语句被大量用在程序中,使得程序结构混乱、可读性差、可维护性差、通用性差。

结构化程序设计(structured programming)的概念最早是由荷兰科学家迪克斯特拉(E. W. Dijkstra)在 1965 年提出的,他指出:可以从高级语言中取消 GoTo 语句,程序的质量与程序中包含的 GoTo 语句的数量成反比;任何程序都基于顺序、选择、循环三种基本的控制结构;程序具有模块化特征,每个程序模块具有唯一的入口和出口。这为结构化程序设计的技术奠定了理论基础。

结构化程序设计方法的主要原则可以概括为自顶向下、逐步求精、模块化和限制使用 GoTo 语句。

(1) 自顶向下。自顶向下是一种分解问题的技术,与控制结构无关。在进行程序设计时,应先考虑总体,后考虑细节;先考虑全局目标,后考虑局部目标。不要一开始就过多追求细节,先从最上层总目标开始设计,逐步使问题具体化。

(2) 逐步求精。逐步求精是指对于复杂问题,应设计一些子目标作为过渡,逐步细化。在现实世界中,把一个较大的复杂问题分解成若干相对独立且简单的小问题,只要解决了这些小问题,整个问题也就解决了。

(3) 模块化。一个复杂问题是由若干简单问题构成的,要解决这个复杂问题,可以把整个程序分解为不同功能模块,即把程序要解决的总目标分解为分目标,每一个模块又由不同的子模块组成,最小的模块是一个最基本的结构。其目的是为了降低程序复杂度,使程序设计、调试和维护等操作简单化。

模块的基本特征是仅有一个入口和一个出口,即要执行该模块的功能,只能从该模块的入口处开始执行,执行完该模块后,从模块的出口转而执行其他模块的功能。

这样的程序一般拥有良好的书写形式和结构,容易阅读和理解,便于多人分工合作完成不同的模块。

(4) 限制使用 GoTo 语句。GoTo 语句的存在使程序的静态书写顺序与动态执行顺序十分不一致,导致程序难读、难理解,容易存在潜在的错误,所以,在程序中尽量不要使用 GoTo 语句。

结构化程序设计方法的根本思想是"分而治之",即以模块化设计为中心,将待开发的软件系统分为若干模块,使每一个模块的工作变得单纯而明确。"自顶向下、逐步求精"的程序设计方法和"单入口单出口"的控制结构。

结构化程序设计方法的优点:
① 整体思路清楚,目标明确。
② 设计工作中阶段性非常强,有利于系统开发的总体管理和控制。
③ 在系统分析时可以诊断出原系统中存在的问题和结构上的缺陷。

结构化程序设计方法缺点:
① 用户要求难以在系统分析阶段准确定义,致使系统在交付使用时产生许多问题。
② 用系统开发每个阶段的成果来进行控制,不能适应事物变化的要求。
③ 系统的开发周期长。

2. 面向对象程序设计

面向对象程序设计(object-oriented programming,OOP)是 20 世纪 80 年代提出的,起源于 Smalltalk 语言。它汲取了结构化程序设计中好的思想,引入了新的概念和思维方式,给程序设计工作提供了一种全新的方法。

面向对象程序设计是一种程序设计范型,同时也是一种程序开发的方法。对象指的是类的实例。它将对象作为程序的基本单元,将程序和数据封装其中,以提高软件的重用性、灵活性和扩展性。

面向对象程序设计可以看作一种在程序中包含各种独立而又互相调用的对象的思想,这与传统的思想刚好相反:传统的程序设计主张将程序看作一系列函数的集合,或者直接就是一系列对计算机下达的指令。面向对象程序设计中的每一个对象都应该能够接收数据、处理数据并将数据传达给其他对象,因此它们都可以被看作一个小型的"机器",即对象。

面向对象的开发方法具有如下特征。

(1) 对象唯一性。每个对象都有其唯一的标识,通过这种标识,可以找到相应的对象。在对象的整个生命周期中,它的标识都不改变,不同的对象不能有相同的标识。

(2) 抽象性。抽象是指强调实体的本质和内在的属性。在系统开发中,抽象指的是在决定如何实现对象之前就确定对象所包含的主要数据和行为,使用抽象可以尽可能避免过早考虑一些细节。在计算机软件开发方法中所使用的抽象有两类:一类是过程抽象,另一类是数据抽象。

面向对象的软件开发方法的主要特点之一就是采用了数据抽象的方法来构建程序的类及类的属性和方法,并通过类来生成对象。将具有一致的数据结构(属性)和行为(操作)的对象抽象成类。

(3) 封装性。封装又称为信息隐藏。封装与抽象特性密切相关。在面向对象的程序设计中,抽象数据类型是用"类"的结构来表示的,每个类里都封装了该类的相关数据和操作。具体地,封装就是指利用抽象数据类型将数据和基于数据的操作以类的形式封装在一起,类的定义将其说明部分(用户可见的外部接口)与实现部分(用户不可见的内部实现)显式地分开,其内部实现按其具体定义的作用域提供保护。

对象是封装的基本单元,对于一个对象来说,要改变自身的状态就意味着发生了行为。换句话说,只有通过调用对象自己的行为才能改变自己的状态信息,即系统的其他部分只有被授权才能通过类自身的方法操作对象的内部变量。

面向对象的程序设计语言本身提供了这样的机制,使得开发者必须遵循,这种机制就称为封装性。

(4) 继承性。面向对象的程序表现为类的集合,程序设计的任务就是对类的定义和引用,而类又具有层次结构。当一个类拥有另一个类的所有数据和操作时,就称这两个类之间具有继承关系。被继承的类称为父类或超类,能继承父类或超类的所有数据和操作的类称为子类。

继承性可以使子类自动共享父类数据结构和方法,在定义和实现一个类的时候,可以在一个已经存在的类的基础之上进行,把这个已经存在的类所定义的内容作为自己的内容,并加入若干新的内容。通过类的继承关系,使公共的特性能够共享,提高了软件的可重用性。

(5) 多态性。多态性是面向对象程序设计的又一个独特的特性。可以通过"重名"现象来提高程序的抽象型和简洁性、提高软件的灵活性和重用性。

所谓"多态",是指一个类或多个类中重名的不同方法(或称成员函数)共存的情况。多态性可以使同名的方法作用于多种类型的对象上并获得不同的结果。

面向对象程序设计推广了程序的灵活性和可维护性,并且在大型项目设计中广为应用。此外,面向对象程序设计要比以往的做法更加便于学习,能够让人们更简单地设计并维护程序,使得程序更加便于分析、设计、理解。

8.4.4 常用的程序设计语言

1. Visual Basic 和 Visual Basic.NET

Visual Basic 简称 VB,是为开发应用程序而提供的开发环境与工具。它具有很好的图形用户界面,采用面向对象和事件驱动的新机制,把过程化和结构化编程集合在一起。它可以方便地创建应用程序界面,且与 Windows 界面风格一致。开发人员在界面设计时,可以直接用 Visual Basic 的工具箱在屏幕上"画"出窗口、菜单、命令按键等不同类型的对象,并为每个对象设置属性。开发人员要做的仅仅是对要完成事件过程的对象进行编写代码,因而程序设计的效率可大大提高。

Visual Basic.NET 是基于微软.NET Framework 之上的面向对象的编程语言。Visual Basic .NET 与 Visual Basic 都代表了 Basic 系列语言的编码风格,Visual Basic. NET 是这种编码风格在.NET 平台上的继承,并不只是 Visual Basic 6.0 的简单升级。

Visual Basic 是一种入门级语言,其设计思想符合大多数人的编程习惯,而 Visual Basic.NET 则重于面向对象思想。相对而言,Visual Basic 更适合初学者掌握程序设计的基本方法以及开发应用系统的基本流程,适合开发小型的应用程序或基于 C/S 的数据库应用系统,而 Visual Basic.NET 则更偏向于构建基于.NET 的分布式计算的解决方案。

2. C

C 语言既具有高级语言的特点,又具有汇编语言的特点,其应用范围极为广泛,几乎可以被用于程序开发的任何领域。目前,C 语言一般被用于应用软件开发、底层网络程序开发、系统软件和图形处理软件开发、数字计算、嵌入式开发、游戏软件开发等领域。

3. C++

C++ 是对 C 语言的扩展升级,它既可以进行 C 语言的过程化程序设计,又可以进行以抽象数据类型为特点的基于对象的程序设计,还可以进行以继承和多态为特点的面向对象的程序设计。C++ 效率高,并且有很多成熟的网络通信的库,被广泛地应用于游戏开发、科学计算、网络软件、分布式应用、操作系统、驱动程序、移动设备、嵌入式系统以及教育与科研,是最常用的编程语言。

C++ 是一种使用非常广泛的计算机编程语言,支持过程化程序设计、数据抽象、面向对象程序设计、泛型程序设计等多种程序设计风格,是很多常用的桌面应用程序编程时的主要选择。此外,它还是设备驱动程序、游戏引擎、音频/图像处理工具、嵌入式软件等的首选。

4. C♯

C♯ 是微软公司发布的一种面向对象的、运行于.NET Framework 之上的高级程序设计语言,它由 C 和 C++ 衍生出来,在继承 C 和 C++ 强大功能的同时去掉了一些它们的复杂特性(例如没有宏以及不允许多重继承)。C♯ 综合了 Visual Basic 简单的可视化操作和 C++ 的高运行效率,以其强大的操作能力、优雅的语法风格、创新的语言特性和便捷的面向组件编程的支持成为.NET 开发的首选语言。C♯ 适合为独立和嵌入式的系统编写程序,从使用复杂操作系统的大型系统到特定应用的小型系统均适用。

5. Java

Java 由 Sun 公司开发的一种流行多年的网络编程语言,它由 C 语言发展而来,是完全面向对象的语言。在与网络的融合中,它显现出了强大生命力和广阔的前景。

Java 语言是一种面向对象的、不依赖于特定平台的程序设计语言,简单、可靠、可编译、可扩展、多线程、结构中立、类型显示说明、动态存储管理、易于理解,是一种理想的、用于开发 Internet 应用软件的程序设计语言。

Java 具有卓越的通用性、高效性、平台移植性和安全性,被广泛应用于个人计算机、数据中心、游戏控制台、科学超级计算机、移动电话和互联网开发等领域。

Java 的语法简练,学习和掌握比较容易,使用它可在各式各样不同种机器、不同种操作平台的网络环境中开发软件。Java 正在逐步成为 Internet 应用的主要开发语言。它彻底改变了应用软件的开发模式,带来了自 PC 以来又一次技术革命,为迅速发展的信息世界增添了新的活力。

6. JavaScript

JavaScript 最初由 Netscape(网景公司)设计,在 Netscape Navigator(网景导航者浏览器)上首次设计实现而成。因为 Netscape 与 Sun 合作,Netscape 管理层希望它外观看起来像 Java,因此取名为 JavaScript,JavaScript 最初是受 Java 启发而开始设计的,目的之一就是"看上去像 Java",因此语法上有类似之处,一些名称和命名规范也借自 Java,但是,JavaScript 的主要设计原则源自 Self 和 Scheme,所以语法风格与 Self 及 Scheme 较为接近。

JavaScript 是一种脚本语言,其源代码在发往客户端运行之前不需经过编译,而是将文本格式的字符代码发送给浏览器,由浏览器解释运行。直译语言的弱点是安全性较差,而且在 JavaScript 中,如果一条运行不了,那么下面的语言也无法运行。

7. Python

Python 是一种面向对象的解释型计算机程序设计语言,由荷兰人 Guido van Rossum 于 1989 年发明,第一个公开发行版发行于 1991 年。Python 是一种跨平台的开发语言,可以运行在已知的各种操作系统之上,包括 Windows、Mac OS、UNIX、BSD、Palm 等。

Python 的设计目标之一是让代码具备高度的可阅读性,在设计上坚持了清晰划一的风格,尽量使用其他语言经常使用的标点符号和英文单词,让代码看起来整洁美观,这使得 Python 成为一门易读、易维护,并且被大量用户所欢迎的、用途广泛的语言。

Python 具有丰富和强大的库。它常被昵称为胶水语言,能够把用其他语言制作的各种模块(尤其是 C/C++)很轻松地联结在一起。常见的一种应用情形是,使用 Python 快速生成程序的原型(有时甚至是程序的最终界面),然后对其中有特别要求的部分,用更合适的语言改写。例如,3D 游戏中的图形渲染模块,性能要求特别高,就可以用 C/C++ 重写,而后封装为 Python 可以调用的扩展类库。需要注意的是,在使用扩展类库时可能需要考虑平台问题,某些可能不提供跨平台的实现。

由于 Python 语言的简洁性、易读性以及可扩展性,在国外用 Python 做科学计算的研究机构日益增多,一些知名大学已经采用 Python 来教授程序设计课程。例如卡耐基梅隆大学的编程基础、麻省理工学院的计算机科学及编程导论就使用 Python 语言讲授。众多开源的科学计算软件包都提供 Python 的调用接口,例如著名的计算机视觉库 OpenCV、三维可视化库 VTK、医学图像处理库 ITK。而 Python 专用的科学计算扩展库就更多了,例如如下 3 个十分经典的科学计算扩展库:NumPy、SciPy 和 Matplotlib,它们分别为 Python 提供了快速数组处理、数值运算以及绘图功能。因此 Python 语言及其众多的扩展库所构成的开发环境十分适合工程技术、科研人员处理实验数据、制作图表,甚至开发科学计算应用程序。

8.5 Raptor 流程图编程

8.5.1 Raptor 简介

Raptor 是一种基于流程图的可视化编程开发环境。可以在最大限度地减少语法要求的情形下,帮助用户编写正确的程序指令。使用 Raptor 的目的:不需要重量级编程语言(如 C++、C#、Java 等),就可以进行算法设计和运行验证。

由于流程图是大部分高校计算机基础课程首先引入的与程序、算法表达有关的基础概念。Raptor 允许使用连接基本流程图符号来创建算法,然后可以在其环境下直接调试和运行算法,包括单步执行或连续执行的模式。该环境可以直观地显示当前执行符号所在的位置,以及所有变量的内容,所以一旦开始使用 Raptor 解决问题,这些原本抽象的理念将会变得更加清晰。

流程图是一系列相互连接的图形符号的集合,其中每个符号代表要执行的特定类型的指令,符号之间的连接决定了指令的执行顺序。Raptor 程序实际上是一种有向图,可以一次执行一个图形符号,以便帮助用户跟踪 Raptor 程序的指令流执行过程。Raptor 是为易用性而设计的(用户可用它与其他任何的编程开发环境进行复杂性比较),Raptor 所设计的报错消息更容易为初学者理解。

Raptor 程序是一组连接的符号,表示要执行的一系列动作,符号间的连接箭头确定所有操作的执行顺序。Raptor 程序执行时,从开始(Start)符号起步,并按照箭头所指方向执行程序,Raptor 程序执行到的结束(End)符号时停止。

Raptor 软件的主界面如图 8-11 所示,窗口的左侧上半部分是"符号"窗口;右下部分是工作区,其中有一个名为 main 的标签(相当于主程序),窗口中有一个基本的流程图框架,初始只有 Start(开始)和 End(结束)两个符号。

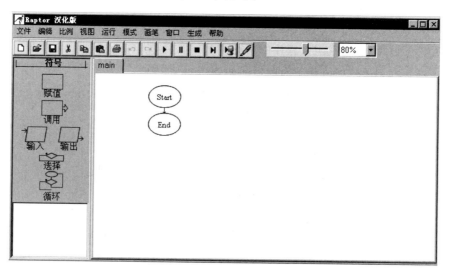

图 8-11 Raptor 软件的主界面

最小的 Raptor 程序什么也不做。在开始和结束的符号之间插入一系列 Raptor 语句/符号,就可以创建有意义的 Raptor 程序。

Raptor 有 6 种基本符号,分别是 Input(输入)、Output(输出)、Assignment(赋值)、Loop(循环)、Selection(选择)和 Call(调用),每个符号代表一个独特的指令类型。

利用 Raptor 进行算法设计的基本步骤如下。

(1) 分析问题。编写任何一个程序,都应该首先从实际问题中抽象出来其数学模型,找出求解方法,并用自然语言描述算法。

(2) 启动 Raptor 软件,保存流程图文件(后缀为.rap)。

(3) 利用 Raptor 工具创建相关流程图。

(4) 运行调试算法。修改出现的语法错误,注意算法的逻辑错误。必须进行严格的测试后,算法才可以有效。

(5) 保存或打印流程图。

8.5.2　Raptor 编程基础

1. Raptor 数据类型

Raptor 的数据类型有数值、字符、字符串。

(1) 数值:有整数、实数,如 12、456、-9、0.006753、12.783。

(2) 字符:用一对单引号括起来的单个字符,如'a'、'A'、'7'、'&'。

(3) 字符串:用一对双引号括起来的字符序列,如"asdf"和"Hello,how are you?"。

变量的初始值决定该变量的数据类型,在流程执行过程中不得改变。

2. Raptor 变量和常量

Raptor 同高级语言一样,使用常量和变量通过运算符构成表达式。

(1) 常量。常量是在程序运行过程中固定不变且不可改变其值的量。常量分直接常量、内部常量。

① 直接常量:例如 0、1、2、999、'A'、'+'、"asgdgh"。

② 内部常量:Raptor 内部定义了若干符号表示常用的数值型常数,如 pi(圆周率)定义为 3.1416,e(自然对数的底数)定义为 2.7183,true/yes(布尔值真)定义为 1,false/no(布尔值假)定义为 0。

(2) 变量。变量表示的是计算机内存中的位置,用于保存数据值。在程序执行过程中,变量的值可以改变。一个变量值的设置(或改变)可以通过输入语句,或公式运算后赋值,或调用过程的返回值赋值。任何时候,一个变量只能容纳一个值。

变量名的命名规则如下。

变量名的首字母必须是字母或下画线。

变量名只能是字母、数字和下画线的组合。

变量名区分大小写。

变量名不能使用保留字。

3. Raptor 赋值操作

对变量赋值(例如,$x=5$),可以通过图 8-12 所示完成。

利用 Input 输入语句对变量赋值,可以通过图 8-13 所示完成。

4. Raptor 运算符和表达式

Raptor 中的基本运算有 3 类:算术运算符、关系运算符和逻辑运算符。

(1) 算术运算符。用来处理四则运算的符号,称为算术运算符,在 Raptor 中,算术运算符有 7 个,如表 8-1 所示。

图 8-12 变量赋值 1

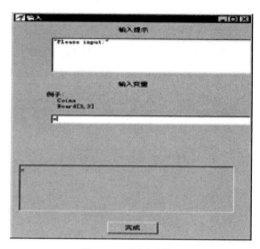

图 8-13 变量赋值 2

表 8-1 Raptor 中的算术运算符

运算符	说明	范例
+	加	3+5=8
-	减	3-5=-2
-	负号	-3
*	乘	3*5=15
/	除	3/5=0.6
^或**	幂运算	3^5=243
rem 或 mod	求余数	5 rem 3=2

(2) 关系运算符。关系运算符也称为比较运算符,用于比较两个值,结果为一个逻辑值 true 或 false。在 Raptor 中,关系运算符有 6 个,如表 8-2 所示。

表 8-2 Raptor 中的关系运算符

运算符	说明	范例	
=	等于	(2+3)=5	(结果为 true)
!=、/=	不等于	(2+3)!=5	(结果为 false)
>	大于	'z'>'a'	(结果为 true)
>=	大于或等于	'z'>='a'	(结果为 true)
<	小于	'z'<'a'	(结果为 false)
<=	小于或等于	'z'<='a'	(结果为 false)

(3) 逻辑运算符。逻辑运算符主要用于程序条件的判读,结果为一个逻辑值 true 或 false。在 Raptor 中,关系运算符有 4 个,如表 8-3 所示。

表 8-3 Raptor 中的逻辑运算符

运算符	说明	范例
and	与，运算符的两边均为 true，结果为 true，否则结果为 false	1＞3 and 'z'＞'a'　　（结果为 false）
not	非，运算符后为 false，则结果为 true；否则结果为 false	not ((1+2)!=3)　　（结果为 true）
or	或，运算符两边只要有一个为 true，则结果为 true	1＞3or 'z'＞'a'　　（结果为 true）
xor	异或，运算符两边值不同，则结果为 true，否则结果为 false	1＞3xor 'z'＞'a'　　（结果为 true）

5．Raptor 系统函数

Raptor 中的系统函数分为基本数学函数、三角函数、布尔函数、时间函数等。

（1）基本数学函数。基本数学函数用于帮助程序设计者完成特定的数学功能，在 Raptor 中，常用的基本数学函数有 8 个，如表 8-4 所示。

表 8-4 Raptor 中的基本数学函数

运算符	说明	范例
abs	绝对值	abs(-7)=7
ceiling	向上取整	ceiling(5.1453)=6
floor	向下取整	floor(6.72)=6
log	自然对数（以 e 为底）	log(e)=1
max	在两个参数中取较大者	max(3,5)=5
min	在两个参数中取较小者	min(3,5)=3
sqrt	开平方，如果参数为负会产生错误	sqrt(4)=2
random	生成一个[0,1)内的随机数	random * 100 返回[0,100)的随机数

（2）三角函数。三角函数用于帮助用户完成三角运算功能，在 Raptor 中，三角函数有 8 个，如表 8-5 所示。

表 8-5 Raptor 中的三角函数

运算符	说明	范例
sin	正弦（参数以弧度表示）	sin(pi/6)=0.5
cos	余弦（参数以弧度表示）	cos(pi/3)=0.5
tan	正切（参数以弧度表示）	tan(pi/4)=1.0
cot	余切（参数以弧度表示）	cot(pi/4)=1.0
arcsin	反正弦，返回弧度	arcsin(0.5)=pi/6
arccos	反余弦，返回弧度	arccos(0.5)=pi/3
arctan	反正切，返回弧度	arctan(10,3)=1.2793
arccot	反余切，返回弧度	arccot(10,3)=0.2915

(3) 布尔函数。布尔函数主要用于变量类型的查询测试,在 Raptor 中,常用的布尔函数有 4 个:Is_Array、Is_Character、Is_Number 和 Is_String。

(4) 时间函数。时间函数用来取计算机系统当前的时间和日期,这些函数的返回值均为数值型,可以直接参与算术运算。在 Raptor 中,常用的时间函数有 8 个:Current_Year、Current_Month、Current_Day、Current_Hour、Current_Minute、Current_Second、Current_MilliSecond 和 Current_Time。

6. Raptor 输出语句

输出语句对于程序设计是必不可少的,在 Raptor 中执行输出语句将在控制台窗口显示输出结果,在 Enter Output Here 文本框中输入的文本必须用双引号括起来,以便与变量区分。选中 End current line 复选框,表示输出 Enter Output Here 文本框的内容后换行。

可以在 Enter Output Here 文本框中使用字符串和连接运算符"+"连接两个或多个字符串,或者字符串和变量连接。

7. Raptor 选择结构

一般情况下,程序需要根据数据的依稀而条件来决定是否执行某些。选择控制语句可以使程序根据数据的当前状态,选择两种可以选择的路径中的一条来执行下一条语句。

8. Raptor 循环结构

一个循环控制语句允许重复执行一个或多个语句,直到某些条件变为真值。

9. Raptor 的数组变量

在 Raptor 中,数组分为一维数组和二维数组,其值是通过输入语句和赋值语句给数组元素赋值产生的,数组的大小由赋值语句中给定的最大元素的下标确定。

Raptor 数组的特点如下。

(1) 按数组元素的类型不同,数组又分为数值数组、字符数组和二维数组。

(2) 一个数组中的各个元素可以包含不同种类的数据(字符、字符串、数值)。

(3) 支持可变长数组。

(4) 数组元素用整个数组的名字和该元素在数组中的顺序位置来表示,例如 $s[1]$ 代表名字为 s 的数组中的第一个元素,$s[2]$ 代表数组 s 中的第二个元素,依次类推。

(5) 下标紧跟在数组名后,而且用方括号括起来。

(6) 下标可以是常量、变量或表达式,但其值必须是整数(如果是小数,将四舍五入为整数)。

(7) 下标必须为一段连续的整数,其最小值称为下界,其最大值称为上界,不加说明时,下界默认为 1。

8.5.3　Raptor 应用

1. 利用 Raptor 画出计算 $n!$ 的流程图

分析:给定 n,求 $n!$ 的数学公式如下:

$$n! = \begin{cases} 1, & n=0 \\ n(n-1)!, & n>0 \end{cases}$$

利用计算机求解连乘问题,一般是先设乘积结果为 1,然后逐项相乘。用 f 表示 $n!$,

开始时 $f=1$ 是 0!,然后 $f\times 1$ 就是 1!,再乘以 $2,f\times 2$ 就是 2!,再乘以 $3,f\times 3$ 就是 $3!,\cdots,f\times n$ 就是 $n!$。可以用 i 表示逐次乘入的项,i 开始为 1,然后加 1 变为 2,再加 1 变为 $3,\cdots$,通过 $f=f\times i$ 完成 $n!$ 的计算。

其算法描述如下:

第 1 步,输入 n 的值。

第 2 步,令 $f=1$。

第 3 步,令 $i=1$。

第 4 步,如果 $i>n$,则转到第 8 步。

第 5 步,使 $f=f\times i$。

第 6 步,使 $i=i+1$。

第 7 步,转到第 4 步。

第 8 步,输出 f 的值。

操作步骤:启动 Raptor,根据自然语言描述的算法步骤,在 Start(开始)和 End(结束)两个符号中间依次添加算法描述中的流程图符号,以构成求解题的"程序",最终得到如图 8-14 所示的流程图。

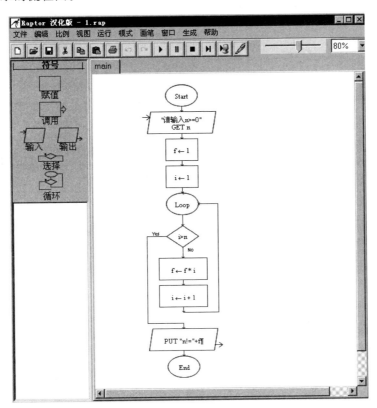

图 8-14 Raptor 软件的主界面中的流程图

具体方法如下所示。

(1)启动 Raptor 后,选中"文件"|"保存"菜单项,输入自命名的文件名并选择存放路径,单击"保存"按钮。

(2) 输入"n"。在符号窗口单击"输入"符号(变红色)后,将光标指向工作区流程图的 Start 和 End 两个符号中间的箭头处并单击,即可加入"输入"符号。双击新加入的"输入"符号,弹出"输入"窗口,如图 8-15 所示。在"输入提示"栏内输入:"请输入 n>=0",在"输入变量"栏内输入"n",单击"完成"按钮,如图 8-16 所示。

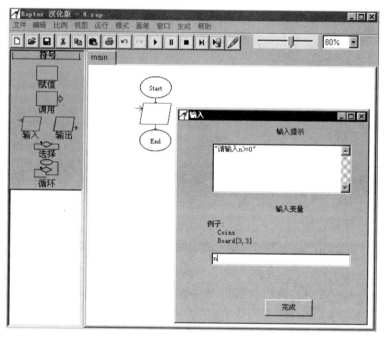

图 8-15 "输入"窗口

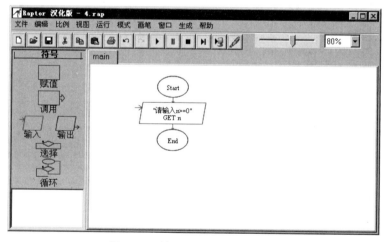

图 8-16 输入处理完毕的流程图

(3) 在"输入"框的下方添加第 1 个"赋值"符号,双击"赋值"框打开 Assignment 窗口,在 Set 栏内输入"f",在 to 栏内输入"1",单击"完成"按钮,如图 8-17 所示。

(4) 在"赋值"框的下方添加第 2 个"赋值"框,双击"赋值"框打开 Assignment 窗口,在 Set 栏内输入"i",在 to 栏内输入"1",单击"完成"按钮,如图 8-18 所示。

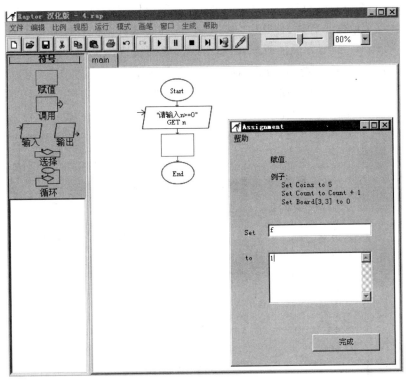

图 8-17　设置"f=1"的窗口

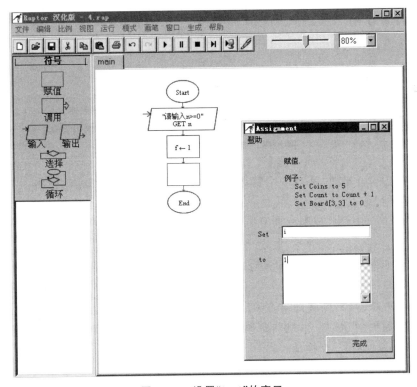

图 8-18　设置"i=1"的窗口

(5) 在第 2 个"赋值"框的下方添加 1 个"循环"符号,双击菱形框,在打开的"循环"窗口中输入"i>n",单击小方块,使其中"＋"变成"－"(表示可以扩展)。

(6) 在 No 分支的下方添加两个"赋值"符号,分别设置为 f←f＊i,i←i+1;在 Yes 分支的末端添加 1 个"输出"符号,设置输出项为"n!="+f。

选中"运行"|"运行"菜单项,系统将按照流程图描述的命令实现 n!的计算,当在输入框中输入 6 并按 Enter 键或单击"确定"按钮时,它会用不同的颜色表示执行到了哪一步,可以看到"程序"动态执行过程,在主控台窗口中输出结果,在窗口的左侧下半部分给出变量变化的值,如图 8-19 所示。

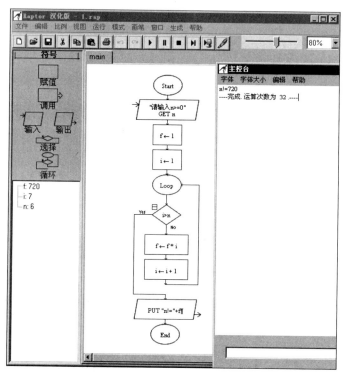

图 8-19 流程图运行结束后的界面

2. 利用 Raptor 软件,完成 5 个整数由小到大(使用选择排序法)的输出

其算法描述如下。

第 1 步,将 5 个整数分别放到数组元素 a[1]、a[2]、a[3]、a[4]、a[5]中。

第 2 步,令 i=1。

第 3 步,如果 i>4,则转到第 8 步。

第 4 步,令 j=i+1。

第 5 步,如果 j>5,则转到第 6 步。

第 6 步,如果 a[i]≤a[j],则转到第 12 步。

第 7 步,a[i]与 a[j]互换值。

第 8 步,使 j=j+1。

第 9 步,转到第 5 步。

第10步,使i=i+1。

第11步,转到第3步。

第12步,依次输出 a[1]、a[2]、a[3]、a[4]、a[5]的值。

操作步骤:启动 Raptor,根据自然语言描述的算法步骤,在 Start(开始)和 End(结束)两个符号中间依次添加算法描述中的流程图符号,以构成求解题的"程序",即流程图。程序运行后,分别输入 5 个数据,最终,结果显示在"主控台"窗口里。如图 8-20 所示。

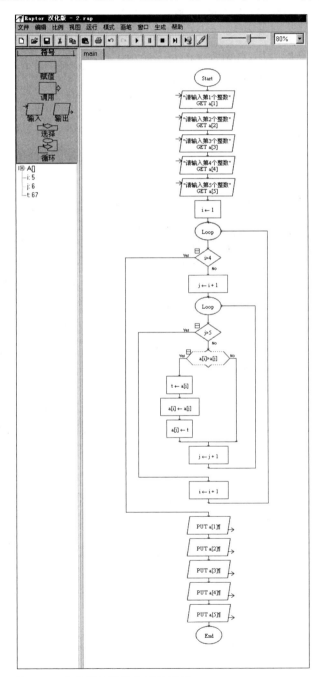

图 8-20　流程图运行结束后的界面

习题 8

一、选择题

1. 算法可以没有（　　）。
   A. 输入　　　　　　B. 输出　　　　　　C. 输入和输出　　　D. 结束

2. 用来描述算法的方法，没有下面的（　　）。
   A. 自然语言　　　　B. 流程图　　　　　C. 伪代码　　　　　D. 方程式

3. 不属于面向对象特征的是（　　）。
   A. 继承性　　　　　B. 封装性　　　　　C. 模块化　　　　　D. 抽象性

4. 任何复杂算法都可以用3种基本结构组成，下列不属于基本结构的是（　　）。
   A. 顺序结构　　　　B. 层次结构　　　　C. 选择结构　　　　D. 循环结构

5. 下列不属于面向对象语言的是（　　）。
   A. Java　　　　　　B. C　　　　　　　　C. C#　　　　　　　D. Visual Basic

6. 下列关于算法的描述，正确的是（　　）。
   A. 一个算法的执行步骤可以是无限的
   B. 一个完整的算法必须有输出
   C. 算法只能用流程图表示
   D. 一个完整的算法至少有一个输入

7. 用计算机无法解决"打印所有素数"的问题，其原因是解决该问题的算法违背了算法特征中的（　　）。
   A. 唯一性　　　　　　　　　　　　　　B. 有输出
   C. 有穷性　　　　　　　　　　　　　　D. 有0个或多个输入

8. 目前，能够通过计算机实现算法得到结果的是（　　）。
   A. 自然语言　　　　　　　　　　　　　B. N-S图
   C. 伪代码　　　　　　　　　　　　　　D. 计算机语言编写的程序

9. 回溯法在问题的解空间树中，按（　　）策略，从根结点出发搜索解空间树。
   A. 广度优先　　　　　　　　　　　　　B. 活结点优先
   C. 扩展结点优先　　　　　　　　　　　D. 深度优先

10. 二分搜索算法是利用（　　）实现的算法。
    A. 分治策略　　　B. 动态规划法　　　C. 贪心法　　　　　D. 回溯法

二、简答题

1. 简述算法的定义和特性。
2. 简述算法设计原则。
3. 简述顺序查找和二分查找的基本思想。
4. 列举算法常用的表示方法。
5. 列举选择排序、冒泡排序和插入排序的相同点和不同点。

第9章 常用工具软件介绍

计算机工具软件是在操作系统下执行的应用程序,大多数工具软件提供了操作系统不具备或不完善的一些功能,是对操作系统的某些功能的补充和增强。现在成熟的商业软件、共享软件和免费软件品种很多,基本上想实现的功能都能满足。根据工具软件运行的操作系统环境,可以有 Windows、Linux、DOS 等环境下的工具软件。本章主要介绍 Windows 环境下几种流行的计算机工具软件及使用。

9.1 计算机病毒防治工具

9.1.1 计算机病毒概述

计算机病毒(computer virus)是编制者在计算机程序中插入的破坏计算机功能或者数据的代码,能影响计算机使用,能自我复制的一组计算机指令或者程序代码。

计算机病毒具有传播性、隐蔽性、感染性、潜伏性、可激发性、表现性或破坏性。计算机病毒的生命周期:开发期→传染期→潜伏期→发作期→发现期→消化期→消亡期。

计算机病毒是一个程序,一段可执行码。就像生物病毒一样,具有自我繁殖、互相传染以及激活再生等生物病毒特征。计算机病毒有独特的复制能力,它们能够快速蔓延,又常常难以根除。它们能把自身附着在各种类型的文件上,当文件被复制或从一个用户传送到另一个用户时,它们就随同文件一起蔓延开来。

计算机病毒与医学上的"病毒"不同,计算机病毒不是天然存在的,是人利用计算机软件和硬件所固有的脆弱性编制的一组指令集或程序代码。它能潜伏在计算机的存储介质(或程序)里,条件满足时即被激活,通过修改其他程序的方法将自己的精确复制或者可能演化的形式放入其他程序中。从而感染其他程序,对计算机资源进行破坏,所谓的病毒就是人为造成的,对其他用户的危害性很大。

1. 发展

第一份关于计算机病毒理论的学术工作("病毒"一词当时并未使用)是冯·诺依曼于1949年完成的。他以 *Theory and Organization of Complicated Automata* 为题在美国的伊利诺伊大学进行演讲,随后以 *Theory of Self-reproducing Automata* 为题出版。冯·诺依曼在他的论文中描述一个计算机程序如何复制其自身。

1980年,Jurgen Kraus 在多特蒙德大学撰写他的学位论文 *Self-reproduction of Programs*。论文中假设计算机程序可以表现出如同病毒般的行为。

1983年,在一次国际计算机安全学术会议上,美国学者科恩第一次明确提出了计算机病毒的概念,并进行了演示。

"病毒"一词最早用来表达此意是在弗雷德·科恩(Fred Cohen)1984年的论文《计算机病毒实验》中。

1986年,巴基斯坦有人编写了"大脑(brain)"病毒,又被称为"巴基斯坦"病毒。

1987年,第一个计算机病毒 C-BRAIN 诞生。由巴基斯坦的巴斯特(Basit)和阿姆捷特(Amjad)兄弟编写。计算机病毒主要是引导型病毒,具有代表性的是"小球"和石头病毒。

1988年,在我国财政部的计算机上发现中国最早的计算机病毒。

1989年,引导型病毒发展为可以感染硬盘,典型的代表有"石头2"。

1990年,病毒发展为复合型病毒,可感染 COM 和 EXE 文件。

1992年,利用 DOS 加载文件的优先顺序进行工作,具有代表性的是"金蝉"病毒。

1995年,当生成器的生成结果为病毒时,就产生了这种复杂的"病毒生成器",幽灵病毒流行中国。典型病毒代表是"病毒制造机"和"VCL"。

1998年,出现了 CIH 病毒。

2000年,最具破坏力种病毒分别是 Kakworm、爱虫、Apology-B、Marker、Pretty、Stages-A、Navidad 和 Ska-Happy99。

2003年,国内发作最多的10个病毒分别是红色结束符、爱情后门、FUNLOVE、QQ传送者、冲击波杀手、罗拉、求职信、尼姆达Ⅱ、QQ 木马和 CIH。

2005年,金山反病毒监测中心共截获或监测到的病毒达到 50179 个,其中木马、蠕虫、黑客病毒占其中的 91%,以盗取用户有价账号的木马病毒(例如网银、QQ、网游)为主,病毒多达 2000 余种。

2007年,病毒累计感染了中国 80% 的用户,其中 78% 以上的病毒为木马、后门病毒。当时"熊猫烧香"病毒肆虐全球。

2010年,越南全国计算机数量已 500 万台,其中 93% 受过病毒感染,感染计算机病毒共损失 59000 万亿越南盾。

2017年,一种名为"想哭"的勒索病毒席卷全球,在短短一周时间里,上百个国家和地区受到影响。据美国有线新闻网报道,截至 2017 年 5 月 15 日,大约有 150 个国家受到影响,至少 30 万台计算机被病毒感染。

2. 特征

计算机病毒具有以下特征。

(1) 繁殖性。计算机病毒可以像生物病毒一样进行繁殖,当正常程序运行时,它也进行运行自身复制,是否具有繁殖、感染的特征是判断某段程序为计算机病毒的首要条件。

(2) 破坏性。计算机中毒后,可能会导致正常的程序无法运行,把计算机内的文件删除或受到不同程度的损坏。破坏引导扇区及 BIOS,硬件环境破坏。

(3) 传染性。计算机病毒传染性是指计算机病毒通过修改别的程序将自身的复制品或其变体传染到其他无毒的对象上,这些对象可以是一个程序也可以是系统中的某一个部件。

(4) 潜伏性。计算机病毒潜伏性是指计算机病毒可以依附于其他媒体寄生的能力,侵入后的病毒潜伏到条件成熟才发作,会使计算机变慢。

(5) 隐蔽性。计算机病毒有的具有很强的隐蔽性,隐蔽性的计算机病毒时隐时现、变化无常,这类病毒处理起来非常困难。

(6) 可触发性。编制计算机病毒的人,一般都为病毒程序设定了一些触发条件,例如,系统时钟的某个时间或日期、系统运行了某些程序等。一旦条件满足,计算机病毒就会"发作",使系统遭到破坏。

3. 分类

(1) 根据破坏程度划分。计算机病毒根据破坏程度的不同可以分为良性病毒、恶性病毒、极恶性病毒、灾难性病毒。

(2) 根据传染方式划分。计算机病毒根据传染方式的不同可以分为以下 4 种。

① 引导区型病毒。引导区型病毒主要通过移动盘在操作系统中传播,一般是先感染引导区,再蔓延到本地硬盘,最终感染硬盘中的主引导记录。

② 文件型病毒。文件型病毒是文件感染者,也称为寄生病毒。它运行在计算机存储器中,通常感染扩展名为 COM、EXE、SYS 等类型的文件。

③ 混合型病毒。混合型病毒具有引导区型病毒和文件型病毒两者的特点。

④ 宏病毒。宏病毒是指用 BASIC 语言编写的病毒程序寄存在 Office 文档上的宏代码,宏病毒影响对文档的各种操作。

(3) 根据连接方式划分。计算机病毒根据连接方式的不同可以分为以下 4 种。

① 源码型病毒。源码型病毒主要攻击高级语言编写的源程序,在源程序编译之前插入其中,随源程序一起编译、连接成可执行文件。源码型病毒较为少见。

② 入侵型病毒。入侵型病毒可用自身代替正常程序中的部分模块或堆栈区。因此这类病毒只攻击某些特定程序,针对性强。一般情况下也难以被发现,清除起来也较困难。

③ 操作系统型病毒。操作系统型病毒可用其自身部分加入或替代操作系统的部分功能,因其直接感染操作系统,这类病毒的危害性也较大。

④ 外壳型病毒。外壳型病毒通常将自身附在正常程序的开头或结尾,相当于给正常程序加了个外壳,大部分的文件型病毒都属于这一类。

(4) 根据病毒存在的媒体划分。计算机病毒根据存在的媒体不同可以划分为以下 3 种。

① 网络病毒。网络病毒通过计算机网络传播感染网络中的可执行文件。

② 文件病毒。文件病毒感染的是计算机中的文件(如 COM、EXE、DOC 等)。

③ 引导型病毒。引导型病毒感染的是启动扇区(Boot)和硬盘的系统引导扇区

（MBR）。

(5) 根据算法划分。根据算法的不同，计算机病毒可以分为以下 3 种。

① 伴随型病毒。这类病毒并不改变文件本身，它们根据算法产生 EXE 文件的伴随体，具有同样的名字和不同的扩展名，例如 XCOPY.EXE 的伴随体是 XCOPY-COM。病毒把自身写入 COM 文件并不改变 EXE 文件，当 DOS 加载文件时，伴随体优先被执行到，再由伴随体加载执行原来的 EXE 文件。

② "蠕虫"型病毒。"蠕虫"型病毒通过计算机网络传播，不改变文件和资料信息，只是利用网络从一台计算机的内存传播到其他计算机的内存，一般不占用内存之外的其他资源。

③ 寄生型病毒。除了伴随"蠕虫"型病毒之外的其他病毒均可称为寄生型病毒，它们依附在系统的引导扇区或文件中，通过系统的功能进行传播。

4. 原理及感染策略

病毒依附软盘、硬盘等存储介质构成传染源。病毒传染的媒介由工作的环境决定。病毒激活是将病毒放在内存，并设置触发条件，触发条件十分多样化，可以是时钟、系统的日期、用户标识符，也可以是系统进行的一次通信。条件成熟病毒就开始自我复制到传染对象中，进行各种破坏活动。

为了能够复实现自我复制，病毒必须能够运行代码并能够对内存运行写操作。基于这个原因，许多病毒都是将自己附着在合法的可执行文件上。如果用户运行该可执行文件，那么病毒就有机会运行。根据运行时所表现出来的行为，病毒可以分成非常驻型病毒和常驻型病毒两类。

(1) 非常驻型病毒。非常驻型病毒被运行时会立即查找其他宿主并伺机加以感染，之后再将控制权交给被感染的应用程序。

非常驻型病毒可以被想成具有搜索模块和复制模块的程序。搜索模块负责查找可被感染的文件，一旦搜索到该文件，搜索模块就会启动复制模块进行感染。

(2) 常驻型病毒。常驻型病毒被运行时并不会查找其他宿主，与之相反，一个常驻型病毒会将自己加载内存并将控制权交给宿主。

常驻型病毒包含复制模块，其角色类似于非常驻型病毒中的复制模块。复制模块在常驻型病毒中不会被搜索模块调用。病毒在被运行时会将复制模块加载内存，并确保当操作系统运行特定动作时，该复制模块会被调用。例如，复制模块会在操作系统运行其他文件时被调用。在这个例子中，所有可以被运行的文件均会被感染。

常驻型病毒有时会被区分为快速感染者和慢速感染者。

① 快速感染者会试图感染尽可能多的文件。例如，一个快速感染者可以感染所有被访问到的文件，这会对杀毒软件造成特别的问题。当运行全系统防护时，杀毒软件需要扫描所有可能会被感染的文件。如果杀毒软件没有察觉到内存中有快速感染者，快速感染者可以借此搭便车，利用杀毒软件扫描文件的同时进行感染。快速感染者依赖其快速感染的能力，但这同时会使得快速感染者容易被侦测到，这是因为其行为会使得系统性能降低，进而增加被杀毒软件侦测到的风险。

② 慢速感染者被设计成偶尔才对目标进行感染，如此一来就可避免被侦测到的机会。例如，有些慢速感染者只有在其他文件被复制时才会进行感染。但是慢速感染者此

种试图避免被侦测到的做法似乎并不成功。

5. 病毒征兆

计算机被病毒感染后常会伴随以下一些征兆。

(1) 屏幕上出现不应有的特殊字符或图像、字符无规则变或脱落、静止、滚动、雪花、跳动、小球亮点、莫名其妙的信息提示等。

(2) 发出尖叫、蜂鸣音或非正常奏乐等。

(3) 经常无故死机，随机地发生重新启动或无法正常启动、运行速度明显下降、内存空间变小、磁盘驱动器以及其他设备无缘无故地丢失。程序或数据神秘地消失了，文件名不能辨认等。

(4) 磁盘机变成无效设备。

(5) 磁盘标号被自动改写、出现异常文件、出现固定的坏扇区、可用磁盘空间变小、文件无故变大、失踪或被改乱、可执行文件变得无法运行。

(6) 打印机异常、打印速度明显降低、不能打印、不能打印汉字与图形等或打印时出现乱码。

(7) 收到来历不明的电子邮件、自动链接到陌生的网站、自动发送电子邮件等。

6. 保护预防

日常使用计算机时，应注意以下几点。

(1) 对系统文件、可执行文件和数据进行写保护；不使用来历不明的程序或数据。不轻易打开来历不明的电子邮件。

(2) 使用新的计算机系统或软件时，要先杀毒再使用。

(3) 备份系统和参数，建立系统的应急计划等。

(4) 安装杀毒软件。

(5) 分类管理数据。

(6) 硬盘尽量要分区，平时的工作数据一定要存放在硬盘的扩展分区内（例如 D 盘等）。

(7) 如果出现文件丢失、损毁、系统无法正常启动等现象，最好立即关闭计算机，以免丢失更多的数据，给系统和数据的恢复造成困难。

(8) 关闭系统中的"共享"功能，并确认计算机没有安装"文件和打印机共享"服务。

(9) 尽量关闭不需要的端口、服务和协议。

(10) 及时安装各种操作系统补丁、定期更新病毒库。

(11) 经常升级杀毒软件和防火墙，并根据自身需求合理配置软件功能，开启"实时监控"和"邮件监控"功能，使病毒防护产品发挥最大功效保护系统安全。

9.1.2 常用计算机反病毒软件介绍

1. 卡巴斯基

卡巴斯基是世界上拥有最尖端科技的杀毒软件之一，总部设在俄罗斯首都莫斯科，全名"卡巴斯基实验室"，是国际著名的信息安全领导厂商，创始人为俄罗斯人尤金·卡巴斯基。公司为个人用户、企业网络提供反病毒、防黑客和反垃圾邮件产品。经过与计算机病毒的多年战斗，卡巴斯基获得了独特的知识和技术，使得卡巴斯基成为病毒防卫的技术领导者和专家。该公司的旗舰产品即著名的卡巴斯基安全软件，主要针对家庭及个人用户，能够彻底保护用户计算机不受各类互联网威胁的侵害。

2．大蜘蛛

大蜘蛛是一款来自俄罗斯的杀毒软件，以独一无二的非特征风险程序运算法则而著称，更是唯一获得俄罗斯联邦国防部许可证的安全品牌。其首创的"基因式"杀毒机制，至今仍被欧洲用户称道。其特点是启发性极强，占用资源极小，尤其擅长处理木马类病毒，是一款不可多得的优秀杀毒软件。1992年至今，大蜘蛛反病毒软件一直受到俄罗斯国会、总统办公室以及全球数以万计的消费者及商业用户、企业用户的青睐及认可，曾多次获得英国知名杂志Virus Bulletin颁发的所有奖项。

3．诺顿

诺顿是一套强而有力的防毒软件，是美国Symantec公司个人信息安全产品之一，是被广泛应用的反病毒程序。该项产品发展至今，除了原有的防毒功能外，还有防范间谍等网络安全风险的功能。它可帮用户侦测上万种已知和未知的病毒，并且每当开机时，自动防护便会常驻在System Tray，当打开磁盘、网路或E-mail中的文件时，便会自动侦测其安全性，若含有病毒，便会立即警告。

4．小红伞

小红伞是由德国的Avira公司开发的一套杀毒软件。针对病毒、蠕虫、特洛伊木马、Rootkit、钓鱼、广告和间谍软件等威胁提供保护，并且经受全球上亿次的测试和考验。其Avira AntiVir Personal版可以免费提供。

9.2　文件压缩备份工具WinRAR

WinRAR是当前最流行的压缩工具，其压缩文件格式为RAR，完全兼容ZIP压缩文件格式，其压缩比比ZIP文件高约30%，同时可解压CAB、ARJ、LZH、TAR、GZ、ACE、UUE、B22、JAR、ISO等多种类型的压缩文件。WinRAR的功能包括强力压缩、分卷、加密、自解压模块、备份简易。

安装完后，选中"开始"|"程序"|WinRAR|WinRAR菜单选项，可以打开程序，程序的主界面如图9-1所示。

1．使用向导压缩文件

（1）在WinRAR程序主界面中，单击工具栏中的"向导"按钮图标，弹出"向导"对话框，在该对话框中选中"创建新的压缩文件"。

（2）单击"下一步"按钮，打开"请选择要添加的文件"对话框，选择将要压缩的文件夹或文件（如果是多个，使用Ctrl键选择）。例如，选中WinRAR文件夹，单击"确定"按钮，返回"向导"对话框。在"压缩文件名"文本框中输入"D:\rar\winrar.rar"，表示将压缩文件保存在D盘rar目录下，如图9-2所示。

（3）单击"下一步"按钮，在打开的对话框中设置压缩文件选项，选中"压缩后删除源文件"选项，单击"设置密码"按钮，弹出带密码压缩的对话框，填入密码，单击"确定"按钮，

第 9 章 常用工具软件介绍

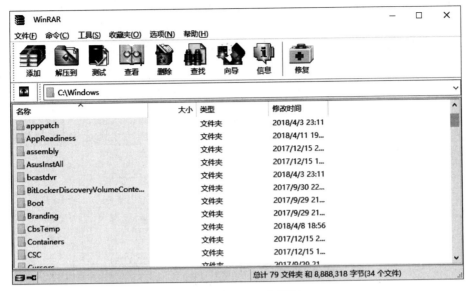

图 9-1 WinRAR 主界面

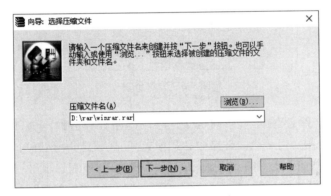

图 9-2 设置压缩的文件名

如图 9-3 和图 9-4 所示。

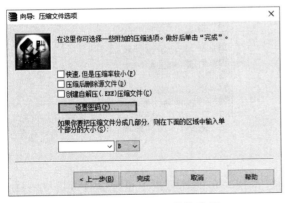

图 9-3 设置压缩文件的选项

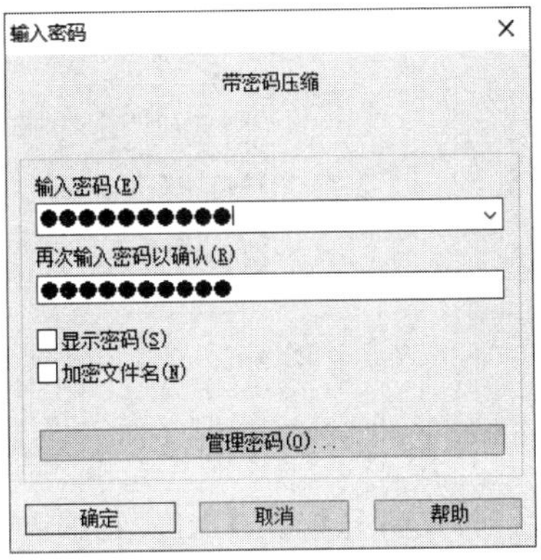

图 9-4 设置密码

(4) 完成后打开"计算机"窗口中的 E 盘,可以看到生成的 RAR 格式的压缩文件。

2. 用 WinRAR 分卷压缩文件

WinRAR 能够将大文件分卷压缩存放在任意指定的盘符中,这项功能给用户带来了极大的便利。例如,要将一个 129MB 的文件发给朋友,可是电子邮件的附件大小不能大于 20MB,这样就利用 WinRAR 分卷压缩功能将文件分卷压缩为几个小文件,具体步骤如下。

(1) 右击需要分卷压缩的文件或者文件夹,在弹出的快捷菜单中选中"添加到压缩文件"选项,弹出如图 9-5 所示的对话框。

图 9-5 分卷压缩

(2) 在"压缩文件名"文本框中确定文件存放的路径和名称,可以把分卷压缩之后的文件存放在硬盘中的任何一个文件夹中;"压缩方式"建议选中"最好";"压缩分卷大小"栏填入需要的大小,例如 15MB,其他可根据实际需要选择"压缩选项"栏中的复选框。

(3) 单击"确定"按钮,开始进行分卷压缩,得到分卷压缩包,如图 9-6 所示。

将所有分卷压缩文件复制到一个文件夹中,然后右击任意一个 RAR 文件,在弹出的快捷菜单中选中"解压到当前文件夹"选项,即可将文件解压,如图 9-7 所示。

图 9-6 分卷压缩包

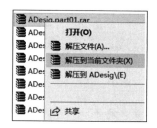

图 9-7 文件解压

3. 用 WinRAR 制作自解压压缩文件

将文件压缩为 EXE 格式,在没有安装 WinRAR 的计算机上也可以自行解压。通过 WinRAR 制作自解压文件有如下两种方法。

(1) 利用向导在图 9-3 所示压缩选项时,选中"创建自解压(.EXE)压缩文件"复选框,或者在如图 9-5 所示压缩选项时,选中"创建自解压格式压缩文件"复选框。

(2) 对于已经制作好的 RAR 格式压缩文件,可先通过 WinRAR 打开,然后选中"工具"|"压缩文件转换为自解压格式"菜单项,生成自解压压缩包,如图 9-8 所示。

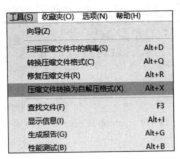

图 9-8 创建自解压

9.3 PDF 文件阅读工具 Adobe Reader

为了满足用户足不出户即可进行图书文档资料的搜索及浏览、对外发布自己的文档(可以附载若干限制,例如不允许他人复制、剪切等),出现了更多的适用于网上浏览的文本工具。

PDF(Portable Document Format,便携式文档格式或可移植文档格式)是 Adobe 公司制定的一种适于在不同计算机平台之间传送和共享文件的开放式电子文件格式。该格式的文件可以包含图形、声音等多媒体信息,可以建立主题间的跳转、注释,而且无论在何种机器、何种操作系统上都能以制作者所希望的形式显示和打印出来。

Adobe Reader 是一个可以查看、阅读和打印 PDF 文件的工具。

1. Adobe Reader 的安装

Acrobat Reader 的安装步骤如下。

(1) 双击 Acrobat Reader 的安装程序文件或将安装光碟放入光驱自运行,安装程序开始自动检测计算机的软硬件环境,以确定是否可以在该机上安装 Adobe Reader。当自动检测通过后,出现 Adobe Reader 的画面。

(2) 单击"下一步"按钮,进入带有提醒版权保护问题的欢迎界面。

(3) 单击"下一步"按钮,进入选择安装路径对话框。如果需要更改安装地点,单击"更改目标文件夹"按钮,并进行选择;也可以采用默认路径。

(4) 单击"下一步"按钮,进入"准备安装"界面。确认设置好的参数是否正确,如果正确,单击"完成"进行安装;如果要更改,可以单击"上一步"进行更改。

(5) 单击"完成"按钮,开始安装 Acrobat Reader。安装完毕后,弹出"安装完成"界面。

(6) 单击"完成"按钮,退出 Acrobat Reader 安装程序。

2. Adobe Reader 的应用

双击 Adobe Reader 图标激活程序并显示应用程序界面,如图 9-9 所示。如果是第一次激活,会有一个"许可协议"的接受操作。

图 9-9　Adobe Reader 用户界面

(1) PDF 文档的打开。打开 PDF 文档的方法如下。

① 直接双击要打开的 PDF 文档。

② 打开 Adobe Reader 应用程序窗口,选中"文件"|"打开"菜单项,在弹出的"打开"对话框中选中要打开的 PDF 文件。

(2) PDF 文档的阅读。打开 PDF 文档后,文档内容将显示在文档窗格内,可以根据实际情况使用放大或缩小显示。

单击窗口左侧"书签"选项卡,出现"导览"窗格,单击其中的书签可以浏览与之对应的页面,如图 9-10 所示。

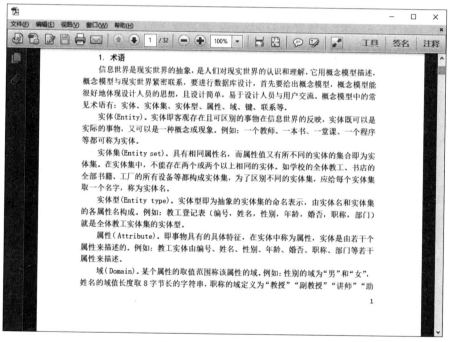

图 9-10　打开 PDF 文档

(3) PDF 文档的制作。Adobe Reader 可以在线创建 PDF 文档。具体操作如下:选中"文件"|"在线创建 Adobe PDF"菜单项,自动调用 IE 链接到 Adobe Acrobat 的主页上。

说明：Adobe Reader 是一个查看 PDF 文档、添加书签和注释、更改安全性设置以及利用其他方法编辑 PDF 文档的应用程序，可以嵌入其他文字处理软件中，直接完成将非 PDF 文档转为 PDF 文档的操作。

（4）在 Adobe PDF 文档中搜索文本。用户可以在"已打开的 Adobe PDF 文档中""指定位置的多个 PDF 文档中""因特网上的 PDF 文件中或已编入索引的 PDF 文档编录中"搜索特定的单词。单词可以是文本、图层、表单域、数字签名、注释、书签、附件、文档属性等，具体操作如下。

① 选中"编辑"|"搜索"菜单选项，从打开的"搜索"任务窗口中输入要搜索的单词或短语、选定要搜索的位置及其他相关选项，单击"搜索"按钮。

② 选中"编辑"|"查找"菜单选项，从弹出的"查找"对话框中输入要查找的文本，单击"上一个"或"下一个"按钮，可以完成在本文档内的查找。如果单击"查找"右侧的下拉按钮，选中"打开完整的 Adobe 搜索"选项，可以打开"搜索"任务窗口。

9.4 Camtasia Studio 屏幕录像和视频编辑

Camtasia Studio 是专业的屏幕录制及视频编辑软件套装。Camtasia Studio 提供了强大的屏幕录像、视频的剪辑和编辑、视频菜单制作、视频剧场和视频播放功能等。用户可以方便地进行屏幕操作的录制和配音、视频的剪辑和过场动画、添加说明字幕和水印、制作视频封面和菜单、视频压缩和播放。Camtasia Studio 视频录制广泛应用于现在的网上教学视频。

9.4.1 Camtasia Studio 界面介绍

启动 Camtasia Studio 软件，会出现图 9-11 所示的欢迎界面，单击"关闭"按钮，进入 Camtasia Studio 工作界面，如图 9-12 所示。

图 9-11 "欢迎使用-Camtasia Studio"界面

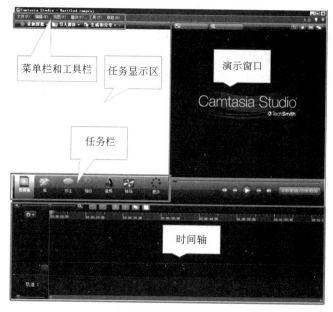

图 9-12　Camtasia Studio 工作界面

在 Camtasia Studio 工具栏上有 3 个常用工具选项（见"更多"选项中的勾选项），如图 9-13 所示。

图 9-13　Camtasia Studio 工具栏

Camtasia Studio 上的任务栏如图 9-14 所示，这些任务按钮均可以通过单击菜单栏上的"工具"选项看到。

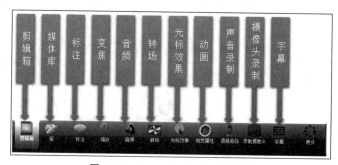

图 9-14　Camtasia Studio 任务栏

Camtasia Studio 上的时间轴如图 9-15 所示。

图 9-15　Camtasia Studio 时间轴

9.4.2　Camtasia Studio 视频录制

Camtasia 录像机，它是 Camtasia Studio 中最重要的组件，功能是录制屏幕上（或指定区域内）所有影像及鼠标动作，并保存为视频文件。

单击工具栏上"录制屏幕"下拉菜单中的"录制屏幕"，打开"录制屏幕"对话框，如图 9-16 所示。

图 9-16　Camtasia Studio 录像机面板

1. 选项设置

Camtasia 录像机可以选择全屏录制，也可以根据录制视频的要求自行设置录制窗口；可以设置摄像头和音频的打开或关闭。

Camtasia 录像机允许在录制的影像中添加各种效果，例如制作者信息，鼠标动作提示等等，这些需要在"效果"|"选项"中自行定义。

选中"工具"|"选项"选项，打开工具设置对话框。在"热键"选项框中可以看到快捷操作键：录制为 F9 键、停止录制为 F10 键、屏幕绘制为 Ctrl＋shift＋D 组合键等。

2. rec 录制

单击按钮，就会在 3s 后开始录制。并且在弹出的对话框中提示按 F10 键就会停止录制。

图 9-17 录像机录制过程中的对话框

当开始录制的时候,会出现如图 9-17 所示的对话框。

按 F10 键之后就停止了,就会自动出现 Preview 视频预览窗口,可以对刚录制的视频选中"保存并编辑""生成"或"删除"操作。

3. 视频文件的设置

单击"生成"按钮,先保存文件到指定的文件目录,随后会弹出一个对话框(有可能需几秒)。选择自定义生成设置,如图 9-18 所示,单击"下一步"按钮。

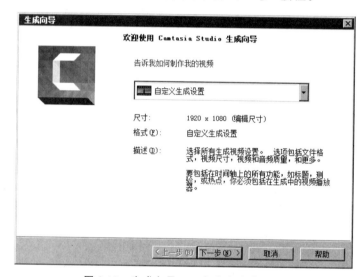

图 9-18 生成向导——自定义生成设置

在选择最终视频文件格式中,选中 MP4,如图 9-19 所示,单击"下一步"按钮。

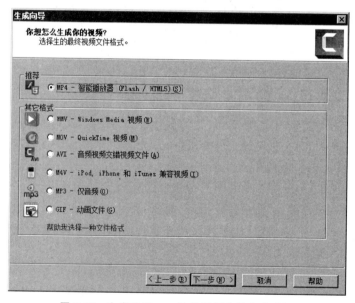

图 9-19 生成向导——最终视频文件格式选择

在智能播放器选项对话框中,如图 9-20 所示,取消生成使用控制器按钮,确定录制时的尺寸,选中"保持宽高比",进行"视频设置"、"音频设置",单击"下一步"按钮。

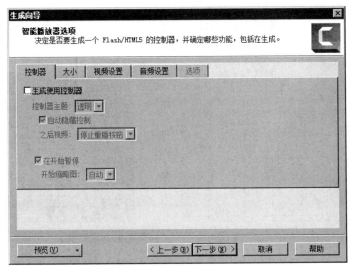

图 9-20　生成向导——智能播放器选项

通过视频选项定制生成的内容,如图 9-21 所示。可以在"视频信息"的"选项"中添加作者、版权信息;选中"包括水印"复选框,单击"选项"按钮,通过"图片路径"选取待做水印的图片文件(例如 Logo 图片),设置 100% 不透明,也可以进行其他相关设置,所做设置随时通过"水印预览"窗口观看,如图 9-22 所示,单击"确定"按钮,返回图 9-21 界面,单击"下一步"按钮。

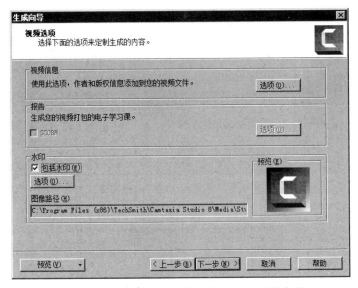

图 9-21　生成向导——视频选项(定制生成的内容)

在打开的"制作视频"对话框中,修改"项目名称""文件夹",还可以设置一些上传选项,如图 9-23 所示,单击"完成"按钮后,开始生成视频,如图 9-24 所示。

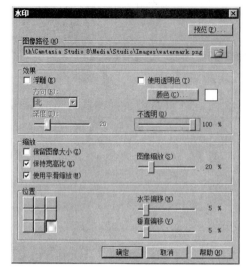

图 9-22　生成向导——视频选项中水印设置

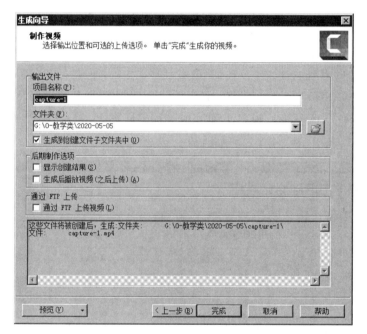

图 9-23　生成向导——制作视频

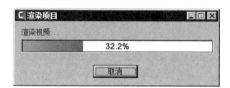

图 9-24　生成向导——生成视频

剪辑好的视频可以通过选中"文件"|"生成和共享"选项,打开 Camtasia studio"生成向导",按照上述步骤完成 Camtasia studio 视频文件的生成。

4. PowerPoint 录制

屏幕绘制使用 PowerPoint 的功能,可以产生三分屏的网络课件。

5. 录制时注意事项

(1) 按 F9 键,提示选择屏幕(双显示器情况下),确认后记录器处于暂停状态。

(2) 鼠标移动到起始位置,麦克风距离嘴部约 20~30cm,不可正对嘴部,否则容易记录下吐气的暴声,应位于在侧前 45°左右为好。

(3) 再次按 F9 键开始记录,移动鼠标并讲解,录制过程中可按 F9 键暂停。

(4) 按 F10 键结束录制,保存文件。

(5) 在录制过程中可能说错话或者鼠标操作错,此时不必急于取消录制,可继续录制并使屏幕有显著的变化,如显示出桌面几秒,这样为后期编辑时候的剪接留下视觉参照,当然也可以查看记录器显示的时间。

9.4.3 Camtasia Studio 视频剪辑

1. 打开视频文件

打开 Camtasia studio 软件,导入已经存在的视频文件到任务显示区(剪辑箱),导入的方法如下。

(1) 单击工具栏中的"导入媒体"选项,在"打开"对话框中选择已存在的视频文件,单击"打开"按钮。

(2) 选中"文件"|"导入媒体"菜单项,在"打开"对话框中选中已存在的视频文件,单击"打开"按钮。

(3) 直接将视频文件拖曳到剪辑箱中。

2. 添加视频文件到时间轴

在任务显示区中,将鼠标移到视频的缩率图上,右击,在弹出的快捷菜单中选中"添加到时间轴播放"选项,这时视频会被添加到软件下方的时间轴上,同时会在软件中间的视频演示区域显示,同时会提醒选择视频的大小,可以根据需要直接选择,只要按视频下方的播放按钮进行播放,就可以开始编辑视频了。

此外,也可以直接拖曳到时间轴。

3. 剪掉多余的视频或音频片段

(1) 删除指定区域。直接拖动时间轴上的红、绿拖动块移动设置删除区域,单击"剪切"按钮,如图 9-25 所示。

(2) 删除片段。在轨道上,将拖动块移到需要分割的位子上,单击"分割"按钮,如图 9-26 所示。选中分割线左边或者右边的待删除片段并右击,在弹出的快捷菜单中选中"删除"选项。

4. 添加转场

转场是指两个场景(即两段素材)之间,采用划向、叠变、卷页等技巧,实现场景或情节之间的平滑过渡,或达到丰富画面增强观看的效果。

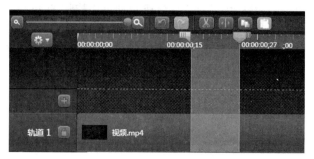

图 9-25　删除设置区域

图 9-26　通过分割删除片段

找到需要添加转场效果的轨道,在时间轴上点一下,当轨道上的内容变为蓝色,表示选中了当前要添加转场效果的视频;切换到"转场"选项,会出现各种不同的转场过渡效果,拖曳一种效果到轨道上的视频。发现在视频开始或结束的地方多了一个转场效果的标记,表示转场效果添加成功。

转场一般用于视频的头部或者尾部,如果需要在视频的某个位置转场,可以将视频在这个位置截断,然后进行转场的加载。

5. 音频处理

在轨道中设置音频的位置,切换到"音频"选项,单击"所选媒体操作"前方的黑三角,可以进行音频处理,如图 9-27 所示。

6. 视频缩放

将视频添加到轨道上,切换到"缩放"选项,可以进行视频缩放的操作。

7. 添加标注

设置轨道中需要添加标注的区域,切换到"标注"选项,单击选中的标注形状,并进行相应的动画设置。可以设置"淡入""淡出"的时间,可以设置"热点"等。

8. 添加动画

将视频添加到轨道上,定位到需要进行动画的位置,切换到"视觉属性"选项,可以"添加动画"并进行相关设置。可以直接在加入的动画标识上设置持续时长。

9. 光标效果

导入带有鼠标操作的视频并添加到时间轴上,切换到"光标效果"选项,"光标效果"区就会出现相关属性设置选项,如图 9-28 所示。如果出现的是提示"选择时间轴上的录制

第 9 章 常用工具软件介绍 347

图 9-27 音频处理界面

以使用光标效果",可以单击工具栏上的"录制屏幕",进行录屏操作。录制一段 Word 编辑操作的过程,当按 F10 键结束录屏后,弹出"预览"窗口,选择窗口下面的"保存并编辑"按钮,当弹出"保存"对话框时,可以给文件名新名并选择文件存放的位置,单击"保存"后,"光标效果"区就可以看到相关属性设置选项。

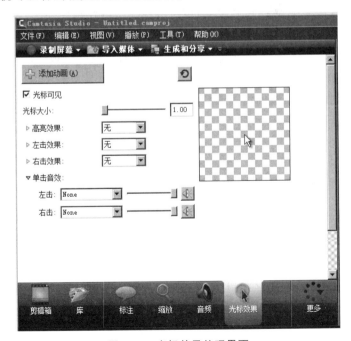

图 9-28 光标效果处理界面

(1)"添加动画"。可以在轨道上面加一条鼠标指针动画轨道,专门用来对鼠标的动画过程进行操作,一般不用。

(2)"光标大小"。拖动滑块或者向文本框输入数值可以改变鼠标指针的大小尺寸。

(3)"高亮效果"。默认是"无",可以选中"高亮""聚光灯""放大镜"等效果。如果选择"高亮",在鼠标指针的尖端出现黄色圆形,起到强调作用。

还可以设置"左击效果""右击效果""左击音效""右击音效"等。

当设置了"光标效果"以后,有关的鼠标特效就会在视频当中体现出来。

10. 抠像

当使用场景中,只需要视频中的人物或者视频中的背景影响视频的正常使用时,就需要把视频中的主体人物的影像抠取出来。

打开 Camtasia 软件,通过选中"文件"|"导入媒体"菜单项,导入一个需要处理的绿幕视频,并将视频拖至时间轴轨道 1,选中"视觉属性"|"视觉效果"选项,选中"清除一个颜色",单击"颜色"色块,用吸管吸取视频中的绿幕颜色。

此外,还可以对容差、柔软度、色相、去边等参数进行调整,使视频中的主体人物边缘线条更加柔化,与原背景分离的更加清晰且不带原背景色。

11. 添加字幕

切换到"字幕"选项,或者选中"工具"|"标题"菜单项,可以添加文字信息并进行相关设置的操作。可以让视频在指定片段上显示不同的文字信息,间隔可以用空白文字替代,还可以同步字幕、导入字幕、导出字幕。

12. 其他常用操作

(1)视音频分离。选中某个轨道上的视音频对象,右击,在弹出的快捷菜单中选中"独立视频和音频"选项。

(2)组合。选中多个轨道上的对象并右击,在弹出的快捷菜单中选中"组"选项。选中组合对象并右击,在弹出的快捷菜单上单击"取消编组"选项,即可取消编组。

(3)锁定轨道。选中待锁定的轨道,单击该轨道名右边的小锁图标。

9.5 图像处理工具——Photoshop

Adobe Photoshop(简称 PS)是美国 Adobe Systems 公司开发的一款图像处理软件,主要用于处理由像素构成的数字图像。其中包含众多的编修与绘图工具,可以有效地进行图像编辑、图像合成、校色调色及色效制作等图片编辑工作。

9.5.1 工具箱

Photoshop 的工具箱位于主界面的左侧,如图 9-29 所示。

(1)选框工具。该工具用于画出矩形、椭圆、单行和单列的选区。

① 矩形选框工具。可以创建出矩形选区。

② 椭圆选框工具。可以创建出椭圆形选区或正圆形的选区。

③ 单行选框工具。可以创建高度为 1 像素的单行选择区域。

图 9-29　Photoshop 的主界面

④ 单列选框工具。可以创建宽度为 1 像素的单列选择区域。

(2) 移动工具。该工具是 Photoshop 中应用最为频繁的工具,它的主要作用是对图像或选择区域进行移动、剪切、复制、变换等操作。使用移动工具移动图像时,按住 Shift 键可沿水平、垂直和 45°的方向移动;按住 Alt 键,使用移动工具拖动图像可将图像复制,如果在移动过程中按住 Shift＋Alt 组合键,可以沿水平、垂直、45°方向复制;当工具箱中选择的工具不是"移动工具"时,按住 Ctrl＋Alt 组合键也可以将图像复制。

(3) 套索工具。该工具可以创建不规则的选区。

① 多边形套索工具。该工具可以创建多边形选区。

② 磁性套索工具。该工具主要用于选取图形颜色与背景颜色反差较大的图像选区。

(4) 魔棒工具。该工具主要用于选取图像中颜色相近或大面积单色区域的图像,在实际工作中,使用魔棒可以节省大量时间,又能达到所需的效果。

(5) 裁切工具。该工具用来裁切图像。

① 切片工具。该工具主要用于网页设计。

② 切片选取工具。该工具主要用于编辑切片。

(6) 修复画笔工具。该工具用来修补图像中的瑕疵。

① 修补工具。该工具用来修复图像,但修补工具是通过选区来完成对图像的修复。

② 红眼画笔。该工具可以置换任何部位的颜色,并保留原有材质的感觉和明暗关系。

(7) 画笔工具。该工具最主要的功能就是绘制图像,它可以模仿中国的毛笔,绘制出较柔和的笔触效果。

(8) 仿制图章工具。该工具的优点是可以从已有的图像中取样,然后将取到的样本应用于其他图像或同一图像中。

(9) 图案图章工具。该工具的主要作用是制作图案,它与仿制图章的取样方式不同。

(10) 历史记录画笔工具。该工具可以非常方便地恢复图像至任意一步的操作,而且还可以结合属性栏上的笔刷状、不透明度和色彩混合模式等选项制作出特殊的效果。

(11) 历史记录艺术画笔。该工具也具有恢复图像的功能,它可以将局部图像依照指定的历史记录转换成手绘的效果。

(12) 橡皮擦工具。该工具是最基本的擦除工具,用于擦除图像的颜色,在使用的时候,可以结合属性栏的各项设置进行使用。

(13) 渐变工具。该工具用于在图形文件中创建渐变效果。

(14) 油漆桶工具。该工具用于在图像和选择区域内填充颜色和图案。

(15) 模糊工具。该工具用于降低像素之间的反差,从而使图像变得模糊,是一种通过画笔使图像变得模糊的工具。

(16) 锐化工具。该工具的功能和模糊工具相反,用于通过增加像素间的对比度使图像更加清晰。

(17) 涂抹工具。该工具用于制造出用手指在未干的颜料上涂抹的效果。

(18) 减淡工具。该工具用于对图像的阴影、中间色和高光部分进行增亮和加光处理。

(19) 加深工具。该工具用于改变图像特定区域的曝光度,使图像变暗。

(20) 海绵工具。该工具用于改变图像的色彩饱和度。

(21) 文字工具。该工具用于编辑文字。

(22) 钢笔工具。该工具用于创建路径和图形。

(23) 自由钢笔工具。该工具就像日常生活中使用的钢笔一样,可以随意起笔落笔,当选中磁性钢笔选项时,其功能与磁性套索类似,用于对物体进行描边,尤其适用于复制精确的图像路径,但它不能像钢笔工具一样,精确控制绘制出直线和曲线。

(24) 添加锚点工具。该工具用于为已创建的路径添加锚点。

(25) 删除锚点工具。该工具的功能与添加锚点工具相反,用于删除路径上的锚点,也是对工作路径进行修改的工具。

(26) 转换点工具。该工具用于转换定位点的工具,它可以使锚点在角点和平滑点之间进行转换。

(27) 吸管工具。该工具用于吸取图像中某个像素点的颜色作为工具箱上的前景色或背景色。

(28) 抓手工具。该工具主要用于移动图像,但它和移动工具的作用不一样。抓手工具只能在文档窗口无法完全显示图像后才可使用,它可以帮助我们快速观看图像窗口中显示不下的内容,并且不改变图像的实际位置。

(29) 缩放工具。该工具用于对图像进行放大或缩小,便于编辑图像的细节。

9.5.2 基本操作

(1) 打开图像文件"小狗.jpg",选中"图像"|"模式"菜单项。操作步骤如下:选中"文件"|"打开"菜单项;在"打开"对话框中选中图像文件"小狗.jpg"。打开文件后选中的"图

像"|"模式"菜单项,观察其中的含"√"的菜单项,这些项即为打开图像文件的属性。如图 9-30 所示。从图中可以看到,该图像文件是"RGB 颜色""8 位/通道"。

（2）改变图像的显示尺寸。图像的显示尺寸即图像在屏幕上所展现的尺寸,不是图像实际的大小。改变已打开的图像文件"小狗.jpg"的图像显示尺寸。操作步骤如下：按住 Alt 键的同时,滚动鼠标中键,随意放大与缩小。注意,本操作只改变图像的显示尺寸,不改变实际尺寸。

图 9-30　模式

（3）改变图像几何尺寸。图像的几何尺寸即是图像的实际大小。改变图像文件的几何尺寸的操作步骤如下：选中"图像"|"图像大小"菜单项,出现"图像大小"对话框,如图 9-31 所示；改变图像的像素数值（适用于显示用图像）；改变文档大小（适用于印刷用图像）；约束比例；重定图像像素（两次立方）；单击"确定"按钮。

图 9-31　设置图片大小

提示：1in（英寸）约为 25.4mm,在 72 像素/英寸的分辨率下,像素宽高值设置为 71×99。

（4）保存图像。保存编辑后的图像为 JPG 格式。操作步骤如下：选中"文件"|"存储为"菜单项,出现"存储为"对话框；选择保存地点（文件夹）；选择文件格式为 JPG；输入文件名；单击"保存"按钮；选择格式参数（不同的格式显示不同的画面）；单击"好"按钮。

（5）图像的选取。在对图像进行操作时,必须先选中图像。使用工具组中的几何选框工具、套索工具、魔棒工具等选择要编辑的区域。当使用工具选取图像的某个区域后,出现闪动的虚框,虚框包围的区域即为选区。在这种状态下,所有操作只会影响选区内的图像,如图 9-32 所示。

在"蜻蜓.jpg"图像上绘制标准形状的选区。操作步骤如下。

① 选中矩形选框工具。
② 绘制矩形区域。
③ 选中矩形选框工具中的椭圆选框工具,然后画圆形选区。

提示：若绘制正方形或正圆形选区,按住 Shift 键绘制选区即可。

在"蜻蜓.jpg"图像绘制自由形状的选区。操作步骤如下。

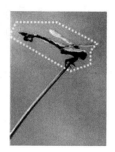

图 9-32　图像的选取

① 选中套索工具,绘制选区,结束时,双击鼠标。
② 按下工具片刻,选择(多边形套索工具)画选区。
③ 按下工具片刻,选择(磁性套索工具),在轮廓边缘单击鼠标,随后沿图形移动。

魔棒工具可以自动选择颜色接近的区域,从而建立选区,颜色容差可调。操作步骤如下:

① 单击工具。
② 在辅助工具栏中选择容差值(↑大范围↓小范围)。
③ 单击图像,与单击点颜色接近的部分形成选区。

(6) 图像的移动。移动与复制选区,如图 9-33 所示。操作步骤如下。

图 9-33　移动与复制选区

① 单击移动工具。
② 鼠标拖曳,移动选区及其图形。
③ 按住 Alt 键拖曳鼠标,复制选区及其图形。

(7) 取消设置的选区。操作步骤如下。

① 右击选区。
② 从弹出的快捷菜单中选中"取消选择"选项。

提示:取消选区的操作对所有形式的选区均有效。

(8) 图像去色。将"荷花"文件的图像去色。操作步骤如下。

① 设置"荷花"选区(磁性套索工具)。
② 对调选区("选择反选"),选取背景。
③ 选中"图像"|"调整"|"去色"菜单选项,将背景去色,如图 9-34 所示。

(9) 复制图像。将"荷花"缩小并复制图像。操作步骤如下。

① 对调选区，选取"荷花"。
② 选择工具，按住 Alt 键拖曳鼠标，复制"荷花"。
③ 选中"编辑"|"变换"|"缩放"菜单选项，调整"荷花"大小。
④ 双击"荷花"，结束缩放。
⑤ 将"荷花"移动到适当地方。如图 9-35 所示。

图 9-34　图像去色　　　　　　　　图 9-35　复制图像

9.5.3　图层混合模式

图层混合模式是指一个图层与其下面的图层进行色彩叠加的方式。下面的图层称为基色，上面的图层称为混合色，两个图层叠加后称为结果色。按照菜单分组，可将混合模式分为正常模式、变暗模式、变亮模式、对比模式、差集模式和颜色模式。

（1）正常模式。正常模式下，混合模式要在降低图层不透明度时才能产生作用，如图 9-36 所示。

（2）变暗模式。在变暗模式中，查看每个像素中的颜色信息，并选择基色或混合色中较暗的颜色作为结果色，如图 9-37 所示。在变暗模式中，比混合色亮的像素被替换，比混合色暗的像素保持不变；比背景色淡的颜色从结果色去掉；亮色会被比它颜色深的颜色替换掉。正片叠底是常用的变暗模式。

图 9-36　正常模式　　　　　　　　图 9-37　变暗模式

（3）变亮模式。变亮模式是将图像的基色与混合色结合起来产生比两种颜色都浅的第 3 种颜色，如图 9-38 所示。其实，它就是将混合色的互补色与基色复合。结果色总是较亮的颜色。用黑色过滤时颜色保持不变。用白色过滤将产生白色。滤色是一种常用的变亮模式，在滤色模式下，不论在用着色工具采用一种颜色，还是对滤色模式指定一个层，合并的结果色始终是相同的合成颜色或一种更淡的颜色。

（4）对比模式。在对比模式下，混合模式可以增强图像的反差，如图 9-39 所示。在混合时，50％的灰色会完全消失，任何亮度值高于 50％灰色的像素都可能使底层的图像变亮，亮度值低于 50％灰色的像素都可能使底层的图像变暗。

图 9-38　变亮模式

图 9-39　对比模式

（5）差集模式。差集模式的混合模式可以比较当前图像与底层图像，然后将相同的区域显示为黑色，不同的区域显示为灰度层次或彩色，如图 9-40 所示。如果当前图层中包含白色，白色的区域会使底层图像反相，而黑色不会对底层图像影响。

（6）颜色模式。颜色模式是将色彩分为色相、饱和度和亮度，将其中一种或两种应用在混合后的图像中，如图 9-41 所示。

图 9-40　差集模式

图 9-41　颜色模式

习题 9

一、选择题

1. 发现计算机感染病毒后，可用来清除病毒的操作是（　　）。
   A. 使用杀毒软件　　　　　　　　　B. 扫描磁盘
   C. 整磁盘碎片　　　　　　　　　　D. 重新启动计算机
2. 防止病毒入侵计算机系统的原则是（　　）。
   A. 对所有文件设置只读属性
   B. 定期对系统进行病毒检查
   C. 安装病毒免疫卡
   D. 坚持预防主为，堵塞病毒的传播渠道
3. 为了预防计算机病毒，对于外来磁盘应（　　）。
   A. 禁止使用　　　　　　　　　　　B. 先查毒，后使用
   C. 使用后，就杀毒　　　　　　　　D. 随便使用
4. 专门感染 Word 文件的计算机病毒称为（　　）。
   A. 文件病毒　　　B. 引导病毒　　　C. DIR-2 病毒　　　D. 宏病毒
5. 下列软件中，不属于磁盘工具的是（　　）。
   A. Partition Magic　　　　　　　　B. Maxthon
   C. GHOST　　　　　　　　　　　D. EasyRecovery

6. 在 WinRAR 中,通过"( )"|"向导"菜单项,可以打开"向导"对话框。

    A. 工具　　　　　B. 命令　　　　　C. 选项　　　　　D. 文件

7. WinRAR 是一个强大的压缩文件管理工具。它提供了对 RAR 和 ZIP 文件的完整支持,不能解压( )格式文件。

    A. CAB　　　　　B. ARP　　　　　C. LZH　　　　　D. ACE

8. 可使用 Adobe Reader 阅读的文件格式是( )。

    A. .doc　　　　　B. .pdf　　　　　C. .dbf　　　　　D. .txt

9. 下列选项中,文件不属于位图格式的是( )。

    A. PSD　　　　　B. TIFF　　　　　C. AI　　　　　D. BMP

10. 在 Photoshop 中,不能打开一个图形文件的方法是( )。

    A. 按 Ctrl+O 组合键

    B. 双击工作区域

    C. 直接从外部拖动一幅图片到 Photoshop 界面上

    D. 按 Ctrl+N 组合键

11. 在 Photoshop 中,在默认情况下使用缩放工具时,按住 Alt 键的同时单击鼠标左键,可以实现( )。

    A. 图像像素匹配　　　　　　　　B. 图像大小适合屏幕

    C. 图像缩小　　　　　　　　　　D. 图像放大

12. 在 Photoshop 中,可使用( )工具来绘制路径。

    A. 钢笔　　　　　B. 画笔　　　　　C. 喷枪　　　　　D. 选框

13. 在 Photoshop 中,不能在图层面板中调节的参数是( )。

    A. 透明度　　　　　　　　　　　B. 编辑锁定

    C. 显示隐藏当前图层　　　　　　D. 图层的大小

二、简答题

1. 简述工具软件的特点。

2. 什么是计算机病毒?它有哪些特点?

3. 计算机的哪些异常现象说明计算机可能感染了病毒?

4. 简述 Photoshop 魔棒工具的使用特点。

第 10 章

计算科学前沿

本章主要介绍计算科学的前沿技术,涵盖计算模式、物联网、大数据、人工智能知识,涉及高性能计算机、车联网、城市大脑,阿尔法狗、脑机交互等最新的计算机技术。通过本章的学习,可对目前计算机发展的最新技术有一个基本的了解。

10.1 新的计算模式

10.1.1 并行计算

并行计算分为时间并行和空间并行。时间并行即流水线技术,空间并行是指使用多个处理器进行并发计算,当前研究的主要是空间的并行问题。

1. 流水线技术

与并行计算对应的是串行计算。解决实际问题的程序在计算机中被分解为一系列的指令,这些指令都在一个处理器上顺序执行,串行计算指任何时刻只有一条指令在执行。

例如,教师批改 5 个人的卷子,每个人的卷子 5 道题。老师每次批改一道题都要用 3min。最终需要的时间为 $5 \times 5 \times 3 = 75(min)$。怎么加快这一过程呢?

一种方法是由 5 位老师,每人批改 1 道题,采用流水线技术,一位老师批改完第 1 题之后,交给第 2 位老师批改第 2 题,……,直到第 5 位老师批改第 5 题,则第 1 份卷子批改出来需要 15min,之后每隔 3min 都会批改出来一份试卷,所需时间是 $15 + 3 \times 4 = 27(min)$。

这种方法就是流水线技术,Intel 公司在 1989 年推出的 Intel 80486 处理器(即 i486 处理器)引入了 5 级流水线,将一条指令分为取指(F),译码(D1),转址(D2),执行(EX),写回(WB)共 5 个阶段,同一时间可以执行 5 条指令,如图 10-1 所示。这种方法是单核 CPU 中,增加多个指令处理部件做到的。

超级流水线指以增加流水线级数的方法来缩短机器周期,有 12 级或者 18 级甚至 31 级。流水线级数越深带来的吞吐率提升,只是一个理想情况下

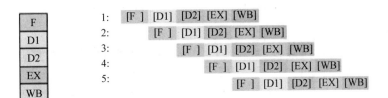

图 10-1　流水线技术

的理论值。在实践的应用过程中,还需要解决指令之间的依赖问题。特别是超长的流水线的执行效率变得很低。要想解决好指令间的依赖关系问题,需要引入乱序执行、分支预测等技术。

如果 CPU 中有一条以上的流水线,并且每时钟周期内可以完成一条以上的指令,这种设计就叫超标量流水线技术。

另一种方法是 5 位老师每人独立改 1 份卷子,那么最后所需时间为 $75/5=15\min$。这种可以将 5 位老师理解为现在的多核 CPU 或多处理器。就是之后要讲的空间并行,这也是当前并行计算研究的主要方向。

2. 并行计算

简单来讲,并行计算就是同时使用多个计算资源来解决一个计算问题。这些计算资源通常包括多核或多处理器计算机,或者是多台计算机。

并行计算的研究方向包括硬件、并行计算模型、软件、应用。

1) 硬件

1966 年,弗林(Flynn)将并行计算机按指令流(instruction)和数据流(data)两个维度区分多处理器计算机体系结构。每个维度有且仅有两个状态:单个(single)或者多个(multiple)。

(1) 单指令多数据流(SIMD),图形处理器(graphics processing unit,GPU)就是典型的 SIMD 模型。

(2) 多指令多数据流(MIMD),现在的并行计算机多是多指令多数据流(MIMD)。

并行计算硬件最早研究集中于如何提高 CPU 计算能力上,后来计算能力上来之后发现网络通信是瓶颈,通信瓶颈解决之后,存取速度成为新的瓶颈。根据内存模型分类,可以分为以下 3 种。

(1) 共享内存。指多个处理器以全局寻址的方式访问所有的内存空间。

(2) 分布式内存。在这种分布式内存架构中,每个处理器只能访问自己的内存。

(3) 混合式-分布式共享内存。目前世界上最大和最快的并行计算机往往同时具有共享式和分布式的内存架构。

2) 并行计算模型

并行计算模型是基于内存架构之上的一种抽象存在。这些模型不受限于特定内存架构,也可称为并行编程环境或这并行编程标准。

常见的并行编程模型包括:共享内存模型(无线程)、线程模型、消息传递模型、数据并行模型、混合模型等。

(1) 共享内存模型(无线程)。处理器/任务共享内存空间,不能同时对内存进行读写。为了防止访问冲突,避免死锁,使用锁/信号量等机制控制对内存的存取,是最简单的并行计算模型。

(2) 共享内存模型(线程)。一个单个的"重量级"进程可以拥有多个"轻量级"的并发执行路径。

(3) 消息传递模型。每个任务都仅仅使用它们自身的本地内存,任务之间的数据交换是通过发送和接收消息而实现的。

(4) 数据并行模型。每个任务在数据结构的不同分区上执行相同的操作,如对数组的整体操作。

(5) 混合模型。包含了至少两个前面提到的并行计算模型的模型。目前,最常见的混合模型的例子是消息传递模型和线程模型的结合。

3) 软件

并行计算软件涉及的计算有数值计算,非数值计算(符号运算、比较、排序、选择、搜索等)。

通常手动开发并行程序是一个复杂且易于出错的过程。多年来,人们开发了很多工具协助程序员将串行程序转化为并行程序,最常见的工具就是可以自动并行化串行程序的并行编译器(parallelizing compiler)或者预处理器(pre-processor)。并行编译器通常以如下两种方式工作。

(1) 完全自动。由编译器分析源代码并且识别可以并行化的部分,循环(包括 do…for)通常是最容易被并行化的部分。

(2) 程序员指令。通过采用"编译器指令"或者编译器标识,明确地告诉编译器如何并行化代码,而这可能会和某些自动化的并行过程结合起来使用。

由于通常无法做到完全自动化,大多数情况还需要程序员指令手动识别,程序员需要将问题分解为一系列可以并发执行的部分,分解时可以数据为中心或以计算为中心每个部分进一步分解为一系列离散指令。然后这些离散的指令可以指派到不同的处理器上同时执行,包括静态指派、动态指派,要考虑处理器的均衡负载和通信开销,还要考虑到负载的调度和迁移。因为程序最后还要合并,因此不同的部分执行之间需要协作和通信。

并行计算的度量指标是加速比,是指对于一个给定的应用,并行算法(或并行程序)的执行速度相对于串行算法(或者串行程序)的执行速度加快了多少倍。

并行软件需要做到可重用,可扩展,并行软件目前落后于并行硬件的发展。

4) 应用

并行计算被认为是"计算的高端",许多科学和工程领域的研究团队在对很多领域的问题建模上都采用了并行计算这一模式,传统的应用是计算密集的,包括物理问题和数学问题的偏微方程求解,如大气与地球环境、应用物理、化学、分子科学、机械工程、电气工程、国防和武器研发等领域。

很多新的应用是数据密集的,如搜索引擎、生物科学、医学成像和诊断、石油勘探等。目前并行计算也已经融入人们的生活,如春节购票、618 购物、天气预报等,这些背后都是高性能计算机在为我们提供快速而准确的服务。

3. 高性能计算机

超级计算机又称高性能计算机、巨型计算机,是并行计算研究的体现。

TOP500是业界公认的超级计算机性能排行榜,Green500是针对超级计算机能效的排行榜,每半年更新一次,戈登·贝尔奖被认为是超级计算应用领域的诺贝尔奖。超级计算机当前以每秒浮点运算速度(flops)为主要衡量单位。目前,超级计算机领域顶尖研究机构正在针对E级(1Eflops=1018flops)百亿亿次级系统的研发进行激烈竞争。

Linpack(linear system package)是线性系统软件包的缩写,Linpack现在在国际上已经成为最流行的用于测试高性能计算机系统浮点性能的基准。通过利用高性能计算机,用高斯消元法求解N元一次稠密线性代数方程组的测试,来评价高性能计算机的浮点性能。

2020年11月,TOP500组织发布了最新的全球超级计算机TOP500榜单。排名前三的分别是日本超级计算机"富岳"、美国"顶点"和"山脊"。排名第四和第五的是我国并行计算机工程与技术研究中心开发的神威·太湖超级计算机和我国国防科技大学研发的天河2A超级计算机。超级计算机"富岳"(Fugaku),是世界上第一台ARM架构处理器驱动的TOP500高性能计算集群。由400台计算机并联了15.9万个高性能CPU(48核A64FX SoC),功耗为28MW,高性能计算机的节能一直是个重要的研究课题。

榜单显示,中国部署的超级计算机数量继续位列全球第一,TOP500超算中中国客户部署了217台,占总体份额超过43%;中国厂商联想、曙光、浪潮是全球前三的超算供应商,占TOP500份额超过62%。

10.1.2 分布式计算

分布式计算把需要进行大量计算的工程数据分区成小块,由多台连网计算机分别处理,在上传处理结果后,将结果统一合并得出科学的结论。

目前常见的分布式计算项目通常使用世界各地上千万志愿者计算机的闲置计算能力,通过互联网进行数据传输。应用于天文学、生命科学、数学、密码学等领域。

SETI@home是search for extraterrestrial intelligence at home的缩写,为"在家寻找地外文明"的意思。由美国加州伯克利分校SETI小组1999年5月发起。首先,巨型射电望远镜收集地外信号,每天数据量约35G数据。SETI@home收集到数据之后,分解数据,通过因特网将其分发到全球成千上万志愿者的计算机中。个人计算机在屏保模式或后台模式运行,利用多余的处理器资源,不影响用户正常使用计算机,当一个信号分析完毕,用户计算机客户端程序将有价值的信号送回SETI@home项目管理中心,并自动下载新的数据。至2005年关闭之前,吸引了543万用户,这些用户计算机累积工作243万年,分析了大量的积压数据。遗憾的是,最终没有发现外星文明的直接证据。

其他分布式计算应用有寻找梅林素数,Majestic-12(一个基于分布式原理的万维网搜索引擎研究项目)等。

P2P(point to point,点对点)下载是一种用于在广域网上共享文件的分布式计算,传统的下载中,服务器往往承担着资源分发者的角色。用户仅仅下载和使用资源。当同时下载人数过多时,因为服务器带宽受限,下载速度变慢。在P2P分发模式下,服务器不必承担资源分发的责任。用户可以从服务器或其他用户那里下载文件,同时共享自己已下载的部分文件,可以"一边下载一边上传",这样就提高了下载速度。使用P2P技术下载也称为 BT 下载,P2P 思想本质上是一种"利己利人"的思想,如图 10-2 所示。

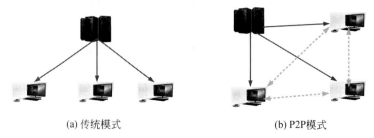

(a) 传统模式　　　　　　　　(b) P2P模式

图 10-2　传统下载和 P2P 下载

分布式计算和并行计算的区别和联系如表 10-1 所示。

表 10-1　分布式计算和并行计算

	分布式计算	并行计算
相同点	将复杂任务化简为多个子任务,然后在多台计算机同时运算	
不同点	一个比较松散的结构,实时性要求不高,可以跨越局域网在因特网部署运行,大量的公益性项目(如黑洞探索、药物研究、蛋白质结构分析等)大多采用这种方式。分布式计算的通信代价比起单结点对整体性能的影响权重要大得多,更加关注计算机间的通信	需要各结点之间通过高速网络进行较为频繁地通信,结点之间具有较强的关联性,主要部署在局域网内

1996 年,网格计算从 Globus 开源网格平台起步,网格计算也是一种分布式计算。相对于普通的分布式计算,它将大量异构计算机的未用资源(CPU 周期和磁盘存储)作为一个虚拟的计算机集群,构建中间件层,实现统一的分配和协调,来实现复杂的工作负载管理和信息虚拟化功能。网格技术是云计算技术的前身技术之一。

10.1.3　云计算

在云计算兴起之前,对于大多数企业而言,硬件的自行采购和 IDC 机房租用是主流的 IT 基础设施构建方式。云计算给企业提供了另一种高效的选择,企业可以在通过云来自助搭建应用所需的软硬件环境,并且根据业务变化可随时按需扩展和按量计费。

1. 发展

2006 年 8 月 9 日,谷歌公司在硅谷的搜索引擎大会上,首次提出了云计算(cloud computing)的概念。此时亚马逊公司的 AWS(Amazon web service)已经发布了 4 个多月。虽然这个时候 AWS 并没有意识到他们做的其实就是云计算。亚马逊把自己的云计算服务类比电网的服务。用户可以随时随地、按需使用。其商业理念是超低价+巨量+微薄利润,越来越多的企业在亚马逊的服务器上建设自己的系统,2018 年 AWS 占到全球三分之一的市场份额。

微软和 Google 公司于 2008 年相继推出了自己的云服务。国内的云计算标杆阿里云也是从 2008 年开始起步的,2012 年的双十一,阿里云跌跌撞撞地扛住了百万次的高并发。

我国云计算市场规模增长迅速,但是其体量较小,2017—2019年,我国云计算行业的市场规模增速均在30%以上,呈高速增长态势。2017年,我国云计算市场的全球份额占比仅为约9%(其中阿里云市场份额约5%),而美国云计算四巨头亚马逊、微软、谷歌以及IBM的云计算营收达到全球市场份额的约40%。

2. 概念和特点

云计算指可随时随地、按需使用共享计算设施、存储设备、应用程序等资源的计算模式。云计算是分布式计算、效用计算、负载均衡、并行计算、网络存储、热备份冗杂、虚拟化等计算机技术混合演进并跃升的结果。

云计算具有超大规模、虚拟化、高可靠性、通用性、高可扩展性、按需服务及极其廉价等特点。

如果说以往的IT建设是"烟囱式"的建设(图10-3所示),云计算则打破了烟囱,将全部IT资源变成了一个个池子(图10-4所示)。

图 10-3 传统基础架构

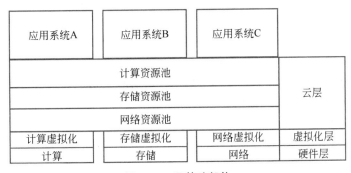

图 10-4 云基础架构

云基础架构在传统基础架构(计算、存储与网络硬件层)的基础上,增加了虚拟化层与云层。其中,虚拟化层可以屏蔽硬件层自身的复杂度和内部设备的差异性,向上呈现为弹性、标准化、可灵活拓展和收缩的虚拟化资源池;而云层通过对资源池进行调配与组合,实现了根据应用系统的需要自动生成、拓展所需的硬件资源,提升了IT系统效率。

云计算的关键技术包括虚拟化、云存储(如Google的文件系统GFS和Hadoop的文件系统HDFS)、分布式并行编程模式(如MapReduce)、大规模数据管理(如Google的BigTable和Hadoop的HBase)、分布式资源管理(如Google的Borg)、信息安全、云平台管理、绿色能源技术。

云计算从提供服务的层次可分为基础设施即服务(IaaS)、平台即服务(PaaS)和软件即服务(SaaS)。其中,IaaS 是以虚拟化、自动化和服务化为特征的云基础设施,通过 Internet 为用户提供基础资源服务和业务快速部署能力;PaaS 是构建在基础设施之上的软件研发的平台,以 SaaS 的模式将软件研发平台作为一种服务提交给用户;SaaS 是一种通过 Internet 提供软件的模式:用户无须购买软件,而是向提供商租用基于 Web 的软件。2020 年,其中 SaaS 市场规模占云计算市场规模比重达 57%。IaaS、PasS 和 SaaS 的区别如图 10-5 所示。

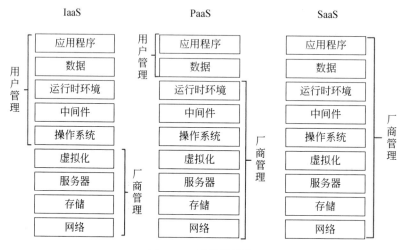

图 10-5 云计算服务

云平台从用户的角度可分为公有云、私有云、混合云等,我国目前以公有云为主。国内的云服务有阿里云、腾讯云、华为云、百度云等。

3. 容器

不同的用户,有时候只是希望运行各自的一些简单程序,运行一个小进程。如果建虚拟机(平台),显然浪费就会有点大,想要迁移自己的服务程序,就要迁移整个虚拟机。操作比较复杂,花费时间也会比较长,有没有办法更灵活快速一些呢?

人们引入了容器(container)的概念,容器也是虚拟化,但属于"轻量级"的虚拟化。它的目的和虚拟机一样,都是为了创造"隔离环境"。但是,它又和虚拟机有很大的不同——虚拟机是操作系统级别的资源隔离,而容器本质上是进程级的资源隔离,如图 10-6 所示。

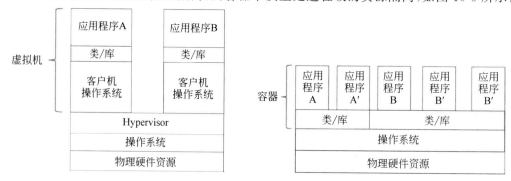

图 10-6 虚拟机和容器

与虚拟机相比，容器占用的系统资源更小，启动时间更快，存储空间更小。容器技术将传统 IaaS 与 PaaS 的优势合二为一，形成 CaaS，被认为是下一代的云计算模式。容器和虚拟机对比如表 10-2 所示。

表 10-2 容器和虚拟机对比

特　　性	虚　拟　机	容　　器
隔离级别	操作系统级	进程级
隔离策略	Hypervisor	CGroups
系统资源	5%～15%	0～5%
启动时间	分钟级	秒级
镜像存储	吉字节至太字节级别	千字节至兆字节级别
集群规模	上百	上万
高可用策略	备份、容灾、迁移	弹性、负载、动态

10.1.4 雾计算和边缘计算

过去数据在前端采集通过网络传输在云端计算，计算结果等一系列数据返回前端进行相应操作；现在，随着越来越多的物联网设备的接入，每天产生的数据量给网络带来了巨大的传输压力，太字节级别的操作转移到云中进行实时数据交互是非常不现实的。对于一辆自主驾驶的汽车来说，它需要更低的网络延迟，这也要求将计算能力转移到更近的边缘，以提高其工作的安全性。基于此背景，雾计算和边缘计算得到了广泛的重视。

雾计算（fog computing）是指数据、数据处理和应用程序集中在网络边缘的设备中，而不是几乎全部保存在云中，是云计算的延伸概念，由思科（Cisco）公司提出，雾计算可理解为本地化的云计算，就是在终端（数据产生源头）和数据中心（云计算所在处）之间的一个网络边缘层，雾计算架构一般以带有存储器的小服务器或路由器作为雾结点，可以把一些并不需要放到"云"的数据在这一层直接处理和存储。如智能家居，家里的各种电器和传感器的数据通过路由器发送到家里的物联网数据分析平台系统，它可以是一个手机的应用程序，系统将各种数据进行预处理、过滤，然后将处理后的数据发送到云数据中心。

边缘计算的起源可以追溯到 20 世纪 90 年代，当时 Akamai 公司推出了内容传输网络（CDN），在终端用户附近设置传输结点，可以存储缓存的静态内容，如图像和视频。在 2003 年，Akamai 与 IBM 公司合作提出边缘计算。边缘计算处理的数据大部分来自物联网设备本身。例如，摄像头的数据以前都是直接发送到数据中心，对数据传输带宽、存储空间以及后期分析的要求较高，现在智能摄像头在提取关键的人物和车辆信息时，只将照片和结构化数据传输到数据中心，节省了传输的带宽及后台处理的计算量。

10.2 物联网

10.2.1 物联网概念

物联网（internet of things，IoT）就是将现实世界中的物体连到互联网上，使得物与物、人与物可以很方便地互相沟通。具体来说，就是通过各种信息传感器、射频识别技术、GPS、红外、激光扫描器等各种装置与技术，实时采集其声、光、热、电、力学、化学、生物、位置等各种需要的信息，通过各类可能的网络接入，实现对物品和过程的智能化感知、识别和管理。

10.2.2 物联网架构

物联网架构按层级来划分可分为 3 个层级：应用层、网络层、感知层，如图 10-7 所示。

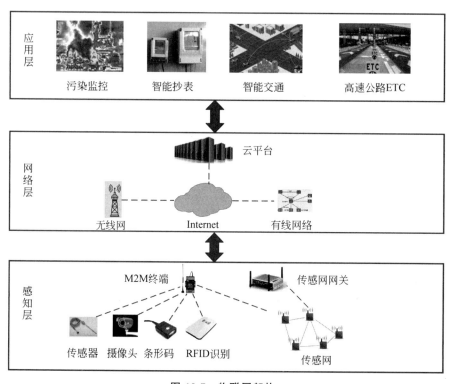

图 10-7　物联网架构

首先底层是用来感知数据的感知层，感知层包括传感器等数据采集设备、数据接入网关之前的传感器网络。感知层涉及的主要技术有 RFID 技术、传感和控制技术、短距离无线通信技术。

第二层是数据传输的网络层，物联网的网络层将建立在现有的移动通信网和互联网基础上。网络层中的感知数据管理与处理技术是实现以数据为中心的物联网的核心技术，包括传感网数据的存储、查询、分析、挖掘、理解等。云计算平台作为海量感知数据的存储、分析平台，是物联网网络层的重要组成部分。

最上层是应用层，物联网的应用层利用经过分析处理的感知数据为用户提供丰富的特定服务，可分为监控型（物流监控、污染监控）、查询型（智能检索、远程抄表）、控制型（智能交通、智能家居、路灯控制）、扫描型（手机钱包、高速公路不停车收费）等。

10.2.3 物联网应用

物联网产业涉及的应用领域有物流、交通、安防、能源、医疗、建筑、制造、家居、零售和农业等领域。

在物联网、大数据和人工智能的支撑下,物流的各个环节已经可以进行系统感知、全面分析处理等功能。而在物联网领域的应用,主要是仓储、运输监测、快递终端。结合物联网技术,可以监测货物的温湿度和运输车辆的位置、状态、油耗、速度等。提高了物流行业的智能化。

物联网与交通的结合主要体现在人、车、路的紧密结合,使得交通环境得到改善,交通安全得到保障,资源利用率在一定程度上也得到提高。具体应用在智能公交车、共享单车、车联网、充电桩监测、智能红绿灯、智慧停车等方面。而互联网企业中竞争较为激烈的方面是车联网,如图 10-8 所示。

图 10-8　车联网

在能源环保方面,与物联网的结合包括水能、电能、燃气以及路灯、井盖、垃圾桶这类环保装置。智慧井盖可以监测水位,智能水电表可以远程获取读数。将水、电、光能设备联网,可以提高利用率,减少不必要的损耗。

在医疗领域,体现在医疗的可穿戴设备方面,可穿戴设备通过传感器可以监测人的心跳频率、体力消耗、血压高低。利用 RFID 技术可以监控医疗设备、医疗用品,实现医院的可视化、数字化。

10.2.4 物联网的核心关键技术

在物联网应用中有 3 项关键技术。

(1) 传感器技术。可以感知周围环境或者特殊物质,例如气体感知、光线感知、温湿度感知、人体感知等,把模拟信号转化成数字信号,以方便计算机处理。这也是计算机应用中的关键技术。传感器一般是通过无线网络传输数据到网关,因此传感器的节能是传感器研究重要方向之一。

（2）RFID 标签。也是一种传感器技术，RFID 技术是融合了无线射频技术和嵌入式技术为一体的综合技术，RFID 在自动识别、物品物流管理有着广阔的应用前景。

（3）嵌入式系统技术。是将计算机软硬件、传感器技术、集成电路技术、电子应用技术融为一体的复杂技术。经过几十年的演变，以嵌入式系统为特征的智能终端产品随处可见；小到人们身边的智能手环，大到航天、航空的卫星系统。

如果把物联网用人体做一个简单比喻，传感器相当于人的眼睛、鼻子、皮肤等感官，网络就是神经系统用来传递信息，嵌入式系统则是人的大脑，在接收到信息后要进行分类处理。

10.3 大数据

10.3.1 数据科学和大数据

大数据（big data）是随着云计算和物联网技术发展起来的数据科学，物联网的海量终端产生了大量的数据，在这些数据存储到云端之后，就可以对这些数据进行分析和处理，提取有效信息，用于关键决策。

维克托·迈尔·舍恩伯格在《大数据时代》中总结大数据的特征有 3 点。

1. 不是随机样本，而是所有数据

过去，由于技术、经济等多个层面的限制，人们探索客观规律时，主要是依靠抽样数据，而不是全部数据，往往就会导致有很多小概率事件覆盖不到。现在，人们对某个对象的分析不再是抽样调查，而是根据这个对象的全部数据，进行全方位、多维度的分析。既消除了小概率事件的不确定性，又能够在对事物的分析中发现更多的可能性和相关性。

2. 不是精确性，而是混杂性

以前人们在进行抽样调查时，因为样本数有限，所以强调精确性，现在有了大数据，数据量足够大，少了不精确的数据并不影响分析的结果。

3. 不是因果关系，而是相关关系

通过分析大数据，不仅可分析数据间出显性的因果关系，也可能发现有些潜在的相关关系。

数据科学是通过使用科学的方法、算法、流程和系统来有效地提取大数据中的信息，涵盖了大数据的发现、处理、运算、应用等核心理论与技术。

10.3.2 大数据分析流程

大数据的技术包括数据采集、数据分析、数据处理、数据可视化等。

1. 数据采集

数据采集要解决的问题从哪取（数据来源）、何时取（提取时间）、如何取（提取规则）。在不同来源、不同时间、不同规则下，提出处理的数据都会对提取出来的数据结果有影响。

2. 数据分析

（1）数据质量分析。数据质量分析是数据预处理的前提，主要任务是检查原始数据中是否包括脏数据。包括缺失值分析、异常值分析、一致性分析等。来自于不同的数据源等导致不一致数据，在数据建模之前进行数据一致性分析是很有必要的。

（2）数据特征分析。数据特征分析主要包括：分布分析、对比分析、统计量分析、周期性分析、贡献度分析、相关性分析等，绘制直方图、饼图、散点图等对数据进行探索。

3. 数据处理

数据处理的目的在于提高数据的质量，使数据更易于建模。

数据处理包括数据清洗、数据集成（实体识别、冗余属性识别）、数据变换（简单函数变换、规范化、连续属性离散化、属性构造、小波变换）、数据规约（属性规约、数值规约）。

数据清洗包括缺失值处理、异常值处理，常见的缺失值和异常值处理方式主要包括直接删除、填充处理、忽略处理。

4. 数据可视化

数据可视化是通过各种图表显示数据处理的结果。

10.3.3 大数据的常用算法

大数据的挖掘是从海量数据中发现有价值的、潜在有用的信息和知识的过程。其主要基于人工智能、机器学习、模式学习、统计学等。通过对大数据高度自动化地分析，做出归纳性的推理，从中挖掘出潜在的模式，可以帮助企业、商家、用户调整市场政策、减少风险、理性面对市场，并做出正确的决策。

大数据挖掘算法如图10-9所示。预测性和描述性的主要区别在于是否有用于校准的结果，前者有可用于校准的结果（有监督学习），后者则没有（无监督学习）。

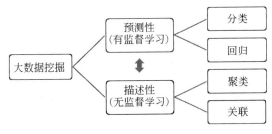

图10-9 大数据挖掘算法

预测性算法包括分类和回归。

（1）分类。分类输出的变量为离散型，常见的算法包括（朴素）贝叶斯、决策树、逻辑回归、KNN、SVM、神经网络、随机森林。

（2）回归。回归输出的变量为连续型。

描述性包括聚类和关联。

（1）聚类。聚类实现对样本的细分，使得同组内的样本特征较为相似，不同组的样本特征差异较大。例如零售客户细分。

（2）关联。关联指的是人们能发现数据的各部分之间的联系和规则。常指购物篮分析，即消费者常常会同时购买哪些产品，从而有助于商家的捆绑销售。

10.3.4 大数据应用

我国对2020年以来新冠肺炎疫情的防控工作,就是运用大数据分析,支撑服务疫情态势研判、疫情防控部署以及对流动人员的疫情监测、精准施策、内防扩散、外防输出。每发现一例新的确诊病例,都要通过海量数据进行数据挖掘,最终溯源到这个患者是如何被感染的,从被感染到入院期间的行动轨迹如何,然后根据这些信息分析和寻找哪些人可能成为密切接触者,再对密切接触者进行隔离,从而在短时间内有效抑制了病毒的蔓延。

谷歌公司的设计人员认为,人们输入的搜索关键词代表了他们的即时需要,反映出用户情况。为便于建立关联,设计人员编入"一揽子"流感关键词,包括温度计、流感症状、肌肉疼痛、胸闷等。只要用户输入这些关键词,系统就会展开跟踪分析,创建地区流感图表和流感地图。

杭州市政府和阿里云合作,城市大脑根据大数据对城市进行了数字化构建,包括城市的静态数据和动态数据,实现城市智能交通管理,机器可以7×24小时监控城市运行的情况,实时感知到交通事件后及时出警;实现智能信号灯,根据车流量动态设置信号灯时间;城市大脑可以准确挖掘出人群的各种出行特征和出行规律,动态调配公交。

10.4 人工智能

10.4.1 人工智能简介

人工智能(artificial intelligence,AI)是计算机科学的一个分支,它是研究模拟、延伸和扩展人的智能的理论、方法、技术及应用系统的一门新的技术科学,如图10-10所示。该领域的研究包括机器学习、人机交互、知识工程和机器人等。

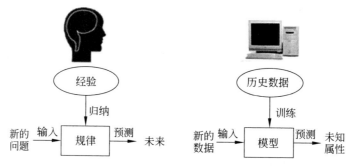

图 10-10 人工智能

一般认为,人工智能分为计算智能、感知智能和认知智能3个层次。简要来讲,计算智能即快速计算、记忆和储存能力;感知智能,即视觉、听觉、触觉等感知能力,当下十分热门的语音识别、语音合成、图像识别即是感知智能;认知智能则为理解、解释的能力。

近年来,人工智能在感知方面取得重要成果。人工智能在语音识别、文本识别、视频识别等方面已经超越了人类,可以说AI在感知方面已经逐渐接近人类的水平。从未来的趋势来看,人工智能将会有一个从感知到认知逐步发展的基本趋势。如表 10-3 所示为感知智能和认知智能的区别。

表 10-3 感知智能和认知智能

差异点	感知智能	认知智能
特点	受人控制	认知
能力	无自主能力	学习、推理
与外界关系	无反馈	与人和环境有互动
衡量标准	有衡量标准	没有统一标准、自主评价

尽管人工智能依靠深度学习和机器学习技术的进步取得了巨大的进展,例如,AlphaGo 通过自我强化学习击败了人类顶尖的围棋选手,但人工智能在很多方面,如语言理解、视觉场景理解、决策分析等,仍然举步维艰。要让人工智能有类似大脑的活动,走到认知阶段,需要让它掌握知识、进行推理。机器必须要掌握大量的知识,特别是常识知识才能实现类人的智能。

10.4.2 机器学习

机器学习是一门多领域交叉学科,涉及概率论、统计学、逼近论、凸分析、算法复杂度理论等多门学科。专门研究计算机怎样模拟或实现人类的学习行为。

机器学习算法主要分为有监督学习、无监督学习和深度学习、迁移学习等。

1. 监督学习

监督学习的目的是通过学习许多有标签的样本,利用模型对数据进行拟合,然后对新的数据做出预测,监督学习的流程如图 10-11 所示。

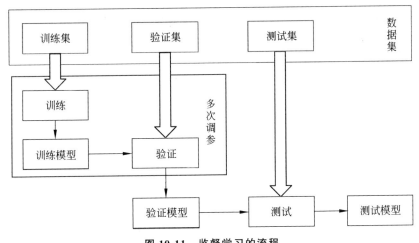

图 10-11 监督学习的流程

例如,人们要识别信用卡欺诈,目前有大量的信用卡数据,首先要对每笔信用卡交易标记上是否存在欺诈的标签。然后把数据集分为训练集、验证集和测试集。3 种数据集的区别如图 10-12 所示。

机器学习算法根据训练集,建立能够识别欺诈的算法模型。训练完成之后,通过验证集对算法进行验证,对算法进行验证的数据称为验证集。算法通过验证之后,算法还需要通过真正的数据进行测试,算法学习模型只能在测试集上运行一次。

监督学习存在"过拟合"和"欠拟合"的问题,欠拟合则类似于懒惰的学生,训练不足,没有很好地捕捉到数据特征。过拟合类似于书呆子,只记住练过的习题答案,做新题就把握不好,如图 10-13 所示。

图 10-12 3 种数据集

图 10-13 监督学习的拟合

2. 无监督学习

假设某电子商务零售企业主拥有数千个客户销售记录。若想找出哪些客户有共同的购买习惯,以便可以使用该信息向他们提出相关建议并改善自己的追加销售政策。例如奶爸超市买奶粉顺便会买啤酒这个案例,属于人为偶然发现。

机器学习理论上能发现一些肉眼难以发现的规律,从海量消费单据中识别所有强关联的消费,甚至更进一步识别出用户属于哪个消费群体。

问题在于没有预定义的类别将客户划分为多个类别。因此,不能训练监督式机器学习模型来对客户进行分类。无监督机器学习不需要标记数据,根据客户的共同特征将它们分为几类,可根据客户与集群中其他人的共同偏好来预测客户将购买的产品。

k-means(k-均值聚类)算法是一种无监督聚类机器学习算法。使用 k 均值聚类的挑战之一是知道将数据划分为多少个群集。太少的包会打包不太相似的数据,而太多的簇只会使自己的模型复杂且不准确,如图 10-14 所示。

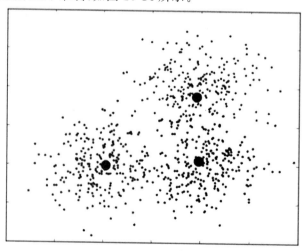

图 10-14 k-means 算法

除了聚类之外,无监督学习还需要降维。当数据集具有太多特征时,可以使用降维。对于一个仅有100列的相关客户信息表,就可能没有足够的样本来训练这个100列的模型。太多的功能也增加了过度拟合的机会。无监督的机器学习算法可以分析数据,将不相关的特征删除以简化模型。

无监督学习不需要经历的费力数据标记的过程。但是,要权衡的是,评估其性能的有效性也非常困难。相比之下,通过将监督学习算法的输出与测试数据的实际标签进行比较,可以很容易地衡量监督学习算法的准确性。

监督学习和无监督学习主要算法如表10-4所示。可以看到,表中算法即10.3.3节中提到的算法,机器学习的对象就是大数据,大数据分类算法指的就是机器学习算法。

表10-4 监督学习和无监督学习主要算法

机器学习	算法分类	主要算法
监督学习	回归	线性回归、普通最小二乘回归、局部回归(LOESS)、神经网络
	分类	决策树、支持向量机、贝叶斯、k-近邻、逻辑回归、随机森林
无监督学习	聚类分析	k-均值聚类、系统聚类
	降维	主成分分析(PCA)、线性判别分析(LDA)

3. 人工神经网络

1)人工神经网络模型

1943年,神经科学家麦卡洛克和数学家皮茨按照生物神经元的结构和工作原理构造出来一个抽象和简化了的模型,称为MCP模型。诞生了所谓的"模拟大脑",开启了人工神经网络的大门。

MCP当时是希望能够用计算机来模拟人的神经元反应过程,如图10-15所示。基本思想是一个神经元可以接受两个或多个输入,每个输入上,都有权重系数乘以输入的值,最后把结果相加,判断和是否达到一个门槛值。

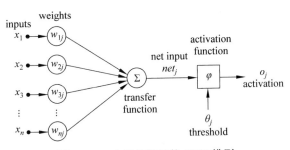

图10-15 人工神经网络MCP模型

1958年,计算机科学家罗森布拉特(Rosenblatt)提出了两层神经元组成的神经网络,1986年,Geoffrey Hinton使用多个隐藏层来代替感知机中原先的单个特征层,并使用BP算法来计算网络参数。

1989年,Yann LeCun等人使用深度神经网络来识别信件中邮编的手写体字符。后来Lecun进一步运用CNN(卷积神经网络)完成了银行支票的手写体字符识别,识别正确率达到商用级别。人工神经网络发展历程如图 10-16 所示。

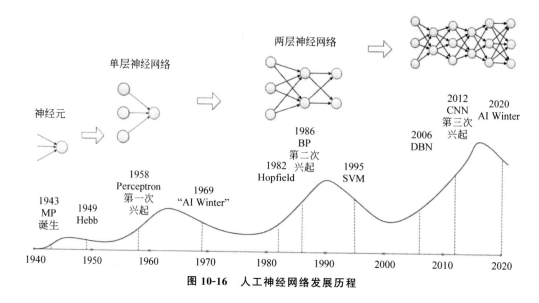

图 10-16　人工神经网络发展历程

2) 深度学习

具有两层或者两层以上神经网络模型就可以称为深层神经网络模型,即深度学习模型。深度学习模型如图 10-17 所示。深度神经网络模型比传统的神经网络模型具有更强的学习能力。

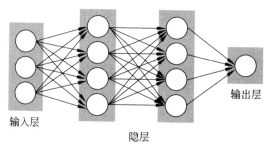

图 10-17　深度学习模型

2011 年以来,微软公司首次将深度学习应用在语音识别上取得了重大突破。微软研究院和 Google 的语音识别研究人员先后采用深度神经网络(DNN)技术将语音识别错误率降低了 20%～30%,是语音识别领域十多年来最大的突破性进展。

2012 年,DNN 技术在图像识别领域取得惊人的效果,在 ImageNet 评测上将错误率从 26% 降低到 15%。

2016 年,随着谷歌公司旗下的 DeepMind 公司基于深度学习开发的 AlphaGo 以 4∶1 的比分战胜了国际顶尖围棋高手李世石。

2016 年末 2017 年初,该程序在中国棋类网站上以 Master(大师)为注册账号与中日韩数十位围棋高手进行快棋对决,连续 60 局无一败绩。2017 年 5 月,在中国乌镇围棋峰会上,它与排名世界第一的世界围棋冠军柯洁对战,以 3∶0 的总比分获胜。围棋界公认阿尔法围棋的棋力已经超过人类职业围棋顶尖水平。

4. 强化学习

强化学习是人工智能（AI）的一个重要分支，它也是 DeepMind 的阿尔法狗（AplhaGo）得以实现的一块基石。在有监督学习中，训练数据中包含了数据样本的目标。不过现实中可没有上帝一样的监督者给出这些目标或答案。

在没有训练数据的情况下，智能体从经验中学习，它感知当前状态，选择适合当前状态的动作，执行动作，环境发生变化，给出一个奖惩值，通过反复的试错来收集训练样本，学习的目标就是使其长期奖励最大化。强化学习原理如图 10-18 所示。

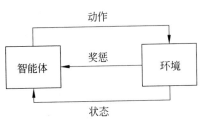

图 10-18 强化学习原理

2017 年，基于强化学习算法的 AlphaGo 升级版 AlphaGo Zero 横空出世，其采用"从零开始""无师自通"的学习模式，以 100∶0 的比分轻而易举打败了之前的 AlphaGo。除了围棋，它还精通国际象棋等其他棋类游戏，可以说是真正的棋类"天才"。

深度学习的模型有很多，目前开发者最常用的深度学习模型与架构包括卷积神经网络（CNN）、深度置信网络（DBN）、受限玻尔兹曼机（RBM）、递归神经网络（RNN & LSTM & GRU）、递归张量神经网络（RNTN）、自动编码器（autoencoder）、生成对抗网络（GAN）等。

机器学习与各种学习之间的关系如图 10-19 所示。

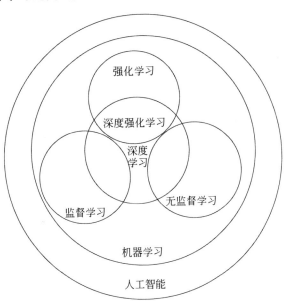

图 10-19 机器学习与各种学习之间的关系

5. 迁移学习

很多原因造成人们必须处理小数据。例如，由于行业性质使得不同部门之间没有办法交换数据，加之考虑到用户隐私、商业利益、监管的要求等，人们面临的是小数据和一个一个数据孤岛。把小数据变成大数据，又需要做很多数据标注，比方说在医疗或者金融方面，时间不允许人们很快把小数据变成大数据。小数据的场景是不是也可以用深度学习来解决呢？依据深度学习现在的进展，很多算法无法在小数据下发挥作用。

如何充分利用之前标注好的数据，保证在新的任务上的模型精度，这就是迁移学习的研究内容。例如，也许已经训练好一个神经网络，能够识别像猫这样的对象，然后建立模型去帮助人类更好地阅读 X 射线扫描图，这就是所谓的迁移学习。

在语言出现之前，每一代能够教给下一代的东西极其有限，而有了语言，人类的知识得以爆炸性的增长。迁移学习相当于让神经网络有了语言，新一代的神经网络可以站在前人的基础上更进一步，而不必重新发明轮子。

迁移学习是指利用其他领域训练好的网络模型，使用新领域的小样本数据进行训练，最终训练出适合新领域的新的网络模型。

为了研究预测尼日利亚、乌干达、坦桑尼亚、卢旺达和马拉维的贫困情况，传统的入户调查收集工作成本太高了，几十年来，研究者们一直都在使用其他替代数据集衡量贫困，例如社交媒体、网络搜索查询和移动网络使用量。斯坦福大学和世界银行一起合作利用卫星图像来取得这些国家经济状况，它们从 Google 地图中的夜空图像识别基础设置，通过白天的图像识别基础设施，包括道路、市区和水道。通过识别这些特征，经过两步的迁移，最后自动得到一个对于卫星图像的二维图的经济状况的估算。

10.4.3 人机交互技术

人机交互是一门研究系统与用户之间的交互关系的学问，人机交互方式的好坏很大程度上影响了用户的体验。一般来说，传统的交互方式主要有键盘、鼠标、触控设备、麦克风等，近年来还出现了一些更自然的基于语音、触控、眼动、手势、体感和脑机的交互方式。

经过十几年的发展，触摸屏幕在 20 世纪末期走向成熟，时至今日，大部分人已经习惯在智能手机或平板设备上通过滑动，触碰单击，摇晃旋转进行操作，在个人计算机方面，苹果和微软公司都以触摸交互设计为基础设计了最新的操作系统。

虚拟现实和增强现实技术的发展，相较于目前所有的信息输出设备，从个人计算机、家庭影院，到移动终端，虚拟现实设备给用户带来完全不同的"浸入式"体验。

1. 虚拟现实

虚拟现实(virtual reality，VR)是指采用计算机技术为核心的现代高科技手段生成一种虚拟环境，用户借助特殊的输入输出设备，与虚拟世界中的物体进行自然的交互，从而通过视觉、听觉和触觉等获得与真实世界相同的感受。虚拟现实具备沉浸感、交互性及构想性的特征。

当前的虚拟现实，还只能通过在"外部"干预各个感官(眼睛、耳朵等)的输入，来营造虚拟的氛围。例如，最常见的 VR 眼镜、3D 环绕音响、震动反馈手套等。其中以 VR 眼镜的实现难度最大。

VR 眼镜把一个显示器罩在人的眼睛上，人向哪里看，就在显示器里显示对应方向的景物，从而让人感觉自己身处一个无限大的虚拟空间中。VR 眼睛一般包括处理器、显示器、透镜和陀螺仪组成。如图 10-20 所示。

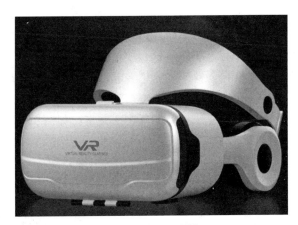

图 10-20　VR 眼镜

目前市面上的 VR 眼镜，按照实现方式分为手机盒子、VR 头戴显示器和一体机。后两者又称为头戴式显示器（head-mounted display，HMD）。

（1）手机盒子：利用用户的手机充当处理器，显示器和陀螺仪，盒子提供了凸透镜的功能。一般仅限于头的运动，手机盒子体验性较差，已被逐渐淘汰。

（2）VR 头戴显示器的处理器一般是 PC，使用 PC 的 CPU 和显卡来实现运算，典型产品有 HTC vive、Oculus、PSVR 和微软 MR 头盔等。不仅可以根据头的运行展示不同图像，还可以根据用户的前后左右移动变换图像，缺点是价格昂贵。

（3）一体机指利用移动芯片实现图像和定位计算。不需要连接 PC，方便携带。

2. 增强现实

虚拟现实（augmented reality，AR）视野中的整个环境都是虚拟出来的，跟现实场景可以没有任何关系。而 AR 是指视野中仍然有现实世界的影像，但是在影像之上，额外叠加上虚拟的物体，叠加的物体需要跟现实场景能有"互动"，称为增强现实。如图 10-21 所示。

图 10-21　增强现实

虚拟现实和现实世界的图像叠加，需要研究几何、时间和光照的一致性。

目前增强现实的设备有 Microsoft HoloLens 和 Magic Leap 等。

3. 脑机交互

2021年5月13日,美国斯坦福大学的研究者通过脑机接口(BCI),可让参试者每分钟动用"意念"写出90个字符,书写准确率超99%。

研究人员将该设备植入患有全身瘫痪的患者脑中,利用大脑运动皮层的神经活动可解码手写笔迹,使用递归神经网络(RNM)算法解码来自设备获取的脑电信号,该设备可以将患者大脑中的意念快速转换为计算机屏幕上的文本。如图10-22所示。

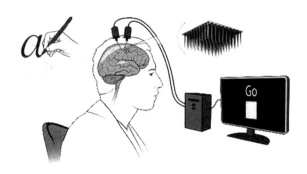

图10-22 脑机交互

国内开展相关研究的机构有华南理工大学、香港中文大学等团队。此外,天津大学神经工程团队早在2016年就与中国航天员科研训练中心合作,可将航天员的思维活动直接转化为操作指令。

10.4.4 知识图谱

过去几年,以深度学习为代表的连接主义(仿生学派)取得了丰硕的成果,如今提到人工智能,都默认是基于深度学习和机器学习方法,随着大数据红利消耗殆尽,深度学习模型效果的天花板日益迫近,人们在寻找新的突破口,以知识图谱为代表的符号主义尚需有效挖掘,知识图谱和以知识图谱为代表的知识工程系列技术是认知智能的核心。

通俗地讲,知识图谱就是把所有不同种类的信息连接在一起而得到的一个关系网络。以实体概念为结点,以关系为边,提供一种从关系的视角来看世界。如图10-23所示,可以看到,3个借款人居住在同一个地址,向两个银行借款。

知识图谱实质上是一种图形化知识表示形式。2012年谷歌公司提出利用知识图谱,提升搜索引擎的质量,知识图谱的概念才得到了广泛关注。

知识图谱技术包括知识图谱表示、知识图谱构建和知识图谱存储等方面的研究内容。知识图谱的应用包括语义搜索、智能问答、自然语言理解、推荐系统,以及基于知识的大数据分析与决策等。

在金融行业中,知识图谱中的投资和雇佣关系可以通过聚类算法来识别利益相关者群体。当某些结点发生了更改时,可以通过路径排序和子图发现更改实体之间的关联。通过知识推理人们可以对信息一致性进行验证,提前识别欺诈行为。

知识图谱是智能问答系统的强大数据支撑,代表性系统包括IBM的Watson、苹果公司的Siri、亚马逊的Alexa、百度的度秘等,它们基于知识图谱及推理技术,提供精确、简洁

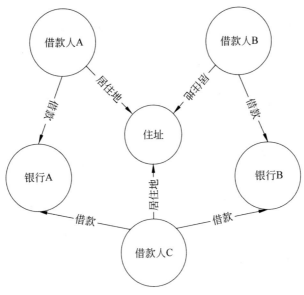

图 10-23　知识图谱

的答案。其中,美国知识竞赛节目"危险边缘"的问题涉及多个领域,要求参赛选手需要具备各个领域的知识,分析和推理其中包含讽刺谜语。IBM 的 Watson 在该节目中战胜了人类冠军选手。

基于知识图谱的推荐系统连接用户和项目,可以整合多个数据源、丰富语义信息。隐式可以通过推理技术获得,从而提高推荐的准确性,基于知识图谱推理方法进行推荐的典型案例有:购物推荐、电影推荐、音乐推荐等。

知识图谱早在 2014 年研究达到顶峰之后,2019 年之后出现了下降,最近具有认知能力的人工智能需要数据和知识作为支撑等观点提出,侧面推动了知识图谱的研究。

2020 年,清华大学唐杰教授在《人工智能下一个十年》报告中,结合认知科学中的双通道理论和计算机理论,给出了一个实现认知智能的可行思路,即认知图谱＝知识图谱＋认知推理＋逻辑表。

习题 10

一、选择题

1. 现在的并行计算机多数是(　　)。
   A. SISD　　　　B. SIMD　　　　C. MISD　　　　D. MIMD
2. 业界公认的超级计算机性能排行榜是(　　)。
   A. Top 500　　　B. Green 500　　C. Top 100　　　D. Top 300
3. 下列不属于云计算服务的是(　　)。
   A. IaaS　　　　B. RaaS　　　　C. PaaS　　　　D. SaaS

4. 下列不属于物联网的关键技术是（　　）。
   A. 传感器技术　　　　　　　　　B. RFID 技术
   C. 嵌入式系统技术　　　　　　　D. 网络传输技术
5. 下列不属于大数据分析流程的步骤是（　　）。
   A. 数据采集　　B. 数据分析　　C. 数据处理　　D. 数据分类
6. 下列属于认知智能的特征是（　　）。
   A. 受人控制　　B. 学习推理　　C. 无反馈　　　D. 有衡量标准
7. 下列不属于机器学习的数据集是（　　）。
   A. 训练集　　　B. 验证集　　　C. 测试集　　　D. 学习集
8. 机器学习中，学习模型只能在（　　）上运行一次。
   A. 训练集　　　B. 验证集　　　C. 测试集　　　D. 学习集
9. 下列不是虚拟现实和现实世界的图像叠加需要研究的是（　　）。
   A. 几何一致性　B. 时间一致性　C. 光照一致性　D. 温度一致性
10. IoT 是（　　）的缩写。
    A. 物联网　　　B. 人工智能　　C. 深度学习　　D. 人脑交互

二、简答题

1. 并行计算的研究方向有哪些？
2. 高性能计算机的性能是如何评测的？
3. 云计算 IaaS、PasS 和 SaaS 的区别是什么？
4. 物联网的关键技术有哪些？
5. 大数据的处理的数据是随机抽样数据还是全部数据？
6. 有监督学习和无监督学习的区别是什么？
7. 简述你知道的人工智能的技术。
8. 虚拟现实（VR）和增强现实（AR）有何区别？

图书资源支持

感谢您一直以来对清华版图书的支持和爱护。为了配合本书的使用,本书提供配套的资源,有需求的读者请扫描下方的"书圈"微信公众号二维码,在图书专区下载,也可以拨打电话或发送电子邮件咨询。

如果您在使用本书的过程中遇到了什么问题,或者有相关图书出版计划,也请您发邮件告诉我们,以便我们更好地为您服务。

我们的联系方式:

地　　址:北京市海淀区双清路学研大厦 A 座 714

邮　　编:100084

电　　话:010-83470236　010-83470237

客服邮箱:2301891038@qq.com

QQ:2301891038(请写明您的单位和姓名)

资源下载:关注公众号"书圈"下载配套资源。

书圈

清华计算机学堂

观看课程直播